机器人专业人才培养系列

机器人传感技术

中国仿真学会机器人系统仿真专业委员会 组编
朱大奇 王泽莹 胡源 陈铭治 编著

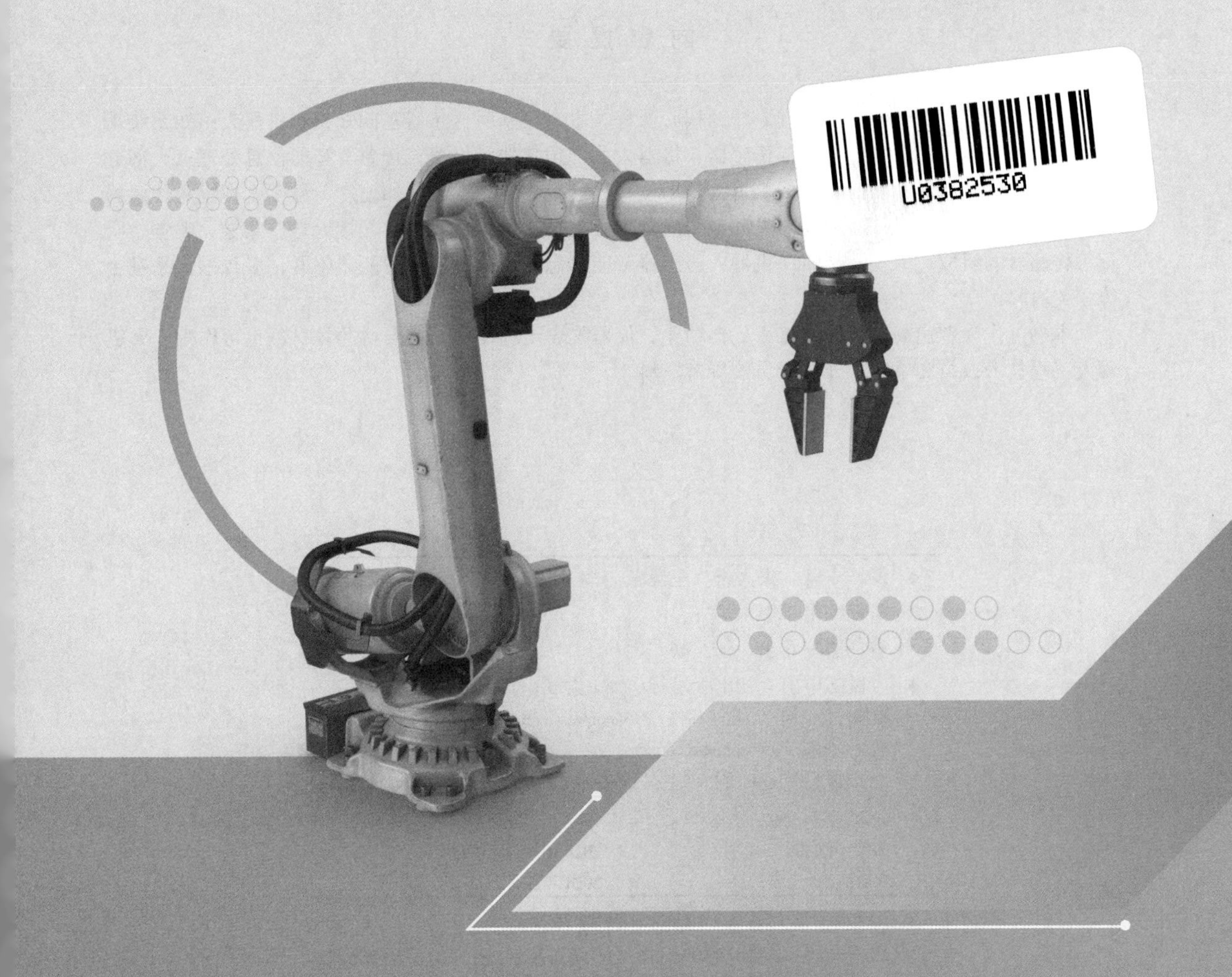

人民邮电出版社
北京

图书在版编目（CIP）数据

机器人传感技术 / 朱大奇等编著. -- 北京 : 人民邮电出版社, 2024.5
（机器人专业人才培养系列）
ISBN 978-7-115-63433-7

Ⅰ. ①机… Ⅱ. ①朱… Ⅲ. ①机器人－传感器 Ⅳ. ①TP242

中国国家版本馆CIP数据核字(2024)第004516号

内 容 提 要

机器人传感技术是机器人工程专业的核心课程。本书在阐明传感器基础知识和机器人感知系统功能与特点的基础上，按机器人内部传感器、机器人外部传感器和机器人传感器智能信息处理三大部分介绍。机器人内部传感器部分包括机器人常用位移、速度、姿态、力、加速度、温度、视觉等传感器的类型、原理、特点及应用；机器人外部传感器部分包括常用机器人触觉、接近觉、味觉、嗅觉、听觉等传感器的组成、原理及应用；机器人传感器智能信息处理部分包括智能传感器、多传感信息融合等相关内容。

本书可作为普通高校机器人工程、自动化、仪器仪表工程及其相关专业的教材，也可作为广大机器人工程技术人员和单片机开发人员的参考资料。

◆ 编　　著　朱大奇　王泽莹　胡　源　陈铭治
　责任编辑　李永涛
　责任印制　王　郁　胡　南

◆ 人民邮电出版社出版发行　　北京市丰台区成寿寺路 11 号
　邮编　100164　　电子邮件　315@ptpress.com.cn
　网址　https://www.ptpress.com.cn
　北京隆昌伟业印刷有限公司印刷

◆ 开本：787×1092　1/16
　印张：15.75　　2024 年 5 月第 1 版
　字数：223 千字　　2024 年 5 月北京第 1 次印刷

定价：79.90 元

读者服务热线：(010) 81055410　印装质量热线：(010) 81055316
反盗版热线：(010) 81055315
广告经营许可证：京东市监广登字 20170147 号

系列书序

机器人技术作为当今科技领域的重要发展方向，其相关专业的建设和发展对于我国未来的科技发展和经济转型升级具有重要意义。在工业和信息化部等十七部门印发的《"机器人+"应用行动实施方案》中，明确提出到 2025 年机器人促进经济社会高质量发展的能力要明显增强。其中，教育领域被特别强调，要求加大机器人教育引导力度，完善各级院校机器人教学内容和实践环境，针对教学、实训、竞赛等场景开发更多功能和配套的课程内容。

党的二十大报告强调了教育在国家发展中的重要地位，明确提出了深入实施科教兴国战略、人才强国战略和创新驱动发展战略。这为我们教育工作指明了方向，也对我们提出了更高的要求。

据教育部公布的数据，目前我国开设机器人相关专业的院校累计超过千所，机器人教育在全面展开。教材作为教育的重要支撑，其质量和内容直接影响着人才培养的质量和效果。建设相关专业领域的精品教材不仅有助于促进专业改革和发展，也有利于全面提高人才培养质量。

本系列教材的专家委员会与编委会汇集了一批在高校拥有丰富教学经验和教学成果的机器人相关专业教师。他们按照高等学校自动化类、机械类、机电类和计算机类等学科的专业规范、人才培养方案及课程教学大纲的要求，立足于机器人技术发展和产业需要，深入分析机器人相关专业的教学现状及存在的问题，以科学性、先进性、系统性和实用性为目标进行编写。他们紧密结合教学实际，注重理论与实践相结合，引导学生独立思考。

具体来说，本系列教材的特点如下。

- 注重实践能力的培养，强化应用。通过引入源自真实工作场景的案例和项目，帮助学生更好地理解和掌握机器人技术的实践应用。
- 赛教结合。融入竞赛内容，通过竞赛的形式激发学生的学习兴趣和竞争意识，提高他们的技术水平和团队协作能力。
- 专创融合。以机器人专业知识和技术为载体，融入创新意识和创业能力的培养，引导学生独立思考和创造性地解决问题。
- 融入思政内容。所融入的思政内容，能帮助学生树立正确的价值观和人生观，培养他们的社会责任感和家国情怀。

本系列教材不仅适用于高等院校机器人相关专业的教学，同时也能够满足机器人相关培训机构和机器人技术爱好者的学习需求。我们希望通过这套教材的建设，能够为我国机器人相关专业的发展提供有力支持，培养更多具有创新精神和实操能力的高素质人才。

中国仿真学会机器人系统仿真专业委员会

专家委员会

前言

机器人是人工智能的重要应用载体，是现代高科技发展的重要标志之一，集成了机械电子、计算机与自动控制等多学科知识，是未来真正的朝阳行业。机器人传感器在机器人的控制中起着非常重要的作用，相当于机器人的“电五官”。正因为有了机器人传感器，机器人才具备了类似人类的知觉和反应能力。机器人传感技术作为机器人工程专业的核心课程，主要讲授机器人自身状态感知与外部环境感知传感器原理、设计与应用。

在内容上，本书紧扣机器人内部与外部传感器分类特性，力求实用性和前沿性，书中既有基础、常用的传感技术，又包括部分前沿的新型机器人传感技术；在写作上，本书力求文字精练，通俗易懂。本书对传感技术的介绍不把过多的篇幅放在理论分析上，而是从应用出发，重点介绍传感技术使用方法，强调工程性和实用性，力求结构合理、深入浅出，便于读者理解与自学。

本书基于上海理工大学相关课程的教学实践进行编写，也是上海理工大学本科系列教材的建设成果，由上海理工大学机器人工程系朱大奇、王泽莹、胡源和陈铭治编写，其中朱大奇编写了第 1、6、10 章，王泽莹编写了第 2、4、8、9 章，胡源编写了第 3、5、7 章，陈铭治编写了第 11 章，全书由朱大奇统稿。

书中引用了一些学者的研究成果，在此向他们表示深深的谢意！没有这些研究成果的加入，本书难成体系。

由于编者水平有限，书中不妥之处在所难免，热忱欢迎广大读者批评指正，编辑邮箱：liyongtao@ptpress.com.cn。

编著者

2024 年 3 月于上海杨浦

目录

第1章 机器人传感技术概述

为了从外界获取信息，人类必须借助感觉器官。但在自然现象和规律的感知方面，仅依赖人类自身的感觉器官具有一定局限性。为适应各种信息的获取情况，传感器应运而生。机器人传感器可视为人类感觉器官的拓展，又称被为“电五官”。

现代信息科学的三大支柱是信息采集与获取（传感技术，又称传感器技术）、信息传输（通信技术）、信息处理（计算机技术），其中传感技术是现代信息科学的前提与基础。

1.1 传感技术基础

在现代工业生产过程中，需要使用各种传感器来监测和控制生产过程中的各个参数，使设备工作在正常状态或最佳状态，并使产品达到最好的质量。换言之，质量优良的传感器是现代化生产的基础。在现代科学研究中，传感器具有突出的地位。如需获取大量人类感觉器官无法直接感知的信息，没有合适的传感器是无法完成的。许多基础科学研究的障碍首先在于对象信息的获取存在困难，而一些新机理和高灵敏度检测传感器的出现，往往会促进相关领域内技术研究的突破。

1.1.1 传感器概述

一、传感器

传感器（Sensor 或 Transducer）是将各种非电信号（物理量、化学量、生物量等）按一定规律转换成便于处理和传输的电信号的装置。它能感受到被测非电信号，并能将感受到的信号按一定规律变换成电信号或其他所需形式的信号输出，以满足信息的传输、处理、存储、显示、记录和控制等要求。

例如现代工业生产中常见的传感器有热电偶温度传感器，它将被测非电信号（温度）通过材料的接触电势与温差电势原理转换为对应的电信号（电压）。

二、传感技术

传感技术是利用各种功能材料实现信息检测的一门应用技术，结合传感器原理、材料科学、工艺加工等三要素。传感器原理即检测原理，是指传感器工作时所依据的物理、化学与生物原理。各种传感器材料是传感器的物质基础，通常是能感知外界各种被测非电信号的功能材料。工艺加工是指传感器的设计与生产，采用先进高精度加工装配技术是工艺加工的要求。

三、传感器的组成

传感器一般由敏感元件、转换元件、测量电路3个部分组成，有时具有辅助电源，如图1-1所示。

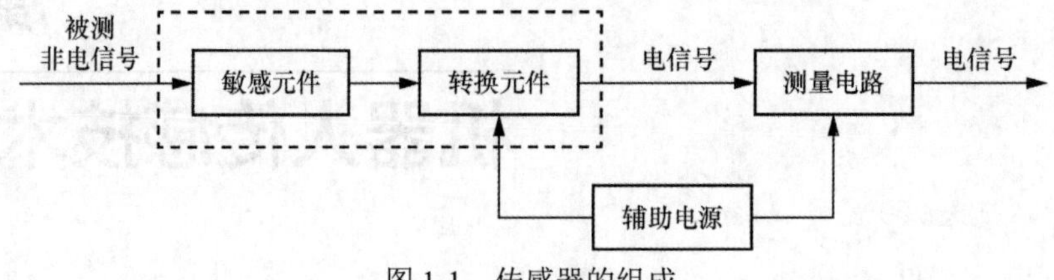

图1-1 传感器的组成

（1）敏感元件。

敏感元件将被测非电信号转换成另一种易于变换成电信号的非电信号，直接感受被测非电信号，并输出与被测非电信号有确定关系的非电信号。常见的敏感元件如各种类型的弹性元件，即弹性敏感元件。

（2）转换元件。

转换元件将感受到的非电信号（如温度、压力、流量、位移等）直接转换成电信号（如电压、电感、电阻等）。常见的转换元件如热电偶、热电阻、压电陶瓷等。部分传感器将敏感元件与转换元件合为一体，如压阻式压力传感器。

（3）测量电路。

测量电路将转换元件输出的电信号转换成便于显示、记录、控制和处理的电信号。其具有信号调制功能，如常见的电桥电路（桥路）、脉宽调制电路、振荡回路等。

（4）辅助电源

辅助电源通常用于为转换元件和测量电路供电。

四、传感器的分类

传感器的种类繁多，目前还没有统一、权威的分类方法。常见的分类方法有以下几种。

（1）按被测非电信号用途，可分为压力传感器、位置传感器、液位传感器、能耗传感器、速度传感器、加速度传感器、射线辐射传感器、温度传感器、湿度传感器等。

（2）按测量原理，可分为应变式传感器、电感式传感器、电涡流传感器、光电式传感器、振动传感器、湿敏传感器、磁敏传感器、气敏传感器、真空度传感器、生物传感器等。

（3）按输出量，可分为模拟传感器（将被测非电信号转换成模拟电信号输出）、数字传感器（将被测非电信号转换成数字电信号输出）、开关传感器（当被测非电信号达到特定的阈值时，相应输出预设的低电平或高电平信号）等。

（4）按制造工艺，可分为集成传感器（使用标准生产硅基半导体集成电路的工艺技术制造，通常还将被测非电信号预处理的部分电路也集成在同一块芯片上）、薄膜传感器〔通过沉积在介质衬底（基板）上的薄膜，形成相应的敏感材料〕、厚膜传感器（将相应材料的浆料涂覆在陶瓷基片上制成，然后进行热处理，使厚膜成形）、陶瓷传感器（采用标准的陶瓷工艺或其某种变种工艺如溶胶工艺、凝胶工艺等生产）等。

1.1.2 传感器的应用与发展

一、传感器的应用

现代传感器早已渗透到人类社会的各个领域，从茫茫的宇宙太空，到浩瀚的深海大洋，从各种复杂的工程系统，到分子、原子及细胞微生物研究，都离不开各种各样的传感器。传感技术在国民经济发展、科学研究、国防安全等各个方面都发挥着重要的作用。

（1）宇宙探索。

浩瀚的宇宙激发了人类无穷无尽的好奇心，现代传感技术的进步程度决定了宇宙探索的深度。国际上诸多太空探索计划（哈勃望远镜计划、火星探测计划、探月工程等）中，传感技术都起到关键作用。另外，在太空中对地球进行探测，也离不开传感技术。例如在卫星航天遥感过程中，以人造地球卫星作为遥感平台，利用卫星对地球和低层大气进行光学和电子观测。更多的是从远离地面的不同工作平台（如高塔、气球、飞机、火箭、人造地球卫星、宇宙飞船、航天飞机等）上，通过传感器对地球表面的电磁波（辐射）进行探测，并经信息的传输、处理和判读分析，对地球的资源与环境进行探测和监测。

（2）航空航天。

飞机及航天飞行器上安装有近紫外线、可见光、红外线及微波等传感器。例如，若要探测某些矿产资源的埋藏地区，可以利用人造卫星上的红外传感器，测量从地面发射的红外线量，然后人造卫星通过微波将相关数据发送到地面站，地面站计算机对其进行处理后，便可根据红外线分布的差异判断出有矿藏的地区。

（3）海洋探测。

海洋是人类发展的四大战略空间（陆、海、空、天）中继陆地之后的第二大战略空间，是生物资源、能源、水资源和金属资源等的战略性开发基地。作为人类探索海洋和维护海洋权益的重要工具，海洋传感器发挥着重要的作用。如各类用于水下观测的光视觉传感器，各种声呐传感器（浅地层剖面仪、侧扫声呐、避碰声呐、测距声呐、多波束声呐等），用于海水探测的温盐深传感器、多参数水质测量仪、流速剖面仪、惯性导航定位传感器、基线定位传感器等。

（4）国防军事。

现代的战场都是信息化的战场，而信息化是绝对离不开传感器的。传感器无时不用、无处不用，大到星体、核弹、飞机、舰船、坦克、火炮等装备系统，小到单兵作战武器。从参战的武器系统到后勤保障，从军事科学试验到军事装备，从战场作战到战略、战术指挥，从战争准备、战略决策到战争实施，传感器的使用遍及整个作战系统及战争的全过程。现代传感技术必将在未来的高技术战争中促使作战的时域、空域和频域扩大，更加影响和改变作战的方式和效率，大幅度提高武器的威力和人员的作战指挥及战场管理能力。

（5）环境保护。

地球的大气污染、水污染及噪声污染等已严重地破坏了地球的生态平衡和我们赖以生存的环境，这一现状已引起世界各国的重视。为保护环境，利用传感器制成的各种环境监测仪器正发挥着积极的作用。例如，我国使用大量传感器检测长江、黄河等水域的污染程度，并进行及时干预。

（6）现代医学。

随着医用电子学的发展，仅凭医生的经验和感觉进行诊断的时代将会发生变化。医用传感器可以对人体的表面和内部温度、血压及腔内压力、血液及呼吸流量、肿瘤、脉搏及心音、脑电波等进行高难度的诊断。例如现代荧光生物传感器可以用于检测博来霉素、肝素和透明质酸酶等，其由于成本低廉、操作简单、分析时间短、灵敏度高、选择性好等特点，具有广阔的应用前景。传感器对现代医疗技术的进步起着非常重要的促进作用。

（7）机器人。

目前，在劳动强度高或危险作业的场所，已逐步使用机器人取代人工操作。一些高速度、高精度的工作，由机器人来承担也是非常合适的。然而，这些机器人多数是用来进行加工、组装、检验等工作的，属于生产用的自动机械式的单功能机器人。在这些机器人身上仅采用了检测臂的位置和角度的传感器。要使机器人和人更为接近，以便从事更高级的工作，要求机器人有判断能力，这就要给机器人安装更高级的传感器，特别是视觉传感器和触觉传感器，使机器人能通过"视觉"对物体进行识别和检测，通过"触觉"对物体产生压觉、力觉、滑动感觉和重量感觉等。这类机器人被称为智能机器人，它们不仅可以从事一般性、重复性的工作，而且可以代替人类完成许多高难度的事务，如精准的外科手术、核辐射环境的观察与作业等。

（8）家用电器。

现代家用电器中已普遍应用传感器。传感器在电子炉灶、自动电饭锅、吸尘器、空调、电子热水器、热风取暖器、风干器、报警器、电熨斗、电风扇、游戏机、电子驱蚊器、洗衣机、洗碗机、照相机、电冰箱、电视机、录像机、录音机、收音机、影碟机等家用电器中广泛应用。

二、传感器的发展

（1）传感器的发展历史。

传感器的发展大体经历了 3 代。

第 1 代结构型传感器，利用结构参量变化来感受和转化信号。例如，电阻应变式传感器利用金属材料发生弹性形变时电阻的变化来转化电信号。

第 2 代固体集成传感器，是 20 世纪 70 年代开始发展起来的固体传感器。这种传感器利用材料的某些特性，由使用半导体、电介质、磁性材料等制作的固体元件构成。例如，利用热电效应、霍尔效应、光敏效应，分别可制成热电偶传感器、霍尔传感器、光敏传感器。20 世纪 70 年代后期，随着集成技术、分子合成技术、微电子技术及计算机技术等的发展，集成传感器出现。例如，电荷耦合器件（Charge-Coupled Device，CCD）、集成温度传感器与霍尔传感器等。这类传感器主要具有成本低、可靠性高、性能好、接口灵活等特点。集成传感器的"集成"包括两种，分别是传感器本身的集成和传感器与后续电路的集成。集成传感器发展得非常迅速，现已占传感器市场的 2/3 左右，正向低价格、多功能和系列化方向发展。

第 3 代智能传感器，是在 20 世纪 80 年代发展起来的传感器。所谓智能传感器，是指其对外界信息具有一定检测、自诊断、数据处理以及自适应能力，是微型计算机技术与检测技术相结合的产物。20 世纪 80 年代，智能化测量主要以微控制器为核心，把传感器信号调节电路、微计算机、存储器及接口等集成到一块芯片上，使传感器具有一定的人工智能。20 世纪 90 年代，智能化测量技术有了进一步的发展，也提高了传感器的智能化水平，使其具有自诊断功能、记忆功能、多参量测量功能以及联网通信功能等。

（2）传感器未来的发展趋势。

综合分析来看，未来传感器发展主要有以下特点。

- 智能化。随着人工智能技术的飞速发展，智慧医疗、智能交通、智能家居、智能安防等概念纷纷落地，无人机、地面移动机器人、水下水面机器人等产品也愈发智能化，智能化热潮已经在各领域掀起。在此背景下，作为现代生活生产体系中的重要组成部分，传感器的智能化将是大势所趋。传感器的智能化主要表现在自主感知、自主决策等方面能力的升级和增强，同时与人之间形成流畅交互。智能传感器能够与人工智能业态相融合，为各大产业及各类产品的智能化提供坚实支撑。现阶段，我国已经初步形成智能传感器产品体系，未来有待进一步发展。

- 网络化。传感器与数据、信息紧密相连，收集和传输数据、信息是传感器的主要“使命”。如今数据的流通进一步扩张，无论是数字经济的发展还是互联网的普及，抑或是信息技术的应用，都对传感器的网络化提出迫切需求，使传感器必须在网络化方面有所升级。2019 年以来，5G 商用的开启已经为传感器网络化发展带来重大利好，在 5G 网络高速率、低延时、大容量的优势支持下，传感器得以实现更加顺畅、迅速的数据传输，其自身性能也获得全面提升。接下来，传感器还需加速与 5G 的融合发展，进一步深化自身的应用。
- 集成化。过去传感器基本都只具备单一功能，但随着市场对传感器多元化需求的不断增加，传感器集成化的趋势也愈发凸显。集成化的传感器可以同时感知多类环境信息，获取和传输多种数据，能够展现出更好的作用和更高的价值。除此以外，集成化的传感器还可以降低生产成本。不过，在传感器高度集成的过程中，其体积也值得注意。如何在集成多种功能和技术的同时，保证传感器体积不会太大，甚至能够进一步微型化，这无疑是传感器集成化带来的一个问题。未来传感器的发展将满足行业需求，顺应行业发展趋势，带动行业整体发展取得佳绩。
- 传感融合化。传感器融合在产业中的主要表现为：按照数据采集方式及传感技术结构，对同类别的传感器进行硬件集成，并通过特定算法进行数据校正及优化，降低串扰。不同传感器之间协同工作，性能互补，可为用户提供更丰富的功能，带给消费者更高的商业价值。例如可穿戴式设备是消费电子市场中迭代非常明显的一类产品，从其外观到功能的进化可以清晰地看到传感器融合的轨迹。不同种类的传感器逐步增加、融合、协同工作，使得电子设备的功能更丰富，更能满足消费者需求。另一个明显案例就是汽车电子中的激光雷达与视觉的融合。面对复杂环境，仅仅依靠单一传感器进行测距是不够的，需要将不同种类的传感信息融合在一起，以弥补各传感器自身的缺点及不足。

1.2 传感器的一般特性

被测量可以分为静态参量和动态参量两大类。静态参量是指稳定状态信号或者变化缓慢的信号（准静态）。动态参量通常指周期信号、随机信号或瞬变信号。无论是静态参量还是动态参量，用传感器测量时都应不失真地复现被测量的变化，而这依赖于传感器的静态与动态特性。

1.2.1 传感器的静态特性

传感器的静态特性是指传感器的输出量与静态的输入量之间相互关联的特性。此时输入量和输出量都和时间无关，可以将输入量作为自变量，把与其对应的输出量作为因变量得到特性曲线，并以此曲线来描述传感器的静态特性，如图 1-2 所示，或用一个不含时间变量的代数方程式〔式（1-1）〕来表示。

$$Y = a_0 + a_1 X + a_2 X^2 + \cdots + a_n X^n \tag{1-1}$$

式中，Y为输出量，X为输入量，a_0为零位输出，a_1为传感器灵敏度，$a_2 \sim a_n$为非线性项常数。

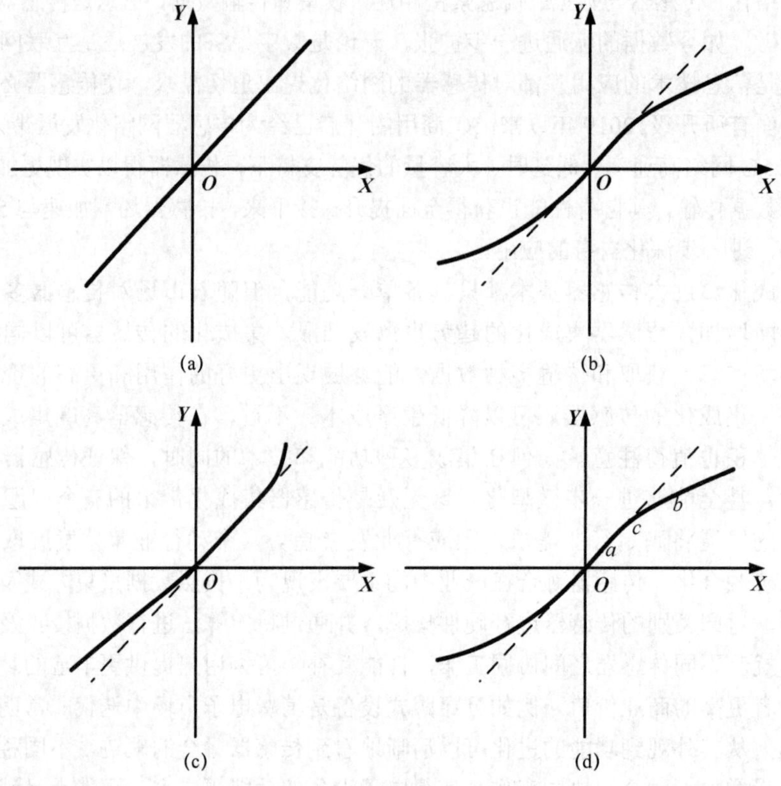

图 1-2　4 种典型静态特性

静态特性是由线性项和非线性项叠加构成的，一般可以分为以下 4 种典型情况。

（1）理想线性：$Y = a_1X$，如图 1-2（a）所示。

（2）具有 X 奇次阶项的非线性：$Y = a_1X + a_3X^3 + a_5X^5 + \cdots + a_nX^n$，如图 1-2（b）所示。

（3）具有 X 偶次阶项的非线性：$Y = a_1X + a_2X^2 + a_4X^4 + \cdots + a_nX^n$，如图 1-2（c）所示。

（4）具有 X 奇偶次阶项的非线性：$Y = a_1X + a_2X^2 + a_3X^3 + a_4X^4 + a_5X^5 + \cdots + a_nX^n$，如图 1-2（d）所示。

表征传感器静态特性的主要参数有线性度（非线性误差）、灵敏度、精确度、分辨率、迟滞、重复性、漂移等。

一、线性度

通常情况下，传感器的实际静态特性输出表现为曲线而非直线。在实际工作中，为使仪表具有均匀刻度的读数，常用一条拟合直线近似地代表实际的特性曲线，如图 1-3 所示。线性度是指传感器输出量与输入量之间的实际特性曲线偏离拟合直线的程度，定义为在全量程范围内实际特性曲线与拟合直线之间的最大偏差与满量程输出之比，表示为

$$\delta = \pm \frac{\Delta Y_{\max}}{Y_{\mathrm{FS}}} \times 100\% \tag{1-2}$$

式中，$\Delta Y_{\max}$为全量程范围内实际特性曲线与拟合直线间的最大偏差；Y_{FS}为传感器满量程输出。

拟合直线的选取有多种方法：端基法，将零输入点和满量程输出点相连的理论直线作为拟合直线；将与特性曲线上各点偏差平方和最小的理论直线作为拟合直线，此拟合直线称为最小二乘法拟合直线；应用智能优化算法进行拟合得到拟合直线。

（1）基准线拟合——端基法。

把传感器校准数据的零点输出平均值 a_0 和满量程输出平均值 b_0 连成的直线作为拟合直线，如图 1-4 所示。该拟合值线方程表示为

$$Y = a_0 + KX \tag{1-3}$$

式中，K 为拟合直线的斜率。

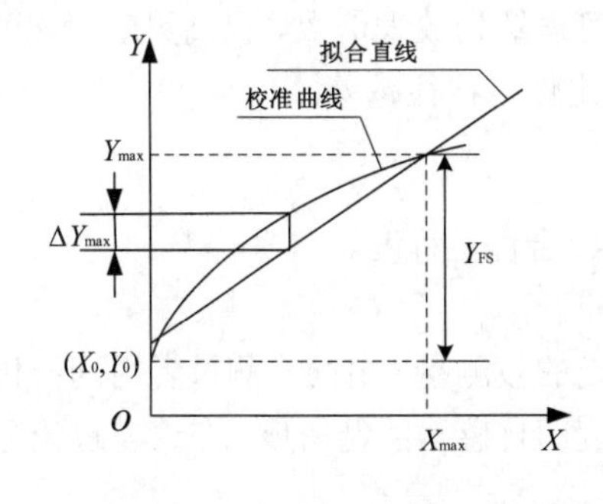

图 1-3 传感器线性度

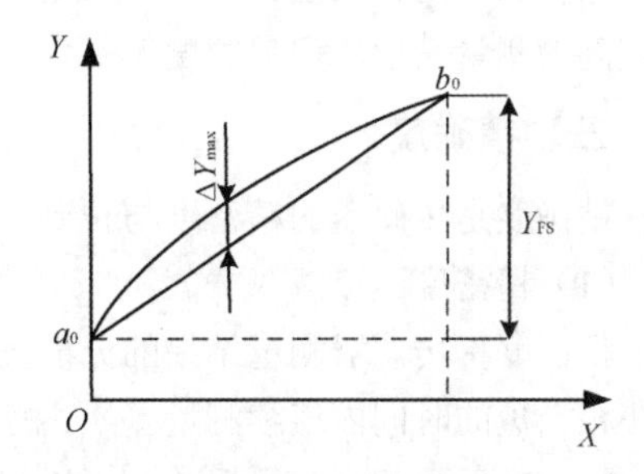

图 1-4 端基法拟合直线

（2）最小二乘法拟合。

对测试的 n 次数据构建拟合直线，令拟合直线为 $Y=a_0+KX$，应用最小二乘法求 a_0 和 K，表示为

$$\Delta_i = Y_i - (a_0 - KX_i) \tag{1-4}$$

最小二乘法就是使拟合直线的输出值与测量值的误差和 $\sum_{i=1}^{n}\Delta_i^2$ 最小，令 $\sum_{i=1}^{n}\Delta_i^2$ 对 a_0 和 K 求偏导，建立式（1-5）和式（1-6）的方程组，求解得到 a_0 和 K。

$$2\sum_{i=1}^{n} X_i(Y_i + KX_i - a_0) = 0 \tag{1-5}$$

$$2\sum_{i=1}^{n} (-1)(Y_i + KX_i - a_0) = 0 \tag{1-6}$$

（3）智能优化算法拟合。

应用智能优化算法，如遗传算法、粒子群算法等，寻优计算得到 a_0 和 K。

二、灵敏度

灵敏度是传感器静态特性的一个重要指标，定义为传感器到达稳定工作状态时输出量变化 ΔY 与输入量变化 ΔX 的比值。用 K 表示灵敏度为

$$K = \frac{\Delta Y}{\Delta X} = \text{输出量变化 / 输入量变化} \tag{1-7}$$

灵敏度表示为输出-输入特性曲线的斜率，如图 1-5 所示。如果传感器的输出和输入之间存在线性关系，则灵敏度 K 是一个常数。当传感器的输出和输入之间存在非线性关系时，可以将 K 看作非线性曲线的切线斜率，它将随输入量的变化而变化。

灵敏度的量纲是输出量、输入量的量纲之比。例如，某位移传感器，在位移变化 1 mm 时，输出电压变化为 200 mV，则其灵敏度应表示为 200 mV/mm。

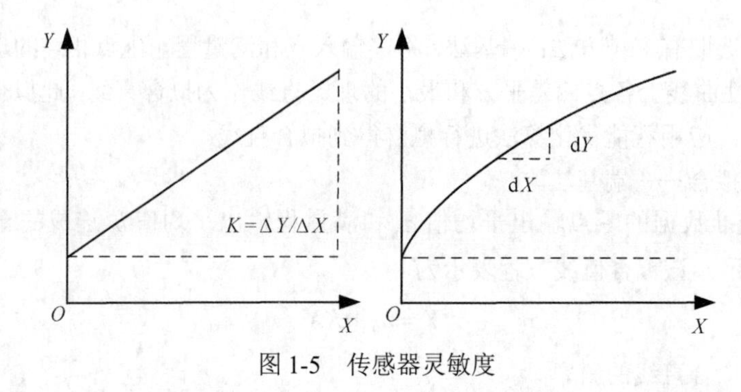

图 1-5 传感器灵敏度

当传感器的输出量、输入量的量纲相同时，灵敏度可理解为放大倍数。提高灵敏度，可得到较高的测量精度。但灵敏度越高，测量范围越窄，稳定性也往往越差。

三、精确度

精确度是传感器的精密度与正确度之和，是测量的综合优良程度。

（1）精密度。

精密度指传感器测量结果的分散程度。对于某一稳定的被测量，由同一测量者用同一传感器在相当短的时间内连续测量多次，测量结果的分散程度即传感器的精密度。在误差理论分析中，精密度反映的是随机误差，可以用贝塞尔标准误差来表示。

$$\sigma_{n-1}=\sqrt{\frac{1}{n-1}\sum_{i=1}^{n}(x_i-\overline{x})^2} \tag{1-8}$$

式中，x_i 为第 i 次的测量值；$\overline{x}$ 为测量值的算术平均值。σ_{n-1} 越小，分散程度越小，精密度越高。

（2）正确度。

正确度说明测量结果偏离真实值的程度。在误差理论分析中，测量值与真实值的偏离程度反映的是系统误差；对单次测量来说，其反映的是绝对误差。

（3）精确度。

精确度用测量误差的相对值表示。在工程应用中，常常采用精确度等级的说法，一般用传感器允许的最大绝对误差相对于其测量范围的百分数表示。

$$A=\frac{\Delta A}{Y_{\mathrm{FS}}}\times 100\% \tag{1-9}$$

式中，ΔA 为最大绝对误差；Y_{FS} 为满量程输出。精确度等级 A 以一系列标准百分数值（0.04%、0.075%、0.1%、0.2%、0.5%……1.5%、2.5%、3.0%、4.0%）进行分挡。

精密度、正确度可以用图 1-6 所示的测量结果进行说明。

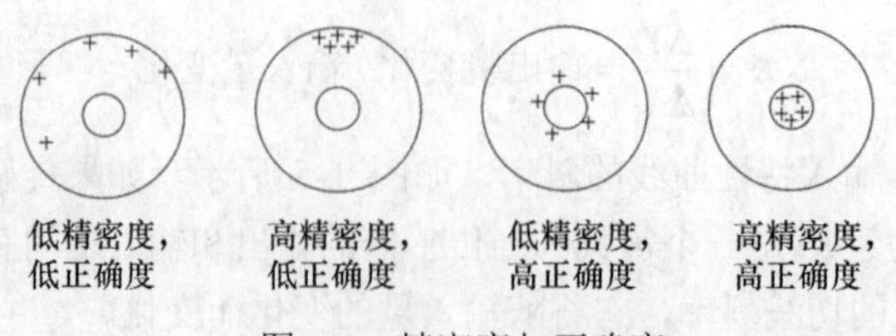

图 1-6 精密度与正确度

四、分辨率

分辨率是指传感器可感受到的被测量的最小变化。当传感器的输入从非零值缓慢增加时，在增量超过某一值后，输出发生可观测的变化，这个输入增量称为传感器的分辨率，即最小输入增量。也就是说，如果输入量从某一非零值缓慢地变化，当输入增量未超过某一数值时，传感器的输出不会发生变化，即传感器无法分辨该输入增量。只有当输入增量超过分辨率时，输出才会发生变化。

通常传感器的最小输入增量易受噪声的影响，所以一般用相当于噪声电平若干倍的被测量作为最小输入增量，表示为

$$M = \frac{CN}{K} \tag{1-10}$$

式中，K 为传感器灵敏度；N 为噪声电平；C 为系数。

例如，电容式压力传感器的噪声电平为 0.2 mV，灵敏度为 5 mV/mmHg，若取 C=2，则根据式（1-10）计算得最小输入增量为 0.08 mmHg。

五、迟滞

传感器在输入量由小到大（正行程）及输入量由大到小（反行程）变化期间，其输出-输入特性曲线不重合的现象称为迟滞。对于同一大小的输入量，传感器的正、反行程输出量大小不相等，这个差值称为迟滞差值。其反映的是在相同工作条件下进行全测量范围校准时，同一次校准中对应同一输入量的正行程与反行程输出量间的最大偏差，表示为

$$\delta_H = \pm\frac{\Delta H_{\text{max}}}{2Y_{\text{FS}}}\times 100\% \tag{1-11}$$

式中，$\Delta H_{\max}$ 为正行程与反行程输出量之间的最大偏差；Y_{FS} 为满量程输出。图 1-7 所示为传感器的迟滞曲线示意。

六、重复性

重复性是指传感器的输入量在同一方向全量程连续多次变化时，所得输出-输入特性曲线不一致的程度。在相同工作条件下，同一输入量在同一方向全量程范围内连续测量得到的输出-输入特性曲线的不一致程度，在数值上用各测量值正、反行程标准偏差最大值的 2 倍或 3 倍与满量程的百分比表示，如式（1-12）和图 1-8 所示。

$$\delta_k = \pm\frac{2\sigma \sim 3\sigma}{Y_{\text{FS}}}\times 100\%,\quad \sigma = \sqrt{\frac{\sum_{i=1}^{n}(Y_i - \overline{Y})^2}{n-1}} \tag{1-12}$$

式中，Y_i 为测量值；$\overline{Y}$ 为测量值的算术平均值；n 为测量次数；σ 为标准偏差；Y_{FS} 为满量程输出。

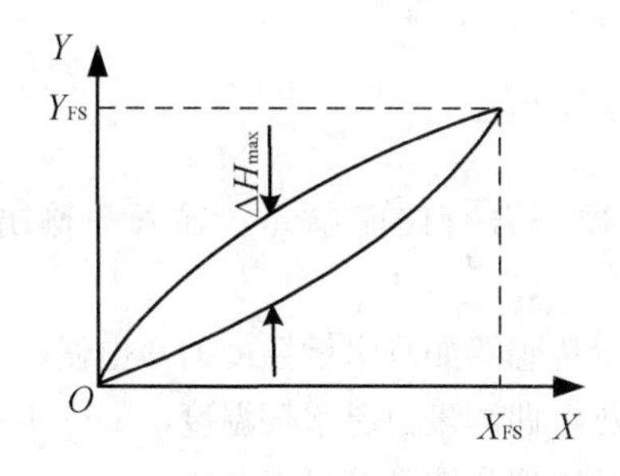

图 1-7　传感器的迟滞曲线示意

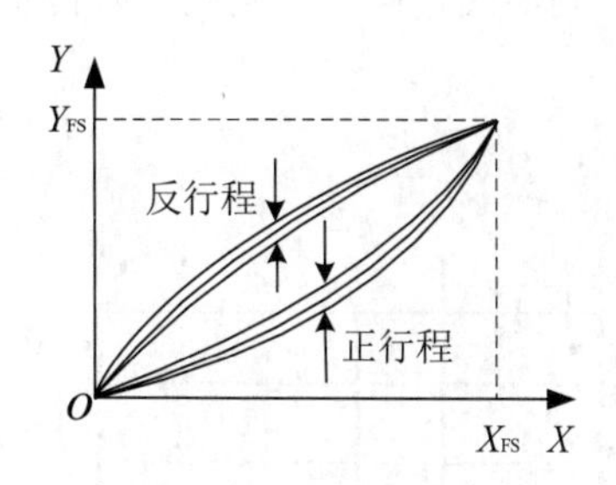

图 1-8　传感器重复性

七、漂移

传感器的漂移是指在输入量不变的情况下，传感器输出量随着时间推移而产生的变化。产生漂移的原因来自两个方面：一是传感器自身结构参数；二是周围环境（如温度）。零漂是指传感器无输入（或某一输入不变）时，每隔一段时间进行读数输出，其输出的偏离零值（或原输出值）；温漂是指温度变化时，传感器输出值的偏离程度。

1.2.2 传感器的动态特性

动态特性是指传感器在输入量变化时，其输出量的特性。在实际工作中，传感器的动态特性常用它对某些标准输入量的响应来表示。这是因为传感器对标准输入量的响应容易用实验方法求得，并且它对标准输入量的响应与它对任意输入量的响应之间存在一定的关系，往往知道了前者就能推定后者。常用的标准输入量有阶跃信号和正弦信号两种，所以传感器的动态特性也常用阶跃响应和频率响应来表示。

一、动态特性的数学模型

传感器动态输入与动态输出可以用与时间相关的方程式描述，表示为

$$\begin{aligned}&a_n\frac{\mathrm{d}^nY(t)}{\mathrm{d}t^n}+a_{n-1}\frac{\mathrm{d}^{n-1}Y(t)}{\mathrm{d}t^{n-1}}+\cdots+a_1\frac{\mathrm{d}Y(t)}{\mathrm{d}t}+a_0Y(t)\\&=b_m\frac{\mathrm{d}^mX(t)}{\mathrm{d}t^m}+b_{m-1}\frac{\mathrm{d}^{m-1}X(t)}{\mathrm{d}t^{m-1}}+\cdots+b_1\frac{\mathrm{d}X(t)}{\mathrm{d}t}+b_0X(t)\end{aligned} \tag{1-13}$$

式中，$Y(t)$为传感器输出量；$X(t)$为传感器输入量；t为时间；a_0、a_1……a_n和b_0、b_1……b_m为常数。

对式（1-13）中的微分方程求解，便可以得到传感器动态响应及动态性能指标。绝大多数传感器都可以归类为零阶传感器、一阶传感器和二阶传感器，现从式（1-13）出发，分别讨论零阶传感器、一阶传感器和二阶传感器。

（1）零阶传感器。

对照式（1-13），可得零阶传感器的动态方程式为

$$a_0Y(t)=b_0X(t) \tag{1-14}$$

即得 $Y(t)=KX(t)$，其中 $K=b_0/a_0$，为静态灵敏度。

典型的零阶传感器如电位器传感器，可以看成一个与时间无关（无滞后）的传感器。

（2）一阶传感器。

对照式（1-13），可得一阶传感器的动态方程式为

$$a_1\frac{\mathrm{d}Y(t)}{\mathrm{d}t}+a_0Y(t)=b_0X(t) \tag{1-15}$$

此时传感器中含有储能单元，输入与输出之间有滞后。

典型的一阶传感器如测水槽温度的热电偶，可使用不带保护套管的热电偶测量恒温水槽温度，如图1-9所示。

根据热力学原理，该系统可表示为

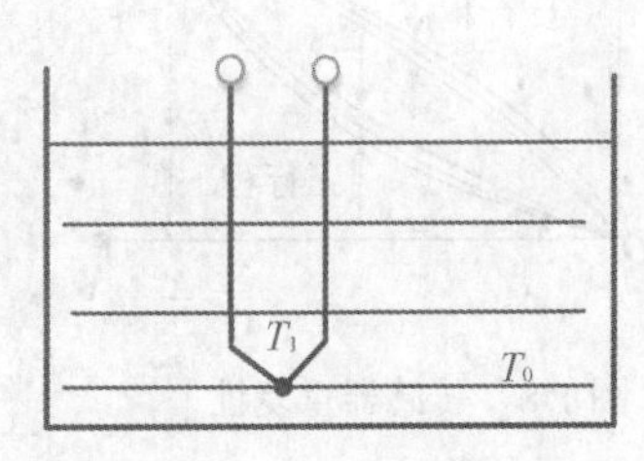

图1-9 一阶测温热电偶

$$q = mC\frac{\mathrm{d}T_1}{\mathrm{d}t} = \frac{T_0 - T_1}{R} \tag{1-16}$$

式中，m为热电偶质量；C为热电偶比热容；T_1为热接点温度；T_0为被测点温度；R为被测介质与热电偶之间的热阻；q为介质传给热电偶的热量，没有考虑热电偶自身的热量损耗。将式（1-16）变化为标准形式表示为

$$\tau\frac{\mathrm{d}T_1}{\mathrm{d}t} + T_1 = T_0 \tag{1-17}$$

式中，$\tau = RmC$，称为一阶传感器的时间常数。只要知道输入T_0的变化规律，求解式（1-17）中的一阶微分方程，就可得到热电偶对水槽测点温度的时间响应。

（3）二阶传感器。

对照式（1-13），可得二阶传感器的动态方程式为

$$a_2\frac{\mathrm{d}^2Y(t)}{\mathrm{d}t^2} + a_1\frac{\mathrm{d}Y(t)}{\mathrm{d}t} + a_0Y(t) = b_0X(t) \tag{1-18}$$

此时传感器中含有两个储能单元，输入与输出之间有滞后。

典型的二阶传感器如带保护套的测水槽温度的热电偶，如图1-10所示。

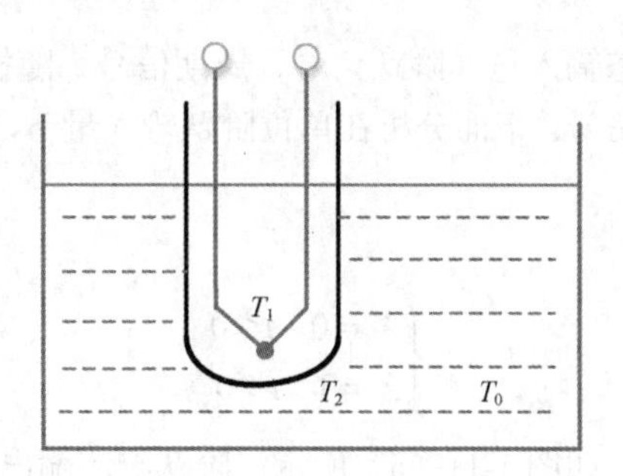

图1-10　二阶测温热电偶

根据热力学原理，表示为

$$q - q_0 = m_2C_2\frac{\mathrm{d}T_2}{\mathrm{d}t} - m_1C_1\frac{\mathrm{d}T_1}{\mathrm{d}t} = \frac{T_0 - T_2}{R_2} - \frac{T_2 - T_1}{R_1} \tag{1-19}$$

式中，m_1C_1为热电偶热容量，m_2C_2为套管热容量；T_2为保护套管温度；T_1为热接点温度；T_0为被测点温度；R_1为套管与热电偶之间的热阻；R_2为套管与被测介质之间的热阻。此处$R_1 >> R_2$，式（1-19）可以简化为

$$\tau_2\frac{\mathrm{d}T_2}{\mathrm{d}t} + T_2 = T_0 \tag{1-20}$$

式中，$\tau_2 = R_2m_2C_2$。令$\tau_1 = R_1m_1C_1$同样可以得到T_2和T_1之间的变化规律，表示为

$$\tau_1\frac{\mathrm{d}T_1}{\mathrm{d}t} + T_1 = T_2 \tag{1-21}$$

由式（1-20）和式（1-21）可以得到二阶传感器温度测量系统的微分方程式为

$$\tau_1\tau_2\frac{\mathrm{d}^2T_1}{\mathrm{d}t^2} + (\tau_1 + \tau_2)\frac{\mathrm{d}T_1}{\mathrm{d}t} + T_1 = T_0 \tag{1-22}$$

只要知道输入T_0的变化规律，求解式（1-22）中的二阶微分方程，就可得到热电偶输出对水槽测点温度的时间响应。

二、传递函数及动态响应

（1）传递函数。

传递函数是分析动态系统的有效工具，对传感器动态特性的分析同样十分有用。传递函数定义为输出量与输入量之比，对动态时变的输出量 $y(t)$ 与输入量 $x(t)$，进行拉普拉斯变换分别得到：$Y(s)=L[y(t)]=\int_0^{\infty} y(t)\mathrm{e}^{-st}\mathrm{d}t$；$X(s)=L[x(t)]=\int_0^{\infty} x(t)\mathrm{e}^{-st}\mathrm{d}t$。$s=\beta+\mathrm{j}\omega$，是复变量，且 $\beta>0$。描述传感器动态特性的传递函数为

$$H(s)=\frac{Y(s)}{X(s)} \tag{1-23}$$

式（1-13）传感器动态输入与动态输出方程式的拉普拉斯变换式为

$$(a_n s^n+a_{n-1}s^{n-1}+\cdots+a_1 s+a_0)Y(s)=(b_m s^m+b_{m-1}s^{m-1}+\cdots+b_1 s+b_0)X(s) \tag{1-24}$$

传递函数表示为

$$H(s)=\frac{Y(s)}{X(s)}=\frac{b_m s^m+b_{m-1}s^{m-1}+\cdots+b_1 s+b_0}{a_n s^n+a_{n-1}s^{n-1}+\cdots+a_1 s+a_0} \tag{1-25}$$

（2）动态响应。

动态响应指传感器对动态输入量（阶跃信号、周期信号、随机信号）所产生的输出响应。常见的输入测试信号为阶跃信号。下面分析在单位阶跃输入量下，常见的零阶、一阶和二阶传感器的动态响应。

单位阶跃输入量为

$$\begin{cases} X=0 & t<0 \\ X=1 & t\geqslant 0 \end{cases} \tag{1-26}$$

①零阶传感器动态响应。如图 1-11（a）所示，阶跃响应输出和输入成比例，没有滞后。

②一阶传感器动态响应。由式（1-15）可以解得

$$Y(t)=1-\mathrm{e}^{-t/\tau} \tag{1-27}$$

对应的输出响应曲线如图 1-11（b）所示，由图可见随着时间推移，$Y(t)$ 最后无限接近于 1，当 $t=\tau$ 时，$Y(t)=0.63$，可见时间常数 τ 决定了一阶传感器的输出响应速度。

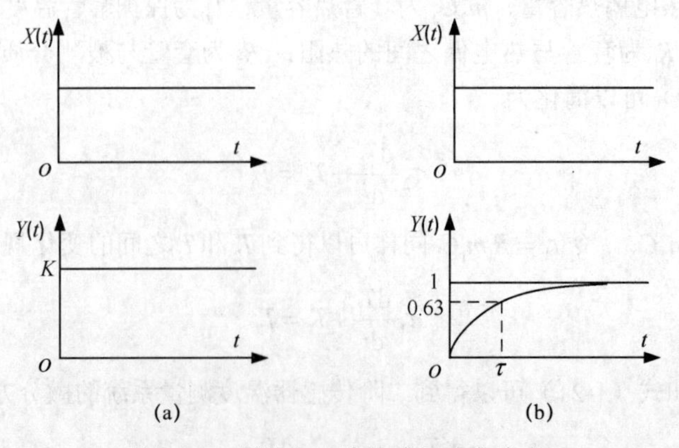

图 1-11 零阶与一阶传感器动态响应

③二阶传感器动态响应。二阶传感器阶跃响应比零阶和一阶传感器的复杂，典型的阶跃响应曲线如图 1-12 所示，表现为一个振荡趋稳的过程。

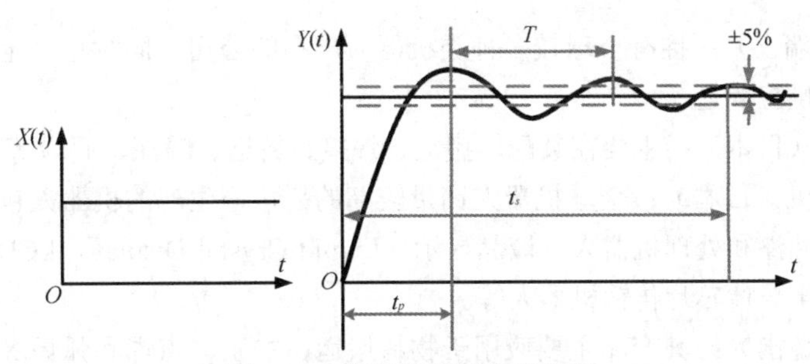

图 1-12 典型的阶跃响应曲线

一般应用以下特性指标考察二阶传感器的动态特性。

- 峰值时间 t_p：阶跃响应曲线达到第一个峰值所花的时间。峰值时间越短，传感器输出响应越快。
- 稳定时间 t_s 传感器从阶跃信号输入开始到系统稳定在稳定值的设定百分比时所花的最短时间，稳定值的设定百分比一般为±5%。除了峰值时间 t_p 和稳定时间 t_s 外，还有振荡周期 T（连续两个输出峰值的时间差）和稳态误差（最后的偏离值）等快速性和准确性指标。

1.3 机器人技术基础

机器人是人工智能的重要应用载体，是现代高科技发展的重要标志之一，融合、集成了机械与电子、计算机与自动控制等多学科知识。

1.3.1 机器人基础知识

机器人可以被定义为由计算机控制，能模拟人的感觉，能手动操纵、具有自动行走（游动或飞行）能力，且足以完成有效工作的装置。机器人并非都有人的形状。

机器人可分为工业机器人和特种机器人等。工业机器人多用于制造业生产环境中，如图 1-13 所示，主要包括人机协作机器人和工业移动机器人。目前，国际上的工业机器人主要来自四大机器人公司。

图 1-13 工业机器人

- ABB（瑞士）：拥有全球较多种类机器人产品的公司，同时也是全球机器人生产量最大的供应商之一。
- 发那科（日本）：主要在装配、搬运、焊接、铸造、喷涂、码垛等工业领域发展。
- 安川电机（日本）：全球机器人销量较高的公司，生产的机器人包括点焊和弧焊机器人、油漆和处理机器人、液晶显示（Liquid Crystal Display，LCD）玻璃板传输机器人和半导体芯片传输机器人等。
- 库卡（德国）：其产品主要应用于物料搬运、加工、点焊和弧焊等领域，涉及自动化、金属加工等工序，绝大部分客户都是汽车厂商。

特种机器人一般用于非制造业环境，是在特定（特殊）环境下作业的机器人，主要包括个人/家用服务机器人、健康机器人、防爆机器人、手术医疗机器人、飞行机器人、水下机器人等。图 1-14 所示为战场无人机与水下机器人。

图 1-14 战场无人机与水下机器人

我国机器人企业虽然发展起步晚，但近些年的发展却很迅速，以新松机器人等骨干企业为代表，其研发、生产能力不断提高。新松机器人生产的机器人主要分为三大类，分别是单臂协作机器人、双臂协作机器人、服务机器人。

国内机器人研发机构主要有中国科学院沈阳自动化研究所（机器人学国家重点实验室）、华中科技大学（数字制造装备与技术国家重点实验室）、哈尔滨工业大学（机器人技术与系统国家重点实验室）、哈尔滨工程大学（水下机器人技术重点实验室）等。另外，北京航空航天大学、清华大学、北京理工大学、上海交通大学、同济大学、西北工业大学等也具备较强的研究实力。

1.3.2 机器人发展历史

一、第一代机器人

第一代机器人是遥控操作机器人，不能离开人的控制独自运动。其工作原理是通过一台计算机控制多自由度的机械，在机器人工作时读取示教存储的程序和信息，然后向机器人发出指令。这样的机器人可以重复地根据人类示教的结果，再现相应动作。该类机器人的特点是它对外界的环境没有感知。

第一代机器人具有记忆、存储能力，可按相应程序重复作业，但对周围环境基本没有感知与反馈控制能力。第一代机器人也被称为示教再现型机器人，这类机器人需要使用者事先“教”给它们动作顺序和运动路径，以便它们不断地重复这些动作。典型代表为图 1-15 所示的工业生产线上的机器人。

图 1-15 工业生产线上的机器人

二、第二代机器人

第二代机器人是有感觉的机器人，这种有感觉的机器人具有类似人类的某种感觉功能，如力觉、触觉、听觉等。第二代机器人靠感觉来判断力的大小，机器人在工作时，根据“感觉器官”（传感器）获得的信息，灵活调整自己的工作状态，在适应环境的情况下完成工作任务。例如，具有触觉的机械手可轻松自如地抓取鸡蛋，具有嗅觉的机器人能分辨出不同饮料和酒类。

第二代机器人能够获得作业环境和作业对象的部分信息，并对其进行一定的实时处理，以进行相应的作业。第二代机器人已进入使用阶段，在工业生产中得到广泛应用。日本本田技研工业株式会社的第二代“阿西莫”双脚步行机器人如图 1-16 所示。其身高 1.3 m，体重 54 kg，行走速度 0～2.7 km/h。早期的机器人如果要在直线行走时突然转向，必须先停下来，看起来比较笨拙。而“阿西莫”就灵活得多，它可以实时预测下一个动作并提前改变重心，因此可以行走自如，进行诸如“8”字形行走、下台阶、弯腰等各项“复杂”动作。此外，“阿西莫”还可以握手、挥手，甚至可以随着音乐翩翩起舞。2007 年 9 月 28 日，第二代“阿西莫”双脚步行机器人在西班牙的巴塞罗那亮相，并表演踢足球和上楼梯等动作。

图 1-16 第二代“阿西莫”双脚步行机器人

三、第三代机器人

第三代机器人是目前正在研究的“智能机器人”。它不仅具有比第二代机器人更加完善的环境感知能力，而且具有逻辑思维、判断和决策能力，可根据作业要求与环境信息自主地开展工作。第三代机器人是利用各种传感器、测量器等来获取环境信息，然后利用智能技术对其进行识别、理解、推理，最后做出规划、决策，能自主行动实现预定目标的高级机器人。它的未来发展方向是有知觉、有思维、能与人对话。这代机器人已经具有了自主性，有自行学习、推理、决策、规划等能力。如“阿尔法狗”就具有自行学习、推理、决策、规划等能力，在专项能力上已超越了人类。

第三代机器人是依靠人工智能技术进行规划和控制的机器人，它根据感知的信息，进行独立思考、识别及推理，并做出判断和决策，不用人的干预即可自动完成一些复杂的工作任务，例如导游机器人。第三代机器人在发生故障时，通过自我诊断装置能自我诊断出发生故障的部位，并能进行自我修复。

四、第四代机器人

目前，人类对机器人的研究处在第三代“智能机器人”阶段，真正意义上的第四代机器人是具有学习、思考、情感的智能机器人。由于基础学科的发展还没有能力提供实现第四代机器人的技术，因此第四代机器人还在概念设计阶段。

1.4　机器人传感技术

机器人传感技术是机器人对外部世界与自身状态的感知检测等技术，是机器人系统的核心技术之一。只有在准确感知机器人外部环境和自身状态的基础上，机器人才能进行各种应用作业。

1.4.1　机器人传感器

机器人是由计算机控制的复杂机器，它们中的多数具有类似人的肢体及感觉功能，如图 1-17 所示。机器人动作程序灵活，有一定程度的智能，且在工作时可以不依赖人的操纵。机器人传感器在机器人的控制中起了非常重要的作用，正因为有了传感器，机器人才具备了类似人类的知觉功能和反应能力。

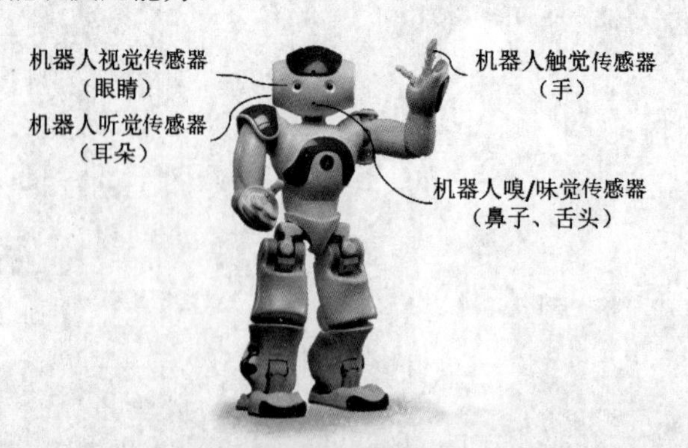

图 1-17　人类感觉器官与机器人传感器

为了检测作业对象及环境或机器人与作业对象及环境的关系，机器人上安装了触觉传感器、视觉传感器、力觉传感器、接近觉传感器、超声波传感器和听觉传感器等，这大大改善了机器人的工作状况，使其能够更充分地完成复杂的工作。

1.4.2 机器人传感器分类

机器人传感器的分类有多种方法，根据不同标准有不同分类结果。

根据传感器检测原理的不同，机器人传感器可分为电阻式传感器、电容式传感器、电感式传感器、电压传感器、电涡流传感器、光电式传感器、压电式传感器、热电式传感器、磁电式传感器、磁阻式传感器、霍尔传感器、应变式传感器、超声波传感器、激光传感器等。

根据传感器检测物理量的不同，机器人传感器可分为视觉传感器、听觉传感器、嗅觉传感器、触觉传感器、接近觉传感器、滑觉传感器、压觉传感器、力觉传感器等。

根据传感器检测对象的不同，机器人传感器可分为内部传感器（内传感器）和外部传感器（外传感器）。

一、机器人内部传感器

机器人内部内传感器是用来检测机器人自身状态的，检测量多为位置/姿态角、速度/角速度、加速度/角加速度、内力/内力矩等。

（1）机器人中心坐标的位置检测。

- 全球定位系统（Global Positioning System，GPS）采用卫星通信的方式获得位置，全局性好。高精度、高分辨率的 GPS 目前价格较高。
- 位移式位置传感器，如电感式位移传感器、电容式位移传感器、光栅式位移传感器、光纤式位移传感器等。
- 声学定位传感器，如水下机器人中常用的深度计、高度计、水声换能器等。

（2）机器人姿态检测。

- 方向罗经，如早期的磁罗经〔磁针在地磁力作用下能指向地球磁北（南）极的指向仪器〕、近代的陀螺罗经（基于角动量守恒原理——物体高速旋转时，角动量很大，旋转轴会一直稳定指向一个方向）和高灵敏度的电罗经（由陀螺仪、倾角计、磁场探测器和微控制器集成），用来检测机器人或船舶的姿态角。
- 光电式角度传感器，如光电码盘式数字传感器，是使用光电方法把被测角位移转换成以数字代码形式表示的电信号的转换部件。

（3）机器人速度与加速度检测。

- 机器人速度检测：如转速速度计、多普勒速度计等。
- 机器人加速度检测：应变式传感器、压电式传感器、加速度-力传感器等。

二、机器人外部传感器

机器人外部外传感器是用来检测机器人所处环境及状况的，可供机器人获取周围环境、目标的状态特征信息，使机器人与环境能发生交互，从而使机器人对环境有自校正和自适应能力。机器人外部传感器通常包括视觉、触觉、压觉、力觉、接近觉、滑觉、温度、嗅觉与听觉等传感器。

（1）视觉传感器。

- 明暗觉传感器，用于判断是否有光，以及亮度为多少，如光敏、光电式传感器（光敏晶体管、光电开关等）。
- 色彩及浓度传感器，判断目标的颜色与特征，如集成光-频率转换器、彩色 CCD 等。
- 外形检测传感器，检测目标物体的位置、角度和轮廓等，如光敏阵列、CCD、声学成像（水下声呐）等。

（2）触觉传感器。

触觉传感器主要用于检测机器人与对象是否接触、接触的位置、接触力度等。其目的是确定对象位置，识别对象形态，控制对象速度，保障安全，如柔性触觉传感器（电子皮肤）、生-机-电信号采集传感器、光电式传感器等。

（3）压觉传感器。

压觉传感器主要用于检测机器人对物体的压力、握力、压力分布，目的是控制握力、识别握持物、测量物体弹性等，如压电式压力传感器、压阻式压力传感器等。

（4）力觉传感器。

力觉传感器主要用于检测机器人部件（如机器人“手指”）所受外力及转矩，目的是控制“手腕”移动、控制伺服系统、正确完成作业等，如应变式传感器、电容式位移传感器等。

（5）接近觉传感器。

接近觉传感器主要用于检测目标物是否接近、接近距离、对象面的倾斜，目的是规划路径、保障安全、控制机器人位置，如光传感器、气压传感器、超声波传感器、电涡流接近觉传感器、霍尔接近觉传感器等。

（6）滑觉传感器。

滑觉传感器主要用于检测机器人垂直握持面方向物体位移、重力引起的变形，目的是修正握力，防止打滑，判断物体质量及表面状态，如球形接点式传感器、光电式旋转传感器、角编码器、振动检测器等。

（7）温度传感器。

温度传感器主要用于检测机器人感觉到接触物或环境的温度及其变化，如热电偶温度传感器、热电阻温度传感器、光纤温度传感器、光敏温度传感器等。

（8）嗅觉与听觉传感器。

①嗅觉传感器，主要是化学传感器、生物传感器。例如，化学气体传感器，就是一种将某种气体浓度转化成对应电信号的传感器，常见的有半导体气体传感器、电化学气体传感器、催化燃烧式气体传感器、热导式气体传感器、红外线气体传感器、固体电解质气体传感器等。生物传感器是一种对生物物质敏感并可将其浓度转换为电信号的传感器，是由固定化的生物敏感材料（包括酶、抗体、抗原、微生物、细胞、组织、核酸等生物活性物质）制作的识别元件、适当的理化换能器（如氧电极、光敏管、场效应管、压电晶体等）及信号放大装置等构成的。生物传感器具有接收器与转换器的功能。

②听觉传感器是一种声波感知器。其原理是，声波使话筒内的驻极体薄膜振动，引起电容等电参量的变化，从而产生与之对应变化的微小电压。这一电压随后被转化成 0～5 V 的电压，经过模数（Analog-Digital，A/D）转换被数据采集器接收，并传送给计算机处理、识别。识别系统包括以下两类。

- 特定人的语音识别系统。特定人的语音识别是将事先指定的人的声音中的每一个字音特征矩阵存储起来，形成一个标准模板（或叫模板），然后进行匹配。它首先要记忆一个或几个语音特征，而且被指定人讲话的内容也必须是事先规定好的有限的几句话。特定人的语音识别系统可以识别讲话的人是否是事先指定的人，讲的是哪一句话。
- 非特定人的语音识别系统。非特定人的语音识别系统大致可以分为语言识别系统、单词识别系统、数字音（0～9）识别系统。非特定人的语音识别需要先让系统对一组有代表性的人的语音进行训练，找出同一词音的共性。这种训练往往是开放式的，能对系统进行不断的修正。在系统工作时，对接收到的声音信号求解特征矩阵，再与标准模板比较，看它与哪个模板相同或相近，从而识别该信号的含义。

1.5 思考题

1．传感技术研究的主要内容是什么？

2．传感器的定义是什么？表述你理解的机器人传感器。

3．绘制传感器的一般组成框图并简述各部分的作用（3 个主要部分）。

4．现有两支工业用温度计 A、B，其测温范围分别为 0～1000 ℃、500～1000 ℃，两支温度计的基本误差皆为±4 ℃，A、B 两支温度计分别应属几级测温仪表？

5．何为传感器的静态特性？何为传感器的动态特性？表征传感器静态特性的主要参数有哪些？

6．传感器的精密度与正确度有何区别？传感器精确度等级如何确定？

7．传感器的线性度是如何确定的？拟合传感器的线性度方程有哪些方法？

8．何为传感器的灵敏度？传感器的分辨率如何确定？

9．何为传感器的迟滞？它与传感器的重复性有何不同？

10．何为传感器的零漂？何为传感器的温漂？

11．根据自己的理解描述何为机器人，何为机器人传感器。

12．常用的机器人内部传感器和外部传感器有哪几种？

第 2 章

机器人位移传感器

机器人位移传感器将位移、尺寸、距离、形变等物理量转换为电信号，常用于机器人与机械手的精准定位。按被测量变换形式的不同，位移传感器可分为模拟式和数字式两种。模拟式又可分为物性型和结构型两种。常用的位移传感器以模拟式结构型居多，包括电位器式位移传感器、电感式位移传感器、电容式位移传感器、光电式位移传感器等。本章从电位器式传感器、电感式传感器、电容式传感器的基本工作原理展开，重点介绍其在位移检测中的应用。

2.1 电位器式传感器

电位器式传感器（又称变阻器式传感器）用于将机械位移转换为与之成一定函数关系的电阻变化，可制成位移传感器，也可制成压力传感器、加速度传感器等。电位器式传感器结构简单，价格低廉，性能稳定，输出量强，对环境要求不高，易实现函数关系的变换，因此应用广泛。其主要缺点是精度不够高，动态响应较差，不适合测量快速变化量。电位器是电位器式传感器的主要组成部分，按其特征函数可分为线性电位器和非线性电位器；按其结构形式可分为线绕式电位器、薄膜式电位器、光电式电位器等。其中，线绕式电位器有单圈和多圈两种结构形式，目前常用的是单圈结构，即单圈线绕式电位器。

2.1.1 线绕式电位器

一、线绕式电位器的工作原理

线绕式电位器是按分压器线路连接的变阻器，由绕在骨架上的电阻丝和沿着电阻移动的电刷等构成。如图 2-1 所示，按照电阻丝的结构形式，线绕式电位器可以分为直线位移型、角位移型、螺旋型和非线性型等。

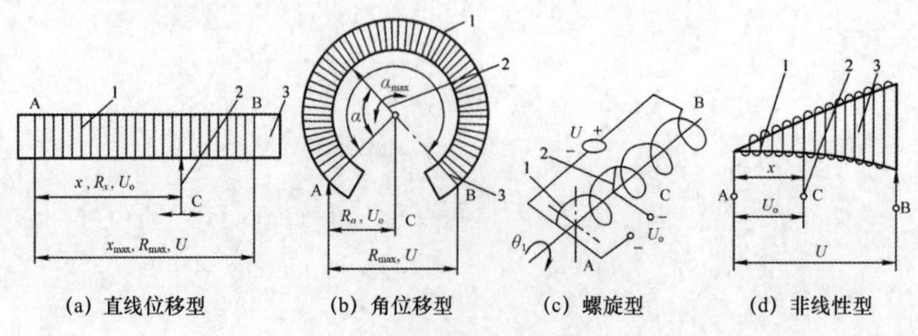

图 2-1 线绕式电位器的结构形式

1—电阻丝；2—电刷；3—骨架。

电位器的可动触头与被测物体相连，当被测物体移动时会引起电位器移动端电阻的变化。电阻的变化量反映了位移的变化量，其增大或减小反映了被测物体的位移方向。当输入电压为U时，输出电压U_o与直线位移增量x之间的关系、输出电压U_o与角位移增量α之间的关系可分别表示为

$$\text{直线位移型：}U_o=\frac{U}{R_{max}}R_x=\frac{U}{x_{max}}x \tag{2-1}$$

$$\text{角位移型：}U_o=\frac{U}{R_{max}}R_\alpha=\frac{U}{\alpha_{max}}\alpha \tag{2-2}$$

式中，R_{max}为最大电阻值，即AB间电阻值；R_x和R_α为被测电阻值，即AC间电阻值；x_{max}和α_{max}分别为最大直线位移增量和最大角位移增量。由式可见，直线位移型电位器的输出电压和直线位移增量成正比，角位移型电位器的输出电压和角位移增量成正比。

二、线绕式电位器的主要特性

（1）阶梯特性及阶梯误差。

理论上讲，电位器的特性曲线是直线位移增量x的连续函数。然而对线绕式电位器而言，电刷的直线位移增量x的变化是非连续的，因此得到的电阻变化也是非连续的。如图2-2所示，输出电压U_o的变化实际表现为一条阶梯形的折线。这种阶梯式变化是导线被弯折成有限匝数造成的，即电刷每移动过一匝线圈，输出电压U_o便产生一次阶跃变化，其阶跃值$\Delta U=U_{max}/N$，N是线圈总匝数。图2-2（b）中较小的跳跃是相邻两匝线圈短路引起的。

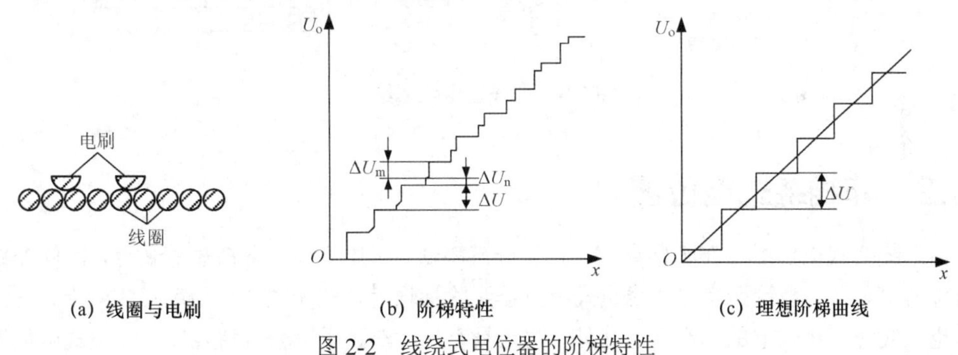

(a) 线圈与电刷　(b) 阶梯特性　(c) 理想阶梯曲线

图2-2 线绕式电位器的阶梯特性

在分析时，通常把图2-2（b）中的实际阶梯曲线简化成图2-2（c）所示的理想阶梯曲线，其中通过每个阶梯中点的直线称为理论直线。此时，分辨率定义为电刷行程内电位器输出电压阶梯最大值（即阶跃值ΔU）与最大输出电压U_{max}之比的百分数，即$(1/N)\%$；阶梯误差定义为理想阶梯曲线与理论直线之间最大偏差的百分比，即$\pm(1/2N)\%$。

（2）负载特性及负载误差。

电位器的输出端接有负载后，相当于负载电阻R_L与一部分电位器的电阻R_x并联，从而改变了电位器的空载特性曲线，使其更接近于图2-2（c）所示的理想状态。接负载后的输出电压U_{oL}为

$$U_{oL}=\frac{U}{\dfrac{R_xR_L}{R_x+R_L}+(R-R_x)}\frac{R_xR_L}{R_x+R_L}=\frac{UR_xR_L}{RR_L+RR_x-R_x^2} \tag{2-3}$$

令$m=\dfrac{R}{R_L}$，$X=\dfrac{R_x}{R}=\dfrac{x}{l}$，则

$$U_{\text{oL}} = U\frac{X}{1+mX(1-X)} \tag{2-4}$$

式中，l 为线圈长度。

空载时，输出电压 $U_o=UR_x/R=U_x/l=UX$，于是接负载 R_L 后引起的相对非线性误差为

$$\delta_L = \frac{U_o - U_{\text{oL}}}{U_o}\times 100\% = \left[1-\frac{1}{1+mX(1-X)}\right]\times 100\% \tag{2-5}$$

三、非线性电位器

非线性电位器有多种形式，图 2-3 所示为一种非线性电位器结构，其输出与电刷机械位移之间具有根据具体应用构建的非线性函数关系。

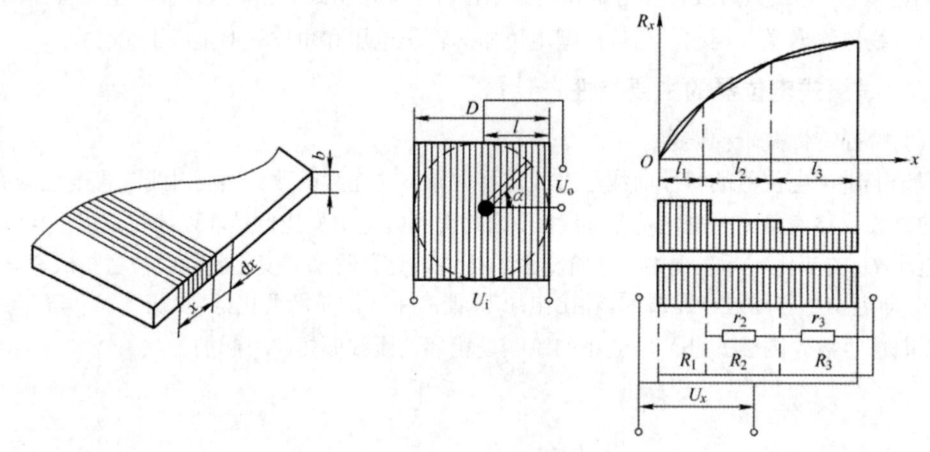

图 2-3　非线性电位器结构

2.1.2　非线绕式电位器

由于线绕式电位器存在阶梯误差，且有分辨率低、耐磨性差、寿命短等缺点，因此非线绕式电位器出现了。理论而言，非线绕式电位器无阶梯误差，有无限的分辨率；实际上，它的分辨率也比线绕式电位器的高得多。此外，它还具有尺寸小、质量轻等特点。非线绕式电位器有金属膜电位器、导电塑料电位器和光电电位器等，其中光电电位器具有非接触特性。

一、金属膜电位器

金属膜电位器通过在绝缘基体上用真空蒸发或电镀的方法涂覆一层金属膜或复合金属（如铂铜、铂铑、铑锗等）膜制成。该电位器温度系数很小，可耐高温（可达 150 ℃以上），但电阻值较低（1 Ω～2 kΩ）。

二、导电塑料电位器

导电塑料电位器的电阻体由塑料粉与导电材料粉经压制而成。其优点是耐磨、寿命长、线性好、电阻值范围大、能承受较大功率；缺点是电阻值易受温度和湿度影响、接触电阻大、精度不高。

三、光电电位器

光电电位器是一种非接触式电位器，以光束代替电刷，结构如图 2-4 所示。它在氧化铝基体（2）上蒸发一条金属膜电阻带（3）和一条高导电率的集电极（5），在电阻带与集电极之间的窄间隙上沉积一层光电导层（1）。当窄光束（4）在光电导层上扫描时，电阻带与集电极在

该处形成一导电通路，如同电刷移动一样。光电电位器的电阻值范围大（500Ω～15 MΩ），无摩擦和磨损，寿命长，分辨率高。缺点是有滞后，工作温度范围窄，线性度也不高。

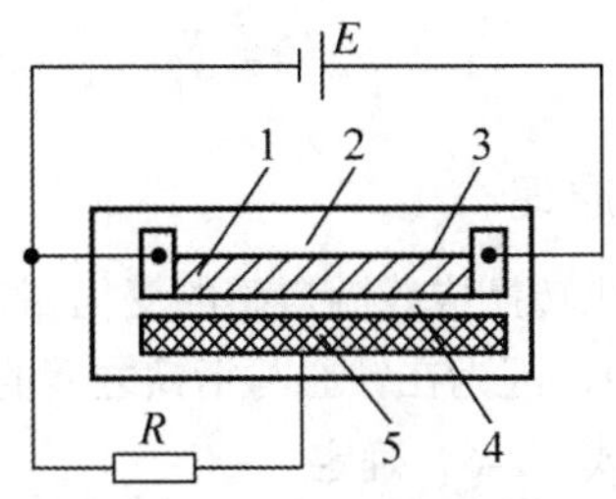

图 2-4 光电电位器结构

1—光电导层；2—氧化铝基体；3—金属膜电阻带；4—窄光束；5—集电极。

2.1.3 电位器式传感器的应用

一、电位器式位移传感器

电位器式位移传感器常用于测量直线位移量和角位移量。图 2-5 所示为电位器式位移传感器，量程范围为 10 mm～100 mm。电刷（3）固定在测杆（1）上，随着测杆的运动在滑线电阻（2）上移动，滑线电阻的阻值（接入电桥中的）随之改变；精密电阻（4）与滑线电阻构成测量电桥的两个桥臂，测量电桥的输出与测杆位移成正比。这种传感器的分辨率可达 0.01 mm。

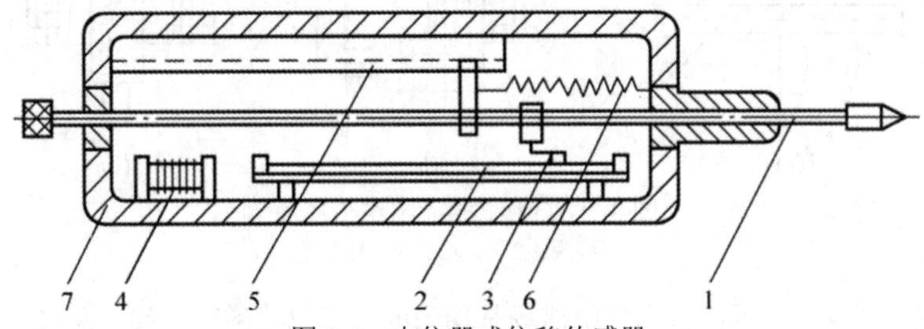

图 2-5 电位器式位移传感器

1—测杆；2—滑线电阻；3—电刷；4—精密电阻；5—导轨；6—弹簧；7—壳体。

二、电位器式压力传感器

图 2-6 所示为电位器式压力传感器，弹性敏感元件膜盒（1）的内腔通入被测流体。在流体压力 p 作用下，膜盒膨胀或收缩，将带动连杆（2）上下移动，使曲柄（3）带动电位器的电刷（4）在滑线电阻（5）上滑动，进而输出一个与被测压力成比例的电压信号。

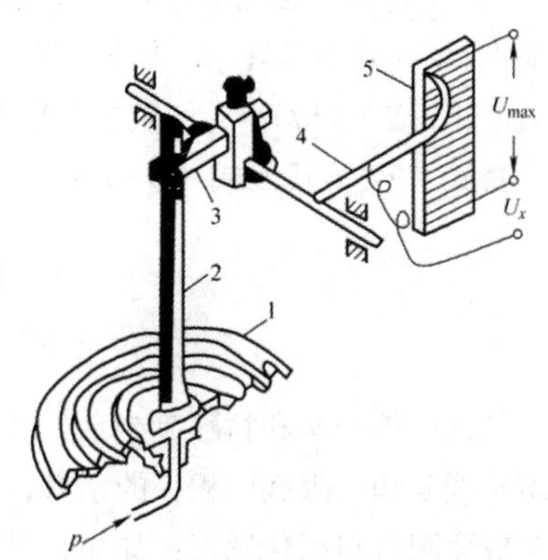

图 2-6 电位器式压力传感器

1—膜盒；2—连杆；3—曲柄；4—电刷；5—滑线电阻。

2.2 电感式传感器

电感式传感器将被测量转换成线圈的自感或互感的变化，通过转换电路将其转化成电压或电流输出，通常包括自感式传感器、互感式传感器、电涡流传感器、压磁式传感器和感应同步器式传感器等。下面对前3类传感器展开详细讲解。

2.2.1 自感式传感器

一、自感式传感器的工作原理

自感式传感器将被测量的变化转换成线圈自感的变化。图2-7所示是自感式传感器结构原理。在图2-7（a）、图2-7（b）中，因为在铁心与衔铁之间的气隙很小，所以磁路是封闭的。根据自感的定义，线圈自感可由式（2-6）确定

$$L=\frac{\mathrm{d}\varPhi_N}{\mathrm{d}I}=\frac{\mathrm{d}(N\varPhi)}{\mathrm{d}I}=\frac{\mathrm{d}(\frac{N^2I}{R_\mathrm{m}})}{\mathrm{d}I}=\frac{N^2}{R_\mathrm{m}} \tag{2-6}$$

式中，$\varPhi_N$为回路内磁链数；$\varPhi$为每匝线圈的磁通量；I为线圈中的电流；N为线圈匝数；R_m为磁路的总磁阻。

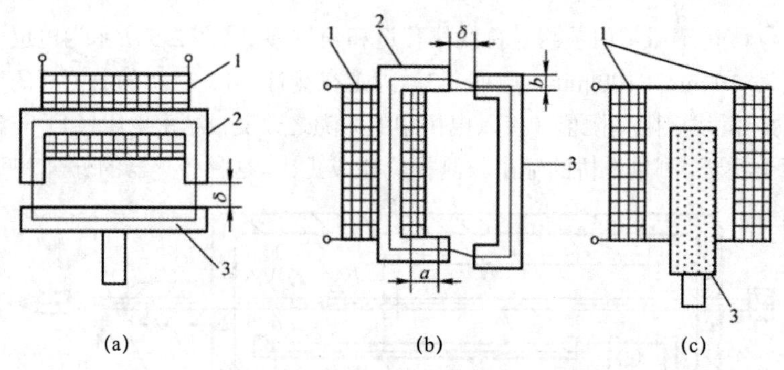

图2-7 自感式传感器结构原理

1—线圈；2—铁心；3—衔铁。

由于气隙长度较小，可以认为气隙磁场是均匀的。若忽略磁路铁损，总磁阻为

$$R_\mathrm{m}=\frac{l_1}{\mu_1S_1}+\frac{l_2}{\mu_2S_2}+\frac{2\delta}{\mu_0S} \tag{2-7}$$

式中，l_1为磁通通过铁心的长度；l_2为磁通通过衔铁的长度；μ_1为铁心材料的磁导率；μ_2为衔铁材料的磁导率；μ_0为空气的磁导率，$\mu_0=4\pi\times10^{-7}\,\mathrm{H/m}$；$S_1$为铁心的截面积；$S_2$为衔铁的截面积；$S$（$S=ab$）为气隙的截面积；$\delta$为气隙的长度。

将式（2-7）代入式（2-6）得

$$L=\frac{N^2}{\frac{l_1}{\mu_1S_1}+\frac{l_2}{\mu_2S_2}+\frac{2\delta}{\mu_0S}} \tag{2-8}$$

当铁心的结构和材料确定后，式（2-8）中分母的第一项和第二项为常数，此时自感L是气隙长度δ和气隙截面积S的函数，即$L=f(\delta,S)$。如果保持S不变，则L为δ的单值函数，可构成变隙式自感传感器；如果保持δ不变，使S随位移变化，则构成变截面式自感传感器。如图2-7（c）所示，线圈中放入圆柱形衔铁，当衔铁上下移动时，自感量将发生相应变化，构成螺线管式自感传感器。

二、变隙式自感传感器

变隙式自感传感器的结构原理如图 2-7（a）所示，将初始状态的气隙截面积 S_0 代入 S，式（2-7）可改写为

$$R_{\mathrm{m}} = \frac{l_1}{\mu_1 S_1} + \frac{l_2}{\mu_2 S_2} + \frac{2\delta}{\mu_0 S_0} \tag{2-9}$$

通常气隙的磁阻远大于铁心和衔铁的磁阻，即 $\frac{2\delta}{\mu_0 S_0} \gg \frac{l_1}{\mu_1 S_1}$，$\frac{2\delta}{\mu_0 S_0} \gg \frac{l_2}{\mu_2 S_2}$，则式（2-9）可写为

$$R_{\mathrm{m}} \approx \frac{2\delta}{\mu_0 S_0} \tag{2-10}$$

将式（2-10）代入式（2-6）得

$$L = \frac{N^2}{R_{\mathrm{m}}} = \frac{N^2 \mu_0 S_0}{2\delta} \tag{2-11}$$

由式（2-11）可知，L 与 δ 之间存在非线性关系，其特性曲线如图 2-8 所示。

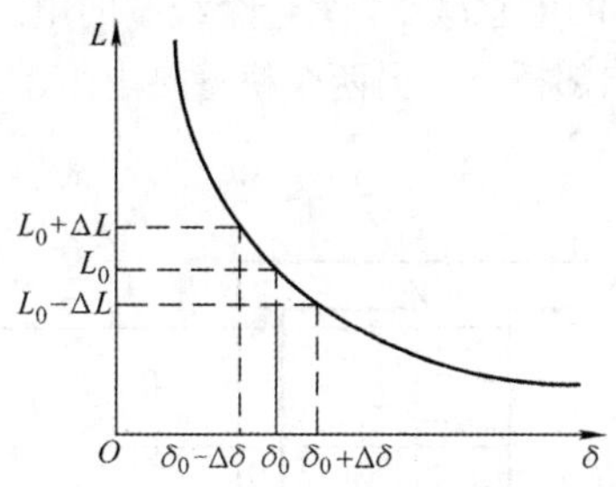

图 2-8 变隙式自感传感器特性曲线

设变隙式自感传感器初始气隙长度为 δ_0，初始电感为 L_0，衔铁位移引起的气隙长度变化量为 $\Delta\delta$，当衔铁处于初始位置时，初始电感为

$$L_0 = \frac{N^2 \mu_0 S_0}{2\delta_0} \tag{2-12}$$

当衔铁上移 $\Delta\delta$ 时，$\delta = \delta_0 - \Delta\delta$，将 $L = L_0 + \Delta L$ 代入式（2-11）并整理得

$$L = L_0 + \Delta L = \frac{N^2 \mu_0 S_0}{2(\delta_0 - \Delta\delta)} = \frac{L_0}{1 - \frac{\Delta\delta}{\delta_0}} \tag{2-13}$$

当 $\Delta\delta / \delta_0 << 1$ 时，将式（2-13）用泰勒级数展开成如下形式：

$$L = L_0 + \Delta L = L_0 \left[1 + \frac{\Delta\delta}{\delta_0} + \left(\frac{\Delta\delta}{\delta_0} \right)^2 + \cdots \right] \tag{2-14}$$

同减 L_0 再同除 L_0 可得

$$\frac{\Delta L}{L_0} = \frac{\Delta\delta}{\delta_0} \left[1 + \frac{\Delta\delta}{\delta_0} + \left(\frac{\Delta\delta}{\delta_0} \right)^2 + \left(\frac{\Delta\delta}{\delta_0} \right)^3 + \cdots \right] \tag{2-15}$$

同理，当衔铁随被测物体的初始位置向下移动 $\Delta\delta$ 时，有

$$\frac{\Delta L}{L_0}=\frac{\Delta\delta}{\delta_0}\left[1-\frac{\Delta\delta}{\delta_0}+\left(\frac{\Delta\delta}{\delta_0}\right)^2-\left(\frac{\Delta\delta}{\delta_0}\right)^3+\cdots\right] \tag{2-16}$$

对式（2-15）和式（2-16）忽略高次项进行线性化处理，可得

$$\frac{\Delta L}{L_0}=\frac{\Delta\delta}{\delta_0} \tag{2-17}$$

灵敏度 k_0 为

$$k_0=\frac{\dfrac{\Delta L}{L_0}}{\Delta\delta}=\frac{1}{\delta_0} \tag{2-18}$$

由此可见，变隙式自感传感器的测量范围与灵敏度及线性度是相互矛盾的，因此变隙式自感传感器适用于测量微小位移。

为了减小非线性误差，实际测量中广泛采用图 2-9 所示的差动变隙式自感传感器。差动变隙式自感传感器由两个完全相同的电感线圈和一个衔铁组成。测量时，衔铁与被测物体相连，当被测物体上下移动时，衔铁也以相同的位移上下移动，使两个磁回路中的磁阻发生大小相等、方向相反的变化，导致一个线圈的电感减小，另一个线圈的电感增大，形成差动形式。使用时，两个电感线圈接在交流电桥的相邻桥臂，另两个桥臂接电阻。

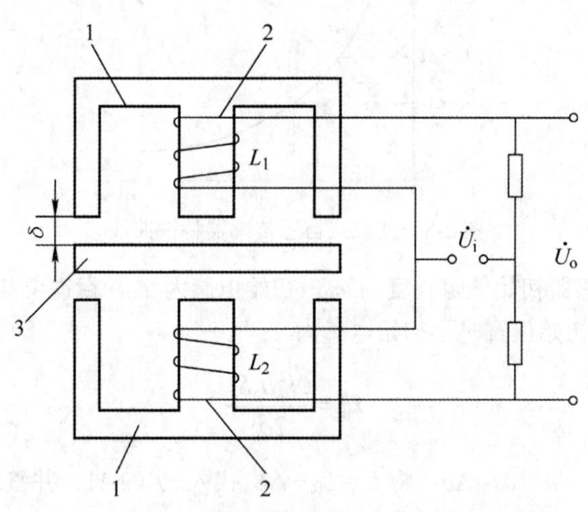

图 2-9 差动变隙式自感传感器

1—铁心；2—线圈；3—衔铁。

当衔铁向上移动时，两个线圈的电感变化量分别如式（2-15）和式（2-16）所示，差动变隙式自感传感器电感的总变化量 $\Delta L=\Delta L_1+\Delta L_2$，即

$$\Delta L=\Delta L_1+\Delta L_2=2L_0\frac{\Delta\delta}{\delta_0}\left[1+\left(\frac{\Delta\delta}{\delta_0}\right)^2+\left(\frac{\Delta\delta}{\delta_0}\right)^4+\cdots\right] \tag{2-19}$$

对式（2-19）忽略高次项，可得

$$\frac{\Delta L}{L_0}=2\frac{\Delta\delta}{\delta_0} \tag{2-20}$$

灵敏度 k_0 为

$$k_0=\frac{\frac{\Delta L}{L_0}}{\Delta\delta}=\frac{2}{\delta_0} \tag{2-21}$$

比较式（2-14）、式（2-18）、式（2-19）和式（2-21），可以得到以下结论。

①差动变隙式自感传感器的灵敏度是非差动变隙式自感传感器的 2 倍。

②在线性化时，差动变隙式自感传感器直接消除$(\Delta\delta/\delta_0)^3$及以上的奇次高次项，非差动变隙式自感传感器忽略$(\Delta\delta/\delta_0)^2$以上的所有高次项，差动变隙式自感传感器中线性度得到明显改善。

三、变截面式自感传感器

图 2-7（b）所示的传感器气隙长度 δ 保持不变，令磁通截面积随被测量而变，设铁心材料和衔铁材料的磁导率相同，则此变截面式自感传感器的自感 L 为

$$L=\frac{N^2}{\frac{\delta_0}{\mu_0 S}+\frac{\delta}{\mu_0\mu_r S}}=\frac{N^2\mu_0}{\delta_0+\frac{\delta}{\mu_r}}S=K'S \tag{2-22}$$

式中，δ_0 为气隙总长度；δ 为铁心和衔铁中的磁路总长度；μ_r 为铁心和衔铁材料的相对磁导率；S 为气隙截面积；$K'=\mu_0 N^2/(\delta_0+\delta/\mu_r)$ 为常数。

对式（2-22）进行微分得灵敏度 k_0 为

$$k_0=\frac{dL}{dS}=K' \tag{2-23}$$

由式（2-23）可知，变截面式自感传感器在忽略气隙磁通边缘效应的条件下，输入与输出呈线性关系，但与变隙式自感传感器相比，其灵敏度下降。

四、螺线管式自感传感器

螺线管式自感传感器有单线圈和差动两种结构形式。图 2-7（c）所示是单线圈螺线管式自感传感器结构原理。测量时，活动衔铁随被测物体移动，线圈电感发生变化，线圈电感与衔铁插入深度有关。

图 2-10 所示是差动螺线管式自感传感器的结构原理。它由两个完全相同的螺线管相连，衔铁初始状态处于对称位置上，两边螺线管的初始电感相等。当衔铁移动时，一个螺线管的电感增大，另一个螺线管的电感减小，且增大与减小的数值相等，形成差动形式。

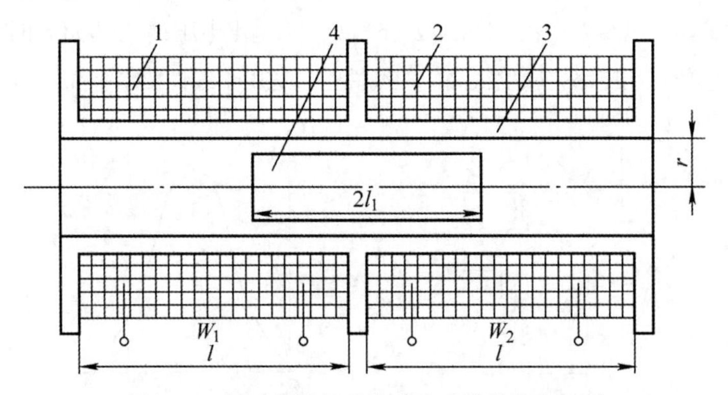

图 2-10 差动螺线管式自感传感器的结构原理

1—螺线管线圈Ⅰ；2—螺线管线圈Ⅱ；3—骨架；4—活动衔铁。

五、自感式传感器的转换电路

自感式传感器将被测量的变化转变成电感的变化。为了测出电感的变化，需要使用转换电路把电感的变化转换成电压（或电流）的变化。常用的转换电路有调幅电路、调频电路和调相电路。

（1）调幅电路。

- 交流电桥。

调幅电路的主要形式是交流电桥。图 2-11 所示是变压器电桥，Z_1 和 Z_2 对应传感器两个线圈的阻抗，另两臂接电源变压器二次线圈的两半，每半的电压为 $\dot{u}/2$。输出空载电压为

$$\dot{u}_{o}=\frac{\dot{u}}{Z_1+Z_2}Z_1-\frac{\dot{u}}{2} \tag{2-24}$$

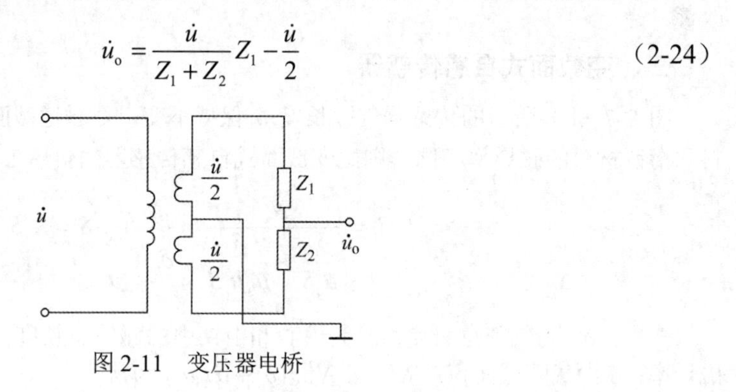

图 2-11　变压器电桥

在初始平衡状态，$Z_1=Z_2=Z$，$\dot{u}_o=0$。当衔铁偏离中间零点时，设 $Z_1=Z+\Delta Z$，$Z_2=Z-\Delta Z$，将其代入式（2-24）可得

$$\dot{u}_{o}=\frac{\Delta Z}{2Z}\dot{u} \tag{2-25}$$

式（2-25）表明，输出电压的幅值随阻抗变化量 ΔZ 变化，即电压的幅值随电感变化量 ΔL 变化。同理，当传感器衔铁移动方向相反时，有 $Z_1=Z-\Delta Z$，$Z_2=Z+\Delta Z$，将其代入式（2-24）可得

$$\dot{u}_{o}=-\frac{\Delta Z}{2Z}\dot{u} \tag{2-26}$$

比较式（2-25）和式（2-26）可知，这两种情况的输出电压大小相等、方向相反。由于 $\dot{u}_o$ 是交流电压，输出指示无法判断位移方向，因此必须配合相敏检波电路来判断。

- 谐振式调幅电路。

图 2-12（a）所示为谐振式调幅电路。在谐振式调幅电路中，传感器电感 L 与电容 C、变压器 T 一次侧串联在一起。接入交流电源后，变压器二次侧将有电压 $\dot{U}_0$ 输出，输出电压的频率与电源频率相同，而幅值随着电感 L 变化。图 2-12（b）所示为输出电压 $\dot{U}_0$ 与电感 L 的特性曲线，其中 L_0 为谐振点的电感值。此电路灵敏度很高，但线性差，适用于线性要求不高的场合。

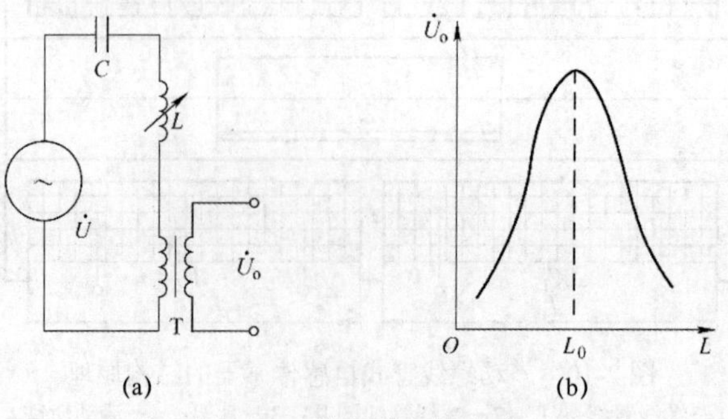

图 2-12　谐振式调幅电路

（2）调频电路。

调频电路的基本原理是传感器电感 L 变化将引起输出电压频率的变化。一般是把传感器电感 L 和电容 C 接入一个振荡回路中，其振荡频率 $f=1/(2\pi LC)$。谐振式调频电路如图 2-13（a）所示，其中 G 为振荡器。当电感 L 变化时，振荡频率 f 随之变化，根据 f 值即可求出被测量的值。图 2-13（b）所示为振荡频率 f 与电感 L 的关系曲线，它具有明显的非线性。

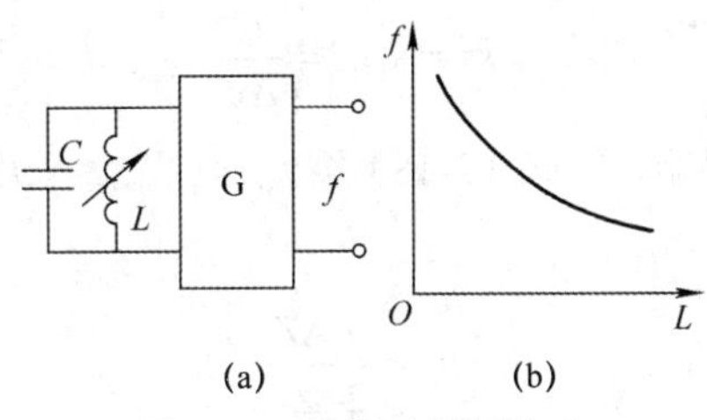

图 2-13 谐振式调频电路

（3）调相电路。

调相电路就是把传感器电感 L 变化转换为输出电压相位 φ 的变化。图 2-14（a）所示为一个相位电桥，其一臂接传感器电感 L，另一臂接固定电阻 R。设计时使电感线圈具有大的品质因数。忽略其损耗电阻，则电感线圈上压降 $\dot{U}_L$ 与固定电阻上压降 $\dot{U}_R$ 是两个相互垂直的分量。当电感 L 变化时，输出电压 $\dot{U}_0$ 的幅值不变，相位角 φ 随之变化。φ 与 L 的关系为

$$\varphi=-2\arctan\left(\frac{\omega L}{R}\right) \tag{2-27}$$

式中，ω 为电源角频率。

在这种情况下，当 L 有了微小变化 ΔL 后，输出相位变化 $\Delta\varphi$ 为

$$\Delta\varphi\approx\frac{\frac{2\omega L}{R}}{1+\left(\frac{\omega L}{R}\right)^2}\frac{\Delta L}{L} \tag{2-28}$$

图 2-14（c）所示为 φ 与 L 的特性曲线。

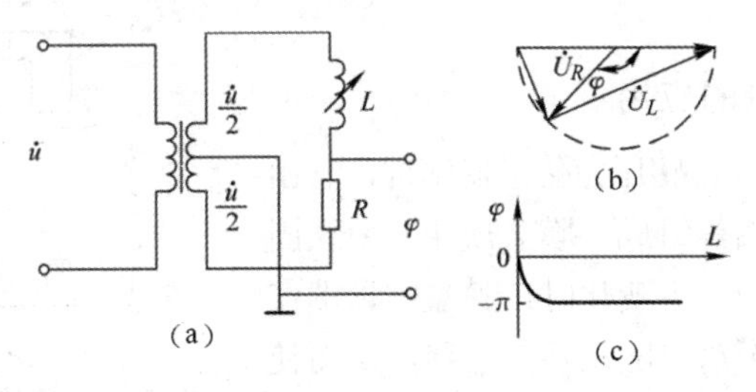

图 2-14 调相电路

六、自感式传感器的灵敏度

自感式传感器的灵敏度是指传感器结构（测头）灵敏度和转换电路灵敏度综合在一起的总灵敏度。下面以调幅电路为例讨论传感器灵敏度问题。对调频、调相电路可采用同样方法进行分析。

传感器结构灵敏度 k_0 定义为自感值相对变化与引起这一变化的衔铁位移之比，即

$$k_0=\frac{\frac{\Delta L}{L}}{\Delta x} \tag{2-29}$$

转换电路的灵敏度k_c定义为空载输出电压$\dot{u}_0$与自感相对变化之比，即

$$k_c=\frac{\dot{u}_0}{\frac{\Delta L}{L}} \tag{2-30}$$

由式（2-29）和式（2-30）可得总灵敏度为

$$k_z=k_0k_c=\frac{\dot{u}_0}{\Delta x} \tag{2-31}$$

如果采用变隙式自感传感器，由式（2-18）得$k_0=1/\delta_0$。采用图2-11所示的变压器电桥，由式（2-25）得

$$\dot{u}_0=\frac{\dot{u}}{2}\frac{\Delta Z}{Z} \tag{2-32}$$

因为一般电感线圈设计时具有较大的品质因数Q，所以式（2-32）可变为

$$\dot{u}_0=\frac{\dot{u}}{2}\frac{(\omega L)^2}{R^2+(\omega L)^2}\frac{\Delta L}{L} \tag{2-33}$$

将式（2-33）代入式（2-30）可得

$$k_c=\frac{\dot{u}}{2}\frac{(\omega L)^2}{R^2+(\omega L)^2} \tag{2-34}$$

则传感器灵敏度k_z为

$$k_z=\frac{1}{\delta_0}\frac{\dot{u}}{2}\frac{(\omega L)^2}{R^2+(\omega L)^2} \tag{2-35}$$

由式（2-35）可见，传感器灵敏度是3个部分的乘积，第1部分$1/\delta_0$取决于传感器的类型，第2部分取决于供电电压的大小，第3部分取决于转换电路的形式。传感器类型和转换电路形式不同，灵敏度表达式也就不同。在工厂生产中，测定传感器的灵敏度是在把传感器接入转换电路后进行的，而且规定传感器灵敏度的单位为mV/(μm·V)，即当电源电压为1 V，衔铁偏移1 μm时，输出电压为若干mV。

七、自感式传感器的应用

图2-15所示为变隙式自感压力传感器结构，它由膜盒、衔铁、铁心及线圈等组成。膜盒顶端与衔铁固接在一起，当膜盒内压力发生变化时，膜盒的顶端在压力作用下发生膨胀，衔铁也随之发生位移，从而使传感器的气隙发生变化，线圈的电感也发生相应的变化，传感器的输出反映了被测压力的大小。

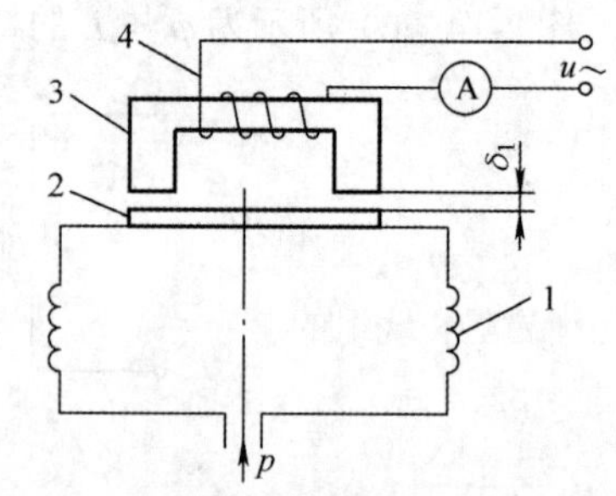

图2-15 变隙式自感压力传感器结构
1—膜盒；2—衔铁；3—铁心；4—线圈。

2.2.2 互感式传感器

一、互感式传感器的工作原理

互感式传感器能把被测量转换成线圈互感量的变化，这种传感器是根据变压器的基本原理

制成的，并且用差动形式连接二次绕组，故又称为差动变压器式传感器，简称差动变压器。差动变压器的结构形式较多，如图 2-16 所示，但其工作原理基本一样。

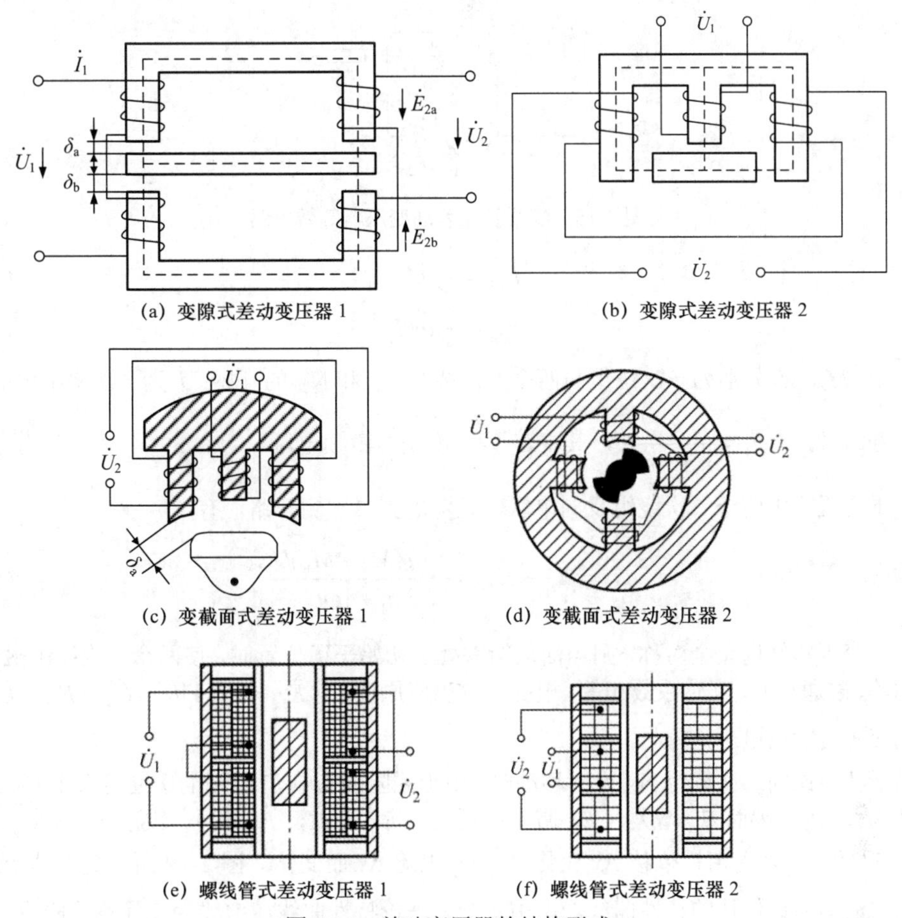

图 2-16 差动变压器的结构形式

在实际测量中，应用较多的是螺线管式差动变压器，可测量 1 mm～100 mm 范围内的机械位移，具有测量准确度高、灵敏度高、结构简单、性能可靠等优点。

螺线管式差动变压器的结构如图 2-17 所示，由活动衔铁、磁筒、骨架、一次绕组和两个二次绕组等组成。螺线管式差动变压器中的两个二次绕组反向串联，在理想情况下，忽略铁损、导磁体磁阻和绕组的分布电容，其等效电路如图 2-18 所示。当对一次绕组加以适当频率的激励电压时，根据变压器的工作原理，在两个二次绕组 N_{2a} 和 N_{2b} 中就会产生感应电动势 $\dot{E}_{2a}$ 和 $\dot{E}_{2b}$。

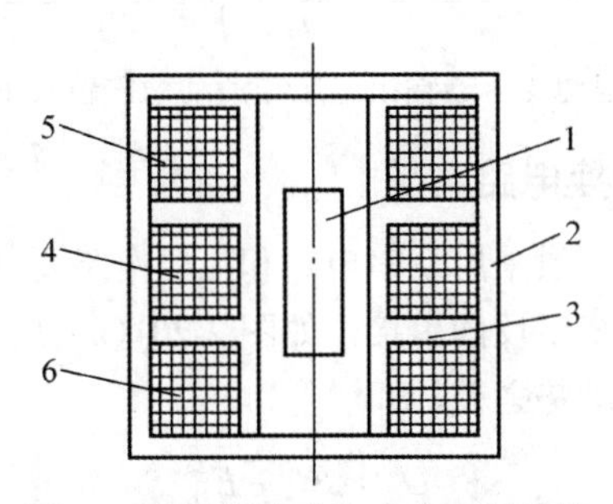

图 2-17 螺线管式差动变压器结构

1—活动衔铁；2—磁筒；3—骨架；4—一次绕组；5、6—二次绕组。

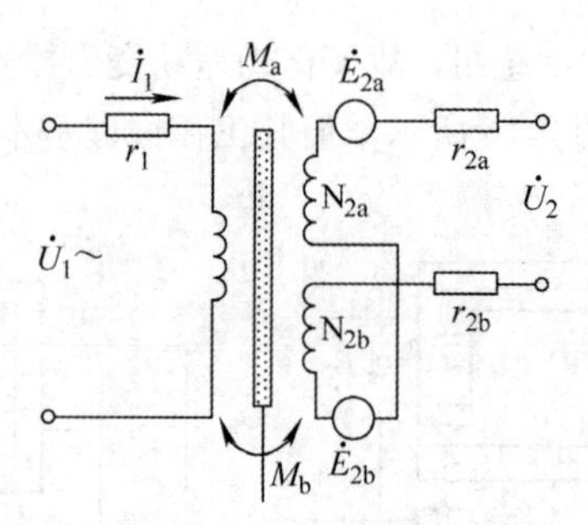

图 2-18 螺线管式差动变压器等效电路

$$\dot{E}_{2a} = -j\omega M_a \dot{I}_1 \tag{2-36}$$

$$\dot{E}_{2b} = -j\omega M_b \dot{I}_1 \tag{2-37}$$

式中，M_a、M_b分别为一次绕组与两个二次绕组N_{2a}和N_{2b}的互感；$\dot{I}_1$为一次绕组中的电流，当次级开路时，有$\dot{I}_1 = \dfrac{\dot{U}_1}{r_1 + j\omega L_1}$，其中$\dot{U}_1$为一次绕组激励电压。

由于变压器中两个二次绕组反向串联，且考虑到二次侧开路，有

$$\dot{U}_2 = \dot{E}_{2a} - \dot{E}_{2b} = -\frac{j\omega(M_a + M_b)\dot{U}_1}{r_1 + j\omega L_1} \tag{2-38}$$

如果变压器结构完全对称，则当活动衔铁处于初始平衡位置时，使两个二次绕组磁回路的磁阻相等、磁通相同、互感系数相等，根据电磁感应原理，有$\dot{E}_{2a} = \dot{E}_{2b}$。因而$\dot{U}_2 = \dot{E}_{2a} - \dot{E}_{2b} = 0$，即差动变压器输出电压为零。

当活动衔铁向二次绕组N_{2a}方向移动时，由于磁阻的影响，N_{2a}中的磁通将大于N_{2b}中的磁通，使$M_a > M_b$，因而$\dot{E}_{2a}$增大，$\dot{E}_{2b}$减小；反之，$\dot{E}_{2b}$增大，$\dot{E}_{2a}$减小。因为$\dot{U}_2 = \dot{E}_{2a} - \dot{E}_{2b}$，所以当$\dot{E}_{2a}$和$\dot{E}_{2b}$随着衔铁位移$\Delta x$变化时，$\dot{U}_2$也随$\Delta x$而变化。图 2-19 所示是差动变压器输出电压与活动衔铁位移的特性曲线。图中实线为理论特性曲线，虚线为实际特性曲线。

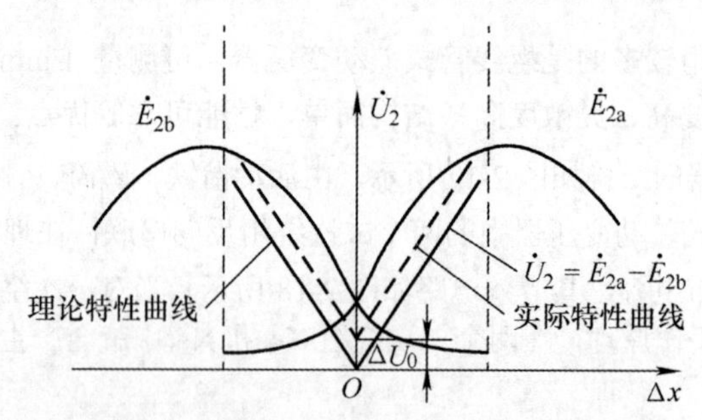

图 2-19 差动变压器输出电压与活动衔铁位移的特性曲线

二、互感式传感器的转换电路

互感式传感器的转换电路一般采用反串电路和电桥电路两种。

反串电路直接把两个二次绕组反向串接，如图 2-20（a）所示。在这种情况下，空载输出电压等于两个二次绕组感应电动势之差，即

$$\dot{U}_2 = \dot{E}_{2a} - \dot{E}_{2b} \tag{2-39}$$

电桥电路如图 2-20（b）所示。图中R_1、R_2是桥臂电阻，R_P是调零电位器电阻。暂时不考

虑电位器电阻，并设 $R_1 = R_2$，则输出电压为

$$\dot{U}_2 = \frac{\left[\dot{E}_{2a} - (-\dot{E}_{2b})\right] R_2}{R_1 + R_2} - \dot{E}_{2b} = \frac{\dot{E}_{2a} - \dot{E}_{2b}}{2} \tag{2-40}$$

可见，电桥电路的电压灵敏度是反串电路的 1/2，其优点是利用 R_P 可进行电学调零，不需要另外配置调零电路。

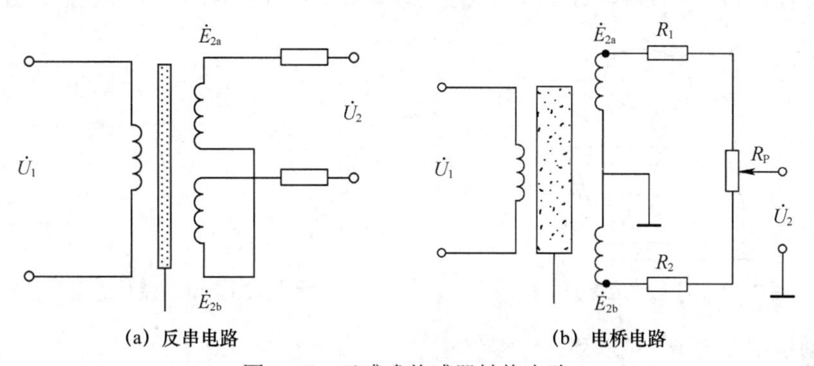

图 2-20 互感式传感器转换电路

三、互感式传感器的应用

互感式传感器可以直接用于位移测量，也可以用于测量与位移有关的任何机械量。图 2-21 所示为互感式位移传感器。测端（1）通过套筒（3）与测杆（5）相连，弹簧（9）用于产生测力。工作时，固定在测杆上的磁心（7）在线圈（8）中移动。线圈及其骨架放在磁筒（6）内，并通过导线（10）接入电路。

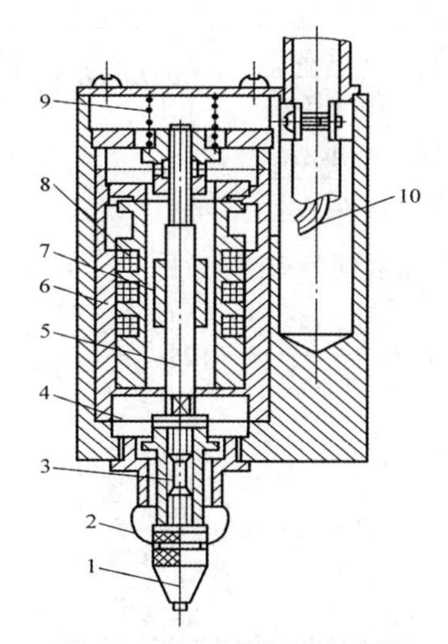

图 2-21 互感式位移传感器

1—测端；2—防尘罩；3—套筒；4—圆片簧；5—测杆；6—磁筒；7—磁心；8—线圈；9—弹簧；10—导线。

2.2.3 电涡流传感器

一、电涡流传感器的工作原理

电涡流传感器是基于涡流效应工作的。金属导体置于交变磁场中，在导体内会产生感应电

流。这种电流在导体内是闭合的，所以被称为电涡流。这种现象称为涡流效应。

如图 2-22 所示，把一个金属导体置于线圈附近，当线圈中通以交变电流 $\dot{I}_1$ 时，线圈的周围空间就产生了交变磁场 H_1，处于此交变磁场中的金属导体内就会产生涡流 $\dot{I}_2$，此涡流将产生一个新的交变磁场 H_2。H_2 的方向和 H_1 的方向相反，削弱了原磁场 H_1 的强度，从而导致线圈的电感、阻抗及品质因数发生变化。

若把导体视为一个线圈，则导体与线圈可以等效为相互耦合的两个线圈，如图 2-23 所示。

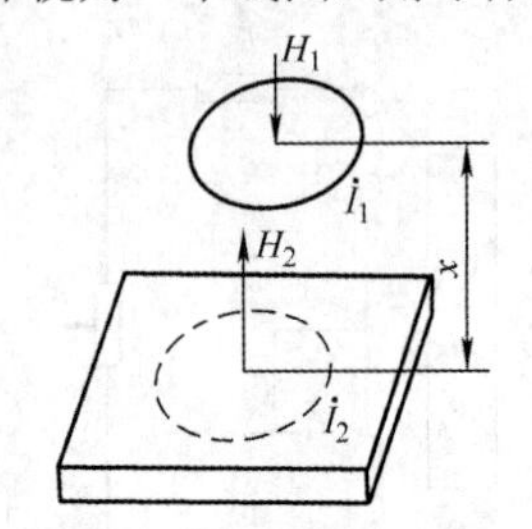

图 2-22 涡流效应原理

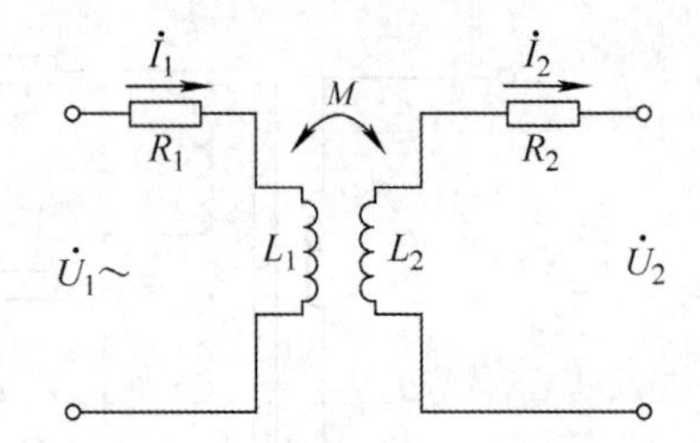

图 2-23 电涡流传感器等效电路

根据基尔霍夫定律，可以列出方程

$$\begin{cases} R_1\dot{I}_1 + \mathrm{j}\omega L_1\dot{I}_1 + \mathrm{j}\omega M\dot{I}_2 = \dot{U}_1 \\ R_2\dot{I}_2 + \mathrm{j}\omega L_2\dot{I}_2 + \mathrm{j}\omega M\dot{I}_1 = 0 \end{cases} \tag{2-41}$$

式中，R_1、L_1、$\dot{I}_1$ 为线圈的电阻、电感和电流；R_2、L_2、$\dot{I}_2$ 为金属导体的电阻、电感和电流；$\dot{U}_1$、ω 为线圈激励电源电压和频率；M 为导体与线圈之间的互感系数。

解方程得

$$\begin{cases} \dot{I}_1 = \dfrac{\dot{U}_1}{R_1 + R_2\dfrac{\omega^2 M^2}{R_2^2 + (\omega L_2)^2} + \mathrm{j}\omega\left[L_1 - L_2\dfrac{\omega^2 M^2}{R_2^2 + (\omega L_2)^2}\right]} \\ \dot{I}_2 = \dfrac{\omega^2 M L_2 + \mathrm{j}\omega M R_2}{R_2^2 + (\omega L_2)^2}\dot{I}_1 \end{cases} \tag{2-42}$$

由此得到线圈受到电涡流作用后的等效阻抗为

$$Z = R_1 + R_2\frac{\omega^2 M^2}{R_2^2 + (\omega L_2)^2} + \mathrm{j}\omega\left[L_1 - L_2\frac{\omega^2 M^2}{R_2^2 + (\omega L_2)^2}\right] \tag{2-43}$$

线圈的等效电阻、电感分别为

$$R = R_1 + R_2\frac{\omega^2 M^2}{R_2^2 + (\omega L_2)^2} \tag{2-44}$$

$$L = L_1 - L_2\frac{\omega^2 M^2}{R_2^2 + (\omega L_2)^2} \tag{2-45}$$

由式（2-43）可知，线圈受到涡流的影响，其阻抗的实数部分增大，虚数部分减小，使得线圈的品质因数减小。

$$Q = \frac{Q_1\left(1 - \dfrac{L_2\omega^2 M^2}{L_1 Z_2^2}\right)}{1 + \dfrac{R_2\omega^2 M^2}{R_1 Z_2^2}} \tag{2-46}$$

式中，Q_1为无涡流影响时线圈的品质因数；Z_2为金属导体中产生涡流部分的阻抗，$Z_2=\sqrt{R_2^2+(\omega L_2)^2}$。

由此可知，金属导体的电阻率ρ、磁导率μ、线圈激励电源的频率ω以及线圈与金属导体的距离x都将导致线圈的阻抗、电感及品质因数发生变化，可以写成

$$Z=f(\rho,\mu,\omega,x) \tag{2-47}$$

如果改变其中某个参数，而其他参数保持不变，即可构成关于这个参数的电涡流传感器。

事实上，由于集肤效应，涡流只存在于金属导体的表面薄层中，其集肤深度h可表示为

$$h=\sqrt{\frac{\rho}{\mu_0\mu_{\mathrm{r}}\pi\omega}} \tag{2-48}$$

式中，μ_0、μ_{r}为空气磁导率和金属导体相对磁导率；ρ为导体的电阻率；ω为激励电源频率。由式（2-48）可知，集肤深度h与激励电源频率ω有关，频率越低，涡流贯穿的集肤深度h越大，反之则h越小。

二、电涡流传感器类型

电涡流传感器根据激励电源频率的高低，可以分为高频反射式和低频透射式两大类，其中高频反射式电涡流传感器应用较为广泛。

（1）高频反射式电涡流传感器。

高频反射式电涡流传感器的结构如图 2-24 所示。将一个电感线圈绕制成扁平的圆形线圈，粘贴在框架上，就构成了电涡流传感器。测量时，将传感器置于金属板附近，并施加高频电流。线圈上产生的高频磁场作用于金属板，在金属板的表面产生电涡流。该电涡流反作用于传感器线圈，使传感器的电感减小。当金属板的厚度远大于涡流的集肤深度时，表面感应的电涡流几乎只取决于线圈与金属板的距离x，而与金属板的厚度以及电阻率的变化无关。因此，高频反射式电涡流传感器可以测量位移量，也可以测量厚度、振幅、转速等能转换成距离x的各种被测量。

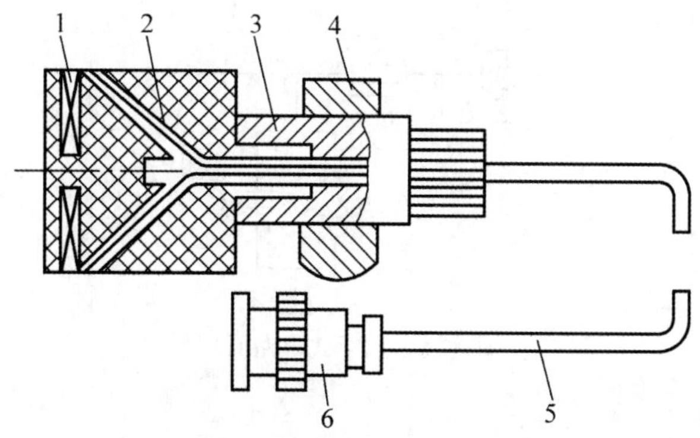

图 2-24 高频反射式电涡流传感器的结构

1—线圈；2—框架；3—框架衬套；4—支架；5—电缆；6—插头。

（2）低频透射式电涡流传感器。

当加在传感器线圈上的激励电源的频率较低时，涡流的集肤深度将增大。图 2-25 所示为低频透射式电涡流传感器的工作原理。发射线圈L_1、接收线圈L_2分别位于金属板 M 的上、下方。为发射线圈L_1通以低频电压信号，其周围产生交变磁场。如果两个线圈中间不存在金属

板，线圈 L_1 的磁场将直接贯穿 L_2，在 L_2 上产生感应电动势 E。在 L_1 和 L_2 之间放置金属板 M 后，则在 M 中产生涡流。这个涡流损耗了磁场的能量，使 L_2 处的磁场强度减小，从而引起感应电动势 E 的减小。涡流的大小取决于金属板的厚度 h，h 越大，涡流损耗越大，E 就越小。因此，E 的大小反映了金属板的厚度 h，这就是涡流传感器测厚的原理。

实际上，涡流的大小不仅与金属板的厚度有关，还与金属板的电阻率 ρ、磁导率 μ 有关。金属材料电阻率 ρ、磁导率 μ 与材料的性质以及温度密切相关。利用这一特性，低频透射式电涡流传感器可以用来测量温度、材质、硬度、应力等。

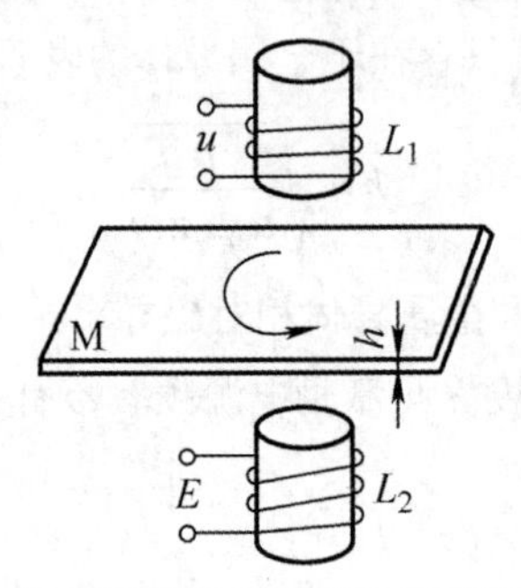

图 2-25　低频透射式电涡流传感器的工作原理

三、电涡流传感器的转换电路

电涡流传感器转换电路的作用是将阻抗 Z、电感 L 或电荷 Q 转换为电压或电流的变化。阻抗 Z 的转换电路通常使用电桥电路，电感 L 的转换电路一般采用谐振电路，该电路通常分为调幅式电路、调频式电路和交流电桥式电路 3 种。

（1）调幅式电路。

图 2-26 所示为调幅式电路原理。传感器线圈 L 和电容 C 并联组成谐振回路，石英晶体振荡器给谐振回路提供一个高频激励电流信号。该 LC 回路的输出电压为

$$U_o = i_0 Z \tag{2-49}$$

式中，i_0 为高频激励电流；Z 为 LC 回路的阻抗。

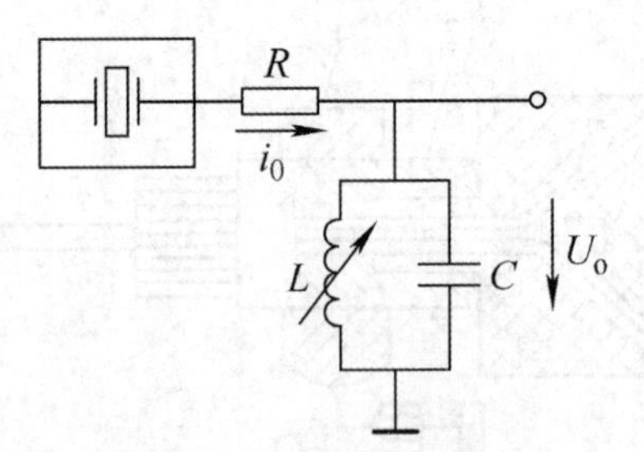

图 2-26　调幅式电路原理

（2）调频式电路。

图 2-27 所示为调频式电路原理。该转换电路主要由电容三点式振荡器和射极输出器两部分组成。振荡器由晶体管 VT_1 以及电容 C_1、C_2、C_3 和电涡流传感器线圈 L 构成。当被测量变化引起传感器线圈的电感变化时，振荡器的振荡频率就相应地发生变化，从而实现频率调制。射极输出器由晶体管 VT_2 和射极电阻 R_6 等构成，起阻抗匹配作用。

使用这种调频式转换电路，传感器输出电缆的分布电容的影响是不能忽略的。它会使振荡器的频率发生变化，从而影响测量结果。因此通常将 L、C 装在传感器内部。这样电缆的分布

电容并联在大电容 C_2、C_3 上，因而对振荡器频率的影响就大大减小。

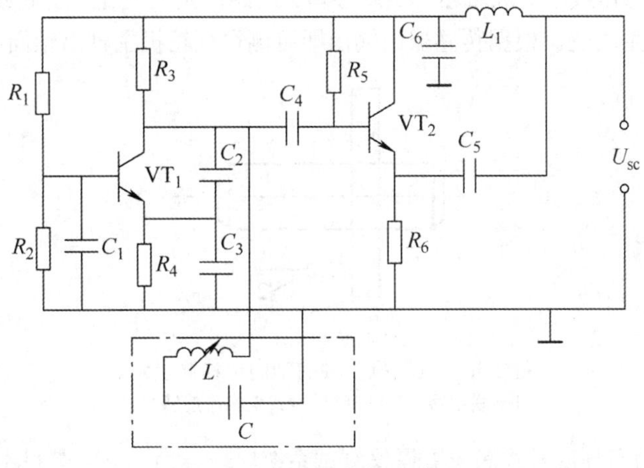

图 2-27 调频式电路原理

（3）交流电桥式电路。

图 2-28 所示为交流电桥式电路原理。图中 Z_1、Z_2 为差动式传感器的两个线圈，它们与电容 C_1、C_2，电阻 R_1、R_2 组成四臂电桥。电桥电路输出电压幅值随传感器线圈阻抗的变化而变化。

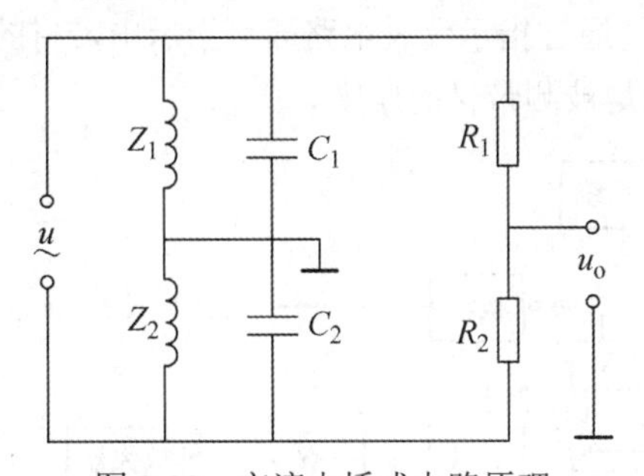

图 2-28 交流电桥式电路原理

四、电涡流传感器的应用

电涡流传感器具有结构简单、灵敏度较高、测量范围大、抗干扰能力强、易于进行非接触连续测量等优点，因此得到广泛的应用。图 2-29 所示为电涡流探头。

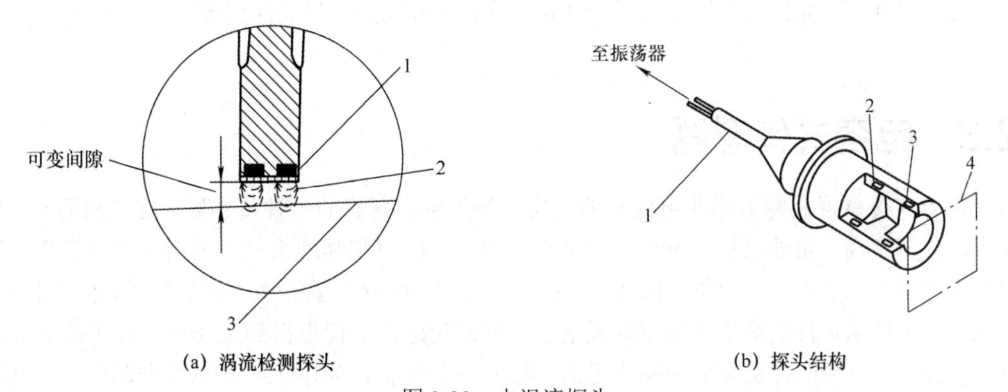

图 2-29 电涡流探头

（a）1—线圈；2—磁场；3—靶子。（b）1—绝缘电缆；2—参考线圈；3—检测线圈；4—靶子。

电涡流传感器可以测量各种形式的位移量。图 2-30 所示为汽轮机主轴的轴向位移测量示意。联轴器安装在汽轮机的主轴上，高频反射式电涡流传感器置于联轴器附近。当汽轮机主轴沿轴向位移时，传感器线圈与联轴器（金属导体）的距离发生变化，引起线圈阻抗变化，从而使传感器的输出发生改变。根据传感器的输出即可测得汽轮机主轴沿轴向的位移量。

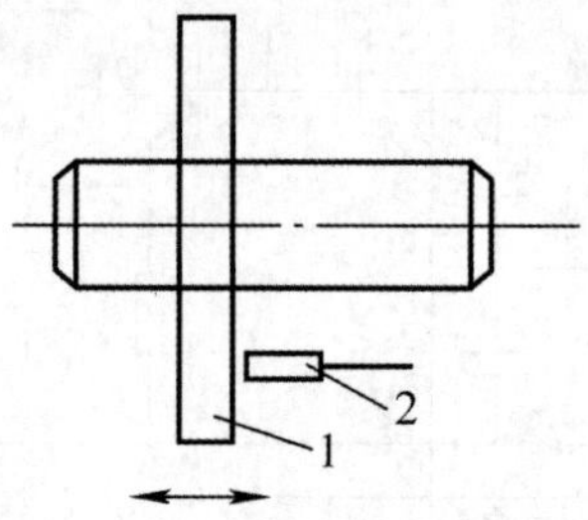

图 2-30 汽轮机主轴的轴向位移测量示意
1—联轴器；2—高频反射式电涡流传感器。

图 2-31 所示为高频反射式涡流测厚仪测试系统原理。为了克服带材不够平整或运行过程中上下波动的影响，在带材的上、下两侧对称地设置了两个特性完全相同的涡流传感器 S_1、S_2。S_1、S_2 与被测带材表面的距离分别为 x_2 和 x_1。若带材厚度不变，则被测带材上、下表面之间的距离总有 $x_1+x_2=$常数的关系存在。两传感器的输出电压之和为 $2U_o$，数值不变。如果被测带材厚度改变量为 $\Delta\delta$，则两传感器与带材的距离也改变 $\Delta\delta$，两传感器输出电压此时为 $2U_o+\Delta U$。ΔU 经放大器放大后，通过指示仪表电路即可指示出带材的厚度变化值。带材厚度给定值与偏差指示值的代数和就是被测带材的厚度。

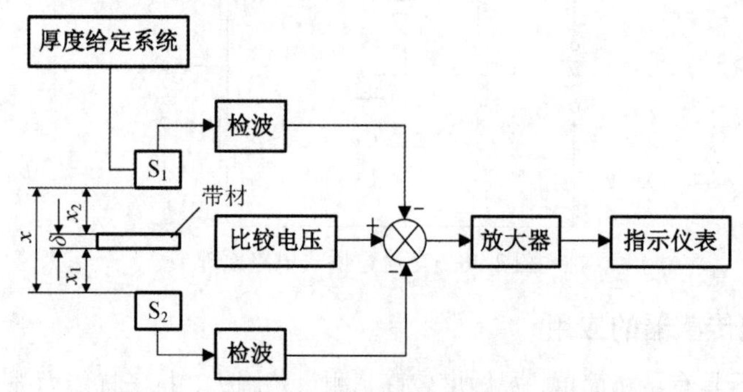

图 2-31 高频反射式涡流测厚仪测试系统原理

除此以外，电涡流传感器还可用于转速测量、振幅测量、涡流探伤等。

2.3 电容式传感器

电容式传感器是将被测非电信号的变化转换为电容变化的一种传感器。它结构简单，体积小，分辨率高，可非接触式测量，并能在高温、高辐射和强烈振动等恶劣条件下工作，被广泛应用于压力、差压、液位、振动、位移、加速度、成分含量等多方面的测量。随着材料、工艺、电子技术，特别是集成技术的发展，电容式传感器的优点得到发扬而缺点不断地被改善，现已成为一种很有发展前途的传感器。电容式传感器正逐渐成为一种高灵敏度、高精度，在动态、低压及一些特殊测量方面大有发展前途的传感器。本节重点讲述电容式传感器的工作原理、测量电路及其在位移检测中的应用案例。

2.3.1　电容式传感器的工作原理

电容式传感器的工作原理可以用图 2-32 所示的平板电容来说明。当忽略边缘效应时，其电容 C 为

$$C=\frac{\varepsilon S}{d}=\frac{\varepsilon_{\mathrm{r}}\varepsilon_0 S}{d} \tag{2-50}$$

式中，S 为极板相互覆盖面积（m^2）；d 为极板距离（m）；ε_{r} 为相对介电常数；ε_0 为真空介电常数，$\varepsilon_0 \approx 8.85\times10^{-12}\,\mathrm{F/m}$；$\varepsilon$ 为电容极板间介质的介电常数（F/m）。

由式（2-50）可知，电容 C 是 d、S 和 ε 的函数，当被测量的变化使 d、S 和 ε 中的任意一个参数发生变化时，电容 C 也随之改变，再通过相应的测量电路，将电容的变化转换为电信号输出，从而反映被测量的变化。在实际使用中，通常保持其中两个参数不变，改变另一个参数即可令电容 C 变化。因此，电容式传感器可分为 3 种：变极板覆盖面积的变面积型、变介质介电常数的变介质型和变极板距离的变极距型。

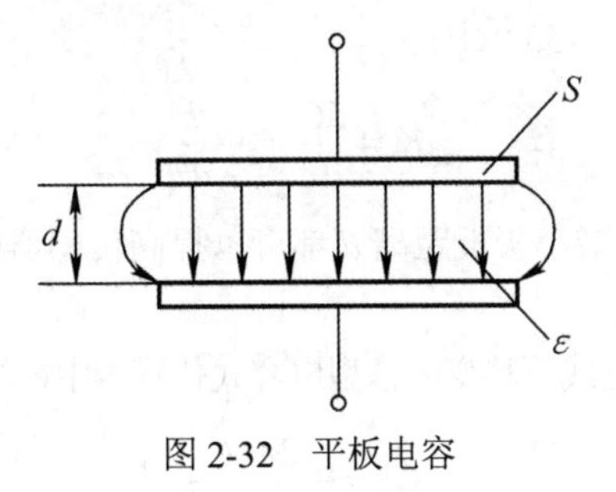

图 2-32　平板电容

一、变面积型电容式传感器

变面积型电容式传感器是通过改变极板覆盖的面积来改变电容变化量的，通常有线位移型和角位移型两种。

图 2-33（a）所示是平面线位移变面积型电容式传感器结构，其中动极板（1）可以左右移动，定极板（2）固定不动。图 2-33（b）所示是圆柱线位移变面积型电容式传感器结构，其中外圆筒（3）不动，内圆筒（4）在外圆筒内做上、下直线运动。图 2-33（c）所示是角位移变面积型电容式传感器结构。动极板（1）的轴由被测物体带动而旋转角位移 θ 时，两极板的遮盖面积就减小，因而电容也随之减小。变面积型电容式传感器的输出特性是线性的，灵敏度是常数。这一类传感器多用于检测线位移、角位移、尺寸等参量。

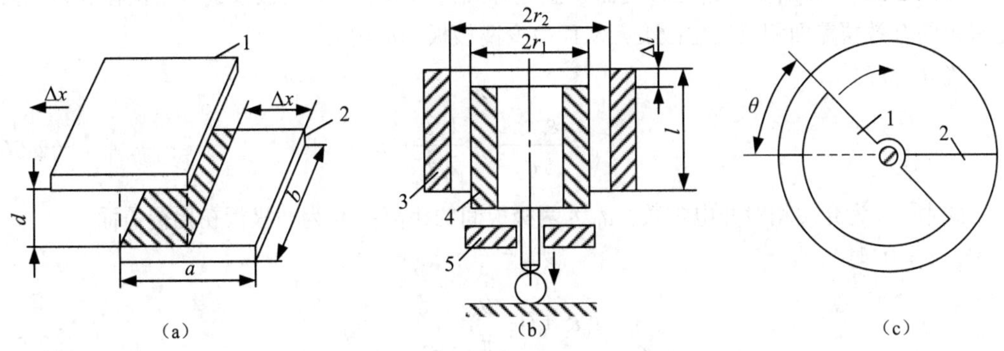

图 2-33　变面积型电容式传感器

1—动极板；2—定极板；3—外圆筒；4—内圆筒；5—导轨。

（1）线位移型。

线位移变面积型电容式传感器有平面线位移型和圆柱线位移型两种。

在图 2-33（a）所示的平面线位移变面积型电容式传感器中，被测量通过动极板移动引起两极板有效覆盖面积改变，从而得到电容的变化量。当动极板相对于定极板沿长度方向平移 Δx 时，电容变化量为

$$\Delta C = C - C_0 = \frac{\varepsilon_0 \varepsilon_r (a - \Delta x) b}{d} \tag{2-51}$$

式中，$C_0 = \dfrac{\varepsilon_0 \varepsilon_r ab}{d}$ 为初始电容。

电容相对变化量为

$$\frac{\Delta C}{C_0} = \frac{\Delta x}{a} \tag{2-52}$$

可见，电容变化量 ΔC 与水平位移变化量 Δx 呈线性关系。

传感器的灵敏度可用式（2-53）求得

$$K = \frac{\mathrm{d}C}{\mathrm{d}x} = -\frac{\varepsilon b}{d} \tag{2-53}$$

可见，增加极板长度 b，减小极板距离 d 都可以提高传感器的灵敏度。但 d 太小时，容易引起短路。

在图 2-33（b）所示的圆柱线位移变面积型电容式传感器中，当忽略边缘效应时，电容 C_0 为

$$C_0 = \frac{2\pi\varepsilon l}{\ln(r_2 / r_1)} \tag{2-54}$$

式中，l 为外圆筒与内圆筒覆盖部分的长度（m）；r_2、r_1 分别为外圆筒内半径和内圆筒外半径（m），即它们的工作半径。

当两圆筒相对移动 Δl 时，忽略边缘效应，电容变化量 ΔC 为

$$\Delta C = \frac{2\pi\varepsilon l}{\ln(r_2 / r_1)} - \frac{2\pi\varepsilon(l - \Delta l)}{\ln(r_2 / r_1)} = \frac{2\pi\varepsilon\Delta l}{\ln(r_2 / r_1)} = C_0 \frac{\Delta l}{l} \tag{2-55}$$

可见，圆柱线位移变面积型电容式传感器的电容变化量 ΔC 与轴向位移 Δl 呈线性关系。

对于平面和圆柱线位移变面积型电容式传感器也可接成差动形式，灵敏度会提高约一倍。

（2）角位移型。

在图 2-33（c）所示的角位移变面积型电容式传感器中，当动极板旋转角位移 θ 时，其与定极板的有效覆盖面积就发生改变，从而改变两极板间的电容。

当 $\theta = 0$ 时

$$C_0 = \frac{\varepsilon_0 \varepsilon_r A_0}{d_0} = \frac{1}{2} \frac{\varepsilon}{d_0} r^2 \pi \tag{2-56}$$

式中，ε_r 为介质相对介电常数；d_0 为两极板间的距离；A_0 为两极板初始覆盖面积。

当 $\theta \neq 0$ 时

$$C = \frac{\varepsilon_0 \varepsilon_r A_0 \left(1 - \dfrac{\theta}{\pi}\right)}{d_0} = C_0 - C_0 \frac{\theta}{\pi} \tag{2-57}$$

从式（2-57）可以看出，传感器的电容 C 与角位移 θ 呈线性关系。

其灵敏度为

$$K = \frac{\mathrm{d}C}{\mathrm{d}\theta} = -\frac{\varepsilon A_0}{\pi d_0} \tag{2-58}$$

在实际使用中，可增加动极板和定极板的对数，使多片同轴动极板在等间隔排列的定极板间隙中转动，以提高灵敏度。

二、变介质型电容式传感器

如果在电容式传感器的极板之间插入不同的介质，电容式传感器的电容就会变化。变介质型电容式传感器常被用来测量液体的液位和材料的厚度，还可根据极板间介质的介电常数随温度、湿度的改变而改变来测量温度、湿度等。

图 2-34 所示是用于测量液位高低的变介质型电容式传感器的结构原理。设被测介质的介电常数为ε_1，空气介电常数为ε，液位高度为 h，传感器总高度为 H，内筒外直径为 d，外筒内直径为 D，此时传感器电容 C 为气体介质间电容与液体介质间电容之和。

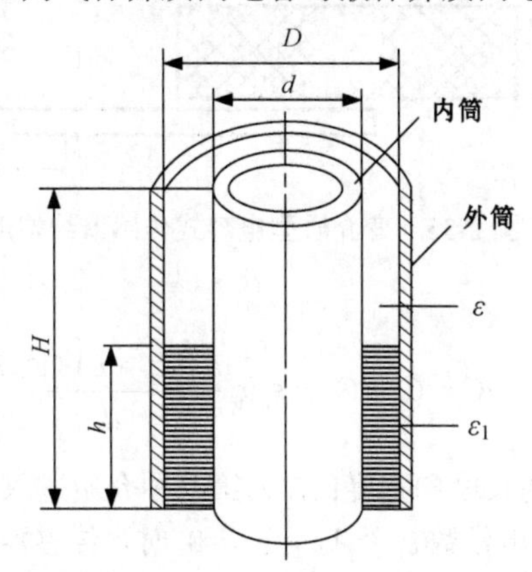

图 2-34 用于测量液位高低的变介质型电容式传感器的结构原理

初始电容 C_0 由传感器的基本尺寸决定，表示为

$$C_0 = \frac{2\pi\varepsilon H}{\ln\dfrac{D}{d}} \tag{2-59}$$

空气介质间的电容量为

$$C_{空气} = \frac{2\pi(H-h)\varepsilon}{\ln\dfrac{D}{d}} \tag{2-60}$$

液体介质之间的电容量为

$$C_{液体} = \frac{2\pi\varepsilon_1 h}{\ln\dfrac{D}{d}} \tag{2-61}$$

总电容量为

$$C = \frac{2\pi\varepsilon_1 h}{\ln\dfrac{D}{d}} + \frac{2\pi(H-h)\varepsilon}{\ln\dfrac{D}{d}} = \frac{2\pi\varepsilon H}{\ln\dfrac{D}{d}} + \frac{2\pi h(\varepsilon_1-\varepsilon)}{\ln\dfrac{D}{d}} \tag{2-62}$$

式中，ε 为空气介电常数。

由（2-59）与（2-62）可得，电容增量为

$$\Delta C = C - C_0 = \frac{2\pi(\varepsilon_1 - \varepsilon)}{\ln\dfrac{D}{d}}h \tag{2-63}$$

可见，电容增量正比于被测液位高度 h。

变介质型电容式传感器有较多的结构形式，可以用来测量纸张、绝缘薄膜等的厚度，也可用来测量粮食、纺织品、木材或煤等非导电固体介质的湿度。图 2-35 所示是一种常用的变介质型电容式传感器结构形式。图中两平行电极固定不动，极板距离为 d_0，将相对介电常数为 ε_{r2} 的介质以不同深度插入电容中，从而改变两种介质的极板覆盖面积。

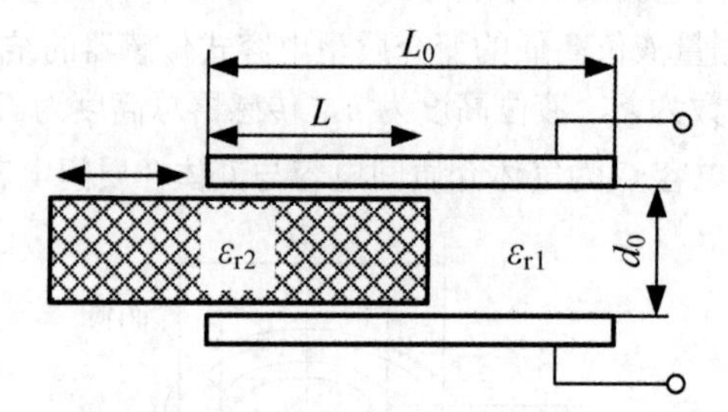

图 2-35 变介质型电容式传感器结构形式

传感器总电容 C 为

$$C = C_1 + C_2 = \varepsilon_0 b_0 \frac{\varepsilon_{r1}(L_0 - L) + \varepsilon_{r2} L}{d_0} \tag{2-64}$$

式中，L_0 和 b_0 为极板的长度和宽度；L 为第二种介质进入极板间的深度。

若介质为空气，相对介电常数 $\varepsilon_{r1} \approx 1$，当 $L=0$ 时，传感器初始电容 $C_0 = \varepsilon_0 b_0 \varepsilon_{r1} L_0 / d_0$。当被测介质进入极板间 L 深度后，引起电容相对变化量为

$$\frac{\Delta C}{C_0} = \frac{C - C_0}{C_0} = \frac{(\varepsilon_{r2} - 1)L}{L_0} \tag{2-65}$$

可见，电容的变化与被测介质进入极板间的深度 L 呈线性关系。

表 2-1 列出了常见电介质材料的相对介电常数。

表 2-1 常见电介质材料的相对介电常数

材料	相对介电常数	材料	相对介电常数
真空	1	硬橡胶	1.3
其他气体	1～1.2	石英	4.5
纸	2.0	玻璃	5.3～7.5
聚四氯乙烯	2.1	陶瓷	5.5～7.0
石油	2.2	盐	6
聚乙烯	2.3	云母	6～8.5
硅油	2.7	三氧化二铝	8.5
米及谷类	3～5	乙醇	20～25
环氧树脂	3.3	乙二醇	35～40

续表

材料	相对介电常数	材料	相对介电常数
石英玻璃	3.5	甲醇	37
二氧化硅	3.8	丙三醇	47
纤维素	3.9	水	80
聚氯乙烯	4.0	钛酸钡	1000～10000

三、变极距型电容式传感器

图 2-36 所示为变极距型电容式传感器的原理。

当传感器的 ε_r 和极板间覆盖面积 A 为常数，初始极板距离为 d_0 时，由公式（2-50）可知其初始电容 C_0 为

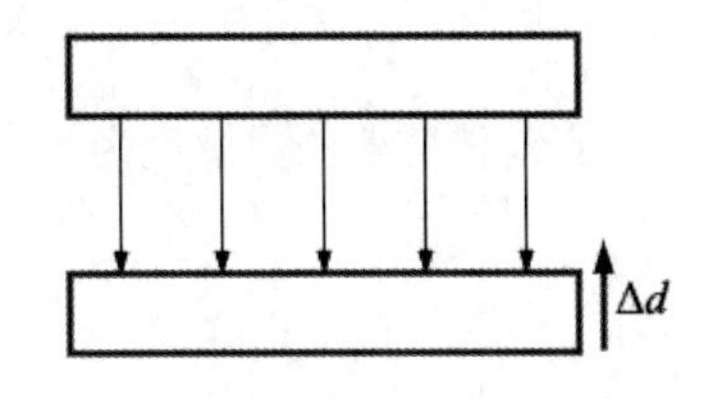

图 2-36 变极距型电容式传感器的原理

$$C_0 = \frac{\varepsilon_0 \varepsilon_r A}{d_0} \tag{2-66}$$

若电容极板距离由初始值 d_0 缩短了 Δd，电容增加了 ΔC，则有

$$C = C_0 + \Delta C = \frac{\varepsilon_0 \varepsilon_r A}{d_0 - \Delta d} = \frac{C_0}{1 - \dfrac{\Delta d}{d_0}} = \frac{C_0 (1 + \dfrac{\Delta d}{d_0})}{1 - (\dfrac{\Delta d}{d_0})^2} \tag{2-67}$$

$$\Delta C = \frac{\varepsilon A}{d_0 - \Delta d} - \frac{\varepsilon A}{d_0} = \frac{\varepsilon A}{d_0} \frac{\Delta d}{d_0 - \Delta d} = C_0 \frac{\Delta d}{d_0 - \Delta d} \tag{2-68}$$

电容的相对变化量为

$$\frac{\Delta C}{C_0} = \frac{\Delta d}{d_0 - \Delta d} = \frac{\dfrac{\Delta d}{d_0}}{1 - \dfrac{\Delta d}{d_0}} \tag{2-69}$$

当 $\Delta d << d_0$ 时，可将 $\Delta C / C_0$ 展开为级数形式，即

$$\frac{\Delta C}{C_0} = \frac{\Delta d}{d_0} \left[1 + \frac{\Delta d}{d_0} + \left(\frac{\Delta d}{d_0} \right)^2 + \cdots \right] \tag{2-70}$$

忽略式（2-70）中的高次项得

$$\frac{\Delta C}{C_0} \approx \frac{\Delta d}{d_0} \tag{2-71}$$

由式（2-71）可得，电容的变化与 Δd 不呈线性关系，其灵敏度不是常数。在 $\Delta d / d_0 << 1$ 条件下，$1(\Delta d / d_0)^2 \approx 1$，则

$$C = C_0 + C_0 \frac{\Delta d}{d_0} \tag{2-72}$$

此时 ΔC 与 Δd 近似呈线性关系，所以变极距型电容式传感器只有在 $\Delta d/d_0$ 很小时，其 ΔC 与 Δd 才有近似的线性关系，如图 2-37 所示。

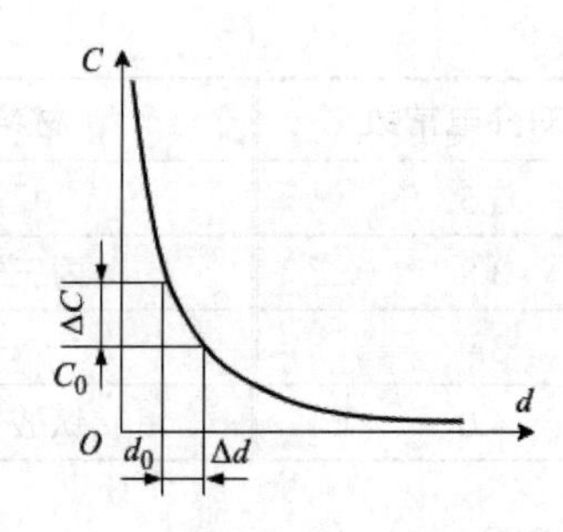

图2-37 电容与极板距离的关系

电容式传感器的灵敏度为

$$K=\frac{\Delta C}{\Delta d}=\frac{C_0}{d_0}=\frac{\varepsilon A}{d_0^2} \tag{2-73}$$

另外，由式（2-73）可以看出，在 d_0 较小时，对于同样的 Δd 所引起的 ΔC 可以增加，从而使传感器灵敏度提高。但 d_0 过小，容易引起电容击穿或短路。

由以上讨论可知如下规律。①变极距型电容式传感器的灵敏度 K 与初始极板距离 d_0 成反比，要提高灵敏度 K，应减小初始极板距离 d_0，但电容极板最短距离受击穿电压限制。为了避免电容击穿，可在极板间采用高介电常数的材料（如云母、塑料膜等）作介质，例如云母的相对介电常数 $\varepsilon_r=7$，大于空气的。②变极距型电容式传感器只有在 $|\Delta d/d_0|$ 很小时，才有近似的线性输出；考虑到传感器的灵敏度 K，d_0 取值不能太大，因此为保证线性度，变极距型电容式传感器通常工作在一个较小的范围内（10 nm 至零点几毫米），而且最大 Δd 应小于极板间距 d_0 的 1/10。

一般变极距型电容式传感器的起始电容为20 pF～100 pF，极板距离在25 μm～200 μm的范围内。最大位移应小于极板距离的 1/10，故在微位移测量中应用较广。为提高测量的灵敏度，减少非线性误差，实际应用时常采用差动式结构。如图2-38所示，上下两块为定极板，中间为动极板，当动极板上、下移动时，两个定极板与动极板之间的电容形成差动变化。此时输出的电容变化量为

$$\frac{\Delta C}{C_0}=2\frac{\Delta d}{d_0}\left[1+\left(\frac{\Delta d}{d_0}\right)^2+\left(\frac{\Delta d}{d_0}\right)^4+\cdots\right] \tag{2-74}$$

忽略高次项，电容相对变化量近似为

$$\frac{\Delta C}{C_0}=2\frac{\Delta d}{d_0} \tag{2-75}$$

此时电容传感器的灵敏度为

$$K'=\frac{\Delta C}{\Delta d}=2\frac{C_0}{d_0} \tag{2-76}$$

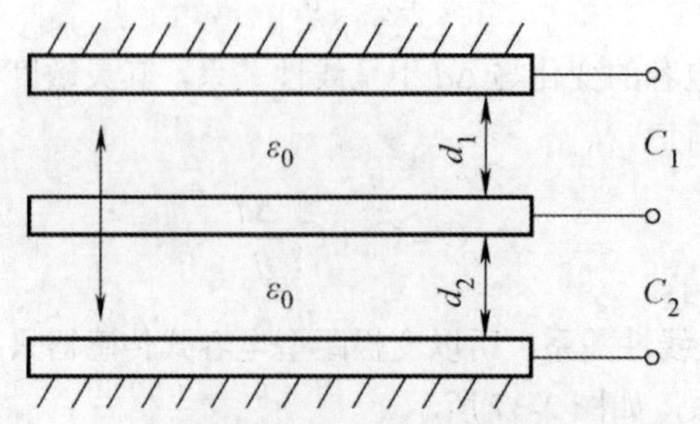

图2-38 变极距型电容式传感器的差动式结构

由此可见，经信号测量转换电路后，灵敏度提高了一倍，线性度得到大大改善。

2.3.2 电容式传感器的测量原理

一、等效电路

电容式传感器的等效电路可以用图 2-39 所示的电路表示。图中考虑了电容的损耗和电感效应，R_p 为并联损耗电阻，它代表极板间的泄漏电阻和介质损耗。这些损耗在低频时产生的影响较大，随着工作频率增高，阻抗减小，其影响就减小。R_s 代表串联损耗，包含引线电阻、电容支架和极板电阻的损耗。电感 L 由电容本身的电感和外部引线电感组成。

由等效电路可知，存在一个谐振频率，通常为几十兆赫兹。当工作频率等于或接近谐振频率时，谐振频率会影响电容的正常作用。因此，工作频率应该低于谐振频率，否则电容式传感器不能正常工作。

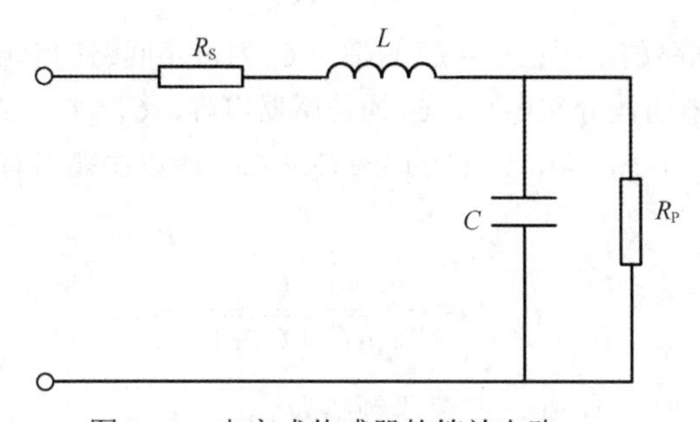

图 2-39 电容式传感器的等效电路

传感元件的有效电容 C_e 可由式（2-77）求得（为了计算方便，忽略 R_s 和 R_p）：

$$\begin{cases} \dfrac{1}{j\omega C_e} = j\omega L + \dfrac{1}{j\omega C} \\ C_e = \dfrac{1}{1-\omega^2 LC} \\ \Delta C_e = \dfrac{\Delta C}{1-\omega^2 LC} + \dfrac{\omega^2 LC\Delta C}{(1-\omega^2 LC)^2} = \dfrac{\Delta C}{(1-\omega^2 LC)^2} \end{cases} \tag{2-77}$$

在这种情况下，电容的实际相对变化量为

$$\frac{\Delta C_e}{C_e} = \frac{\Delta C / C}{1-\omega^2 LC} \tag{2-78}$$

式（2-78）表明电容式传感器电容的实际相对变化量与传感器的固有电感 L 的角频率 ω 有关。因此，在实际应用时必须符合标定的条件。

二、测量电路

电容式传感器的电容通常十分微小（几皮法至几十皮法），不便于直接显示、记录，更不便于传输。因此，需借助测量电路检测微小电容变化量，并将其转换为电压、电流或频率信号。电容式传感器的测量电路有很多，目前比较常见的有调频电路、运算放大器式电路、变压器式交流电桥电路等。

（1）调频电路。

调频电路把电容式传感器作为振荡器谐振回路的一部分，当输入量导致电容发生变化时，振荡器的振荡频率就发生变化。虽然可将频率作为测量系统的输出量，用以判断被测非电信号的大小，但此时系统是非线性的，不易校正，因此必须加入鉴频器，将频率的变化转换为电压振幅的变化，经过放大就可以将其用仪器显示或用记录仪记录下来。调频电路原理如图 2-40 所示。

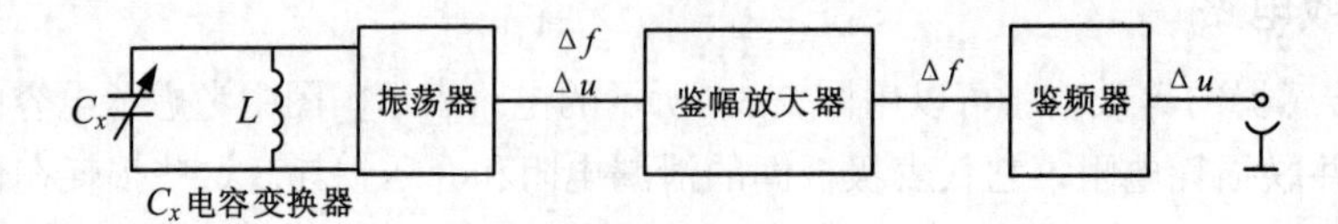

图 2-40　调频电路原理

图中振荡器的振荡频率为

$$f=\frac{1}{2\pi\sqrt{LC}} \tag{2-79}$$

式中，L 为振荡回路的电感；$C = C_1 + C_2 + C_x$ 为振荡回路的总电容，其中 C_1 为振荡回路固有电容，C_2 为传感器引线分布电容，C_x 为传感器电容，$C_x = C_0 \pm \Delta C$。

当被测信号为 0 时，$\Delta C = 0$，则 $C = C_1 + C_2 + C_0$，所以振荡器有一个固有频率 f_0，其表达式为

$$f_0=\frac{1}{2\pi\sqrt{(C_1+C_2+C_0)L}} \tag{2-80}$$

当被测信号不为 0 时，$\Delta C \neq 0$，振荡器频率为

$$f=\frac{1}{2\pi\sqrt{(C_1+C_2+C_0\pm\Delta C)L}}=f_0\pm\Delta f \tag{2-81}$$

调频电容式传感器测量电路具有较高的灵敏度，可以测量高至 0.01 μm 级的位移变化量。传感器信号的输出频率易于用数字仪器测量，该传感器能与计算机通信，抗干扰能力强，可以发送、接收信号，以达到遥测遥控的目的。然而，调频电路的频率受温度和电缆电容影响较大，需采取稳频措施。调频电路较复杂，频率稳定度不高，而且调频电路输出非线性较大，通常采用线性化电路进行补偿。

（2）运算放大器式电路。

由于运算放大器的放大倍数非常大，而且输入阻抗 Z_i 很高，因此利用运算放大器的这一特点可以得到电容式传感器比较理想的测量电路。图 2-41 所示是运算放大器式电路原理。

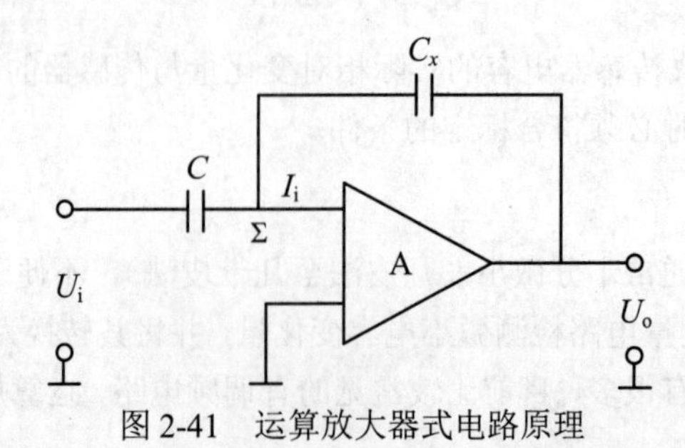

图 2-41　运算放大器式电路原理

图中，C_x 为电容式传感器电容；U_i 是交流电源电压；U_o 是输出电压；Σ 是虚地点。由运算放大器的工作原理可得

$$U_o = -\frac{Z_x}{Z}U_i = -\frac{\frac{1}{j\omega C_x}}{\frac{1}{j\omega C}}U_i \tag{2-82}$$

输出量电压可转换为

$$U_o = -\frac{C}{C_x}U_i \tag{2-83}$$

如果传感器为平板电容，则 $C_x = \varepsilon A/d$ ，将其代入式（2-83）中，可得

$$U_o = -U_i \frac{C}{\varepsilon A}d \tag{2-84}$$

式中，负号表示输出电压 U_o 的相位与电源电压反相。

运算放大器的输出电压与极板距离 d 呈线性关系。运算放大器式电路虽解决了单个变极距型电容式传感器的非线性问题，但要求 Z_i 及放大倍数足够大。为保证仪器精度，还要求电源电压 U_i 的幅值和固定电容 C 稳定。

（3）二极管双 T 形交流电桥电路。

图 2-42 所示是二极管双 T 形交流电桥电路原理。其中，e 是高频电源，它提供了幅值为 U 的对称方波，VD_1、VD_2 为特性完全相同的两只二极管，固定电阻 $R_1 = R_2 = R$，R_L 为负载电阻，C_1、C_2 为传感器的两个差动电容。

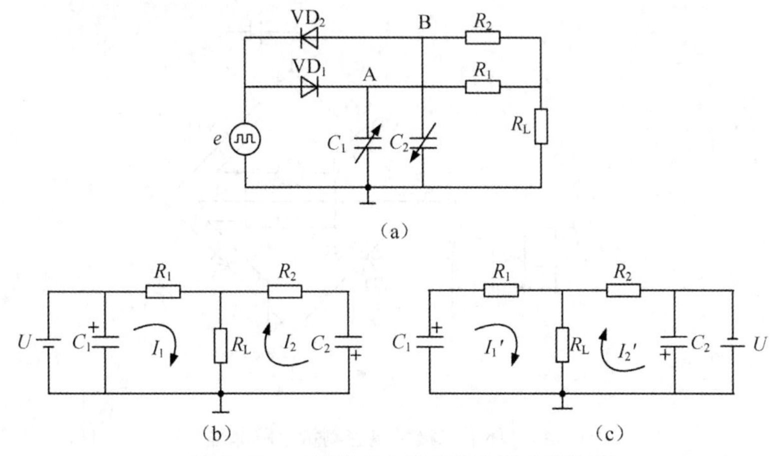

图 2-42 二极管双 T 形交流电桥电路原理

当传感器没有输入时，$C_1 = C_2$。其电路工作原理如下：当 e 提供的方波为正半周时，二极管 VD_1 导通、VD_2 截止，电容 C_1 充电，其等效电路如图 2-42（b）所示；在随后出现负半周时，电容 C_1 上的电荷通过电阻 R_1、负载电阻 R_L 放电，流过 R_L 的电流为 I_1。当 e 提供的方波为负半周时，VD_2 导通、VD_1 截止，电容 C_2 充电，其等效电路如图 2-42（c）所示；在随后出现正半周时，C_2 通过电阻 R_2、负载电阻 R_L 放电，流过 R_L 的电流为 I_2。根据上面所给的条件，则电流 $I_1 = I_2$，且方向相反，在一个周期内流过 R_L 的平均电流为零。

若传感器输入不为 0，则 $C_1 \neq C_2$，$I_1 \neq I_2$，此时在一个周期内通过 R_L 上的平均电流不为零，因此产生输出电压，输出电压在一个周期内的平均值为

$$U_o = I_L R_L = \frac{1}{T}\int_0^T [I_1(t) - I_2(t)]\mathrm{d}tR_L \approx \frac{R(R+2R_L)}{(R+R_L)^2} \cdot R_L U f(C_1 + C_2) \tag{2-85}$$

式中，f 为电源频率。

当 R_L 已知时，可得

$$\left[\frac{R(R+2R_L)}{(R+R_L)^2}\right]\cdot R_L = M（常数） \tag{2-86}$$

则可改写为 $U_o = UfM(C_1-C_2)$。

从式中可得，输出电压 U_o 不仅与电源电压幅值和频率有关，而且与 T 形网络中电容 C_1 和 C_2 的差值有关。当电源电压确定后，输出电压 U_o 是电容 C_1 和 C_2 的函数。该电路输出电压较高，当电源频率为 1.3 MHz、电源电压 $U = 46$ V 时，电容在 –7 pF～7 pF 变化，可以在 1 MΩ 负载上得到–5～5 V 的直流输出电压。电路的灵敏度与电源电压幅值和频率有关，故要求输入电源稳定。当 U 幅值较高，使二极管 VD_1、VD_2 工作在线性区域时，测量的非线性误差很小。电路的输出阻抗与电容 C_1、C_2 无关，而仅与 R_1、R_2 及 R_L 有关，约为 1 kΩ～100 kΩ。输出量的上升时间取决于负载电阻。对于 1 kΩ 的负载电阻，输出量的上升沿时间为 20 μs 左右，故该电路可用来测量高速的机械运动。

（4）环形二极管充放电法。

用环形二极管充放电法测量电容的基本原理是以一高频方波为信号源，通过一环形二极管电桥，对被测电容进行充放电，环形二极管电桥输出一个与被测电容成正比的微安级电流，其原理如图 2-43 所示。将输入方波加在电桥的 A 点和地之间，C_x 为被测电容，C_d 为平衡电容传感器初始电容的调零电容，C 为滤波电容，采用直流电流表。

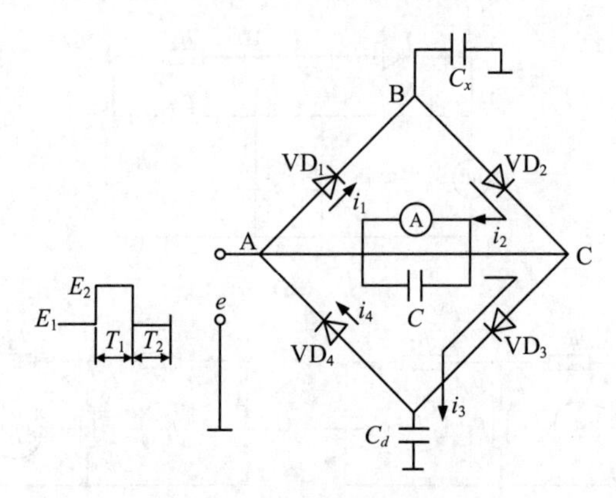

图 2-43　环形二极管电容测量电路原理

在设计时，由于方波脉冲宽度足以使电容 C_x 和 C_d 充、放电过程在方波平顶部分结束。因此，电桥中将发生如下的过程。

当输入的方波由 E_1 跃变到 E_2 时，电容 C_x 和 C_d 两端的电压皆由 E_1 充电到 E_2。对电容 C_x 充电的电流如图 2-43 中 i_1 所示，对 C_d 充电的电流如 i_3 所示。在充电过程中（T_1 时间段），VD_2、VD_4 一直处于截止状态。在 T_1 时间内由 A 点向 C 点流动的电荷量为 $q_1 = C_d(E_2 - E_1)$。

当输入的方波由 E_2 变回到 E_1 时，C_x、C_d 放电，它们两端的电压由 E_2 下降到 E_1，放电电流方向分别如 i_2、i_4 所示。在放电过程中（T_2 时间段），VD_1、VD_3 截止。在 T_2 时间段内由 C 点向 A 点流动的电荷量为 $q_2 = C_x(E_2 - E_1)$。

方波的频率 $f=1/（T_1+T_2）$（即每秒要发生的充放电过程的次数），则由 C 点流向 A 点的平均电流为 $I_2 = C_x f(E_2 - E_1)$，而从 A 点流向 C 点的平均电流为 $I_3 = C_d f(E_2 - E_1)$，流过此支路的瞬时电流的平均值为

$$I = C_x f(E_2 - E_1) - C_d f(E_2 - E_1) = f\Delta E(C_x - C_d) \tag{2-87}$$

式中，ΔE 为方波的幅值，$\Delta E = E_2 - E_1$。

令 C_x 的初始值为 C_0，ΔC_x 为 C_x 的增量，则 $C_x = C_0 + \Delta C_x$，调节 $C_d = C_0$，则

$$I = f\Delta E(C_x - C_d) = f\Delta E\Delta C_x \tag{2-88}$$

由式（2-88）可以看出，I 正比于 ΔC_x。

（5）脉冲宽度调制电路。

脉冲宽度调制电路利用对传感器电容的充放电使电路输出脉冲的宽度随电容式传感器的电容变化而变化，通过低通滤波器就能得到对应被测量变化的直流信号。

脉冲宽度调制电路如图 2-44 所示。它由比较器 A_1 和 A_2、双稳态触发器及电容充放电回路等组成。C_{x1}、C_{x2} 为差动电容式传感器。当双稳态触发器 Q 端输出为高电平时，A 点通过 R_1 对 C_{x1} 充电，而触发器另外一端输出为低电平，C_{x2} 通过二极管 VD_2 迅速放电，G 点被限制为低电平，直至 F 点电位高于参考电压 U_r，比较器 A_1 产生一脉冲，触发双稳态触发器翻转，A 点为低电位，B 点为高电位。此时 C_{x1} 经二极管 VD_1 迅速放电，F 点被限制为低电平，同时 B 点为高电位，通过 R_2 向 C_{x2} 充电。当 G 点电位充至 U_r 时，比较器 A_2 产生一脉冲，使触发器又翻转一次，A 点成为高电位，B 点成为低电位。周而复始，双稳态触发器的两输出端各自产生一个宽度受 C_{x1}、C_{x2} 影响的脉冲波形。当 $C_{x1} = C_{x2}$ 时，线路 A、B 两点电压波形如图 2-45 所示。

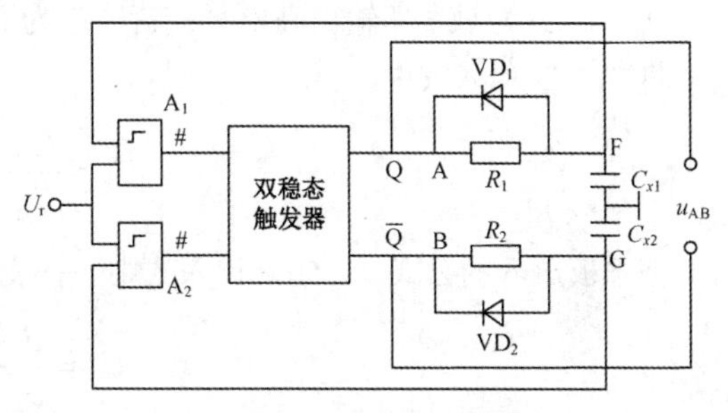

图 2-44 脉冲宽度调制电路

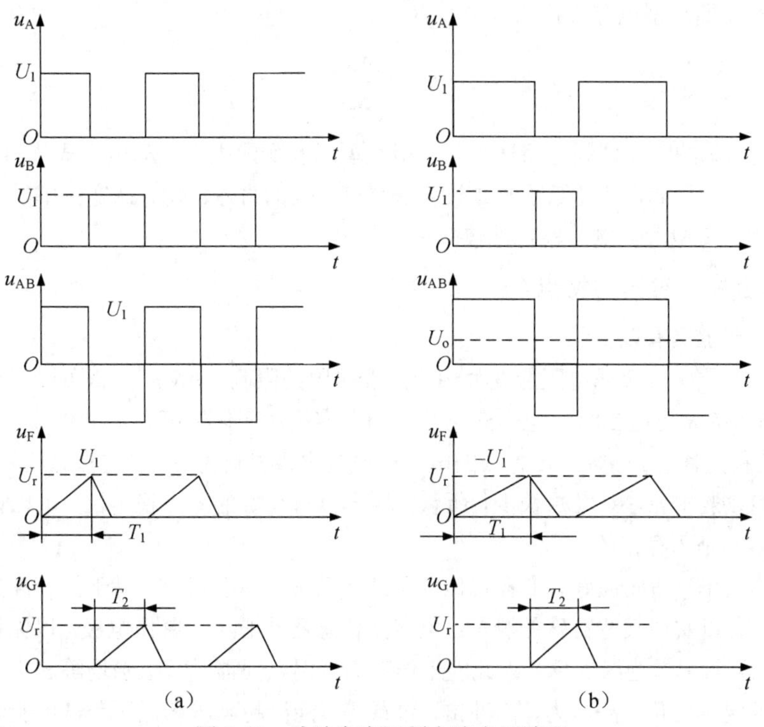

图 2-45 脉冲宽度调制电路电压波形

电路各点电压波形如图 2-45（b）所示，此时 u_A、u_B 脉冲宽度不再相等，一个周期(T_1+T_2)内的平均电压值不为零。此 u_{AB} 电压经低通滤波器滤波后，可得到输出电压 U_o。

$$U_o = U_A - U_B = U_1 \frac{T_1 - T_2}{T_1 + T_2} \tag{2-89}$$

$$T_1 = R_1 C_{x1} \ln \frac{U_1}{U_1 + U_r} \tag{2-90}$$

$$T_2 = R_2 C_{x2} \ln \frac{U_2}{U_2 + U_r} \tag{2-91}$$

式中，U_1 为触发器输出高电平；T_1、T_2 为 C_{x1}、C_{x2} 充电至 U_r 时所需时间。

将 T_1、T_2 代入式中，得

$$U_o = \frac{C_{x1} - C_{x2}}{C_{x1} + C_{x2}} U_1 \tag{2-92}$$

把平板电容的公式（2-50）代入式中，在变极板距离的情况下可得

$$U_o = \frac{d_1 - d_2}{d_1 + d_2} U_1 \tag{2-93}$$

式中，d_1、d_2 为分别为 C_{x1}、C_{x2} 极板间距。

当差动电容 $C_{x1} = C_{x2} = C_0$，即 $d_1 = d_2 = d_0$ 时，$U_o = 0$；若 $C_{x1} \neq C_{x2}$，设 $C_{x1} > C_{x2}$，即 $d_1 = d_0 - \Delta d$，$d_2 = d_0 + \Delta d$，则有

$$U_o = \frac{\Delta d}{d_0} U_1 \tag{2-94}$$

同样，在变面积型电容式传感器中，有

$$U_o = \frac{\Delta S}{S_0} U_1 \tag{2-95}$$

可见，差动脉冲宽度调制电路适用于变极距型以及变面积型差动电容式传感器，均具有线性特性，且转换效率高，经过低通滤波放大器就有较大的直流输出，调宽频率的变化对输出没有影响。采用直流电源，电压稳定性较高。

三、电容式传感器的特点

电容式传感器具有以下优点。

（1）测量范围大。金属电阻应变片由于应变极限的限制，$\Delta R/R$ 一般低于 1%，而半导体电阻应变片的 $\Delta R/R$ 可达 20%，电容式传感器的电容相对变化量可大于 100%。

（2）温度稳定性好。电容式传感器的电容一般与电极材料无关，可选择温度系数低的材料，又因电容本身功耗非常小，发热极少，所以传感器具有良好的零点稳定性，可以认为由自身发热而引起的零漂是不存在的。

（3）结构简单、适应性好。电容式传感器结构简单，易于制造，易于保证高的精度；可以做得非常小巧，以实现某些特殊的测量；电容式传感器一般用金属作电极，以无机材料（如玻璃、石英、陶瓷等）作绝缘支撑，因此能工作在高低温、强辐射及强磁场等恶劣的环境中，可以承受很大的温度变化、高压力、高冲击、过载等；能测超高压和低压差，也能对带磁工件进行测量。

（4）动态响应好。电容式传感器由于极板间的静电引力很小（约几百毫牛），需要的作用能量极小，它的可动部分可以做得很小、很薄，即质量很轻，因此其固有频率很高，动态响应时间短，能在几兆赫兹的频率下工作，特别适合动态测量。又由于其介质损耗小，可以用较高频率供电，因此系统工作频率高。它可用于测量高速变化的参数，如振动振幅、瞬时压力等，且具有很高的灵敏度。

（5）可实现非接触式测量，具有平均效应。对于回转轴的振动振幅或偏心距、小型滚珠轴承的径向间隙等，当采用非接触式测量时，电容式传感器具有平均效应，可以减小工件表面粗糙度等对测量的影响。

电容式传感器具有以下不足。

（1）输出阻抗高、负载能力差。电容式传感器的电容受电极几何尺寸等的限制，一般为几十到几百皮法，使输出阻抗很高，尤其是当采用音频范围内频率的交流电源时，输出阻抗高达 10^6～10^8 Ω。因此传感器的负载能力差，易受外界干扰影响而产生不稳定现象，严重时甚至无法工作，必须采取屏蔽措施，这给设计和使用带来不便。阻抗高还要求传感器绝缘部分的电阻值极高（几十兆欧姆以上），否则绝缘部分将作为旁路电阻影响传感器的性能（如灵敏度降低），为此还要特别注意周围环境如温湿度、清洁度等对绝缘性能的影响。高频供电虽然可降低传感器的输出阻抗，但进行信号的放大、传输远比低频时复杂，且寄生电容影响较大，难以保证工作稳定。

（2）寄生电容影响大。电容式传感器的初始电容很小，而传感器的导线电容（长度为 1～2 m 的导线的电容可达数十甚至上百皮法）、测量电路的杂散电容以及传感器极板与其周围导体构成的电容等"寄生电容"却较大。这一方面降低了传感器的灵敏度；另一方面，这些电容（如电缆电容）常常是随机变化的，将使传感器工作不稳定，影响测量精度，其变化量甚至超过被测量引起的电容变化量，致使传感器无法工作。因此对导线的选择、安装、接法都有要求。

上述不足直接导致电容式传感器测量电路复杂。但随着材料、工艺、电子技术，特别是集成电路的高速发展，现已经可以把复杂的测量电路与电容式传感器做成集成式电容式传感器，使电容式传感器的优点得到发扬而不足不断得到改善，使之成为一种大有发展前途的传感器。

四、电容式传感器的应用

电容式传感器可用来测量直线位移、角位移、振动振幅，尤其适合测量高频振动振幅、精密轴系回转精度、加速度等机械量，还可用来测量压力、差压、液位、料面、成分含量，非金属材料的涂层和油膜等的厚度，以及电介质的湿度、密度、厚度等，在自动检测和控制系统中也常作为位置信号发生器。

传统变极距型电容式传感器结构简单，被广泛应用于工业现场，测量距离或与距离相关的物理量。非接触电容式位移传感器的结构形式和测量原理如图 2-46 所示，传感器测量电极和被测物体电极组成平板电容的两个电容极板。当将交流电源加在传感器测量电极上时，传感器测量电极上产生的交流电压与平板电容极板间的距离成正比，该交流电压经检波、放大后，作为模拟信号输出。

该类传感器可测量各种导电材料的间隙、长度、尺寸或位置，以及纳米级要求的金属箔、绝缘材料薄膜的厚度，还可以用于金属、非金属零件尺寸的精密检验。

图 2-47 所示是电容式差压传感器结构示意。这种传感器结构简单、灵敏度高、响应时间短（约 100 ms），能测微小压差（0～0.75 Pa）。它由两个玻璃圆盘和一个金属（不锈钢）膜片组成。两玻璃圆盘上的凹面深约 25 μm，其上各镀以金作为电容式传感器的两个固定极板，夹

在两凹圆盘中的膜片为可动电极，这三者形成传感器的两个差动电容 C_1、C_2。当两边压强 p_1、p_2 相等时，膜片处在中间位置，与左、右固定电容间距相等，因此两个电容相等；当 $p_1 > p_2$ 时，膜片弯向 p_2，那么两个差动电容一个增大、一个减小，且变化量大小相同；当压差反向时，差动电容变化量也反向。这种差压传感器也可以用来测量真空或微小绝对压力，此时只要把膜片的一侧密封并抽成高真空（压强为 10^{-5} Pa）即可。

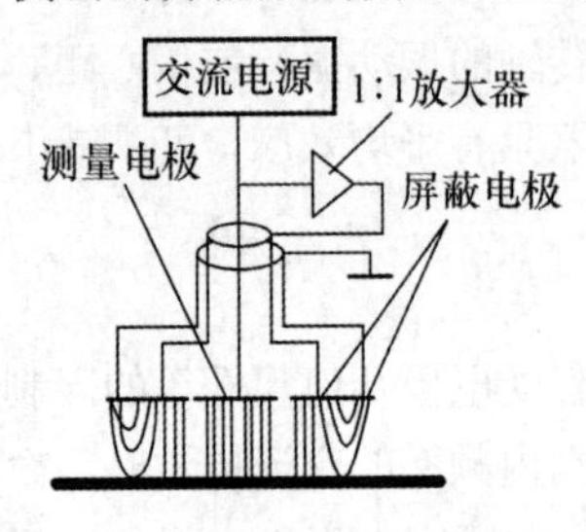

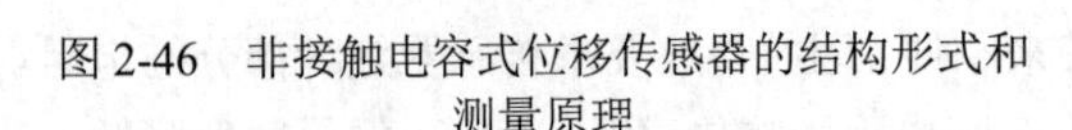
图 2-46 非接触电容式位移传感器的结构形式和测量原理

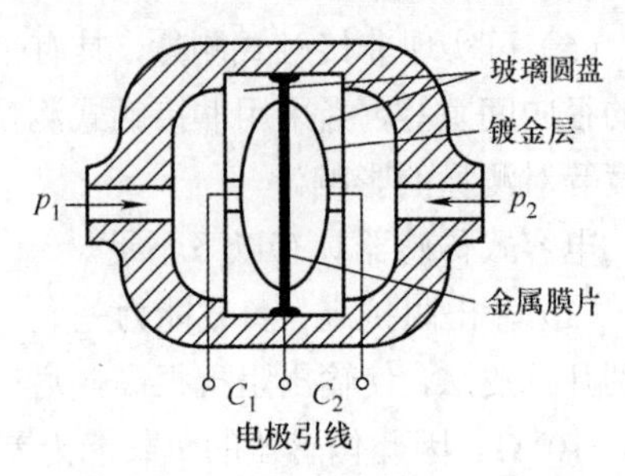

图 2-47 电容式差压传感器结构示意

2.4 思考题

1．简述直线位移型电位器式传感器的结构与工作原理。

2．简述电感式传感器的工作原理。

3．电感式传感器分为几类？各有何特点？

4．简述电容式传感器原理及优缺点。

5．如图 2-48 所示的平板电容式传感器，已知 a=2 mm，b=4 mm，d=0.5 mm，极板间介质为空气。求：

（1）电容式传感器灵敏度；

（2）若右极板沿 x 方向移动 1 mm，求此时的电容。

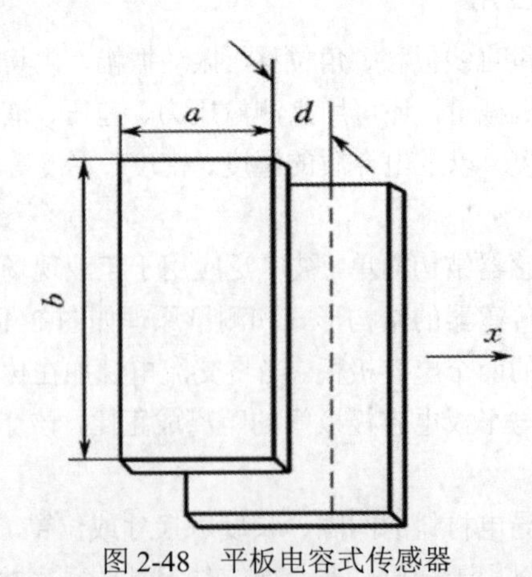

图 2-48 平板电容式传感器

6．如图 2-49 所示的变隙式自感传感器，衔铁截面积 S=4mm×4mm=16mm^2，气隙长度 l_δ=0.8 mm，衔铁最大位移 Δl_δ=±0.06 mm，线圈匝数 N=2000，导线直径 d=0.04 mm，电阻率 ρ=1.75×10^{-6} cm，激励电源频率 f=3000 Hz，忽略漏磁与损耗。计算：

（1）线圈电感数值，电感最大变化量；

（2）若线圈单匝长度为 40 mm，求其直流电阻数值、线圈的品质因数 Q；

（3）当线圈存在 200 pF 电容时，求与之并联后其等效电感值的变化量。

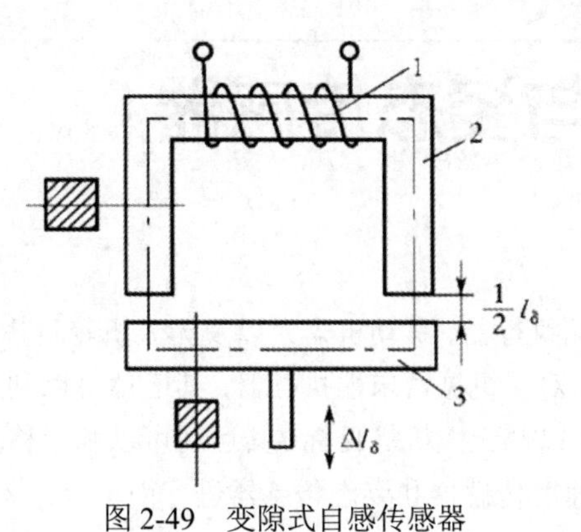

图 2-49　变隙式自感传感器

第 3 章

机器人速度与姿态传感器

要精确控制机械臂末端执行器、移动机器人以及无人机等目标的空间运动，需要对其三维移动和三维转动进行测量。对于机械臂末端执行器，其运动可以利用运动学模型根据关节速度计算得到；对于移动机器人以及无人机等目标，其运动可以利用移动速度传感器和姿态传感器测量得到。本章对常见的速度传感器和姿态传感器进行简单介绍。

3.1 速度传感器

速度测量方法一般包括加速度积分测量法、位移差分测量法以及直接测量法。速度传感器既包括测量机器人关节速度的内部速度传感器，又包括感知机器人与环境之间相对速度的外部速度传感器。常见的内部速度传感器包括编码器、光栅传感器、测速发电机等。常见的外部速度传感器包括视觉传感器、雷达、声呐等。本节主要对测速发电机和多普勒测速雷达进行简单介绍。

3.1.1 测速发电机

测速发电机是一种用于测量转速的传感器，它将输入的机械转速变换为电压信号输出，电机的输出电压正比于转子转速。按工作原理的不同，常见的测速发电机包括直流测速发电机、交流测速发电机和霍尔无刷直流测速发电机等。本小节对这 3 类测速发电机进行简单介绍。

一、直流测速发电机

（1）基本结构。

直流测速发电机主要由定子和转子两大部分组成，其结构与小功率直流发电机的基本相同。根据磁极类型可以将直流测速发电机分为电磁式和永磁式。其中，前者的定子磁极为由外部电源供电的励磁绕组，如图 3-1（a）所示；后者的定子磁极为永磁体，如图 3-1（b）所示。

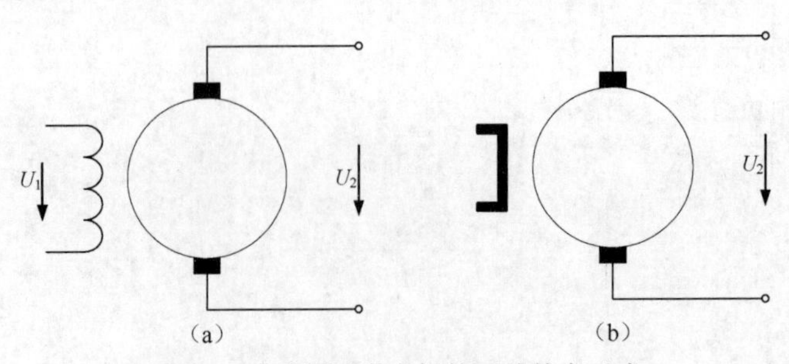

图 3-1　直流测速发电机的两种基本形式

由于永磁式直流测速发电机不需要励磁绕组，因而其具有结构简单、体积小和效率高的优点。然而，永磁体的磁性受温度变化和电机振动的影响会逐渐衰减，导致发电机性能在长期使用过程中逐渐下降。此外，高性能永磁体价格昂贵，使得永磁式直流测速发电机成本高昂，这也限制了此类测速发电机的应用。相比永磁式直流测速发电机，电磁式直流测速发电机需要励磁绕组，并且需要消耗电能来维持磁场，因而此类测速发电机具有结构复杂、体积较大和效率较低的缺点。但励磁绕组成本较低，且其磁性可以通过励磁电流来调节，从而实现更灵活的控制。综上所述，永磁式直流测速发电机和电磁式直流测速发电机各有其优缺点，需要根据具体的应用场景和需求进行选择。

（2）工作原理。

①直流电动势的产生。

直流测速发电机是按照电磁感应定律工作的，其工作原理如图 3-2 所示。图中，永磁体磁极 N、S 为测速发电机的定子，单匝线圈 abcd 构成直流测速发电机的转子，该线圈通过换向器和电刷 A、B 与外电路构成闭合回路。

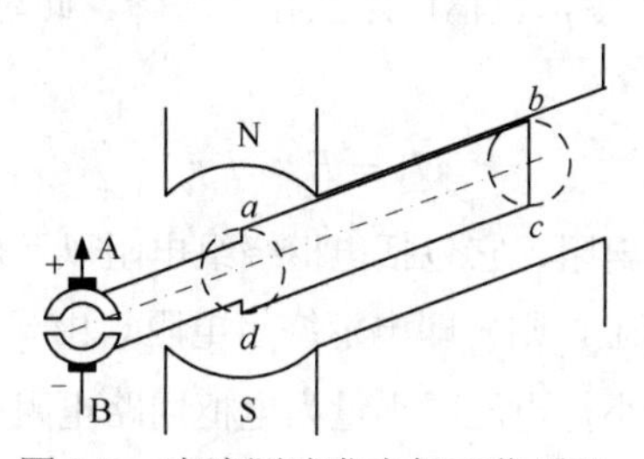

图 3-2　直流测速发电机工作原理

根据法拉第电磁感应定律，当线圈 abcd 在原动机驱动下匀速旋转时，其感应电动势 e_a 可表示为

$$e_a = Blv \tag{3-1}$$

式中，B 为导体所处位置的气隙磁通密度；l 为导体有效长度；v 为导体切割磁场的线速度。

直流测速发电机的气隙磁通密度沿圆周近似按梯形分布，如图 3-3（a）所示。当线圈 abcd 匀速转动时，将产生脉冲的直流电动势，如图 3-3（b）所示。

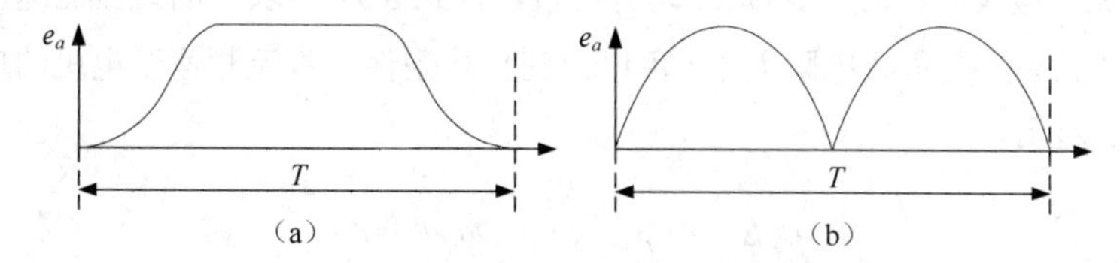

图 3-3　直流测速发电机的磁场分布和电动势

在实际应用中，直流测速发电机转子通常包含多个线圈绕组，每个绕组又由多匝线圈构成。制造过程中，各绕组以等间距方式安装，并通过换向片和其他元件串联起来。串联绕组数越多，输出电动势脉冲越小；串联绕组线圈数越多，输出电动势平均值越大。

②输出特性。

直流测速发电机的输出特性是指输出电压 U_2 与转速 n 之间的函数关系。下面以电磁式直流测速发电机为例，分析直流测速发电机的输出特性。

电磁式直流测速发电机的原理电路如图 3-4 所示，其电刷两端引出的电枢感应电动势为

$$E_a = C_e \Phi n = K_e n \tag{3-2}$$

式中，C_e为发电机电动势常数，由发电机结构参数决定；Φ为发电机的每极磁通；n为转速。

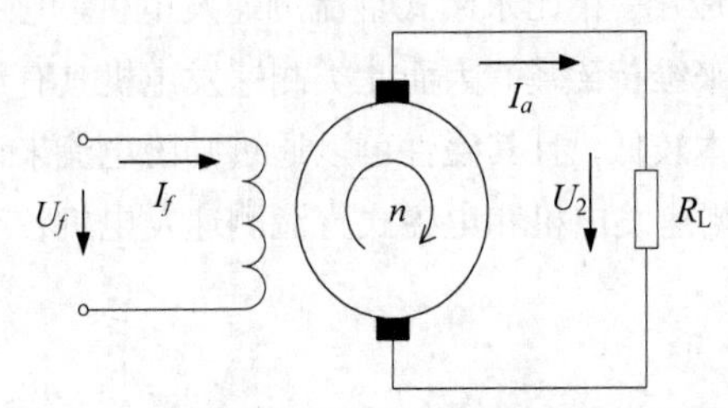

图 3-4 电磁式直流测速发电机的原理电路

空载时，电枢电流 I_a 为零，无电阻引起的压降，因而输出电压和电枢感应电动势相等。此时，直流测速发电机输出电压与转速成正比。

负载时，电枢电流 I_a 不为零，电枢回路上存在压降。此时，直流测速发电机的输出电压可表示为

$$U_2 = E_a - I_a r_a \tag{3-3}$$

式中，r_a为电枢回路的总电阻，它包括电枢绕组电阻以及电刷与换向器之间的接触电阻。为简单起见，忽略上述接触电阻，则r_a即电枢绕组电阻。由式（3-3）可知，直流测速发电机负载时的输出电压比空载时的小，电压减小量为电枢回路电阻引起的压降。

负载时的电枢电流为

$$I_a = \frac{U_2}{R_L} \tag{3-4}$$

联立式（3-2）、式（3-3）和式（3-4）可得

$$U_2 = \frac{E_a}{1+\frac{r_a}{R_L}} = \frac{C_e \Phi n}{1+\frac{r_a}{R_L}} \tag{3-5}$$

为简单起见，假设r_a、R_L、Φ和C_e均为常数，则式（3-5）表示的直流测速发电机输出特性表现为一组直线。改变负载电阻大小，可以得到负载条件下直流测速发电机的理想输出特性曲线，如图 3-5 所示。

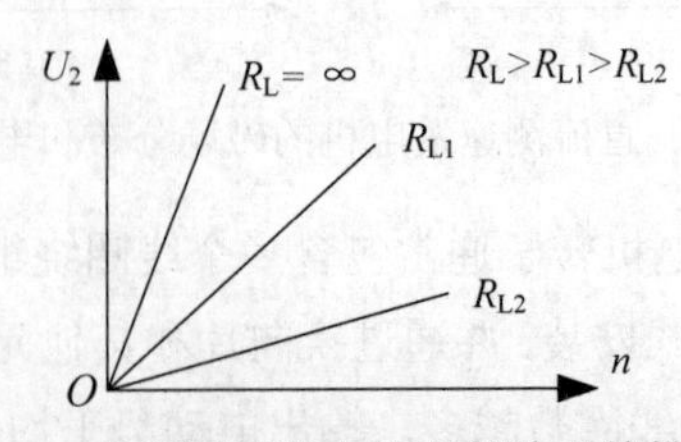

图 3-5 直流测速发电机理想输出特性曲线

由该图可知，在转速相同的条件下，直流测速发电机输出电压随负载电阻值 R_L 的减小而降低。此外，由式（3-5）可知，改变转子转向可改变直流测速发电机输出电压 U_2 的极性。通过测量 U_2，即可由式（3-5）计算得到待测转速和转动方向。

③主要性能指标。

a. 线性误差。线性误差 δ_1 由式（3-6）定义

$$\delta_1 = \frac{\Delta U_m}{U_m} \times 100\% \tag{3-6}$$

式中，ΔU_m 为直流测速发电机在工作转速范围内的实际输出特性曲线与理想输出特性曲线之间的最大差值；U_m 为最高线性转速 n_{max} 在理想输出特性曲线上对应的电压。在图 3-6 中，B 点为实际输出特性曲线上与转速 $n_B = 5n_{max}/6$ 相对应的点。

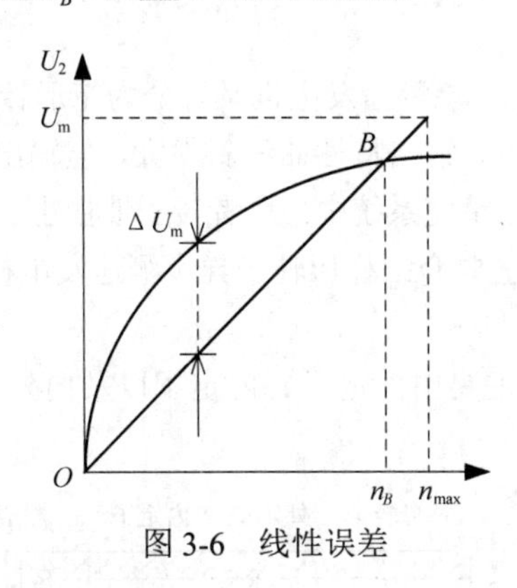

图 3-6 线性误差

一般应用要求 δ_1 为 1%～2%，较精密系统要求 δ_1 为 0.1%～0.25%。线性误差是恒速控制系统选择直流测速发电机的重要性能参考指标。

b. 输出斜率。输出斜率也称为灵敏度，是指额定励磁电压下 1000 r/min 转速所产生的输出电压。通常，直流测速发电机空载输出斜率为 10～20 V。当把直流测速发电机当作阻尼元件时，输出斜率是重要的性能指标。

c. 最高线性工作转速和最小负载电阻。当转速不超过最高线性工作转速，并且负载电阻不小于最小负载电阻时，直流测速发电机的线性误差在设计允许范围之内。

d. 不灵敏区。不灵敏区是指输出斜率受电刷接触电阻影响而显著下降（几乎为零）的转速范围。在超低速控制系统中，不灵敏区是非常重要的性能指标。

e. 输出电压的不对称度。输出电压的不对称度指转速相同但转动方向相反时，输出电压绝对值之差 ΔU_2 与两者平均值 U_{av} 之比，即

$$K_{as} = \frac{\Delta U_2}{U_{av}} \times 100\% \tag{3-7}$$

正、反转输出电压绝对值不同是由于电刷不在转子几何中心线上或存在剩余磁通而出现的现象。通常，K_{as} 在 0.35%～2%的范围内，要求正、反转的系统需考虑该指标。

f. 纹波系数。在一定转速下，直流测速发电机输出电压中交流分量的有效值与直流分量之比称为纹波系数。纹波系数越小，速度伺服系统可达到的控制精度越高。

g. 变温输出误差。变温输出误差 δ_{U_0} 是指在一定的转速下，某一温度 t 时的输出电压相对于常温 t_0 时的输出电压的增量百分比，即

$$\delta_{U_0} = \frac{U_{a2t} - U_{a20}}{U_{a20}} \tag{3-8}$$

式中，U_{a2t} 为温度 t 时的输出电压；U_{a20} 为常温 t_0 时的输出电压。

上述性能指标是选择直流测速发电机的主要依据，但对各项性能指标的要求应根据具体的应用需求确定。

二、交流测速发电机

交流测速发电机包括交流同步测速发电机和交流异步测速发电机两类。前者输出电压的幅值和频率均与转速有关，因而其内阻抗和负载阻抗的大小也与转速有关；后者输出电压的频率和励磁电压的频率相同，而输出电压的幅值与转速成正比，这满足机器人自动控制系统对测速元件的要求。

根据转子的结构形式，交流异步测速发电机又可分为笼形转子异步测速发电机和杯形转子异步测速发电机。前者结构简单、输出特性曲线斜率大，但输出电压稳定性差、误差大、转子惯量大，故而一般仅用于中、低精度系统中；后者转子惯量小、精度高，是目前应用较为广泛的一种交流测速发电机。下面主要介绍杯形转子异步测速发电机。

（1）基本结构。

杯形转子异步测速发电机主要由外定子、内定子以及内外定子之间的非磁性杯形转子构成，其典型结构如图3-7所示。

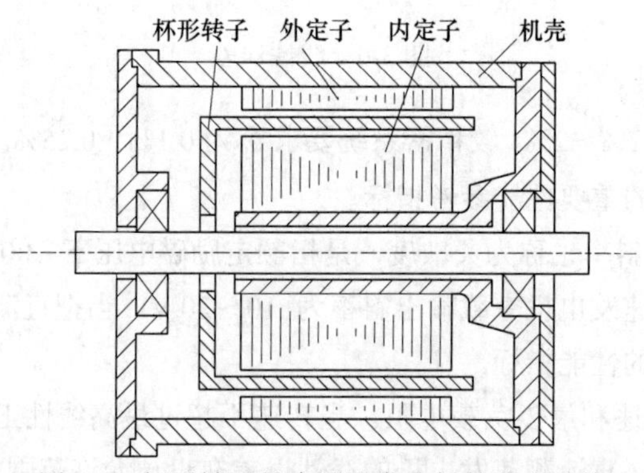

图3-7 杯形转子异步测速发电机的典型结构

杯形转子异步测速发电机的转子为薄壁非磁性杯状结构，其材料通常为高电阻率的硅锰青铜或锡锌青铜。定子上嵌有空间互差 90°电角度的两相绕组，分别为励磁绕组 N_f 和输出绕组 N_2。对于机座号较小的发电机，其两相绕组一般都安装在内定子上；对于机座号较大的发电机，其励磁绕组通常安装在外定子上，而输出绕组一般安装在内定子上。

（2）工作原理。

杯形转子异步测速发电机的工作原理如图3-8所示。若励磁绕组上接有恒频稳压励磁电源 $\dot{U}_f$，则该绕组中有电流 $\dot{I}_f$ 流过，从而使绕组产生以励磁电源频率 f 脉振的直轴磁动势 $\dot{F}_d$ 和相应的直轴磁通 Φ_d。

当转子静止时，由于输出绕组轴线与励磁绕组轴线在空间上相差 90°电角度，二者没有耦合关系，因此感应电动势和输出电压均为零。当转子旋转时，转子杯切割直轴磁通 Φ_d，并产生以电源频率交变的运动电动势 $\dot{E}_r$，其方向用图 3-8 中转子外圈的“•”和“×”表示，运动电动势的大小为

$$\dot{E}_r = C\dot{\Phi}_d n \tag{3-9}$$

式中，C 为常数；Φ_d 为直轴每级磁通量的幅值；n 为转速。

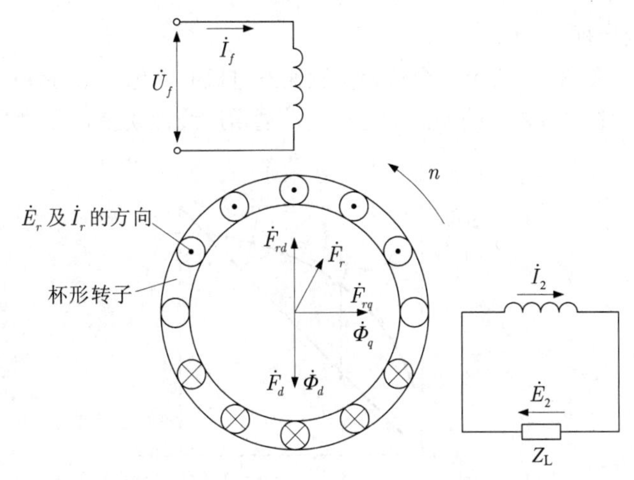

图 3-8 杯形转子异步测速发电机的工作原理

转子杯自身构成短路绕组，电动势 $\dot{E}_r$ 将在其内部产生短路电流 $\dot{I}_r$，故 $\dot{I}_r$ 大小正比于 $\dot{E}_r$。同时，$\dot{I}_r$ 的频率等于励磁电源频率 f。受到转子杯自身电感的影响，电流 $\dot{I}_r$ 在时间上滞后于电动势 $\dot{E}_r$ 一定电角度。电流 $\dot{I}_r$ 将产生脉振磁动势 $\dot{F}_r$，$\dot{F}_r$ 在输出绕组轴线方向上的交轴分量 $\dot{F}_{rq}$ 将产生交轴磁通 Φ_q，Φ_q 将在输出绕组中感应出频率为 f 的变压器电动势 $\dot{E}_2$，且 $\dot{E}_2 \propto \Phi_q \propto \dot{F}_{rq} \propto \dot{F}_r \propto \dot{E}_r \propto n$。因此，杯形转子异步测速发电机的输出电动势 $\dot{E}_2$ 的大小正比于转速 n，而其频率等于励磁电源频率 f，与转速 n 无关。

（3）输出特性。

由于有效串联匝数不相等，杯形转子异步测速发电机定子的两相绕组在空间上并不完全对称，因而两相绕组中的电流在时间上也并不对称。由此产生的合成磁动势为椭圆形，导致输出电压与转速之间存在非线性关系。在励磁电压和频率不变的情况下，利用对称分量法可以导出杯形转子异步测速发电机的输出特性方程为

$$U_2 = \frac{An^*}{1 - Bn^{*2}} U_f' \tag{3-10}$$

式中，n^*为转速的标幺值；A 为电压系数，是一个与发电机及负载参数有关的复系数；B 也是一个与发电机及负载参数有关的复系数；$U_f' = kU_f$，为把励磁绕组折算到输出绕组后励磁电压 U_f的折算值，其中 k 为输出绕组与励磁绕组的有效匝数比。

式（3-10）中分母包含 Bn^{*2} 项，表明输出电压 U_2 与转速 n 之间存在非线性关系，如图 3-9 所示。可以证明，即使在空载条件下，输出特性方程分母中也存在与发电机本身阻抗参数有关的 n^{*2} 项，因而杯形转子异步测速发电机的输出电压与转速之间始终存在非线性关系，这一现象的根源在于两相绕组不对称运行产生的椭圆形气隙磁场。随着发电机转速的变化，气隙磁场的椭圆度也将改变，导致发电机参数发生变化，进而使输出电源的特性曲线斜率和相位差也随转速而变化。此外，输出特性还与负载的大小、性质以及励磁电源的频率、温度等因素的变化有关。在实际应用中，常常通过选择适当的负载阻抗对输出电压的大小和相位进行补偿。

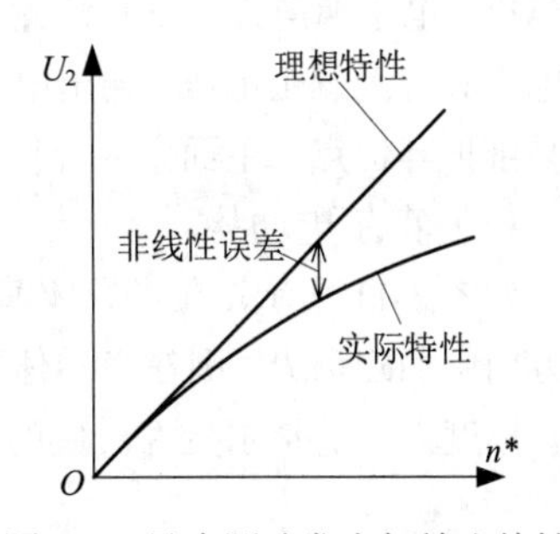

图 3-9 异步测速发电机输出特性

（4）主要性能指标。

①线性误差。如图 3-10 所示，交流异步测速发电机的理想输出特性曲线（曲线 1）与实际输出特性曲线（曲线 2）之间的差异就是误差，通常用线性误差 δ_x 来度量。

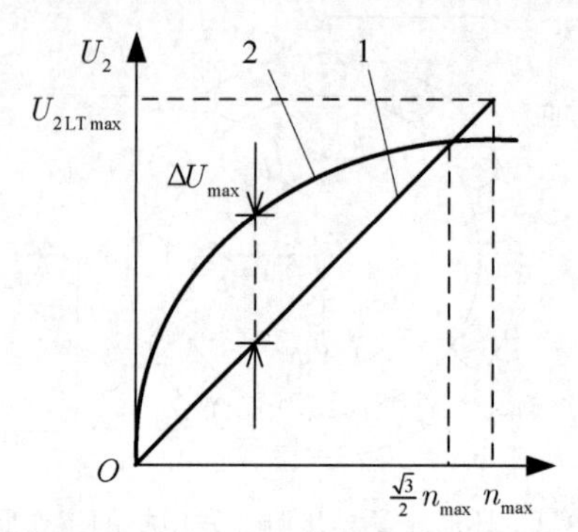

图 3-10 交流异步测速发电机的输出特性曲线及线性误差

线性误差 δ_x 可表示为

$$\delta_x = \frac{\Delta U_{\max}}{U_{2\text{LTmax}}} \times 100\% \tag{3-11}$$

式中，$\Delta U_{\max}$ 为实际输出电压与线性输出电压的最大差值；$U_{2\text{LTmax}}$ 为技术条件规定的最大转速 $n_{\max}$ 所对应的线性输出电压。

②剩余电压。剩余电压又称零速电压，是指在交流异步测速发电机的励磁绕组已经供电的条件下，零转子转速对应的输出电压。根据理想输出特性曲线，转速为零时输出电压必然为零，但实际情况并非如此。剩余电压给控制系统引入了误差，应尽量使之减小以提高测速精度。

③相位误差。相位误差是指交流异步测速发电机的输出电压与励磁电压之间的相位差。该指标越小，测速精度越高。

④输出斜率。交流异步测速发电机的输出斜率通常规定为转速 1000 r/min 时的输出电压 U_2。输出特性曲线上 $\Delta U_2/\Delta n$ 的比值越大，输出斜率越大，即交流异步测速发电机的灵敏度越高。

三、霍尔无刷直流测速发电机

有刷直流测速发电机具有可靠性差、无线电干扰大、存在电刷摩擦转矩、输出电压不稳定等问题。为解决上述问题，出现了许多不同类型的无刷直流测速发电机，如霍尔无刷直流测速发电机、电子换向式无刷直流测速发电机、二极管式测速发电机等。其中，霍尔无刷直流测速发电机具有无剩余电压、输出电压无脉冲成分、转子摩擦转矩小、惯量小、寿命长、可靠性高、容易维护等优点。下面主要介绍霍尔无刷直流测速发电机。

（1）霍尔电动势。

如图 3-11 所示，在半导体薄片（霍尔元件）相对的两侧通入控制电流 I，并在垂直于电流的方向施加磁场 B，则在半导体薄片的另外两侧会产生电动势，此现象被称为霍尔效应。

厚度为 d 的霍尔元件产生的霍尔电动势为

$$E_{\text{H}} = K_{\text{H}}IB \tag{3-12}$$

式中，K_{H} 为霍尔元件灵敏度，可表示为

$$K_{\mathrm{H}}=\frac{R_{\mathrm{H}}}{d} \tag{3-13}$$

式中，R_{H}为霍尔系数。

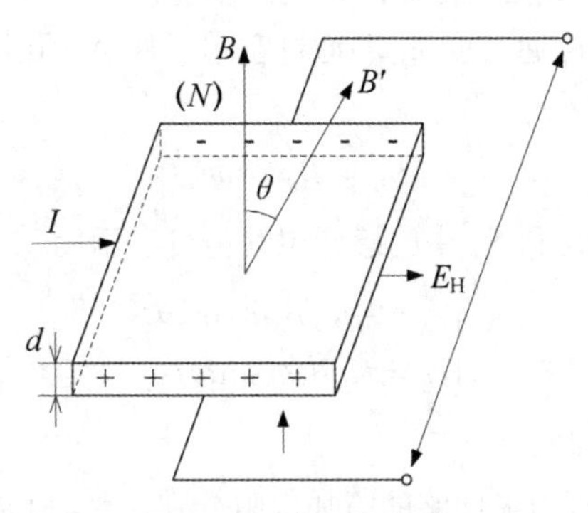

图 3-11 霍尔效应原理

当磁场方向和元件的平面法线方向成θ角度时（如图中B'），作用在元件上的有效磁通是其法线方向的分量$B'\cos\theta$。此时霍尔电动势为

$$E_{\mathrm{H}}=K_{\mathrm{H}}IB'\cos\theta \tag{3-14}$$

（2）基本结构及工作原理。

霍尔无刷直流测速发电机的基本结构如图 3-12 所示，图 3-13 所示为其电气接线。在发电机的定子铁心上放置两个空间位置相差 90°电角度的绕组 $\mathrm{N_A}$和 $\mathrm{N_B}$，并在绕组的轴线处分别放置霍尔元件 A 和 B，转子为永磁体。霍尔元件 A 和 B 的控制电流分别由绕组 $\mathrm{N_A}$和 $\mathrm{N_B}$供给。将两个霍尔元件的输出端串联，于是总的输出电压就是这两个霍尔元件的霍尔电动势之和。

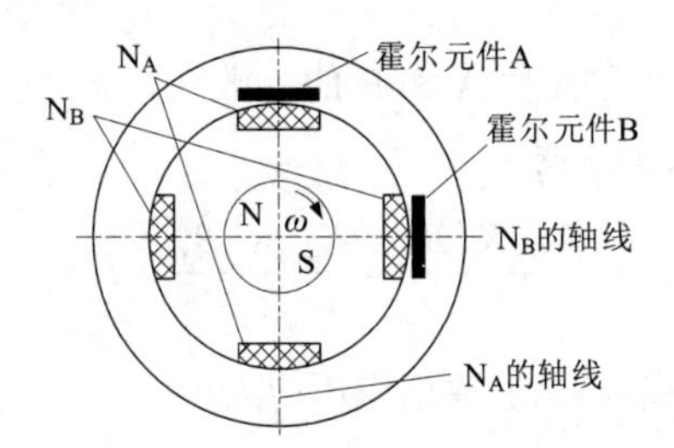

图 3-12 霍尔无刷直流测速发电机的基本结构

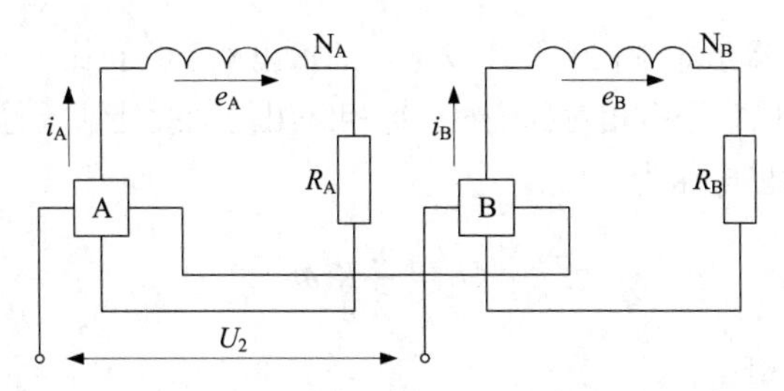

图 3-13 霍尔无刷直流测速发电机电气接线

当转子不转时，定子绕组 $\mathrm{N_A}$和 $\mathrm{N_B}$中都没有感应电动势，霍尔元件的控制电流为零。因此，霍尔电动势也为零。

当转子转动时，定子绕组 $\mathrm{N_A}$和 $\mathrm{N_B}$中产生感应电动势。若气隙磁通密度按正弦规律分布，则绕组 $\mathrm{N_A}$轴线处的磁通密度 B_{A}即通过霍尔元件 B 的磁通密度。B_{A}将随时间按正弦函数变

化，即

$$B_{A} = B_{\delta}\sin\omega t \tag{3-15}$$

式中，B_{δ}为永磁体磁极轴线处气隙磁通密度的幅值；ω为转子的角速度。

同理，绕组 N_B 轴线处的磁通密度 B_B 即通过霍尔元件 A 的磁通密度，它将随时间按余弦函数变化，即

$$B_{B} = B_{\delta}\cos\omega t \tag{3-16}$$

基于上述表达式，绕组 N_A 和 N_B 中的感应电动势可表示为

$$\begin{cases} e_{A} = -K_{A}B_{\delta}\omega\cos\omega t \\ e_{B} = K_{B}B_{\delta}\omega\sin\omega t \end{cases} \tag{3-17}$$

式中，K_A 和 K_B 为比例常数。

若霍尔元件 A 和 B 的控制电流回路的附加电阻分别为 R_A 和 R_B，并略去回路中的漏电抗，则控制电流分别为

$$\begin{cases} i_{A} = \dfrac{e_{A}}{R_{A}} = -\dfrac{K_{A}B_{\delta}}{R_{A}}\omega\cos\omega t \\ i_{B} = \dfrac{e_{B}}{R_{B}} = \dfrac{K_{B}B_{\delta}}{R_{B}}\omega\sin\omega t \end{cases} \tag{3-18}$$

由式（3-12）可得霍尔元件 A 和 B 的霍尔电动势分别为：

$$\begin{cases} E_{HA} = K_{HA}B_{B}i_{A} = -\dfrac{K_{HA}K_{A}B_{\delta}^{2}}{R_{A}}\omega\cos^{2}\omega t \\ E_{HB} = K_{HB}B_{A}i_{B} = \dfrac{K_{HB}K_{B}B_{\delta}^{2}}{R_{B}}\omega\sin^{2}\omega t \end{cases} \tag{3-19}$$

式中，K_{HA} 和 K_{HB} 分别为霍尔元件 A 和 B 的灵敏度。

若调节电阻 R_A 和 R_B 的大小，使

$$\frac{K_{HA}K_{A}B_{\delta}^{2}}{R_{A}} = \frac{K_{HB}K_{B}B_{\delta}^{2}}{R_{B}} = K \tag{3-20}$$

则两个霍尔元件反向串联后，总的输出电压应为

$$U_{2} = E_{HB} - E_{HA} = K\omega\left(\sin^{2}\omega t + \cos^{2}\omega t\right) = K\omega \tag{3-21}$$

由式（3-21）可知，霍尔无刷直流测速发电机的输出电压为正比于发电机转速的直流电压。为了提高输出电压，可以采用多相对称绕组，每相绕组的轴线处都放置霍尔元件，采用适当方法连接后，可以得到输出电压为

$$U_{2} = \frac{m}{2}K\omega \tag{3-22}$$

式中，m 为绕组的相数。

3.1.2 多普勒测速雷达

多普勒效应是以奥地利物理学家及数学家多普勒（Doppler）的姓氏命名的，他于 1842 年最早阐释了这一现象。多普勒效应的基本内容为波源与观察者的相对运动会影响观察者观测的

波频率。当波源移向观察者时，波被压缩，波长变短，频率变高；当波源远离观察者时，波被拉伸，波长变长，频率变低。在观察者移动而波源固定时也存在同样的现象。

多普勒测速是基于多普勒效应进行速度测量的。以图 3-14 所示无人车雷达测速为例，雷达发射的电磁波遇到障碍物（如固定障碍物或其他车辆）会发生反射。根据多普勒效应，车辆与障碍物之间的相对运动状态会影响反射波的频率。如果车辆与障碍物的相对距离保持不变，那么反射波的频率也保持不变。如果车辆与障碍物的相对距离不断缩短，则反射波将会被压缩，从而其频率增加；反之，如果车辆与障碍物的相对距离不断增大，则反射波将会被拉伸，从而其频率降低。

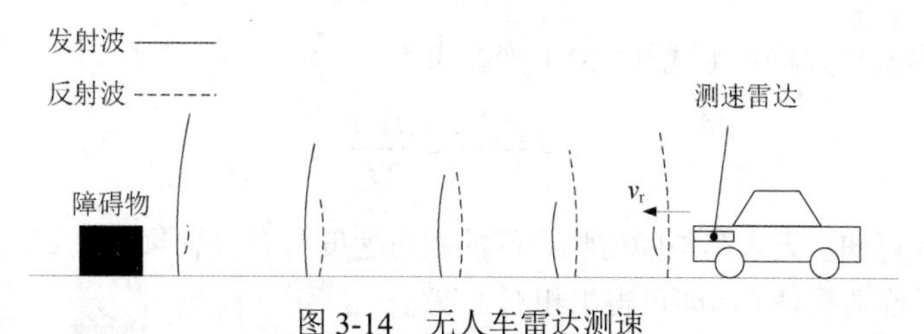

图 3-14 无人车雷达测速

下面研究多普勒频移与相对运动速度的关系。假设测速雷达发射连续波，则发射雷达波信号 $S(t)$可表示为

$$S(t)=A\cos(\omega_0 t+\varphi) \tag{3-23}$$

式中，ω_0为发射角频率；φ为初相；A为雷达波振幅。

发射雷达波信号 $S(t)$遇到障碍物之后发生反射，反射波信号 $S_r(t)$可表示为

$$S_r(t)=KA\cos\left[\omega_0(t-t_r)+\varphi\right] \tag{3-24}$$

式中，K为反射波信号的衰减系数；t_r为反射波信号滞后于发射波信号的时间。t_r可表示为

$$t_r=\frac{2R}{c} \tag{3-25}$$

式中，R为雷达与障碍物的距离；c为电磁波的传播速度。

反射波信号 $S_r(t)$与发射波信号 $S(t)$之间的相位差为

$$\omega_0 t_r=2\pi f_0\frac{2R}{c}=2R\frac{2\pi}{\lambda} \tag{3-26}$$

式中，λ为多普勒雷达发射波波长，即

$$\lambda=\frac{c}{f_0} \tag{3-27}$$

由式（3-26）可知，当雷达与障碍物之间的距离 R 保持不变时，反射波信号与发射波信号之间的相位差为恒定值；当雷达与障碍物之间的距离 R 发生改变时，反射波信号与发射波信号之间的相位差也发生改变。

假设无人车与障碍物之间保持匀速相对运动，则车辆与障碍物之间的距离可表示为时间的函数

$$R(t)=R_0-v_r t \tag{3-28}$$

式中，R_0为雷达与障碍物之间的初始距离；v_r为车辆与障碍物之间的相对速度。从而，反射波信号滞后于发射波信号的时间 t_r可表示为

$$t_{\mathrm{r}}=\frac{2R(t)}{c}=\frac{2\left(R_{0}-v_{\mathrm{r}}t\right)}{c} \tag{3-29}$$

反射波信号与发射波信号之间的高频相位差可表示为

$$\varphi=-\omega_{0}t_{\mathrm{r}}=-\omega_{0}\frac{2\left(R_{0}-v_{\mathrm{r}}t\right)}{c}=-\frac{4\pi\left(R_{0}-v_{\mathrm{r}}t\right)}{\lambda} \tag{3-30}$$

当 v_{r} 为常数时，反射波信号与发射波信号之间的频率差 f_{d} 为

$$f_{\mathrm{d}}=\frac{1}{2\pi}\frac{\mathrm{d}\varphi}{\mathrm{d}t}=\frac{2v_{\mathrm{r}}}{\lambda} \tag{3-31}$$

f_{d} 又被称为多普勒频移。由式（3-31）变换可得

$$v_{\mathrm{r}}=\frac{f_{\mathrm{d}}\cdot\lambda}{2}=\frac{f_{\mathrm{d}}\cdot c}{2f_{0}} \tag{3-32}$$

由式（3-32）可知，无人车与障碍物之间的相对速度与多普勒频移成正比。如果已知 c 和 f_0，则只需测出多普勒频移 f_{d}，即可得出相对速度。

图 3-15 所示为一款多普勒测速雷达的原理。发射天线发出中心频率为 f_0 的电磁波，电磁波遇到障碍物发生反射，在接收天线处接收到的反射电磁波频率为($f_0 \pm f_{\mathrm{d}}$)，对反射电磁波与发射电磁波进行混频、过滤、放大之后可以得到多普勒频移信号，对该信号再进行模数转换和运算处理即可得到多普勒频移 f_{d}，从而测出雷达与障碍物之间的相对速度。

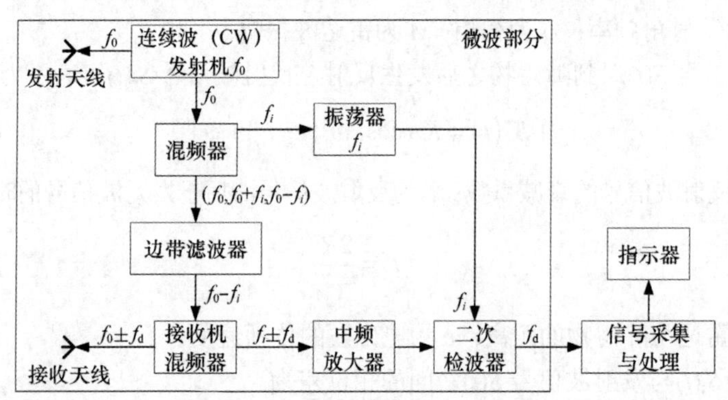

图 3-15 多普勒测速雷达的原理

3.2 姿态传感器

机器人应用中常见的姿态传感器为陀螺仪（Gyroscope）。早期的陀螺仪（机械陀螺仪）采用机械式结构，并依靠其内部高速旋转的陀螺确定方位，“陀螺仪”也因此得名。随着技术的发展，后来又出现了不含旋转部件的光学陀螺仪和微机电系统（Micro Electro Mechanical System，MEMS）陀螺仪，并且逐渐得到了广泛的应用。本节首先对上述 3 类陀螺仪进行简单介绍，然后介绍常用的陀螺仪性能指标。

3.2.1 机械陀螺仪

机械陀螺仪的基本结构如图 3-16 所示，其外环和内环构成万向节，使转子与外壳相连，

并使转子轴线方向可以相对于外壳任意变动。

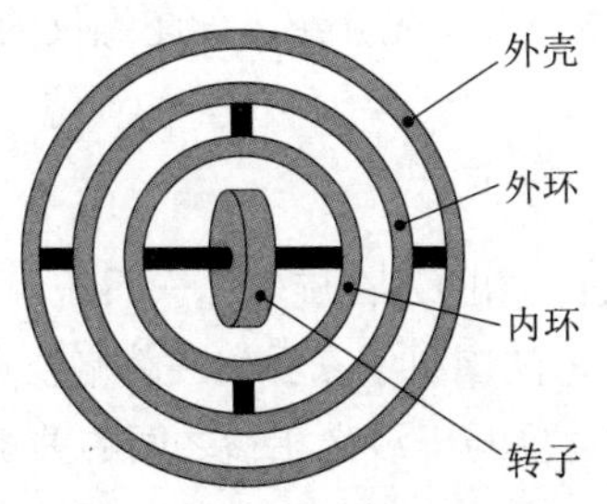

图 3-16 机械陀螺仪的基本结构

机械陀螺仪依据角动量守恒原理工作，其转子在工作过程中高速旋转。假设转子的角速度和转动惯量分别为 $\boldsymbol{\omega}$ 和 J，则它的角动量 $\boldsymbol{L}$ 为 $\boldsymbol{L}=J\cdot\boldsymbol{\omega}$。假设轴承不产生任何摩擦阻力，并且不存在空气阻尼，那么转子的角动量将保持不变。也就是说，转子在惯性系中的轴线方向保持不变。如果将陀螺仪外壳安装、固定在机器人上，则通过测量内、外环之间的转角以及外环与外壳之间的转角，就可以计算得到陀螺仪外壳和机器人载体在惯性系中的姿态。

如果不采用万向节，而是直接将转子安装在机器人载体上，则可以得到捷联式机械陀螺仪。如图 3-17 所示，假设转子支座固定在机器人载体上，转子的角动量为 $\boldsymbol{L}$，机器人载体的角速度为 $\boldsymbol{\omega}_{\mathrm{r}}$，则转子将对机器人载体施加力矩 $\boldsymbol{\tau}$，其表达式为

$$\boldsymbol{\tau} = \boldsymbol{\omega}_{\mathrm{r}} \times \boldsymbol{L} \tag{3-33}$$

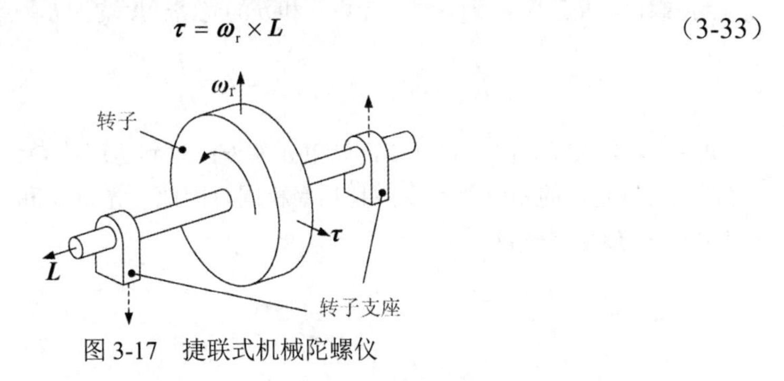

图 3-17 捷联式机械陀螺仪

通过测量转子产生的力矩 $\boldsymbol{\tau}$，可以借由式（3-33）计算得到机器人载体的角速度 $\boldsymbol{\omega}_{\mathrm{r}}$，进而积分确定机器人载体的姿态。由式（3-33）可知，如果转子角动量 $\boldsymbol{L}$ 很大，则捷联式机械陀螺仪将具有很高的灵敏度，即非常小的角速度 $\boldsymbol{\omega}_{\mathrm{r}}$ 就会导致非常大的测量力矩 $\boldsymbol{\tau}$。

外力矩会改变机械陀螺仪转子的角动量，进而影响机械陀螺仪的精度。为了获得高精度的机械陀螺仪，必须尽可能减小作用在陀螺仪上的外干扰力矩。由于陀螺仪的旋转必须依靠机械支撑，因此支承技术是机械陀螺仪的关键技术。陀螺仪的性能指标越高，对支撑结构的要求就越高，支承技术就越复杂，成本也就越高。在机械陀螺仪的发展历程中，设计人员采用了基于液、气、电、磁等原理的悬浮式支撑结构，并将转子置于真空环境中，从而减小转子受到的机械摩擦和空气阻尼等干扰力矩，设计出了液浮陀螺仪、磁悬浮陀螺仪和静电陀螺仪等不同类型的机械陀螺仪。

机械陀螺仪复杂度高、造价高昂、体积庞大，且实现高精度测量十分困难。随着成本更低、性能更可靠的光学陀螺仪和微机电系统陀螺仪的出现，机械陀螺仪在多数应用中已被淘汰。

3.2.2 光学陀螺仪

光学陀螺仪不依靠角动量守恒原理测量姿态，它没有机械陀螺仪中高速旋转的转子，因而

不需要复杂的转子支撑结构。与机械陀螺仪相比，光学陀螺仪具有能瞬时启动、耐冲击、可靠性高、寿命长、精度高等优点。本小节首先介绍光学陀螺仪的基本工作原理，然后对两类主要的光学陀螺仪进行简单介绍。

一、萨格奈克效应

萨格奈克效应（Sagnac Effect）指的是在旋转光学系统中沿相同路径反向传播的两束光之间发生相对相移的现象。1913 年，法国科学家乔治・萨格奈克（Georges Sagnac）首次尝试通过环形干涉实验观察光学系统角速度与干涉光相移之间的关系。1926 年，美国科学家阿尔伯特・迈克耳孙（Albert Michelson）和亨利・盖尔（Henry Gale）研制了周长达 1.9 km 的巨型光学陀螺仪（迈克耳孙光学陀螺仪），用以检测地球自转，该光学陀螺仪也是基于萨格奈克效应进行测量的。

迈克耳孙光学陀螺仪采用普通光源，其光学回路为矩形，如图 3-18 所示。光自 O 点发出，经过挡板 N 上的狭缝之后变为光束，然后在半透半反分光镜 S 处被分为一束透射光 a 和一束反射光 b。透射光 a 经过反射镜 M_1、M_2 和 M_3 的反射之后再次被分光镜 S 分为两束光，其中透射光束到达屏幕 Q；反射光 b 经过反射镜 M_3、M_2 和 M_1 的反射之后再次被分光镜 S 分为两束光，其中反射光束到达屏幕 Q。光束 a 和 b 的闭合光路长度为

$$L=SM_1+M_1M_2+M_2M_3+M_3S \tag{3-34}$$

当陀螺仪的角速度 ω 为零时，光束 a 和 b 的光路长度均为 L，因此它们走完光路所用时间为

$$t_a=t_b=\frac{L}{c} \tag{3-35}$$

式中，c 为光速。由上式可知，光束 a 和 b 同时到达屏幕 Q。此外，因为这两束光来自同一光源，所以它们的相位差为零，且频率相同。因此，光束 a 和 b 在屏幕 Q 上形成的干涉条纹相对于 P 点对称分布。

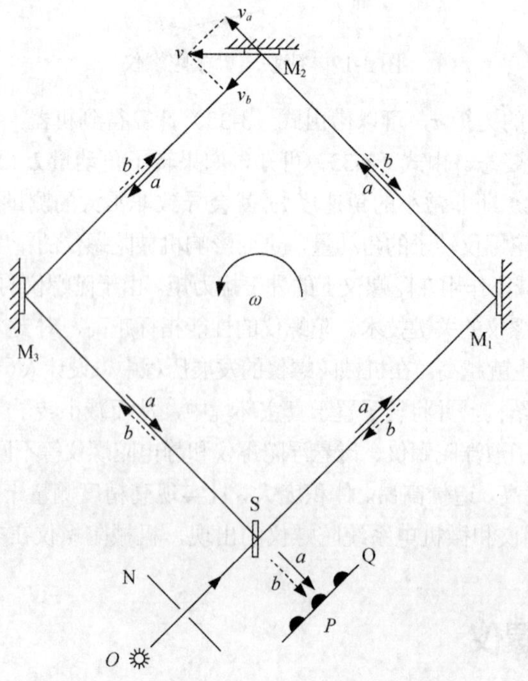

图 3-18　迈克耳孙光学陀螺仪结构原理

当陀螺仪的角速度 ω 不为零时，S、M_1、M_2 和 M_3 处的切向速度 v 表示为

$$v = \frac{L}{4}\cos 45^\circ \cdot \omega = \frac{L\omega}{4\sqrt{2}} \tag{3-36}$$

沿光路的速度分量为

$$v_a = v\cos 45^\circ = \frac{L\omega}{8} \tag{3-37}$$

由于存在上述速度分量，因此光束 a 在分光镜 S 和反射镜 M_1 之间行进的距离比式（3-34）中的 SM_1 多了 ΔL_{a1}。此时，光束 a 由分光镜 S 到达反射镜 M_1 所用时间为

$$t_{a1} = \frac{\frac{L}{4} + \Delta L_{a1}}{c} \tag{3-38}$$

式中，ΔL_{a1} 为 M_1 在 t_{a1} 时间内沿着 SM_1 移动的距离，表示为

$$\Delta L_{a1} = t_{a1} \cdot v_a = \frac{\frac{L}{4} + \Delta L_{a1}}{c} \cdot \frac{L\omega}{8} \tag{3-39}$$

从而，可以求得 ΔL_{a1} 为

$$\Delta L_{a1} = \frac{\frac{L^2}{4}\omega}{8c - L\omega} \tag{3-40}$$

同理可知，光束 a 在 M_1 和 M_2、M_2 和 M_3 以及 M_3 和 S 之间的光程增加量均为 ΔL_{a1}。因此，光束 a 在闭合光路上的光程增加量为

$$\Delta L_a = 4\Delta L_{a1} = \frac{L^2\omega}{8c - L\omega} \tag{3-41}$$

光束 a 的总光程为

$$L_a = L + \Delta L_a = \frac{L}{1 - \frac{L\omega}{8c}} \tag{3-42}$$

类似地，可以求出光束 b 的总光程为

$$L_b = \frac{L}{1 + \frac{L\omega}{8c}} \tag{3-43}$$

从而，光束 a 和光束 b 沿着闭合光路行进一周后的光程差为

$$\Delta L = L_a - L_b = \frac{\frac{L^2\omega}{4c}}{1 - \left(\frac{L\omega}{8c}\right)^2} \tag{3-44}$$

由于光速 c 远大于 $L\omega$，因此式（3-44）的分母约等于 1。从而

$$\Delta L = L_a - L_b = \frac{L^2\omega}{4c} \tag{3-45}$$

当闭合光路为正方形时，其所包围的面积为

$$A=\frac{L^2}{16} \tag{3-46}$$

因此

$$L^2=16A \tag{3-47}$$

从而，式（3-45）可以表示为

$$\Delta L=L_a-L_b=\frac{4A\omega}{c} \tag{3-48}$$

由式（3-48）可知，当陀螺仪的角速度 ω 不为零时，光束 a 和 b 沿闭合光路传播一周之后产生光程差，从而二者在屏幕 Q 上的干涉条纹会发生移动，这一现象即萨格奈克效应。需要说明的是，尽管上述推导过程建立在经典力学的基础上且忽略了相对论效应，但相同的推导过程在考虑相对论效应的条件下依然成立。

由式（3-48）可知，为了测量陀螺仪的角速度 ω，只需要测出光程差 ΔL。对于光程差的测量，主要有谐振法和干涉法。采用这两种测量方法的陀螺仪分别为激光陀螺仪和光纤陀螺仪。

二、激光陀螺仪

图 3-19 所示为激光陀螺仪的工作原理。图中，反射镜 M_1、M_2 和 M_3 构成闭合光路。激光管沿着同一光轴射出两束激光：一束激光经过透镜 M_4 射出后，依次由 M_1、M_2 和 M_3 反射，再经过透镜 M_5 射回；另一束激光经过透镜 M_5 射出后，依次由 M_3、M_2 和 M_1 反射，再经过透镜 M_4 射回。因而，光路中形成了两束方向相反的激光。上述闭合光路形成谐振的条件是

$$L=q\cdot\lambda \tag{3-49}$$

式中，L 为闭合光路长度；q 为正整数；λ 为激光波长。当满足式（3-49）所示条件时，如果激光陀螺仪的角速度为零，则正、反两束激光形成驻波，干涉条纹静止不动。式（3-49）中每个 q 值对应闭合光路中可能存在的一个频率或波长，即一个振模。

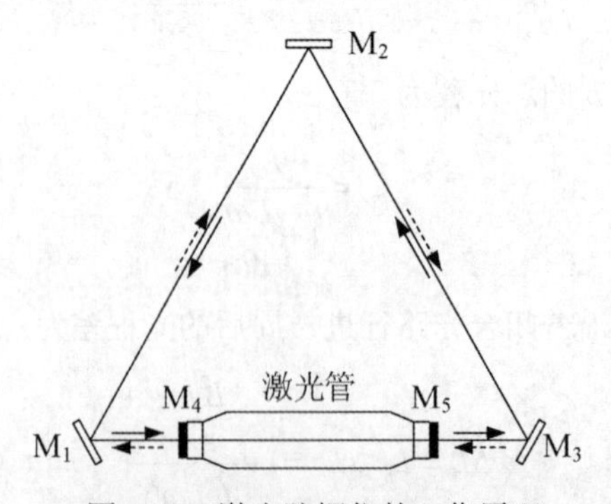

图 3-19　激光陀螺仪的工作原理

图 3-19 所示激光陀螺仪的环形光路如图 3-20 所示。图 3-20 中 A 点的速度为

$$v=\frac{\frac{L}{6}}{\cos 30^\circ}\omega=\frac{L}{3\sqrt{3}}\omega \tag{3-50}$$

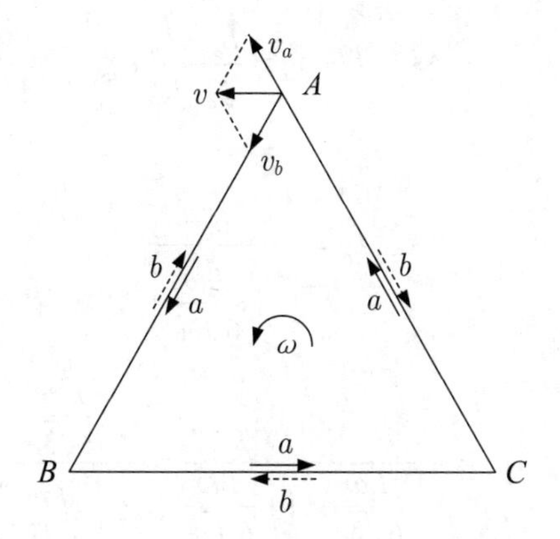

图 3-20 激光陀螺仪的环形光路

式中，L 为闭合光路长度；ω 为激光陀螺仪的角速度。速度 v 沿光路的投影为

$$v_a = v_b = v\cos 60^\circ = \frac{L}{6\sqrt{3}}\omega \tag{3-51}$$

速度 v_a 使光束 a 走完一个闭合光路的光程增加 ΔL_a，速度 v_b 使光束 b 走完一个闭合光路的光程减少 ΔL_b。假设光束 a 走完一个闭合光路所需时间为 t_a，则

$$\Delta L_a = v_a \cdot t_a = \frac{L}{6\sqrt{3}}\omega \cdot \frac{L+\Delta L_a}{c} \tag{3-52}$$

从而可求得

$$\Delta L_a = \frac{L^2\omega}{6\sqrt{3}c - L\omega} \tag{3-53}$$

因此，光束 a 沿闭合光路行走一周的光程为

$$L_a = L + \Delta L_a = L + \frac{L^2\omega}{6\sqrt{3}c - L\omega} = \frac{L}{1-\dfrac{L\omega}{6\sqrt{3}c}} \tag{3-54}$$

同理，可求得光束 b 沿闭合光路行走一周的光程为

$$L_b = \frac{L}{1+\dfrac{L\omega}{6\sqrt{3}c}} \tag{3-55}$$

根据光束 a 和光束 b 的谐振条件及波长、频率与光速间的关系

$$L_a = q\lambda_a \tag{3-56}$$

$$L_b = q\lambda_b \tag{3-57}$$

$$\lambda f = c \tag{3-58}$$

可得

$$f_a = \frac{cq}{L_a} \tag{3-59}$$

$$f_b = \frac{cq}{L_b} \tag{3-60}$$

因此，频率差为

$$\Delta f = f_b - f_a = \frac{L_a - L_b}{L_a \cdot L_b} cq \tag{3-61}$$

式中

$$L_a \cdot L_b = \frac{L^2}{1-\left(\frac{L\omega}{6\sqrt{3}c}\right)^2} \tag{3-62}$$

$$L_a - L_b = \frac{L}{1-\frac{L\omega}{6\sqrt{3}c}} - \frac{L}{1+\frac{L\omega}{6\sqrt{3}c}} = \frac{\frac{L^2\omega}{3\sqrt{3}c}}{1-\left(\frac{L\omega}{6\sqrt{3}c}\right)^2} \tag{3-63}$$

由于光速 c 远大于 $L\omega$，因此式（3-63）的分母约等于 1。从而

$$L_a - L_b = \frac{L^2\omega}{3\sqrt{3}c} \tag{3-64}$$

另一方面，周长为 L 的等边三角形的面积为

$$A = \frac{1}{2}\cdot\frac{L}{3}\cdot\frac{L}{3}\sin 60^\circ = \frac{\sqrt{3}}{36}L^2 \tag{3-65}$$

从而

$$L^2 = \frac{36}{\sqrt{3}}A \tag{3-66}$$

因此

$$L_a - L_b = \frac{4A}{c}\omega \tag{3-67}$$

$$\Delta f = \frac{\frac{4A}{c}\omega}{L\cdot\frac{L}{q}}\cdot c = \frac{4A}{L\lambda}\omega \tag{3-68}$$

由式（3-68）可得

$$\omega = \frac{L\lambda}{4A}\Delta f = \frac{\Delta f}{K} \tag{3-69}$$

式中，K 为陀螺刻度系数，单位为 1/rad。K 可由下式求得

$$K = \frac{4A}{L\lambda} \tag{3-70}$$

式中，L 为闭合光路长度；λ 为激光波长；A 为闭合光路所围面积。

由物理学理论可知，具有频率差的两束光的干涉条纹会以一定的速度向某一个方向不断地移动，只要对单位时间内移过的条纹数计数，就能求得频率差 Δf，进而可以利用式（3-69）求得角速度 ω。

三、光纤陀螺仪

光纤陀螺仪与激光陀螺仪的基本原理相同，二者都是基于萨格奈克效应进行测量的。不同的是，光纤陀螺仪根据干涉原理测量光程差，其测量原理与迈克耳孙光学陀螺仪的相同。光纤

陀螺仪的光学原理如图 3-21 所示。

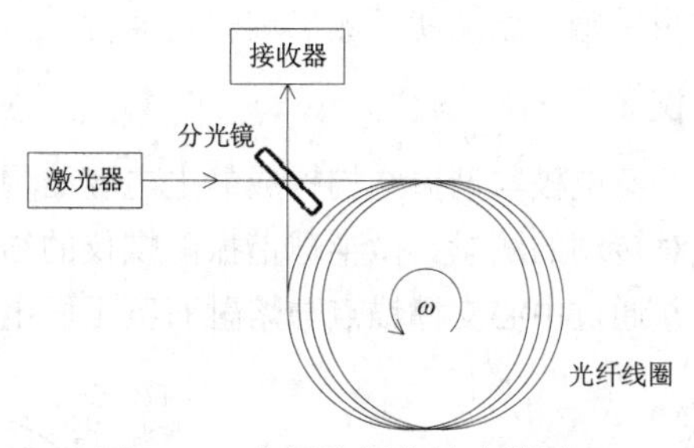

图 3-21 光纤陀螺仪的光学原理

激光器发出的光束经过分光镜后分为透射光束和反射光束，两束光在光纤线圈中的传播方向相反。透射光束经过光纤线圈传播后，再透射穿过分光镜到达接收器；反射光束经过光纤线圈传播后，由分光镜反射后到达接收器。若光纤线圈的角速度 ω 为零，则透射光束和反射光束到达接收器时相位相同。若光纤线圈的角速度 ω 不为零，则透射光束和反射光束到达接收器时经过了不同长度的光程，两光束的光程差 ΔL 可表示为

$$\Delta L = \frac{4NA}{c} \cdot \omega \tag{3-71}$$

式中，N 为光纤线圈的圈数；A 为一圈光纤所包围的面积。若光纤线圈为圆柱形，则

$$A = \frac{\pi D^2}{4} \tag{3-72}$$

式中，D 为光纤线圈的直径。

可将式（3-71）写为相位差的形式

$$\Delta\phi = \frac{2\pi LD}{c\lambda}\omega \tag{3-73}$$

式中，L 为光纤长度；λ 为激光波长。采用现代工艺技术制造的光纤陀螺仪，其光纤线圈匝数非常多，光纤长度非常长。因此，由式（3-71）和式（3-73）可知光纤陀螺仪具有很高的灵敏度。

3.2.3 微机电系统陀螺仪

微机电系统陀螺仪通常根据振动机械部件的科里奥利加速度（Coriolis Acceleration）来测量转动，所以此类陀螺仪也被称为振动陀螺仪。

假设某一转动系在惯性系中的角速度为 $\boldsymbol{\omega}$，某一物体在上述转动系中的速度为 $\boldsymbol{v}$，则该物体的科里奥利加速度 $\boldsymbol{a}_c$ 为

$$\boldsymbol{a}_c = 2\boldsymbol{v} \times \boldsymbol{\omega} \tag{3-74}$$

若已知科里奥利加速度 $\boldsymbol{a}_c$ 和速度 $\boldsymbol{v}$，则可基于式（3-74）计算得到角速度 $\boldsymbol{\omega}$，这就是振动陀螺仪的基本测量原理。基于不同的微机电结构，可以设计多种多样的振动陀螺仪。下面对几种常见的振动陀螺仪进行简单介绍。

一、音叉陀螺仪

音叉陀螺仪采用类似音叉的结构作为振动器，如图 3-22 所示。工作时，音叉结构受激产

生驱动振动。如果音叉陀螺仪发生旋转，则音叉结构尖端将在科里奥利力（Coriolis Force）的方向上发生感应振动，通过测量感应振动就可测出旋转角速度。

二、微半球谐振陀螺仪

微半球谐振陀螺仪利用石英电极与谐振结构构成静电电容结构，并利用静电电容测量谐振结构的驻波位置，进而实现对转动的测量。微半球谐振陀螺仪的结构如图 3-23 所示，其谐振结构内表面镀有金属薄膜，并通过中心支撑锚点与熔融石英平面电极相固连。

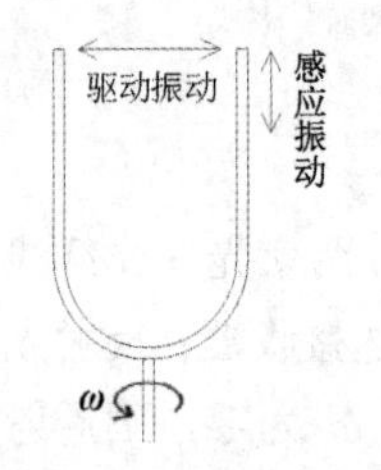

图 3-22 音叉陀螺仪原理

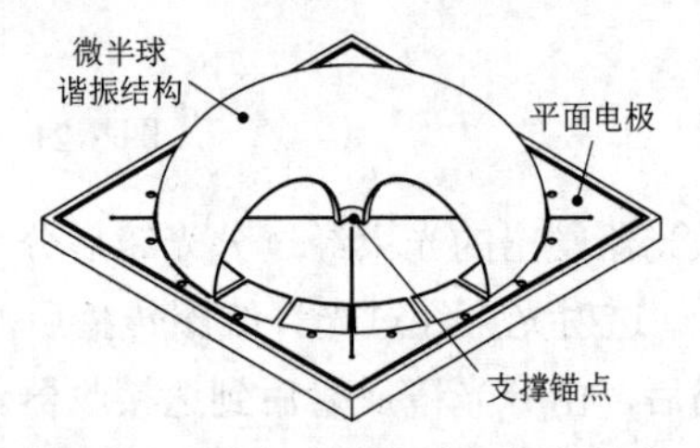

图 3-23 微半球谐振陀螺仪的结构

石英平面电极利用两对正交的电极激励微半球谐振结构工作在“酒杯状”模态，如图 3-24 所示。若谐振结构没有转动，则其振型方向固定，此时波节点振幅为零。若谐振结构绕垂直于平面电极的轴线转动，则驻波在科里奥利力的作用下发生进动。驻波进动角 θ 与谐振结构转角 φ 成正比，比例系数称为进动因子 k。k 为常数，由谐振结构的材料和几何特征决定。通过测量驻波进动角即可测出谐振陀螺仪的转角。

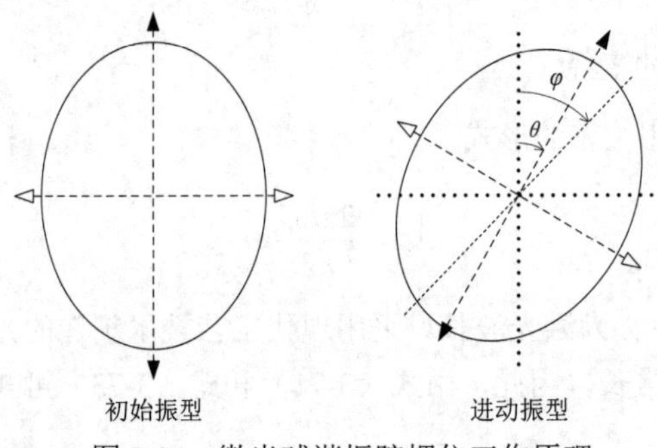

图 3-24 微半球谐振陀螺仪工作原理

三、单质量块硅微陀螺仪

单质量块硅微陀螺仪的工作原理如图 3-25 所示。工作时，陀螺仪中的质量块受激沿 x 轴方向振动。如果陀螺仪外框架绕 z 轴转动，则质量块将在科里奥利力的作用下沿 y 轴方向运动，通过检测此运动即可计算出陀螺仪的角速度 ω。

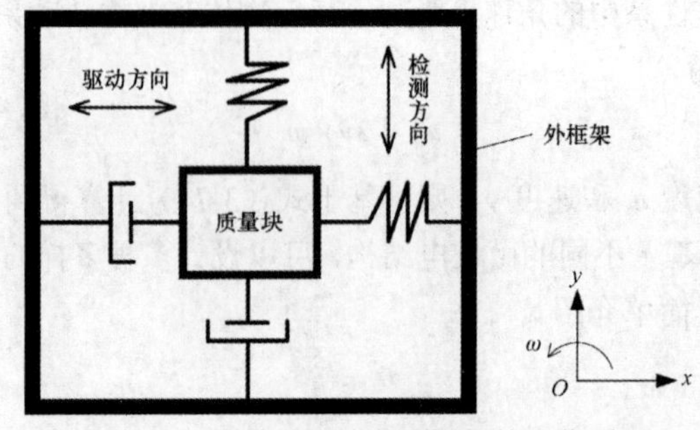

图 3-25 单质量块硅微陀螺仪的工作原理

3.3 思考题

1．直流测速发电机正、反转时的输出特性是否相同？产生这一现象的原因是什么？
2．交流异步测速发电机输出电压的大小和频率与发电机转速有什么关系？简述原因。
3．简述霍尔无刷直流测速发电机的基本工作原理。
4．机械陀螺仪有哪些类型？简述各类型陀螺仪测量姿态的原理。
5．简述光学陀螺仪的基本工作原理。
6．简述微机电系统陀螺仪的基本工作原理。

第4章 机器人力与加速度传感器

力觉传感器常安装于机器人的关节处，用于检测机器人的手臂和手腕所产生的力或其所受的力。根据传感器安装部位，力觉传感器可分为腕力传感器、关节力传感器、握力传感器、脚力传感器、手指力觉传感器等。根据检测原理不同，力觉传感器可分为应变式力传感器、压电式力传感器、电容位移计式力传感器和光电式力传感器等。

加速度传感器是一种能够测量加速度的传感器，通常由质量块、阻尼器、弹性元件和转换电路等部分组成。传感器通过检测加速过程中质量块所受惯性力，获得已知质量物体的加速度值，其本质是检测力的变化。根据检测原理不同，加速度传感器可分为压电式加速度传感器、压阻式加速度传感器和电容式加速度传感器等。

本章将着重介绍传感器在力与加速度检测中的应用。

4.1 应变式传感器

应变式传感器是利用金属的电阻应变效应将被测非电信号转换为电阻值变化，再通过转换元件将其转换成便于传送和记录的电压（电流）信号的一种传感器。这种传感器具有结构简单、尺寸小、质量轻、使用方便、性能稳定可靠、分辨率高、灵敏度高、价格便宜等特点，工艺较成熟，因此在航空航天、机械、化工、建筑、医学、汽车工业等领域有广泛的应用。然而，其在大应变状态中具有较明显的非线性，抗干扰能力较差，需采取一定补偿措施解决。

4.1.1 应变式传感器的工作原理

电阻丝在外力作用下发生机械形变（拉伸或压缩）时，其电阻值发生相应变化的现象称为金属的电阻应变效应，如图 4-1 所示。一根金属电阻丝在未受力时原始电阻值为

$$R=\frac{\rho L}{A} \tag{4-1}$$

式中，ρ 为电阻丝的电阻率；L 为电阻丝的长度；A 为电阻丝的截面积。

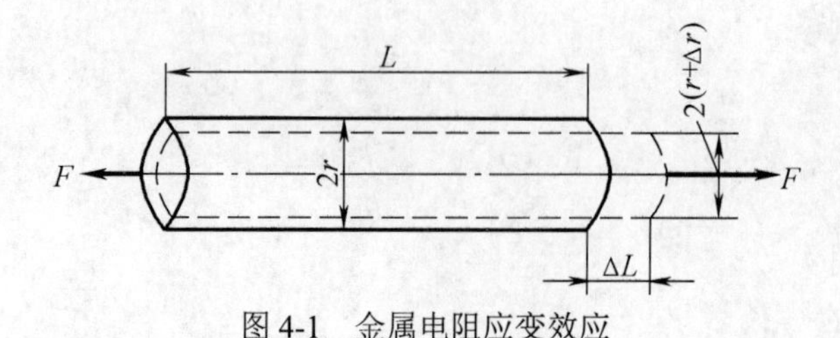

图 4-1　金属电阻应变效应

当电阻丝受到拉力 F 作用时电阻丝的长度 L 将增大，截面积 A 相应减小，电阻率 ρ 也将因电阻丝形变而改变（增加），因此电阻丝的电阻值将发生变化。对式（4-1）进行全微分，并以增量 Δ 代替微分，可得电阻值相对变化量为

$$\frac{\Delta R}{R}=\frac{\Delta\rho}{\rho}+\frac{\Delta L}{L}-\frac{\Delta A}{A} \tag{4-2}$$

为分析方便，假设电阻丝的截面是圆形的，即 $A=\pi r^2$（r 为电阻丝截面的半径），所以有

$$\frac{\Delta A}{A}=2\frac{\Delta r}{r} \tag{4-3}$$

将式（4-3）代入式（4-2）可得

$$\frac{\Delta R}{R}=\frac{\Delta\rho}{\rho}+\frac{\Delta L}{L}-2\frac{\Delta r}{r} \tag{4-4}$$

式中，$\dfrac{\Delta L}{L}$ 表示电阻丝在轴向（纵向）方向上的相对变化量，即轴向应变，用 ε 表示，即

$$\varepsilon=\frac{\Delta L}{L} \tag{4-5}$$

$\Delta r/r$ 为电阻丝在径向（横向）方向上的相对变化量，即径向应变。

基于材料力学知识，径向应变与轴向应变的关系为

$$\frac{\Delta r}{r}=-\mu\frac{\Delta L}{L}=-\mu\varepsilon \tag{4-6}$$

式中，μ 为电阻丝材料的泊松比；负号表示径向应变与轴向应变方向相反，即电阻丝受拉力时，沿轴向伸长，沿径向缩短。

将式（4-5）与式（4-6）代入式（4-4）可得

$$\frac{\Delta R}{R}=\frac{\Delta\rho}{\rho}+(1+2\mu)\varepsilon \tag{4-7}$$

通常将单位应变引起的电阻相对变化量称为电阻丝的应变灵敏度系数，表示为

$$K=\frac{\Delta R}{R}/\varepsilon=(1+2\mu)+\frac{\Delta\rho}{\rho\varepsilon} \tag{4-8}$$

由此可见，电阻丝的应变灵敏度系数受两个因素影响：一个是受力后材料几何尺寸的变化，即$(1+2\mu)$，对于确定的材料，$(1+2\mu)$是常数，其取值范围为 2～6；另一个是受力后材料电阻率的变化，即 $\Delta\rho/(\rho\varepsilon)$。大量实验证明，在电阻丝拉伸比例极限内，电阻值的相对变化与应变成正比，即 K 为常数。

在外力作用下，电阻应变片产生应变，导致其电阻值发生相应变化。应力与应变的关系为

$$\sigma=E\varepsilon \tag{4-9}$$

式中，σ 为被测试件的应力；E 为被测试件的材料弹性模量。

应力 σ 与力 F 和受力面积 A 的关系可表示为

$$F=\sigma A=E\varepsilon A=EA\frac{\Delta R/R}{K} \tag{4-10}$$

由式（4-10）可见，只要能测量出电阻应变片在受到外力时产生的电阻值的相对变化量，就可以知道所受到的外力大小。

4.1.2　应变片的结构与特性

应变片的种类很多，从制作材料角度可分为金属电阻应变片和半导体电阻应变片两大类。应变片的结构形式很多，但其主要组成部分基本相同，如图 4-2 所示。

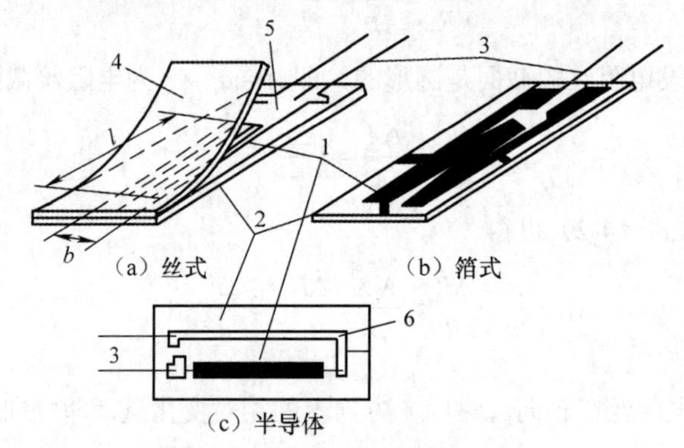

图 4-2　典型应变片的结构及组成

1—敏感栅；2—基底；3—引线；4—盖层；5—黏结剂；6—引线连接片。

（1）敏感栅。敏感栅是应变片中实现应变—电阻转换的转换元件，通常由直径为 0.01 mm～0.05 mm 的金属丝绕成栅状，或用金属箔腐蚀成栅状。图中 l 表示栅长，b 表示栅宽。其电阻值有 60 Ω、120 Ω、200 Ω 等多种规格，以 120 Ω 规格较为常用。

（2）基底。基底为保持敏感栅固定的形状、尺寸和位置，通常用黏结剂将其固结在纸质或胶质的基底上。工作时，基底起着把试件应变准确地传递给敏感栅的作用。为此，基底必须很薄，厚度一般为 0.02 mm～0.04 mm。

（3）引线。引线起着敏感栅与测量电路之间的过渡连接和引导作用。通常取直径约 0.15 mm～0.30 mm 的低阻镀锡铜线，并用钎焊将其与敏感栅端连接。

（4）盖层：用纸、胶制成覆盖在敏感栅上的保护层，起防潮、防蚀、防损等作用。

（5）黏结剂：在制造应变片时，用它分别把盖层和敏感栅粘贴于基底上；在使用应变片时，用它把应变片基底粘贴在试件表面的被测部位。因此它也起着传递应变的作用。

（6）引线连接片：用于在应变片内连接多处引线。

一、金属电阻应变片（应变效应为主）

金属电阻应变片具有丝式和箔式等结构形式。丝式电阻应变片如图 4-2（a）所示，用直径为 0.01 mm～0.05 mm 具有高电阻率的电阻丝制成。电阻丝排列成栅网状以获得较高阻值，粘贴在绝缘的基底上，电阻丝的两端焊接引线，敏感栅上面粘贴具有保护作用的盖层。

金属电阻应变片的优点是表面积和截面积之比大，散热条件好，故允许通过较大的电流，并可被做成任意的形状，便于大量生产。箔式电阻应变片的使用范围日益广泛，并有逐渐取代丝式电阻应变片的趋势。

金属电阻应变片的灵敏度系数表达式中$(1+2\mu)$的值要比 $\Delta\rho/(\rho\varepsilon)$的大，后者可以忽略不计，即金属电阻应变片的工作原理主要是基于应变效应导致材料的几何尺寸变化，因此金属电阻应变片的灵敏度系数 $K\approx1+2\mu$（常数）。

二、半导体电阻应变片（压阻效应为主）

半导体电阻应变片的结构如图 4-3 所示。它的使用方法与丝式电阻应变片的相同，即将其粘贴在被测试件上，其电阻随被测试件的应变发生相应的变化。

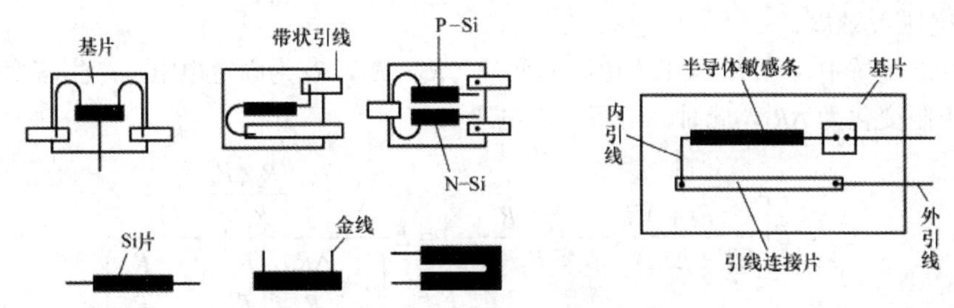

图 4-3 半导体电阻应变片的结构

半导体电阻应变片的工作原理主要是基于半导体材料的压阻效应，即单晶半导体材料沿某一轴向受到外力作用时，其电阻率发生变化的现象。半导体敏感元件产生压阻效应时其电阻率的相对变化与应力间的关系为

$$\Delta\rho/\rho = \pi\sigma = \pi E\varepsilon \tag{4-11}$$

式中，π 为半导体材料的压阻系数。

因此，对于半导体电阻应变片来说，其灵敏度系数为

$$K \approx \Delta\rho/(\rho\varepsilon) = \pi E \text{（常数）} \tag{4-12}$$

4.1.3 应变式传感器的测量原理

电阻应变片将被测试件的应变转换成电阻的相对变化 $\Delta R / R$，还需进一步将其转换成电流或电压信号才能用电测仪表进行测量，通常采用电桥电路实现这种转换。根据供电电源的不同，电桥可分为直流电桥和交流电桥。下面重点介绍直流电桥测量电路。

一、直流电桥测量电路分析

（1）平衡条件。

直流电桥如图 4-4 所示。当负载电阻 $R_L \to \infty$ 时（相当于开路），电桥的输出电压为

$$U_o = E\left(\frac{R_1}{R_1+R_2} - \frac{R_3}{R_3+R_4}\right) \tag{4-13}$$

电桥平衡时 $U_o=0$，即电桥无输出电压，则有

$$\frac{R_1}{R_2} = \frac{R_3}{R_4} \tag{4-14}$$

此为直流电桥平衡条件，即相邻两臂电阻的比值相等。

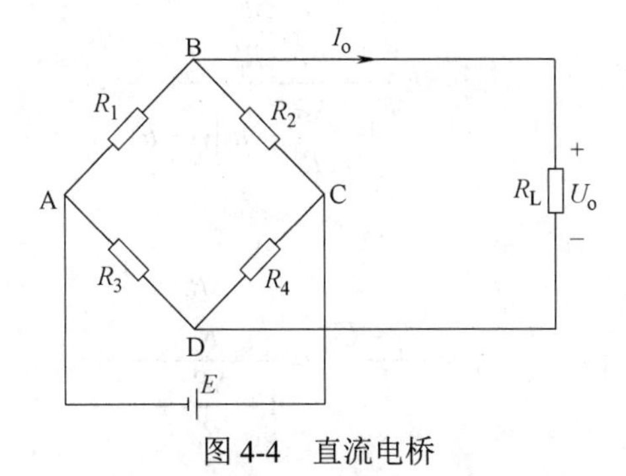

图 4-4 直流电桥

（2）电压灵敏度。

在惠斯通电桥中，若 R_1 为工作电阻应变片，R_2、R_3、R_4 为固定电阻，产生应变时，若电阻应变片电阻变化为 ΔR_1，此时，电桥输出电压为

$$U_o = E\left[\frac{R_1+\Delta R_1}{(R_1+\Delta R_1)+R_2}-\frac{R_3}{R_3+R_4}\right] = E\frac{\dfrac{R_4\Delta R_1}{R_3 R_1}}{\left(1+\dfrac{\Delta R_1}{R_1}+\dfrac{R_2}{R_1}\right)\left(1+\dfrac{R_4}{R_3}\right)} \tag{4-15}$$

设桥臂电阻比为 $R_2 / R_1 = n$，由于 $\Delta R_1 \ll R_1$，因此 $\Delta R_1 / R_1$ 可忽略，结合电桥平衡条件 $R_1/R_2 = R_3/R_4$ 可将电桥输出简化为

$$U_o = E\frac{n}{(1+n)^2}\frac{\Delta R_1}{R_1} \tag{4-16}$$

定义电桥的电压灵敏度为

$$K_U = \frac{U_o}{\Delta R_1 / R_1} = E\frac{n}{(1+n)^2} \tag{4-17}$$

电压灵敏度越高，说明在电阻应变片电阻相对变化相同的情况下，电桥输出电压越大，电桥越灵敏。这就是电压灵敏度的物理意义。

由式（4-17）可知：

①电桥的电压灵敏度正比于电桥的供电电压，要提高电桥的灵敏度，可以提高电源电压，但要受到电阻应变片允许的功耗限制；

②电桥的电压灵敏度是桥臂电阻比值 n 的函数，恰当地选取 n 值有助于取得较高的灵敏度。

在 E 确定的情况下，要使 K_U 最大，可通过计算导数 $\mathrm{d}K_U/\mathrm{d}n = 0$ 求解。即

$$\mathrm{d}K_U / \mathrm{d}n = E\frac{1-n^2}{(1+n)^4} = 0 \tag{4-18}$$

所以，$n=1$（$R_1=R_2=R_3=R_4$）时，K_U 最大，电桥的电压灵敏度最高。此时有

$$U_o = \frac{E}{4}\frac{\Delta R_1}{R_1} \tag{4-19}$$

$$K_U = E/4 \tag{4-20}$$

由此可知，当电源的电压 E 和电阻相对变化量 $\Delta R_1 / R_1$ 不变时，电桥的输出电压及灵敏度也不变，且与各桥臂固定电阻值大小无关。

（3）输出电压非线性误差。

式（4-16）是在略去分母中的较小量 $\Delta R_1 / R_1$ 后得到的理想值，实际值应为

$$U_0' = E\frac{n\dfrac{\Delta R_1}{R_1}}{\left(1+\dfrac{\Delta R_1}{R_1}+n\right)(1+n)} \tag{4-21}$$

非线性误差为

$$\gamma_L = \frac{U_o - U_0'}{U_o} = \frac{\dfrac{\Delta R_1}{R_1}}{1+\dfrac{\Delta R_1}{R_1}+n} \tag{4-22}$$

如果是四等臂电桥，即 $R_1=R_2=R_3=R_4$，$n=1$，则有

$$\gamma_{\mathrm{L}}=\frac{\frac{\Delta R_1}{R_1}}{2+\frac{\Delta R_1}{R_1}} \tag{4-23}$$

对于一般电阻应变片，其灵敏度系数 $K=2$，当承受的应变 $\varepsilon<5000\ \mu\varepsilon$ 时，非线性误差 $e_{\varphi}=0.5\%$。当要求测量的精度较高时，或应变量更大时，非线性误差就不能忽略。要减小或消除非线性误差，可采用差动电桥或提高桥臂比。

二、差动电桥测量电路

如图 4-5（a）所示，在电桥的相邻两个桥臂上同时接入两个电阻应变片，使一片受拉，另一片受压。该电桥的输出电压为

$$U_{\mathrm{o}}=E\left[\frac{R_1+\Delta R_1}{(R_1+\Delta R_1)+(R_2-\Delta R_2)}-\frac{R_3}{R_3+R_4}\right] \tag{4-24}$$

如果 $\Delta R_1=\Delta R_2$，$R_1=R_2=R_3=R_4$，则得到

$$U_{\mathrm{o}}=\frac{E}{2}\frac{\Delta R_1}{R_1} \tag{4-25}$$

$$K_U=E/2 \tag{4-26}$$

由式（4-25）和式（4-26）可见，U_{o} 与 ΔR_1 呈线性关系，即半桥差动测量电路无非线性误差，且电桥电压灵敏度是单臂电阻应变片工作时的 2 倍。

如图 4-5（b）所示，将电桥四臂都接入电阻应变片，若 $\Delta R_1=\Delta R_2=\Delta R_3=\Delta R_4$，且 $R_1=R_2=R_3=R_4$，则

$$U_{\mathrm{o}}=E\left[\frac{R_1+\Delta R_1}{(R_1+\Delta R_1)+(R_2-\Delta R_2)}-\frac{R_3-\Delta R_3}{(R_3-\Delta R_3)+(R_4+\Delta R_4)}\right] \tag{4-27}$$

整理得到

$$U_{\mathrm{o}}=E\frac{\Delta R_1}{R_1} \tag{4-28}$$

$$K_U=E \tag{4-29}$$

由式（4-28）和式（4-29）可见，全桥差动测量电路不仅没有非线性误差，且电压灵敏度是单臂电阻应变片工作时的 4 倍。

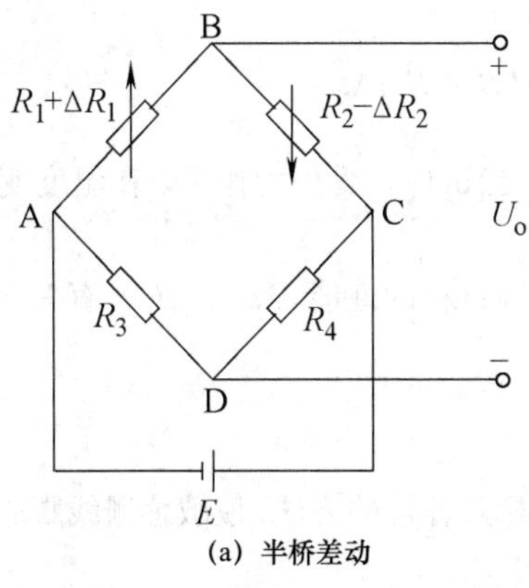

(a) 半桥差动

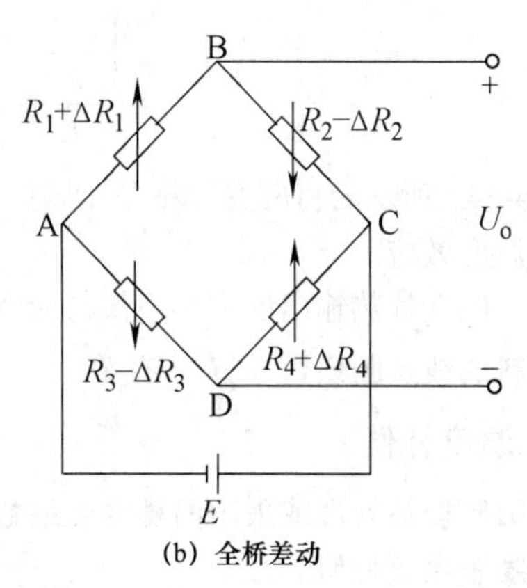

(b) 全桥差动

图 4-5 差动电桥

4.1.4 应变片的温度误差及补偿

一、温度误差

对于用作测量应变的金属电阻应变片，我们希望其电阻值仅随应变变化，而不受其他因素的影响。实际上应变片的电阻值受环境温度（包括被测试件的温度）影响很大。由于环境温度变化引起的电阻变化与试件应变所造成的电阻变化几乎有相同的数量级，从而产生很大的测量误差，称为应变片的温度误差，又称热输出。

（1）温度引起电阻变化的因素。

环境温度改变引起电阻变化的两个主要因素：应变片的电阻丝（敏感栅）具有一定温度系数，其本身就是与温度相关的函数；敏感栅材料与试件材料的线膨胀系数不同。

（2）温度误差。

设环境引起的试件温度变化为 Δt（℃）时，粘贴在试件表面的应变片敏感栅材料的电阻温度系数为 α_t，则应变片产生的电阻相对变化为

$$\left(\frac{\Delta R}{R}\right)_1 = \alpha_t \Delta t \tag{4-30}$$

由于敏感栅材料和被测试件材料的线膨胀系数不同，当 Δt 存在时，引起应变片的附加应变，其值为

$$\varepsilon_{2t} = \left(\beta_{\mathrm{e}} - \beta_{\mathrm{g}}\right)\Delta t \tag{4-31}$$

式中，β_{e} 为试件材料线膨胀系数；β_{g} 为敏感栅材料线膨胀系数。

相应的电阻相对变化为

$$\left(\frac{\Delta R}{R}\right)_2 = K\left(\beta_{\mathrm{e}} - \beta_{\mathrm{g}}\right)\Delta t \tag{4-32}$$

式中，K 为应变片灵敏度系数。

温度变化形成的总电阻相对变化为

$$\left(\frac{\Delta R}{R}\right)_t = \left(\frac{\Delta R}{R}\right)_1 + \left(\frac{\Delta R}{R}\right)_2 = \alpha_t \Delta t + K\left(\beta_{\mathrm{e}} - \beta_{\mathrm{g}}\right)\Delta t \tag{4-33}$$

相应的虚假应变为

$$\varepsilon_t = \frac{\left(\dfrac{\Delta R}{R}\right)_t}{K} = \frac{\alpha_t}{K}\Delta t + \left(\beta_{\mathrm{e}} - \beta_{\mathrm{g}}\right)\Delta t \tag{4-34}$$

式（4-34）所示为将应变片粘贴在试件表面上，当试件不受外力作用，在温度变化 Δt 时，应变片的温度效应。

可见，应变片热输出的大小不仅与应变片敏感栅材料的性能（α_t、β_{g}）有关，而且与被测试件材料的线膨胀系数（β_{e}）有关。

二、温度补偿

采用敏感栅热处理或采用两种温度系数的材料相互补偿的方法，使敏感栅线膨胀系数与被测试件线膨胀系数相似。

（1）单丝自补偿应变片。

由式（4-34）知，若要使应变片在温度变化 Δt 时的热输出值为零，必须使

$$\alpha_t + K\left(\beta_e - \beta_g\right) = 0 \tag{4-35}$$

每一种材料的被测试件，其线膨胀系数 β_e 都为确定值，可以在有关的材料手册中查到。在选择应变片时，若其敏感栅是用单一的合金丝制成的，并使其电阻温度系数 α_t 和线膨胀系数 β_g 满足式（4-35）所示条件，即可实现温度自补偿。具有这种敏感栅的应变片称为单丝自补偿应变片。

单丝自补偿应变片的优点是结构简单，制造和使用都比较方便，但它必须在具有一定线膨胀系数的试件上使用，否则不能达到温度自补偿的目的。

（2）双丝组合式自补偿应变片。

双丝组合式自补偿应变片由两种不同电阻温度系数（一种为正值，一种为负值）的材料串联组成敏感栅，以达到一定温度范围内在一定材料的试件上实现温度补偿，如图 4-6 所示。这种应变片的自补偿条件要求粘贴在某种试件上的两段敏感栅，随温度变化产生的电阻增量大小相等，符号相反，即$(\Delta R_a)t = -(\Delta R_b)t$。

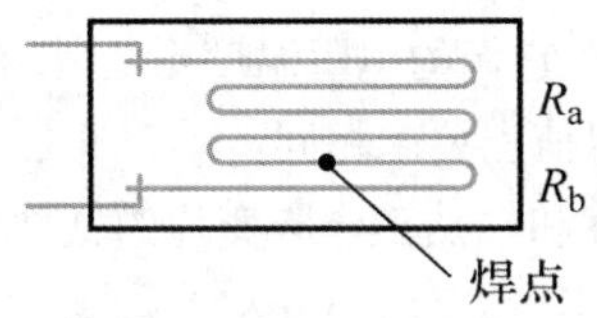

图 4-6　两种不同电阻温度系数的材料串联组成敏感栅

（3）电路补偿法。

如图 4-7 所示，电桥输出电压与桥臂参数的关系为

$$U_{SC} = A(R_1R_4 - R_2R_3) \tag{4-36}$$

式中，A 为由桥臂电阻和电源电压决定的常数。

由式（4-36）可知，当 R_3、R_4 为常数时，R_1 和 R_2 对输出电压的作用方向相反。利用这个基本特性可实现对温度的补偿，并且补偿效果较好，这是最常用的补偿方法之一。

测量应变时，使用两个应变片，如图 4-8 所示，将一片贴在被测试件的表面，R_1 称为工作应变片；将另一片贴在与被测试件材料相同的补偿块上，R_2 称为补偿应变片。在工作过程中补偿块不承受应变，仅随温度发生变形。由于 R_1 与 R_2 接入电桥相邻臂上，造成 ΔR_{1t} 与 ΔR_{2t} 相同，根据电桥理论可知，其输出电压 U_{SC} 与温度无关。当工作应变片感受应变时，电桥将产生相应输出电压。

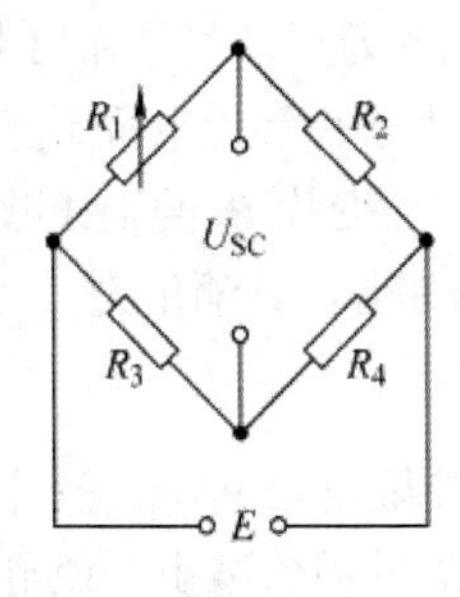

图 4-7　电路补偿法

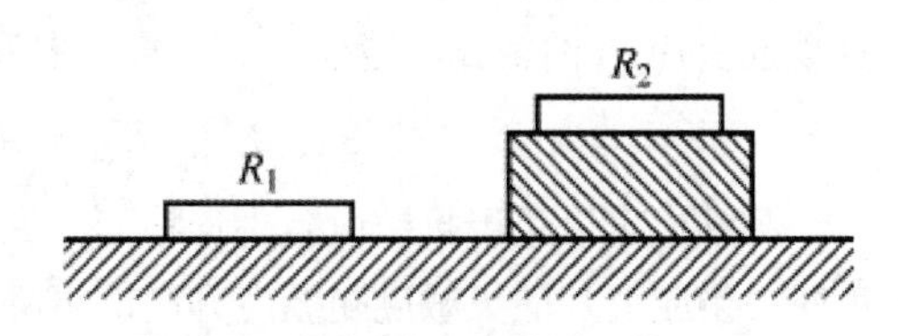

图 4-8　补偿应变片粘贴示意

当被测试件不承受应变时，R_1 和 R_2 处于同一温度场，调整电桥参数，可使电桥输出电压

为零，即

$$U_{SC}=A(R_1R_4-R_2R_3)=0 \tag{4-37}$$

式（4-37）中可以选择 $R_1=R_2=R$ 及 $R_3=R_4=R'$。

当温度升高或降低时，若 $\Delta R_{1t}=\Delta R_{2t}$，即两个应变片的热输出相等，由式（4-37）可知电桥的输出电压为零，即

$$\begin{aligned}U_{SC}&=A\left[(R_1+\Delta R_{1t})R_4-(R_2+\Delta R_{2t})R_3\right]\\&=A\left[(R+\Delta R_{1t})R'-(R+\Delta R_{2t})R'\right]\\&=A(RR'+\Delta R_{1t}R'-RR'-\Delta R_{2t}R')\\&=AR'(\Delta R_{1t}-\Delta R_{2t})=0\end{aligned} \tag{4-38}$$

若此时有应变作用，只会引起电阻 R_1 发生变化，R_2 不承受应变。故由式（4-38）可得输出电压为

$$U_{SC}=A[(R_1+\Delta R_{1t}+R_1K\varepsilon)R_4-(R_2+\Delta R_{2t})R_3]=AR'RK\varepsilon \tag{4-39}$$

由式（4-39）可知，电桥输出电压只与应变 ε 有关，与温度无关。为达到完全补偿，需满足下列 3 个条件。

①R_1 和 R_2 须属于同一批号，即它们的电阻温度系数 α、线膨胀系数 β、应变片灵敏度系数 K 都相同，两个应变片的初始电阻值也要求相同。

②用于粘贴补偿应变片的构件和粘贴工作应变片的试件两者材料必须相同，即要求两者线膨胀系数相等。

③两个应变片处于同一温度环境中。

此方法简单易行，能在较大温度范围内进行补偿。缺点是 3 个条件不易满足，尤其是条件③。在某些测试条件下，温度场梯度较大，R_1 和 R_2 很难处于相同温度点。

根据被测试件承受应变的情况，可以不另加专门的补偿块，而是将补偿应变片贴在被测试件上，这样既能起到温度补偿作用，又能提高输出的灵敏度，如图 4-9 所示。

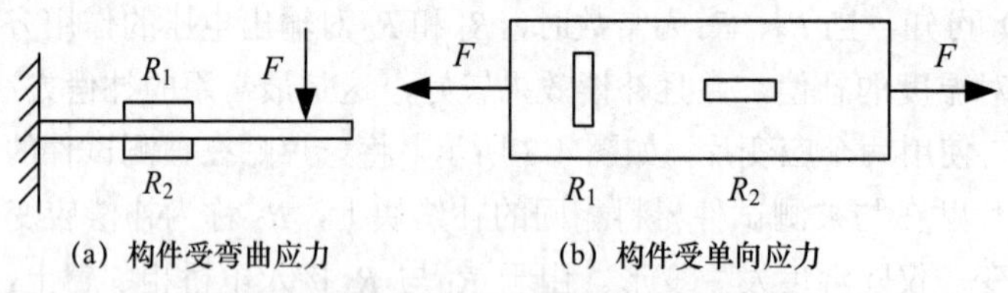

（a）构件受弯曲应力　（b）构件受单向应力

图 4-9　受弯曲应力和受单向应力构件

图 4-9（a）所示的构件受弯曲应力，应变片 R_1 和 R_2 的变形方向相反，上面受拉力，下面受压力，应变绝对值相等，符号相反，将它们接入电桥的相邻臂后，可使输出电压增加一倍。当温度变化时，应变片 R_1 和 R_2 的阻值变化的正负性相同，大小相等，电桥不产生输出，达到了补偿的目的。图 4-9（b）所示的构件受单向应力，将工作应变片 R_2 的轴线顺着应变方向，补偿应变片 R_1 的轴线和应变方向垂直，R_1 和 R_2 接入电桥相邻臂，其输出为

$$U_{SC}=AR_1R_2K(1+\mu)\varepsilon \tag{4-40}$$

另外也可以采用热敏电阻进行补偿。如图 4-10 所示，热敏电阻 R_t 与应变片处在相同的温度下，当应变片的灵敏度随温度升高而下降时，热敏电阻 R_t 的阻值减小，使电桥的输入电压随温度升高而增加，从而提高电桥输出电压。合理选择分流电阻 R_5 的值，可以使应变片灵敏度下降，以补偿温度对电桥输出电压的影响。

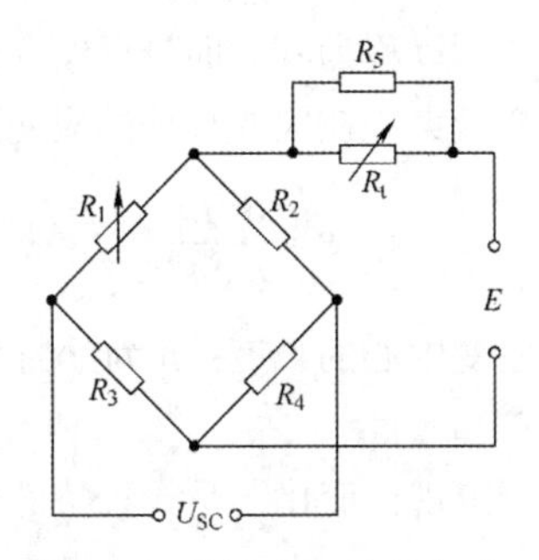

图 4-10 热敏电阻补偿电路

4.1.5 应变式传感器的应用

应变式传感器主要有两大类。第一类是指将应变片粘贴于某些弹性体上，并将其接到测量转换电路，这样就构成了测量各种物理量的专用应变式传感器，包括各种力传感器、加速度传感器等。应变式传感器中，敏感元件一般为各种弹性体，传感元件就是应变片，测量转换电路一般为电桥电路。第二类是指将应变片贴于被测试件上，然后将其接到应变仪上，可直接从应变仪上读取被测试件的应变量。接下来主要介绍几种常见的第一类传感器。

一、应变式力传感器

应变式力传感器由弹性体、应变片和外壳组成。弹性体是力传感器的基础，应变片是传感器的核心。根据弹性体结构形式的不同，应变式力传感器可分为柱（筒）式力传感器、悬臂梁式力传感器等。

（1）柱（筒）式力传感器。

图 4-11（a）、图 4-11（b）所示分别为柱式和筒式力传感器，将应变片粘贴在弹性体外壁应力分布均匀的中间部分。电桥接线时考虑尽量减小载荷偏心和弯矩影响，应变片在圆柱面上的位置及在电桥电路中的连接如图 4-11（c）、图 4-11（d）所示，R_1 和 R_3 串联，R_2 和 R_4 串联，并将其置于电桥电路对臂上，以减小弯矩影响，径向应变片 R_5 和 R_7 串联，R_6 和 R_8 串联，并将其接于另两个电桥电臂上，可提高灵敏度并用于温度补偿。

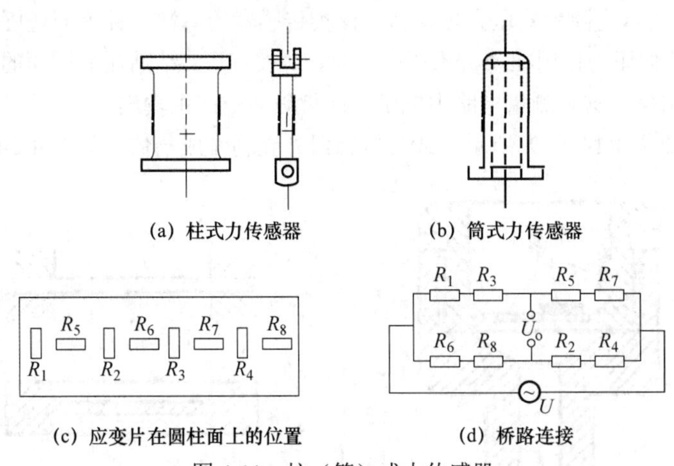

图 4-11 柱（筒）式力传感器

（2）悬臂梁式力传感器。

①等截面悬臂梁。

悬臂梁的横截面积处处相等，所以称为等截面悬臂梁，如图 4-12 所示。当外力 F 作用在梁的自由端时，固定端产生的应变最大，在应变片处的应变为

$$\varepsilon=\frac{6FL_0}{bh^2E} \tag{4-41}$$

式中，L_0 为悬臂梁受力端距应变中心的长度；b 为梁的宽度；h 为梁的厚度。

②等强度悬臂梁。

悬臂梁长度方向的截面积按一定规律变化，是一种特殊形式的悬臂梁，如图 4-13 所示。

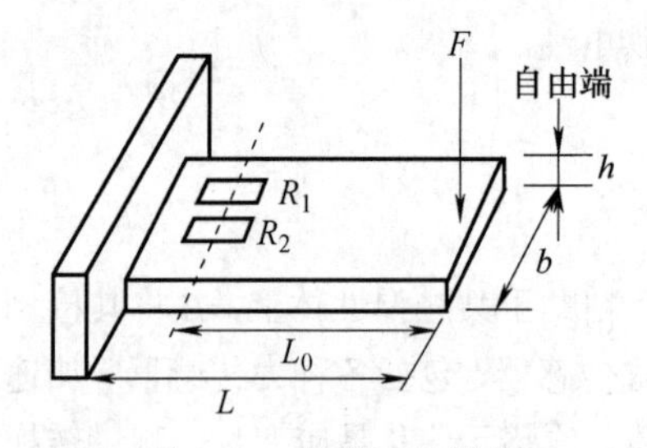

图 4-12 等截面悬臂梁

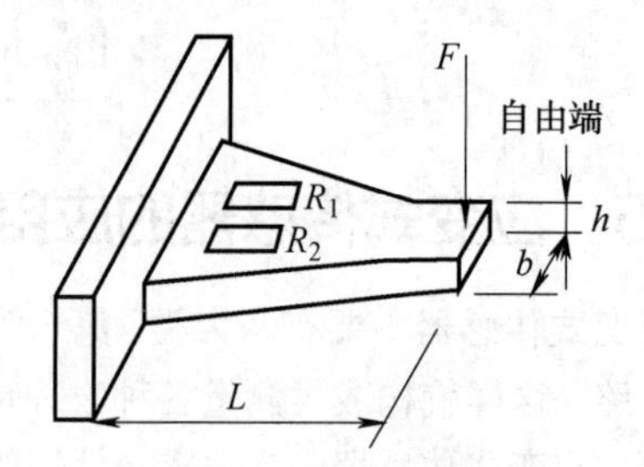

图 4-13 等强度悬臂梁

当力作用在自由端时，梁内各截面产生的应力相等，表面上的应变也相等，所以称为等强度悬臂梁。在 L 方向上粘贴应变片时对位置要求不严，应变片处的应变大小为

$$\varepsilon=\frac{6FL}{bh^2E} \tag{4-42}$$

在悬臂梁式力传感器中，一般将应变片贴在距离固定端较近的表面，且顺梁的方向上下各贴两片，并将 4 个应变片组成全桥差动电桥，上面两个应变片受压力时，下面两个应变片受拉力。这样既可提高输出电压灵敏度，又可减小非线性误差。

二、应变式压力传感器

应变式压力传感器由电阻应变片、弹性元件、外壳及补偿电阻等组成。一般用于测量较大的压力。它被广泛用于测量管道内部压力，内燃机燃气的压力、压差和喷射压，发动机和导弹试验中的脉冲压力，以及各种领域中的流体压力等。

图 4-14（a）所示为膜片式压力传感器。该类传感器的弹性元件为周边固定的圆形金属平膜片，当气体或液体压力作用在薄板承压面上时，薄板变形，粘贴在另一面的电阻应变片随之变形，并改变电阻值。这时测量电路中电桥平衡被破坏，产生输出电压。圆形薄板固定形式：采用嵌固形式，如图 4-14（b）所示；或与传感器外壳制作成一体，如图 4-14（c）所示。

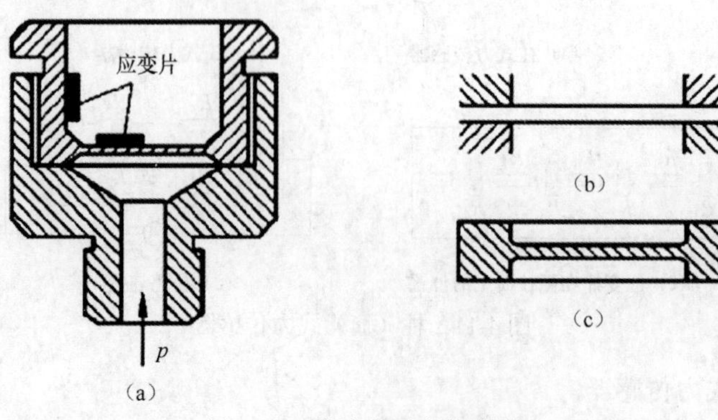

图 4-14 膜片式压力传感器

将应变片贴在膜片内壁，在压力 p 的作用下，距离圆心 x 处膜片产生径向应变 ε_r 和切向应变 ε_t。在平膜片圆心处切向粘贴 R_1、R_4 两个应变片，在边缘处沿径向粘贴 R_2、R_3 两个应变片，然后接成差动全桥测量电路，如图 4-15 所示。

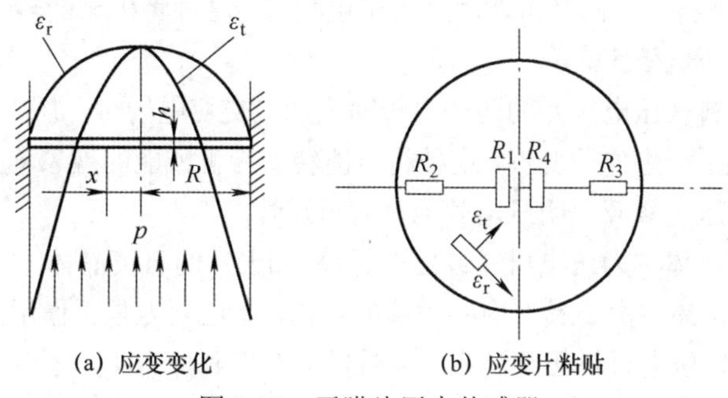

图 4-15 平膜片压力传感器

三、应变式加速度传感器

应变式加速度传感器主要用于物体加速度的测量。其基本工作原理是物体运动的加速度与作用在它上面的力成正比，与物体的质量成反比，即 $a = F / m$。图 4-16（a）所示是应变式加速度传感器的结构示意，它由端部固定并带有惯性质量块 m 的悬臂梁及贴在梁根部的应变片、基座及外壳等组成，是一种惯性式传感器。

测量时，根据所测振动体加速度的方向，把传感器固定在被测部位如图 4-16（b）所示。当被测点的加速度沿图 4-16（a）中箭头所示方向时，悬臂梁自由端受惯性力 $F=ma$ 的作用，质量块向与箭头所示相反的方向相对于基座运动，使梁发生弯曲变形，应变片电阻也发生变化，产生输出量，输出量大小与加速度成正比。

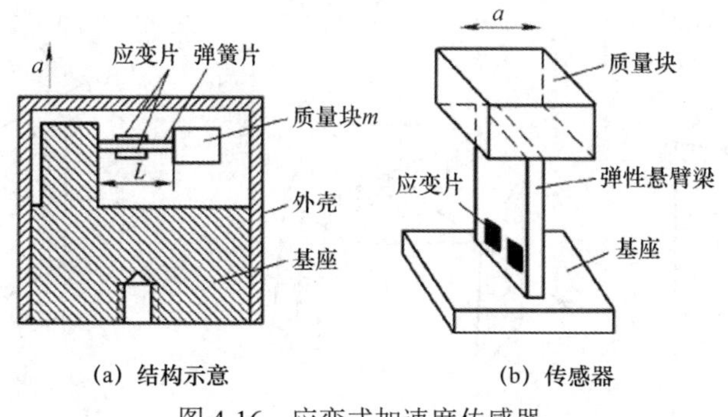

图 4-16 应变式加速度传感器

4.2 压电式传感器

压电式传感器以某些电介质的压电效应为基础，在外力作用下，电介质的表面产生电荷，从而实现力到电荷的转换。因此，压电式传感器可以测量那些最终能转换为力（动态）的物理量，如压力、应力、加速度、扭矩等。压电式传感器由于具有灵敏度高、信噪比高、结构简单、体积小、质量轻、功耗小、寿命长、工作可靠等优点，被广泛应用于声学、力学、医学、宇航等领域。

4.2.1 压电效应

某些电介质在一定方向上受到压力或拉力作用时发生形变，其内部将产生极化而使其表面产生电荷，若将外力去掉，它们又重新回到不带电状态，这种将机械能转变为电能的现象称为压电效应，也称为正压电效应。

当在片状压电材料（压电片）的两个电极面上加上交变电场时，压电片将产生机械振动，即压电片在电极方向上产生伸缩变形，这种将电能转变为机械能的现象称为逆压电效应，也称为电致伸缩效应。逆压电效应说明压电效应具有可逆性。

具有压电效应的物体称为压电材料或压电元件，如天然的石英晶体，人工制造的压电陶瓷、锆钛酸铅等。各向同性晶体由于具有中心对称的结构，无论外力是否作用，晶体正负电荷的中心总是重合的。因此，压电材料必定是各向异性的，在受到外力时，才会产生电极化。本小节以石英晶体为例说明压电效应。

一、石英晶体的压电效应

石英晶体是单晶结构的理想形六角锥体，如图 4-17（a）所示，其化学成分是 SiO_2。石英晶体是各向异性材料，不同晶向具有各异的物理特性。其晶轴可用 z、y、x 轴来描述，如图 4-17（b）所示，其晶体切片结构如图 4-17（c）所示。

z 轴：通过锥顶端的轴线，是纵向轴，称为光轴，沿该轴方向受力不会产生压电效应。

x 轴：经过六棱柱的棱线并垂直于 z 轴的轴，称为电轴（压电效应只在该轴的两个表面产生电荷集聚），沿该轴方向受力产生的压电效应称为“纵向压电效应”。

y 轴：与 x 轴、z 轴同时垂直的轴，称为机械轴（该轴方向只产生机械变形，不会出现电荷集聚），沿该轴方向受力产生的压电效应称为“横向压电效应”。

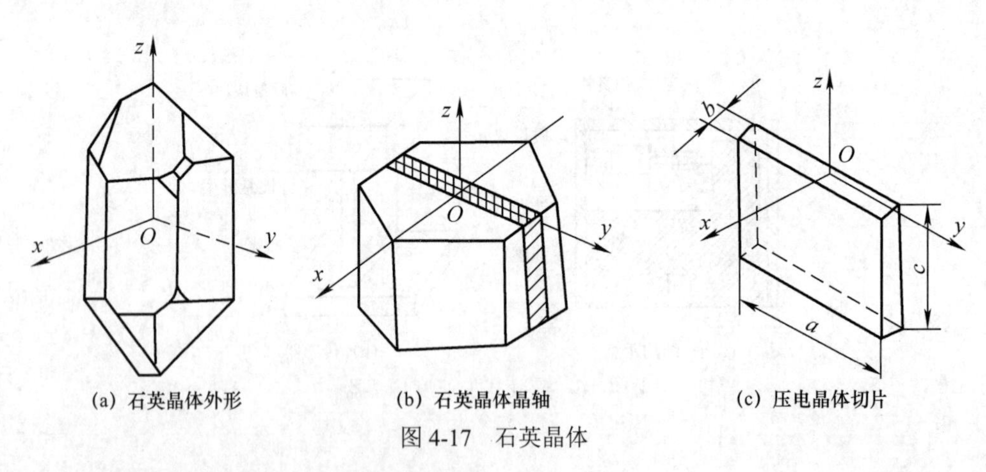

(a) 石英晶体外形　(b) 石英晶体晶轴　(c) 压电晶体切片

图 4-17　石英晶体

二、石英晶体的压电系数与表面电荷

从石英晶体上沿轴线切下一块平行六面体——压电晶体切片，如图 4-17（c）所示。

（1）沿 x 轴方向施加作用力。

沿 x 轴方向施加作用力，晶体将产生变形，并产生极化现象。在晶体的线性弹性范围内，垂直于 x 轴的表面上产生的极化强度 P_x 与应力成正比，即

$$P_x = d_{11}\sigma_x = d_{11}\frac{F_x}{ac} \tag{4-43}$$

式中，d_{11} 为 x 轴方向受力的压电系数；F_x 为沿 x 轴方向施加的作用力；a、c 为石英晶体

切片的长度和宽度。

压电系数的下标 *mn* 的意义：*m*——产生电荷的轴向；*n*——施加作用力的轴向。

对于石英晶体，下标 1 对应 x 轴，下标 2 对应 y 轴，下标 3 对应 z 轴。

而极化强度 P_x 等于晶体切片表面的电荷密度，即

$$P_x = \frac{q_x}{ac} \tag{4-44}$$

式中，q_x 为垂直于 x 轴的表面上的电荷。

由式（4-43）和式（4-44）得

$$q_x = d_{11}F_x \tag{4-45}$$

由式（4-45）可知，当晶体切片受到压力时，q_x 与作用力 F_x 成正比，而与晶体切片的几何尺寸无关。电荷 q_x 的符号由 F_x 为压力或拉力决定，如图 4-18（a）、图 4-18（b）所示。

（2）沿 y 轴方向施加作用力。

沿 y 轴方向施加作用力，在晶体的线性弹性范围内，仍然在垂直于 x 轴的表面上出现电荷，其极性如图 4-18（c）、图 4-18（d）所示。电荷大小为

$$q_x = d_{12}\frac{ac}{bc}F_y = -d_{11}\frac{a}{b}F_y \tag{4-46}$$

式中，d_{12} 为 y 轴方向受力的压电系数（石英晶体沿轴对称，$d_{12}=-d_{11}$）；b 为晶体切片的厚度；F_y 为沿 y 轴方向施加的作用力。

由式（4-46）可见，沿 y 轴方向的力作用于晶体切片时产生的电荷量大小 q_x 与晶体切片的几何尺寸有关。在相同的作用力下，晶体切片的长度越长、厚度越薄，产生的电荷量越多，压电效应越明显。式中的“−”说明沿 y 轴方向的压力（拉力）所产生的电荷极性与沿 x 轴方向的压力（拉力）所产生的电荷极性是相反的。

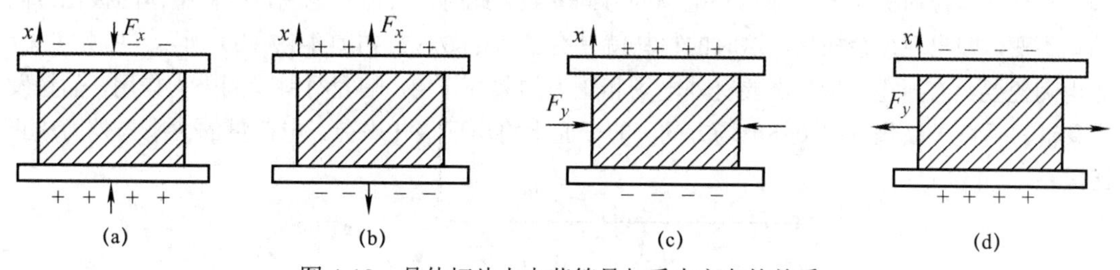

图 4-18 晶体切片上电荷符号与受力方向的关系

4.2.2 压电材料

目前，在压电式传感器中常用的压电材料有压电晶体、压电陶瓷、压电高分子材料等，它们各自有自己的特点。

一、压电晶体（单晶体）

（1）石英晶体。

石英晶体是压电式传感器中常用的一种性能优良的压电材料。石英晶体即二氧化硅晶体，它是一种天然晶体，不需要人工极化处理，也不会产生热释电效应。它的压电系数 $d_{11}=2.3\times10^{-12}$ C/N，其压电系数和介电常数都具有良好的温度稳定性，在常温范围内，这两个参数几乎不随温度变化。当温度达到 573 ℃（居里温度）时，石英晶体就会完全失去压电特性。

石英晶体的熔点为 1750 ℃，密度为 2.65×10^3 kg/m^3，具有很高的机械强度和稳定的机械特性。除此之外，它还具有自振频率高、动态性能好、绝缘性能好、迟滞小、重复性好、线性范围宽等优点，所以曾被广泛应用。但由于它的压电系数比其他压电材料要低得多，因此也正逐渐被其他压电材料所替代。

（2）水溶性压电晶体。

最早发现的水溶性压电晶体是酒石酸钾钠（$NaKC_4H_4O_6\cdot4H_2O$），它具有很高的压电灵敏度，压电系数 $d_{11}=2.3\times10^{-9}$C/N。但由于酒石酸钾钠易受潮、机械强度低、电阻率低，使用受到很大限制，一般仅用于室温（<45℃）和湿度低的环境。

（3）铌酸锂压电晶体。

铌酸锂（$LiNbO_3$）压电晶体是一种无色或呈浅黄色的单晶体，其内部是多畴结构的，为了使其具备压电效应，需要对其进行极化处理。其压电系数达 8×10^{-11}C/N，比石英晶体的压电系数大 35 倍左右，相对介电常数（ε_r = 85）也比石英晶体的高得多。由于是单晶体，其时间稳定性很好。它还是一种压电性能良好的电声换能材料，居里温度比石英晶体和压电陶瓷的要高得多，可达 1200 ℃，所以被应用于制造耐高温的传感器会有广阔的前景。

在力学性能方面其各向异性很明显，与石英晶体相比很脆弱，而且抗热冲击性能很差，所以在加工装配和使用中必须小心谨慎，避免用力过猛和急冷急热。

二、压电陶瓷（多晶体）

压电陶瓷是人工制造的多晶体压电材料。它内部的晶粒有一定的极化方向，在无外电场作用下，晶粒杂乱分布，它们的极化效应被相互抵消，因此压电陶瓷此时呈中性，即原始的压电陶瓷不具有压电效应，如图 4-19（a）所示。

当在压电陶瓷上施加外电场时，晶粒的极化方向发生改变，趋向于按外电场方向排列，从而使材料整体得到极化。外电场越强，极化程度越高，让外电场强度大到使材料的极化达到饱和，即所有晶粒的极化方向都与外电场的方向一致，此时，去掉外电场，材料整体的极化方向基本不变，即出现剩余极化，这时的材料就具有了压电效应，如图 4-19（b）所示。由此可见，压电陶瓷要具有压电效应，需要有外电场和压力的共同作用。陶瓷材料受到外力作用，晶粒发生移动，垂直于极化方向（外电场方向）的平面上将出现极化电荷，电荷量的大小与外力成正比关系。

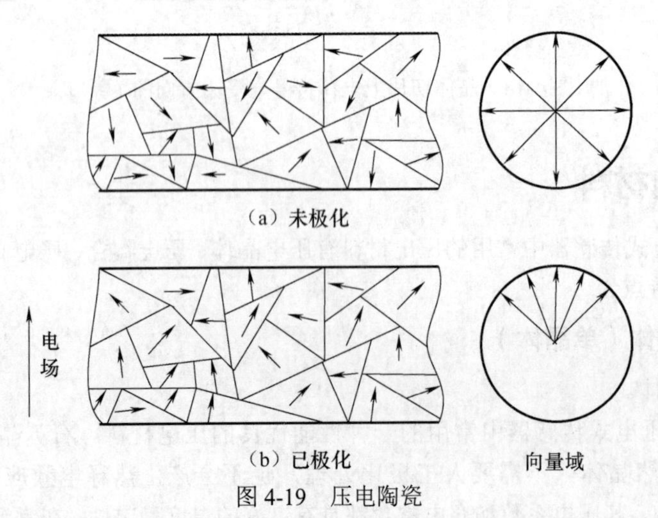

图 4-19 压电陶瓷

压电陶瓷的压电系数比石英晶体的大得多（压电效应更明显），因此用它做成的压电式传感器的灵敏度较高，但压电陶瓷的稳定性、机械强度等不如石英晶体。压电陶瓷材料有多种，最早的是钛酸钡（$BaTiO_3$），现在常用的是锆钛酸铅（$PbZrO_3$-$PbTiO_3$，简称 PZT，即 Pb、Zr、Ti 这 3 个元素符号的首字母组合）等，前者工作温度较低（最高 70 ℃），后者工作温度较高，且有良好的压电特性，得到了广泛应用。

三、压电高分子材料

压电高分子材料属于有机分子半结晶或结晶聚合物，其压电效应较复杂，不仅要考虑晶格中均匀的内应变对压电效应的影响，还要考虑压电高分子材料中做非均匀内应变所产生的各种高次效应以及同整个体系平均变形无关的电荷位移而表现出来的压电特性。

目前已发现的压电系数较高且已被应用开发的压电高分子材料是聚偏二氟乙烯（$(CH_2CF_2)_n$），其压电效应可采用类似铁电体的机理来解释。这种聚合物中碳原子的个数为奇数，经过机械滚压和拉伸制成薄膜之后，带负电的氟离子和带正电的氢离子分别排列在薄膜的对应上下两边，形成微晶偶极矩结构，经过一定时间的外电场和温度联合作用后，晶体内部的偶极矩进一步旋转定向，形成垂直于薄膜平面的碳-氟偶极矩固定结构。正是由于这种固定取向后的极化和外力作用时的剩余极化的变化，引起了压电效应。

添加压电高分子材料可以降低材料的密度和介电常数，增加材料的柔性。

四、压电材料的选取

选用合适的压电材料是设计、制作高性能传感器的关键。一般应考虑如下几个性能。

（1）转换性能。材料具有较大的耦合系数或具有较大的压电系数。

（2）力学性能。压电元件作为受力元件，需要机械强度高、机械刚性大，以获得宽的线性范围和高的固有振动频率。

（3）电性能。材料需要具有高的电阻率和大的介电常数，以减弱外部分布电容的影响并获得良好的低频特性。

（4）温度、湿度稳定性。材料需要具有较高的居里温度，以获得宽的温湿度工作范围。

（5）时间稳定性。材料的压电特性不随时间退化。

实际应用时，应根据实际情况选取合适的压电材料。

4.2.3 压电式传感器的测量原理

一、等效电路

根据压电元件的工作原理，将压电式传感器等效为一个电容，正负电荷聚集的两个表面相当于电容的两个极板，极板间物质相当于介质，如图 4-20（a）所示，其电容为

$$C_a = \frac{\varepsilon_r \varepsilon_0 A}{d} \tag{4-47}$$

式中，A 为压电片的面积；d 为压电片的厚度；ε_0 为真空介电常数，$\varepsilon_0 \approx 8.85\times10^{-12}$ F/m；ε_r 为压电材料的相对介电常数。

当压电元件受外力作用时，其两表面产生等量的正、负电荷 Q，此时，压电元件的开路电压为

$$U = \frac{Q}{C_a} \tag{4-48}$$

因此，压电式传感器可以等效为一个电荷源 Q 和一个电容 C_a 并联，如图 4-20（b）所示。压电式传感器也可等效为一个电压源 U 与一个电容串联 C_a，如图 4-20（c）所示。

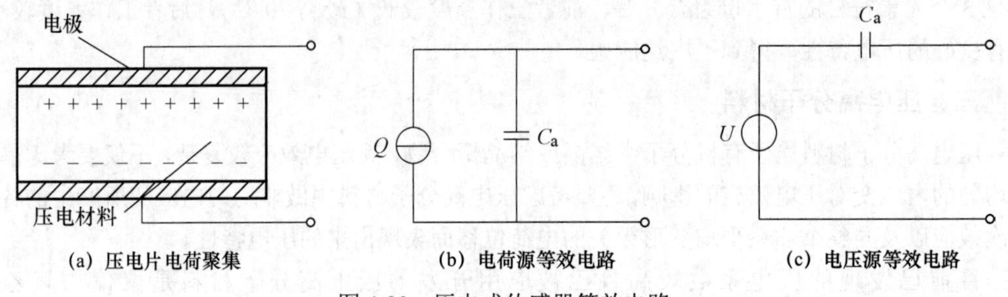

图 4-20 压电式传感器等效电路

在实际使用中，压电式传感器总是与测量仪器或测量电路相连接，因此还须考虑连接电缆的分布电容 C_c、放大器的等效输入电阻 R_i、放大器等效输入电容 C_i 以及压电式传感器的泄漏电阻 R_a，压电式传感器在测量系统中的实际等效电路如图 4-21 所示。

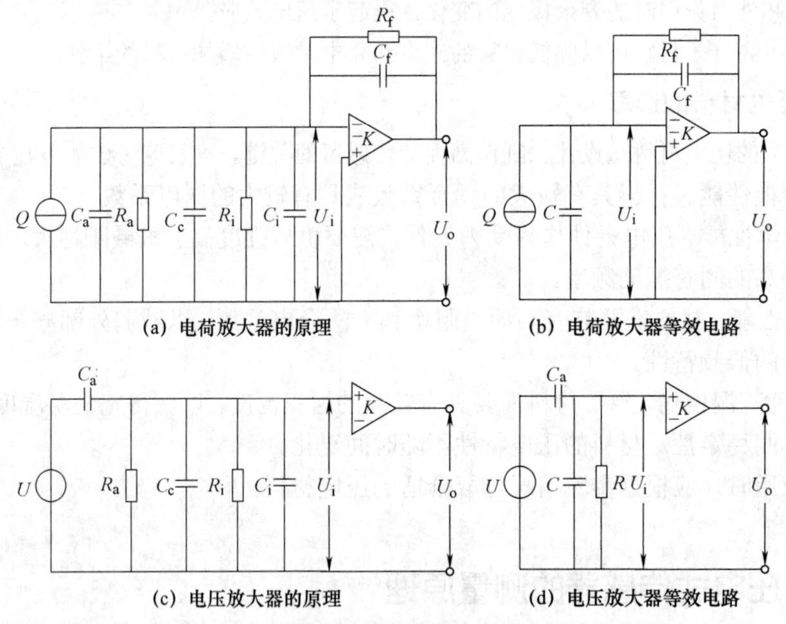

图 4-21 压电式传感器在测量系统中的实际等效电路

二、测量电路

由于压电式传感器本身的内阻抗很高（通常为 1010 Ω 以上）、输出能量较小，因此它的测量电路通常需要接入一个高输入阻抗的前置放大器。其作用为把高输入阻抗（一般 1000 MΩ 以上）变换为低输出阻抗（小于 100 Ω），对传感器输出的微弱信号进行放大。

根据压电式传感器的两种等效方式可知，压电式传感器的输出可以是电荷信号或电压信号，因此前置放大器也有两种形式：电荷放大器和电压放大器。

（1）电荷放大器。

电荷放大器的原理如图 4-21（a）所示。由于运算放大器的输入阻抗很高，其输入端几乎没有分流，故可略去压电式传感器的泄漏电阻 R_a 和放大器等效输入电阻 R_i 两个并联电阻的影响，将压电式传感器分布电容 C_a、连接电缆的分布电容 C_c、放大器输入电容 C_i 合并为电容 C 后，电荷放大器等效电路如图 4-21（b）所示。它由一个负反馈电容 C_f 和高增益运算放大器构成。图

中 K 为运算放大器的增益。由于负反馈电容工作于直流时相当于开路，对电缆噪声敏感，放大器的零漂也较大，因此一般在反馈电容两端并联一个电阻 R_f，作用是稳定直流工作点，减小零漂；R_f 通常为 10^{10}～$10^{14}\Omega$，当工作频率足够高时，$R_f \ll \omega C_f$，可忽略（$1+K$）R_f。反馈电容折合到放大器输入端的有效电容为

$$C_f' = (1+K)C_f \tag{4-49}$$

由于

$$\begin{cases} U_i = \dfrac{Q}{C_a + C_c + C_i + C_f'} \\ U_o = -KU_i \end{cases} \tag{4-50}$$

因此，其输出电压幅值为

$$U_o = \frac{-KQ}{C_a + C_c + C_i + (1+K)C_f} \tag{4-51}$$

式中，负号表示放大器的输入与输出反相。

当 $K>>1$（通常 $K=10^4$～10^6），满足$(1+K)C_f>10(C_a+C_c+C_i)$时，就可将式（4-51）近似为

$$U_o \approx \frac{-Q}{C_f} = -U_{C_f} \tag{4-52}$$

由此可见：放大器的输入阻抗极高，输入端几乎没有分流，电荷 Q 只对反馈电容 C_f 充电，充电电压 U_{C_f}（反馈电容两端的电压）接近于放大器的输出电压；电荷放大器的输出电压 U_o 与电缆电容 C_c 近似无关，而与 Q 成正比，这是电荷放大器的突出优点。由于 Q 与被测压力呈线性关系，因此，输出电压与被测压力呈线性关系。

（2）电压放大器。

电压放大器的原理及等效电路如图 4-21（c）、图 4-21（d）所示。

将图中的 R_a、R_i 并联为等效电阻 R，将 C_c 与 C_i 并联为等效电容 C，于是有

$$R = \frac{R_a R_i}{R_a + R_i} \tag{4-53}$$

$$C = C_c + C_i \tag{4-54}$$

如果压电元件受正弦力 $F=F_m\sin\omega t$ 的作用，则所产生的电荷为

$$Q = dF = dF_m \sin \omega t \tag{4-55}$$

对应的电压幅值为

$$U = \frac{Q}{C_a} = \frac{dF_m}{C_a}\sin \omega t = U_m \sin \omega t \tag{4-56}$$

式中，d 为压电系数；U_m 为压电元件输出电压的幅值，$U_m = \dfrac{dF_m}{C_a}$。

由图 4-16（d）可得放大器输入端的电压为

$$\dot{U}_i = dF_m \frac{j\omega R}{1 + j\omega R(C_a + C)} = dF_m \frac{j\omega R}{1 + j\omega R(C_a + C_c + C_i)} \tag{4-57}$$

于是可得放大器输入电压的幅值为

$$U_{im}=\frac{dF_m\omega R}{\sqrt{1+\omega^2R^2(C_a+C_c+C_i)^2}} \tag{4-58}$$

输入电压与作用力间的相位差为

$$\varphi=\frac{\pi}{2}-\arctan[\omega R(C_a+C_c+C_i)] \tag{4-59}$$

在理想情况下，传感器的泄漏电阻 R_a 和前置放大器的等效输入电阻 R_i 都为无穷大，根据式（4-53）有，R 为无穷大，电荷没有泄漏。令 ωR（$C_a+C_c+C_i$）>>1，将其代入式（4-58）可得放大器的输入电压幅值为

$$U_{im}\approx\frac{dF_m}{C_a+C_c+C_i} \tag{4-60}$$

由式（4-60）可见，在理想情况下，即作用力变化频率 ω 与测量回路时间常数 τ（$\tau=R(C_a+C_c+C_i)$）的乘积 $\omega\tau$>>1 时，前置放大器的输入电压 U_{im} 与作用力的频率无关。一般当 $\omega\tau$>3 时，可以近似看作输入电压与作用力的频率无关。这说明，在测量回路时间常数一定的条件下，被测物理量的频率越高，越容易满足以上条件，即压电式传感器的高频响应很好。这是压电式传感器的优点之一。但当作用力为静态力（$\omega=0$）时，前置放大器的输入电压为0，电荷会通过放大器等效输入电阻和传感器本身泄漏电阻漏掉，实际上，外力作用于压电材料上产生的电荷只有在无泄漏的情况下才能保存，即需要负载电阻（放大器的输入阻抗）无穷大，并且内部无漏电，但这实际上是不可能的，因此，压电式传感器要以测量回路时间常数 R_iC_a 按指数规律放电，不能用于测量静态量。压电材料在交变力的作用下，可以不断补充电荷，以供给测量回路一定的电流，故适用于动态测量。

但是，当被测物理量变化缓慢，而测量回路时间常数也不大时，就会造成传感器灵敏度的下降。因此，要扩大传感器的低频响应范围，就必须尽量提高测量回路的时间常数。但如果单靠增大测量回路的电容来增大其时间常数 τ，会影响到传感器的灵敏度。电压灵敏度 K_U 的定义为

$$K_U=\frac{U_{im}}{F_m}=\frac{d}{\sqrt{\frac{1}{(\omega R)^2}+(C_a+C_c+C_i)^2}} \tag{4-61}$$

因为 $\omega\tau$>>1，故传感器电压灵敏度近似为

$$K_U\approx\frac{d}{C_a+C_c+C_i} \tag{4-62}$$

由式（4-62）可知，传感器的电压灵敏度 K_U 与电容成反比。若增加回路的电容必然会使传感器的灵敏度下降。因此，切实可行的办法是通过提高测量回路的电阻来增大其时间常数 τ。由于传感器本身的泄漏电阻 R_a 一般都很大，因此测量回路的电阻主要取决于前置放大器的等效输入电阻 R_i。为此，常采用等效输入电阻 R_i 很大的前置放大器。前置放大器等效输入电阻越大，测量回路时间常数越大，传感器的低频响应也就越好。

三、压电元件的连接

压电元件作为压电式传感器的敏感部件，单片压电元件产生的电荷量很小，在实际应用中，通常采用两片（或两片以上）同规格的压电元件黏结在一起，以提高压电式传感器的输出灵敏度。

由于压电元件所产生的电荷具有极性区别，相应的连接方法有两种，如图 4-22 所示。从作用力的角度看，压电元件是串联的，每片受到的作用力相同，产生的变形和电荷量大小也一致。

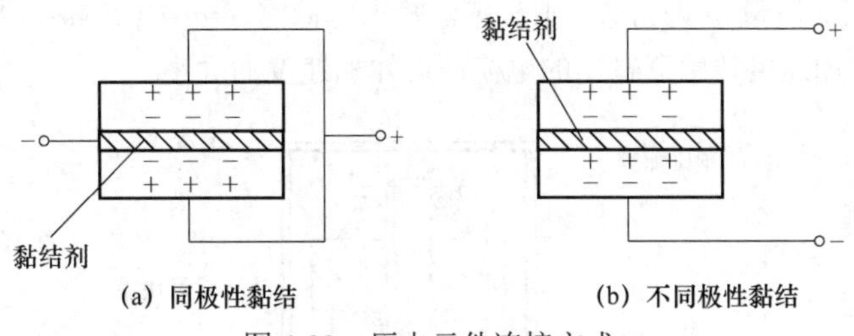

图 4-22 压电元件连接方式

图 4-22（a）所示是将两个压电元件的负端黏结在一起，中间插入金属电极作为压电元件连接件的负极，将两边连接起来作为连接件的正极，这种连接方法称为“并联法”。与单片时相比，在外力作用下，正负电极上的电荷量增加了一倍（$Q'=2Q$），总电容增加了一倍（$C_a'=2C_a$），其输出电压与单片时的相同（$U'=U$）。并联法输出电荷大、本身电容大、测量回路时间常数大，适用于测量慢变信号且以电荷作为输出量的场合。

图 4-22（b）所示是将两个压电元件的不同极性端黏结在一起，这种连接方法称为“串联法”。在外力作用下，两个压电元件产生的电荷在中间黏结处正负中和，上、下极板的电荷量 Q 与单片时的相同（$Q'=Q$），总电容为单片时的一半（$C_a'=C_a/2$），输出电压增大了一倍（$U'=2U$）。串联法输出电压大、本身电容小，适用于以电压作输出量且测量电路输入阻抗很高的场合。

4.2.4 压电式传感器的应用

一、压电式力传感器

图 4-23 所示是压电式单向力传感器的结构，主要由外壳、膜片、过滤器、金属镀层、凹形玻璃组成。

传感器上盖为传力元件，它的外缘壁厚为 0.1 mm～0.5 mm，当受外力作用时，它将产生弹性形变，将力传递到石英晶片上。石英晶片采用 xy 切割型，利用其纵向压电效应，通过 d_{11} 实现力—电转换。石英晶片的尺寸约为 $\phi 8\times 1$ mm，该传感器的测力范围为 0～50 N，最小分辨率约为 0.01 N，固有频率为 50 kHz～60 kHz，整个传感器重约为 10 g。

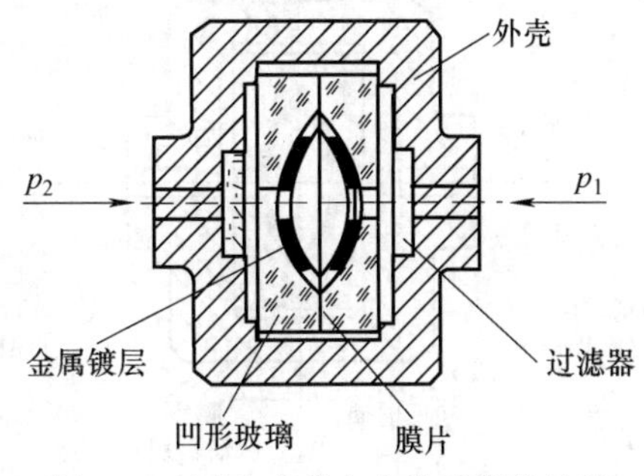

图 4-23 压电式单向力传感器的结构

二、压电式加速度传感器

图 4-24 所示是一种压电式加速度传感器的结构。它主要由压电元件、质量块、预压弹簧、

基座及外壳等组成。整个部件装在外壳内，并由螺栓加以固定。

当压电式加速度传感器和被测物一起受到冲击振动时，压电元件受质量块惯性力的作用，根据牛顿第二定律，此惯性力是加速度的函数。此时惯性力作用于压电元件上，因而产生电荷 q，当传感器选定后，质量 m 为常数，则传感器输出电荷为 $q=d_{11}F=d_{11}ma$，与加速度 a 成正比。因此，测得压电式加速度传感器输出的电荷便可知加速度的大小。

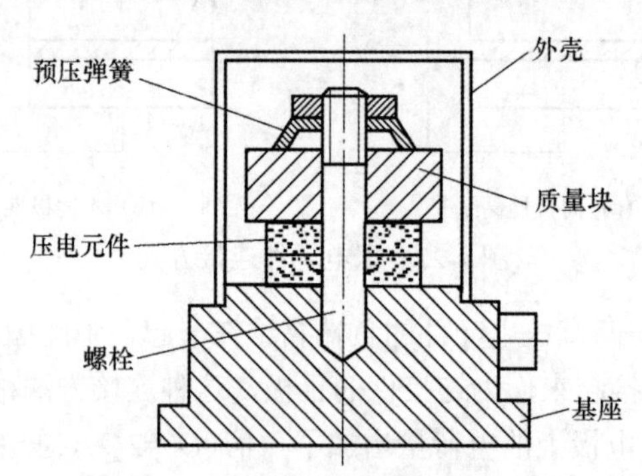

图 4-24 压电式加速度传感器的结构

4.3 其他力/加速度传感器

除应变式传感器与压电式传感器以外，前文提及的电容式传感器、电感式传感器、光电式传感器也可用于力与加速度的测量。

4.3.1 电容式力/加速度传感器的应用

一、差动电容式压力传感器

图 4-25 所示为差动电容式压力传感器结构。它由一个膜片动电极（动极板）和两个在凹形玻璃上电镀成的固定电极（定极板）组成差动电容。差动结构的好处在于灵敏度更高，非线性得到改善。

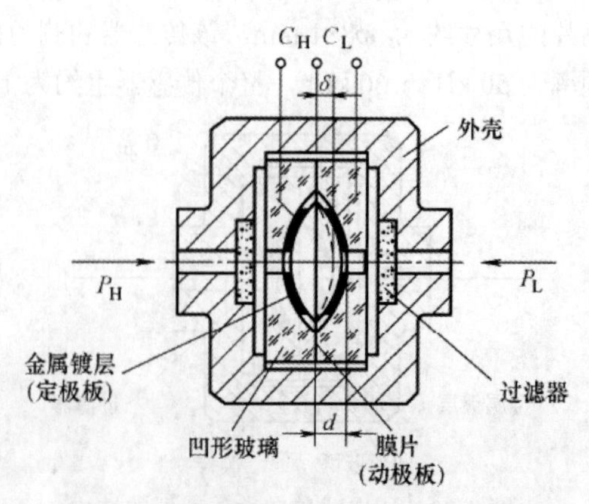

图 4-25 差动电容式压力传感器结构

当被测压力作用于膜片并使之产生位移时，两个电容的电容量一个增加、一个减小，电容的变化经测量电路转换成电压或电流输出，从而反映了压力的大小。

在膜片左右两室中通常充满硅油，当左右两室分别承受压力 P_H、P_L 时，由于硅油的不可压缩性和流动性，就能将差压 $\Delta P = P_H - P_L$ 传递到膜片上。

当左右压力相等时，$\Delta P = 0$，$C_H = C_L = C_0$；当 $\Delta P > 0$ 时，膜片变形，动极板向低压侧偏移 δ，$C_L > C_H$。其电容可分别近似表示为

$$\begin{cases} C_L = \dfrac{\varepsilon A}{d - \delta} \\ C_H = \dfrac{\varepsilon A}{d + \delta} \end{cases} \tag{4-63}$$

因此可推出

$$\frac{\delta}{d} = \frac{C_L - C_H}{C_L + C_H} \tag{4-64}$$

由材料力学知识可知

$$\frac{\delta}{d} = K\Delta P \tag{4-65}$$

式中，K 为与结构有关的常数。

因此有

$$\frac{C_L - C_H}{C_L + C_H} = K\Delta P \tag{4-66}$$

式（4-66）表明 $\dfrac{C_L - C_H}{C_L + C_H}$ 与差压成正比，且与介电常数无关，从而实现了差压—电容的转换。如采用变压器式交流电桥，可得出测量电路的输出电压与差压呈线性关系

$$\dot{U}_o = \frac{C_L - C_H}{C_L + C_H} \frac{\dot{U}_i}{2} = \frac{\dot{U}_i}{2} K\Delta P \tag{4-67}$$

二、差动电容式加速度传感器

差动电容式加速度传感器结构如图 4-26 所示，当传感器壳体随被测对象沿垂直方向做直线加速运动时，质量块在惯性空间中相对静止，两个固定电极将相对于质量块在垂直方向产生大小正比于被测加速度的位移。此位移使两电容的间隙发生变化，一个增大，另一个减小，从而使 C_1、C_2 产生大小相等、符号相反的增量，此增量正比于被测加速度。差动电容式加速度传感器的主要特点是频率响应快和量程范围大，大多采用空气等气体作阻尼。

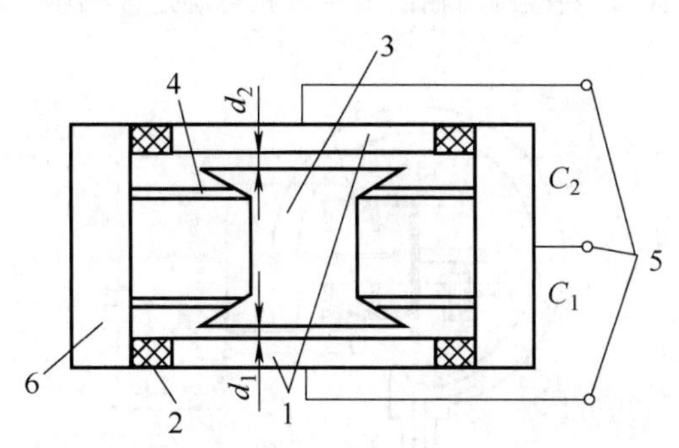

图 4-26　差动电容式加速度传感器结构

1—固定电极；2—绝缘垫；3—质量块；4—弹簧；5—输出端；6—壳体。

随着微电技术的发展，电容式加速度传感器现普遍采用微机电系统（MEMS）技术制造，具有体积小、质量轻、成本低、功耗低、可靠性高、适于批量化生产、易于集成和实现智能化的特点。当前大多数的电容式加速度传感器都是由图 4-27 所示的 3 部分硅晶体圆片构成的。中层是由双层的 SOI（Silicon On Insulator）硅片制成的活动电容极板，由 8 个弯曲弹性连接梁所支撑，夹在上下层两块固定的电容极板之间。随着活动部分在加速度作用下发生偏移，极板之间的电容也会发生变化。为提高精度，电容式微机电系统加速度传感器几乎全部采用差动结构。这类传感器适合在严苛的环境中使用，例如航空航天、汽车路面测试等。

图 4-27　3 部分硅晶体圆片

4.3.2 电感式力/加速度传感器的应用

一、差动变气隙电感式压力传感器

差动变气隙电感式压力传感器由线圈、铁心、衔铁、膜盒等组成，衔铁与膜盒上部粘贴在一起。工作原理：当压力进入膜盒时，膜盒的顶端在压力 P 的作用下产生与压力 P 大小成正比的位移。于是衔铁也发生移动，使气隙长度发生变化，流过线圈的电流也发生相应的变化，电流表指示值将反映被测压力的大小。

图 4-28 所示为运用差动变气隙电感式压力传感器构成的变压器式交流电桥测量电路。它主要由 C 形弹簧管、衔铁、铁心、线圈组成。它的工作原理是，当被测压力作用于 C 形弹簧管时，C 形弹簧管发生变形，其自由端发生位移，带动与之相连的衔铁运动，使线圈 1 和线圈 2 中的电感发生大小相等、符号相反的变化（一个的电感增大、另一个的减小）。电感的变化通过电桥转换成电压输出，只要检测出输出电压，就可确定被测压力的大小。

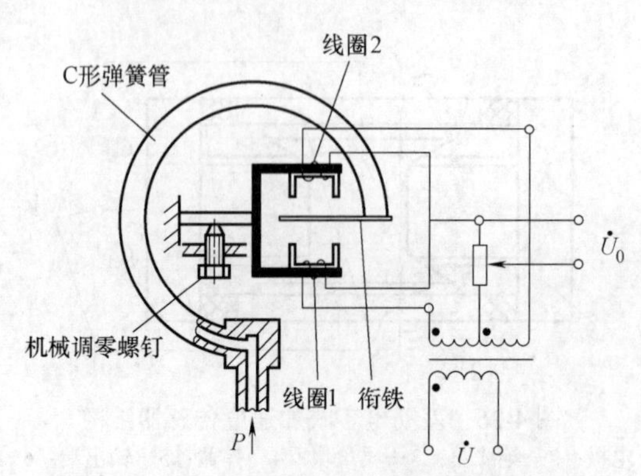

图 4-28　变压器式交流电桥测量电路

二、差动变压器式微压传感器

差动变压器式微压传感器可直接用于测量位移或与位移相关的机械量，如振动、压力、加速度、应变、密度、张力和厚度等。

图 4-29 所示为差动变压器式微压传感器结构，在无压力时，固接在膜盒中心的衔铁位于差动变压器中部，因而输出为零，当被测压力由接头传递到膜盒中时，膜盒的自由端产生一正比于被测压力的位移，并带动衔铁在差动变压器中移动，其产生的输出电压能反映被测压力的大小。这种传感器经分挡可测量-4×10^4～6×10^4 Pa 的压强，精度约为 1.5%。

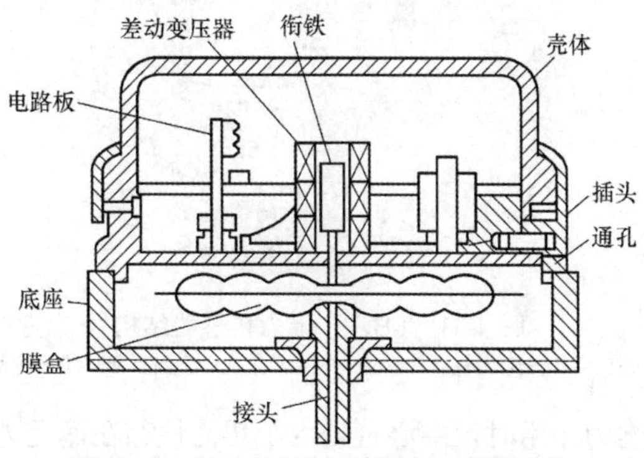

图 4-29　差动变压器式微压传感器结构

三、差动变压器测加速度

图 4-30 所示为利用差动变压器测量加速度的应用示意，它由悬臂梁和差动变压器等组成。测量时，将悬臂梁底座及差动变压器的线圈骨架固定，将衔铁 A 端与被测物相连，当被测物带动衔铁以 $\Delta x(t)$振动时，差动变压器的输出电压按相同的规律变化。

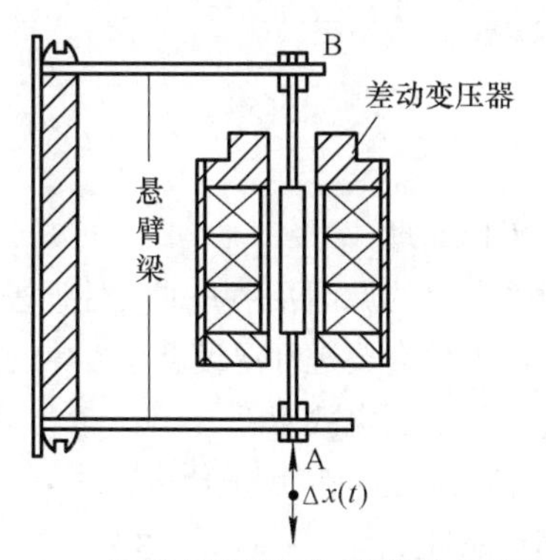

图 4-30　差动变压器测加速度的应用示意

4.3.3　光纤光栅式力传感器的应用

随着光纤光栅传感技术的发展，光纤光栅式（Fiber Bragg Grating，FBG）力传感器被广泛应用于应力、温度等传感领域。与电阻式或电容式传感器相比，光纤光栅式传感器体积小，具有抗电磁干扰、耐高温、耐腐蚀等优点，能在复杂环境中使用。

图 4-31 所示为 FBG 二维力传感器结构。由耦合模理论可知，宽带光在 FBG 中传播时，其反射光遵守布拉格反射条件，数学表达式为

$$\lambda_B = 2n_{eff}\Lambda \tag{4-68}$$

式中，λ_B 为 FBG 中心波长；n_{eff} 为光栅纤芯的有效折射率；Λ 为光栅常数。

若温度恒定，FBG 受轴向应变作用时，会改变 FBG 的有效折射率和光栅常数，其中心波长会发生相应的漂移，由式（4-68）可得 FBG 漂移量为

$$\Delta\lambda_B = \lambda_B(1-P_e)\varepsilon_z \tag{4-69}$$

式中，P_e 为有效弹光系数，对于石英材料，其值为 0.22；ε_z 为光纤所受轴向应变。

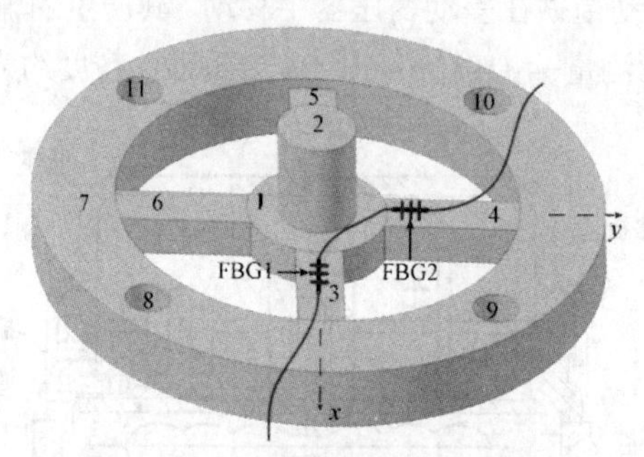

图 4-31　FBG 二维力传感器结构

1—中心台；2—传力柱；3～6—弹性梁；7—轮缘；8～11—轮缘孔。

当传感器受水平单维力作用时，中心台处由于传力柱存在而受力矩作用。当传感器受 x 轴方向单维力作用时，x 轴方向弹性梁表面会发生与 FBG 粘贴位置相关的弯曲变形，同时 y 轴方向的弹性梁会发生与 FBG 粘贴位置不相关的扭转变形。

这类传感器可以根据搬运、抛光打磨机器人的实际工作需求灵活改变弹性体外形尺寸。将传感器安装于机器人关节处，可在不影响机器人运动性能的情况下实现对机器人的力反馈控制。

4.4　思考题

1．简述金属电阻应变片的工作原理。

2．试述应变电桥产生非线性误差的原因及消减非线性误差的措施。

3．采用应变片进行测量时，为什么要进行温度补偿？常见补偿方法有哪些？

4．什么是正压电效应？什么是逆压电效应？

5．石英晶体 x 轴、y 轴、z 轴的名称及特点是什么？

6．简述电容式加速度传感器原理。

7．已知应变片电阻 $R = 120\ \Omega$、$k = 2.05$、应变为 800 μm/m 的传感器元件。计算：

（1）$\Delta R/R$ 和 ΔR；

（2）绘制惠斯通电桥，标注关键元件及各电阻之间的关系；

（3）若供电电压 U=3 V，求此时惠斯通电桥的输出电压 U_O。

第 5 章

机器人导航定位系统

机器人导航和定位具有不同的内涵。其中，机器人导航是引导机器人运动到达目标位置的过程，而机器人定位则是确定机器人在某一参考系中坐标的过程。本章对常用的机器人导航定位系统进行介绍。

5.1 惯性导航系统

惯性导航系统是以陀螺仪和加速度计为传感器，基于牛顿力学定律工作的导航参数解算系统。该导航参数解算系统根据陀螺仪输出解算得到机器人的姿态，根据加速度计输出解算得到机器人的位置。惯性导航系统不依赖外部信息，也不需要向外部发射任何信号，仅依靠内部传感器完成导航任务。因此，惯性导航系统具有隐蔽性好、工作不受外部环境条件约束的独特优点。

根据构建导航坐标系方法的不同，可将惯性导航系统分为两大类型，即平台式惯性导航系统和捷联式惯性导航系统。平台式惯性导航系统一般主要由陀螺仪、加速度计、万向支架、角度测量传感器（如电位计）、稳定平台以及稳定控制元器件等组成，如图 5-1 所示。高精度的惯性陀螺稳定平台是平台式惯性导航系统的核心，该平台用来安装陀螺仪和加速度计，隔离传感器载体角运动对加速度测量的影响，并且能够跟踪指定的导航坐标系，为平台式惯性导航系统提供导航用的测量基准。捷联式惯性导航系统没有稳定平台，其陀螺仪和加速度计直接与载体相固联，其测量基准根据陀螺仪和加速度计读数计算得到。

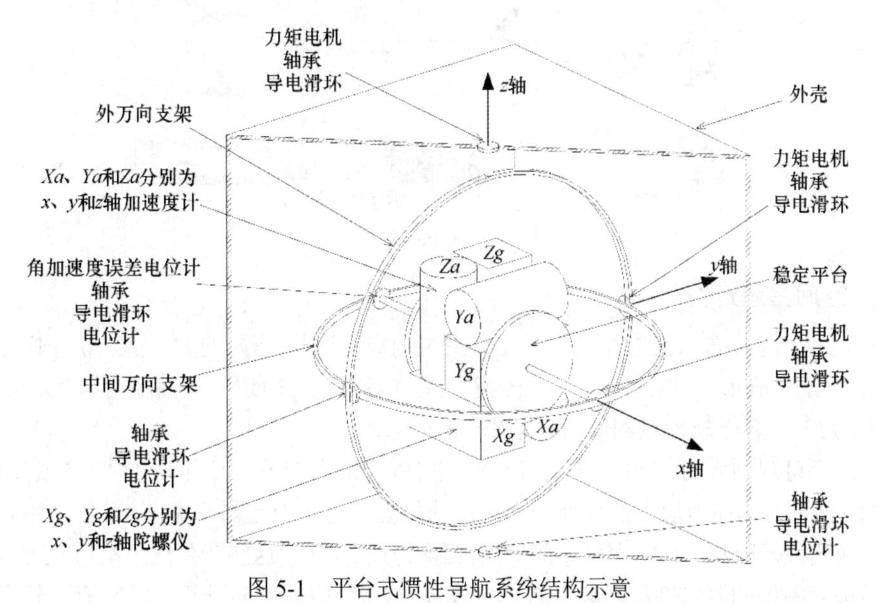

图 5-1 平台式惯性导航系统结构示意

5.2 全球导航卫星系统

全球导航卫星系统（Global Navigation Satellite System，GNSS），是由卫星星座、地面支持系统、用户终端以及其他支持系统构成的空基无线电导航定位系统。目前，联合国全球卫星导航系统国际委员会一共认定了四大 GNSS，分别为美国的全球定位系统（GPS）、俄罗斯的格洛纳斯导航卫星系统（Global Navigation Satellite System，GLONASS）、欧盟的伽利略导航卫星系统（Galileo Navigation Satellite System，GALILEO）和我国的北斗导航卫星系统（BeiDou Navigation Satellite System，BDS）。

时至今日，GNSS 已经成为全球信息基础设施的重要组成部分，影响着现代生活的方方面面。GNSS 提升了整个经济领域的生产力，包括农业、建筑、采矿、测量、交通运输和物流供应链管理等。主要的通信网络、银行系统、金融市场和电网依赖 GNSS 来实现精确的时间同步。GNSS 在军事领域也有重要的意义。发展独立自主的 GNSS 对于国民经济发展和国家安全保障具有至关重要的意义。本节以 GPS 为例对 GNSS 进行简单介绍。

5.2.1 GPS 的组成

如图 5-2 所示，GPS 由 3 个部分组成：空间星座部分、地面监控部分和用户设备部分。空间星座部分可以向外发送包含卫星当前位置和时间的信号。地面监控部分由分布在全球范围内的监视和控制站组成，可以跟踪 GPS 卫星，上传导航数据并维持星座的正常运行。用户设备部分包含 GPS 接收机，可以接收 GPS 卫星信号并在此基础上计算用户的三维坐标及时间。下面分别对这 3 个部分进行简单介绍。

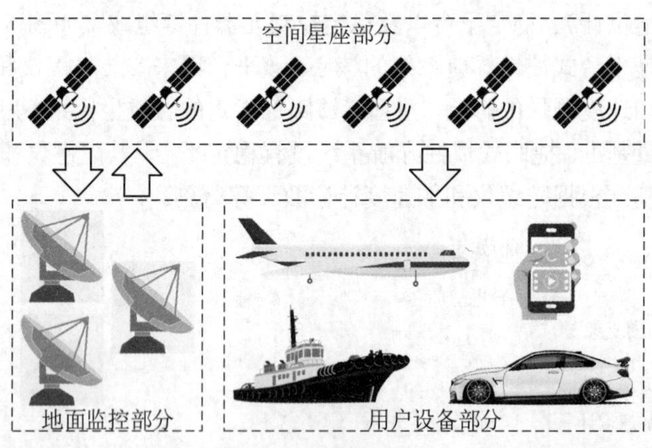

图 5-2 GPS 的组成

一、空间星座部分

GPS 的空间星座部分最初由 24 颗工作卫星构成，这些工作卫星分布在 6 个中地球轨道（Medium Earth Orbit，MEO）上，每个轨道上有 4 颗卫星，轨道平均高度约为 20200 km，轨道倾角约为 55°，各个轨道以约 60°间隔均匀分布。

在地面上可观测到的 GPS 卫星数目与观测时间和地点有关，但由于采用了前述 GPS 卫星星座架构，任意时刻在地面上的任何一个地点均能观测到至少 4 颗卫星，这保证了用户设备可以正常完成定位。通常，太空中可用的 GPS 卫星超过 24 颗，这些额外的卫星可随时替代故障卫星从而提高系统的容错性能。随着技术的发展，GPS 也在不断升级，陆续有更长寿命、更高性能的卫星被发射升空，用来增强或更新原有星座。2011 年 6 月，GPS 空间星座经历了一次升级，原星座中的 6 颗卫星被重新定位，同时额外加入了 3 颗新的 GPS 卫星，因此这次升级后的 GPS 空间星座包含 27 颗卫星，如图 5-3（a）所示，这提高了 GPS 的覆盖能力和定位精度。截至 2023 年 7 月 3 日，不包括失效或在轨备份卫星，GPS 空间星座一共有 31 颗卫星处在运行状态。

GPS 卫星的基本功能包括：接收从地面监控部分发射的导航信息，执行地面监控部分发射的控制指令，进行部分必要的数据处理，向地面发送导航信息以及通过推进器调整或维持自身运行轨道。为实现上述功能，GPS 卫星配备的硬件主要包括：无线电收发装置、原子钟、计算机、太阳能板和推进系统等。第三代 GPS 卫星如图 5-3（b）所示。

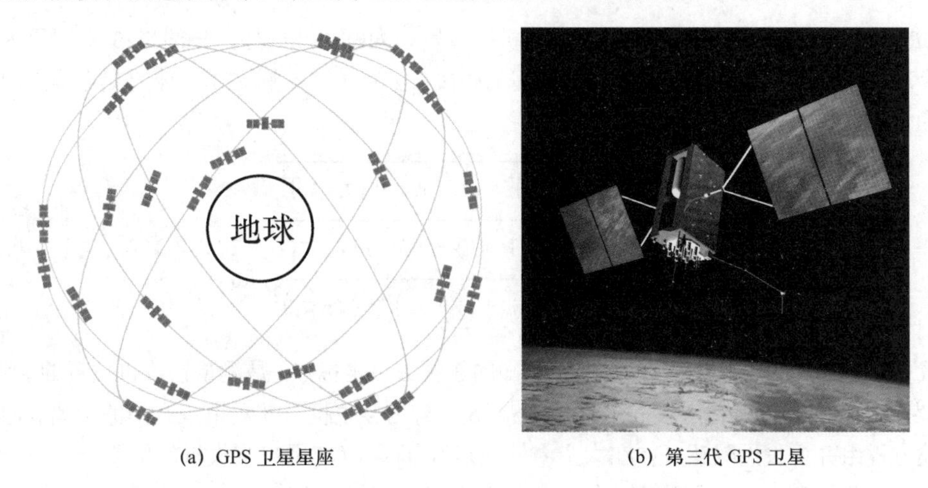

(a) GPS 卫星星座　　(b) 第三代 GPS 卫星

图 5-3　GPS 卫星星座及卫星

二、地面监控部分

地面监控部分主要负责 GPS 卫星跟踪、卫星信号发射监控、卫星性能分析、卫星控制命令和数据发送等工作。目前，地面监控部分包括 1 个主控站、1 个备用主控站、11 个地面天线以及 16 个监测站等。

监测站主要负责跟踪过顶 GPS 卫星，收集导航信号、距离和载波测量值以及大气数据等，并传送监测数据至主控站，同时利用精密的 GPS 接收机接收信号并提供全球覆盖。

GPS 主控站坐落于美国科罗拉多州施里弗空军基地，是地面监控部分甚至整个 GPS 的核心。此外，在美国加利福尼亚州范登堡空军基地还设立有备用主控站，用以提高 GPS 容错性能。GPS 主控站主要实现以下功能。

（1）提供命令并控制 GPS 星座。

（2）使用全球监测站数据计算卫星的精确位置。

（3）生成导航信息，以上传到卫星。

（4）监控卫星广播和系统完整性，以确保星座的正常运行和准确性。

（5）执行卫星维护和异常处理，包括重新定位卫星以保持星座处在最佳状态。

（6）使用单独的系统分别控制处于运行和非运行状态下的卫星。

（7）利用可全面投入使用的备用主控站提供支持。

地面天线由 4 个专用 GPS 地面天线和 7 个美国空军卫星控制网络远程跟踪站组成。地面天线在主控站的控制下工作，负责向卫星发送命令、上传导航数据和加载处理器程序，并收集遥测数据。同时，通过 S 波段进行通信并测距，以提供异常消除和早期轨道支持。

三、用户设备部分

空间星座部分和地面监控部分为 GPS 实现定位和授时功能提供了基础，并且对可支持用户数量没有限制。然而，上述两个部分不负责直接提供用户时空信息，用户设备需要利用 GPS 信号完成最终定位。用户设备的核心组成部分是 GPS 接收机，它负责跟踪可见 GPS 卫星并接收 GPS 卫星无线电信号，经过数据处理后获得定位所需的测量值和导航信息，最后完成对用户位置和时间的解算，从而完成可能的定位和导航任务。

5.2.2 GPS 定位的基本原理

GPS 定位的基本目的是确定用户接收机的位置。为解决此问题，一般以 3 颗卫星为球心作 3 个球，球半径为卫星与用户接收机之间的距离，然后通过求解这 3 个球的交点确定用户接收机的位置。求解 3 个球交点的方程组为

$$\begin{cases} S_1 = \sqrt{(x-x_1)^2 + (y-y_1)^2 + (z-z_1)^2} \\ S_2 = \sqrt{(x-x_2)^2 + (y-y_2)^2 + (z-z_2)^2} \\ S_3 = \sqrt{(x-x_3)^2 + (y-y_3)^2 + (z-z_3)^2} \end{cases} \tag{5-1}$$

式中，(x_1,y_1,z_1)、(x_2,y_2,z_2)、(x_3,y_3,z_3)为已知的 3 颗卫星坐标点，是测量接收机位置的参考点；(x,y,z)为接收机坐标，是待求解的未知量；S_1、S_2、S_3为接收机与 3 颗卫星之间的距离。通过求解上述方程组并舍去无效解（如在太空中的交点），即可确定用户接收机的位置。

为求解式（5-1），需要测得接收机与 3 颗卫星之间的距离 S_1、S_2、S_3。解决此问题的基本方法是由 3 颗卫星分别向接收机发射无线电信号，从而可以通过信号传播时长与光速（无线电信号在真空中的传播速度）相乘求得卫星与接收机之间的距离。要应用该方法需要解决两个问题：一是如何区分不同卫星发出的信号；二是如何测出卫星发出信号以及接收机收到信号的精确时间。上述第一个问题可以通过在每个卫星的信号中编码唯一的标识信息解决。上述第二个问题非常重要，因为时间测量精确度对定位精度影响巨大。例如，假设信号传播时长的测量误差为 1 ms，则由此带来的距离测量误差将达到约 299.7 km。然而，测出精确时间的问题比较棘手，下面对此展开论述。

通过在卫星和接收机上安装时钟，可以测得发出和接收无线电信号的时间。现代时钟都是基于某一振荡器的频率测量时间的。例如，石英振荡器的振荡频率为 32768 Hz（$32768=2^{15}$），石英钟就是以此频率为测量基准进行计时的，具体实现方法是利用计数器对石英振荡器的振荡周期进行计数，每计满 32768 个振荡周期就产生一个秒进位信号。假如石英振荡器的实际振荡频率为 32768 Hz 的标称值，则上述秒进位信号可以精确指示 1 s。然而，振荡器的实际振荡频率和标称值之间往往存在偏差，该偏差就是频率准确度。由于振荡频率偏差对计时精度的影响还与标称振荡频率有关，因此对其更合理的表示方法是相对频率准确度（Relative Frequency Accuracy），即

$$F = \frac{f - f_0}{f_0} \tag{5-2}$$

式中，f_0 是标称值；f 是实际测量值。f-f_0 即频率准确度，单位为 Hz。相对频率准确度 F 通常以百万分之一（parts per million，ppm）来表示，1 ppm 为 1/1000000。

振荡器的频率测量值和标称值之间的偏差可能还会随时间变化，该偏差对时间的导数反映了振荡器的频率稳定度。频率稳定度和多种因素相关，常见的有温度变化、电压变化和自身老化等。

假设利用某一标称振荡频率为 f_0 的振荡器进行计时，计数得到一段时间内的振荡周期数为 N，则理论计时时间 T_0 为

$$T_0 = \frac{N}{f_0} \tag{5-3}$$

实际计时时间 T 可由振荡周期数 N 和实际振荡频率 f 计算如下

$$T = \frac{N}{f} \tag{5-4}$$

通常频率准确度 $\Delta f = f - f_0$ 满足 $\Delta f << f_0$，因此有计时误差

$$\Delta T = T - T_0 = \frac{N \cdot \Delta f}{f \cdot f_0} \approx \frac{T_0 \cdot \Delta f}{f_0} = T_0 F \tag{5-5}$$

式（5-5）表明计时误差与相对频率准确度 F 成正比，且当 F 不为零时必然存在计时误差。

下面继续讨论如何测出卫星发出信号以及接收机收到信号的精确时间。一种解决办法是在卫星和接收机上都安装精确性近乎完美的时钟，并将各卫星及接收机上的时钟严格对准。实际上，GPS 卫星上配备了铷或铯原子钟，其相对频率稳定度可达 10^{-12}～10^{-14}。同时，GPS 地面监控部分还在时刻监控卫星原子钟，并适时调整以保证卫星原子钟完美运行。这样，只需要在卫星发出的无线电信号中编码发出时间，接收机即可在收到信号后通过解码确定信号发出的精确时间。在接收机自身配备原子钟时，其收到信号的时间可以直接测得。

假设每秒发出 10^6 次信号（即每 1μs 发出一次），则接收机在每 1μs 的时间区间内必然收到一次来自各可观察卫星的信号。假设接收机在 1μs 的时间内先后收到来自 3 颗卫星的信号，信号发出时间分别为 t_{s1}、t_{s2} 和 t_{s3}。若假设接收机同时收到上述信号，则该假设带来的卫星距离测量误差约为 $2.997\times10^5\times1\times10^{-6}$ km=299.7 m。如果可接受此误差，并假设接收机原子钟测得的接收时间为 t_r，为求解出接收机的坐标，式（5-1）可改写为

$$\begin{cases} S_1 = c\left(t_{s1} - t_r\right) = \sqrt{\left(x-x_1\right)^2 + \left(y-y_1\right)^2 + \left(z-z_1\right)^2} \\ S_2 = c\left(t_{s2} - t_r\right) = \sqrt{\left(x-x_2\right)^2 + \left(y-y_2\right)^2 + \left(z-z_2\right)^2} \\ S_3 = c\left(t_{s3} - t_r\right) = \sqrt{\left(x-x_3\right)^2 + \left(y-y_3\right)^2 + \left(z-z_3\right)^2} \end{cases} \tag{5-6}$$

然而，由于高昂的成本和复杂的技术，不可能为数以亿万计的用户配备原子钟。因此，无法在接收机上直接测出接收信号的精确时间，导致式（5-6）无法在实际中得到应用。假设接收机上配备的不精确时钟测得信号接收时间为 t_r'，并假设 t_r' 与精确的接收时间 t_r 之间的偏差为 b，即 $t_r' = t_r - b$，则式（5-6）可以改写为

$$\begin{cases} \rho_1 = c\left(t_{s1} - t_r'\right) = \sqrt{\left(x-x_1\right)^2 + \left(y-y_1\right)^2 + \left(z-z_1\right)^2} + cb \\ \rho_2 = c\left(t_{s2} - t_r'\right) = \sqrt{\left(x-x_2\right)^2 + \left(y-y_2\right)^2 + \left(z-z_2\right)^2} + cb \\ \rho_3 = c\left(t_{s3} - t_r'\right) = \sqrt{\left(x-x_3\right)^2 + \left(y-y_3\right)^2 + \left(z-z_3\right)^2} + cb \end{cases} \tag{5-7}$$

式中，卫星与接收机的距离用 ρ 而不用 S 表示，这是由于 ρ 并非真实距离，而是与真实距

离相差常数 cb 的量，因此一般称 ρ 为伪距。上述方程组中有 4 个未知量 x、y、z 和 b，却只有 3 个方程，因此无法求解。如果接收机还能收到第 4 颗卫星发出的信号，则可以得到一个新方程，从而

$$\begin{cases} \rho_1 = c\left(t_{s1} - t_r'\right) = \sqrt{\left(x - x_1\right)^2 + \left(y - y_1\right)^2 + \left(z - z_1\right)^2} + cb \\ \rho_2 = c\left(t_{s2} - t_r'\right) = \sqrt{\left(x - x_2\right)^2 + \left(y - y_2\right)^2 + \left(z - z_2\right)^2} + cb \\ \rho_3 = c\left(t_{s3} - t_r'\right) = \sqrt{\left(x - x_3\right)^2 + \left(y - y_3\right)^2 + \left(z - z_3\right)^2} + cb \\ \rho_4 = c\left(t_{s4} - t_r'\right) = \sqrt{\left(x - x_4\right)^2 + \left(y - y_4\right)^2 + \left(z - z_4\right)^2} + cb \end{cases} \tag{5-8}$$

通过求解上述方程组可以得到接收机的坐标以及 t_r' 和 t_r 之间的偏差 b。利用 b 修正 t_r'，就可以得到接收机收到信号的精确时间。因此，GPS 还具有精确授时功能。

5.3 水下声学定位系统

5.3.1 声呐系统

一、声呐接收机与发射机的组成

声呐接收机需要接收和处理来自接收基阵的信号，然后将处理结果送至终端显示器或检测判决器，以便操作员观察或进行自动判决。因此，声呐接收机需要完成对接收信号的放大、滤波、检测和判决，并且需要具备显示控制功能。

图 5-4 所示为典型声呐接收机的组成，它包括接收基阵、前置放大器、滤波器、波束形成器、动态范围压缩和归一化电路、信号处理器、显示器、判决装置和程序控制器等功能模块。

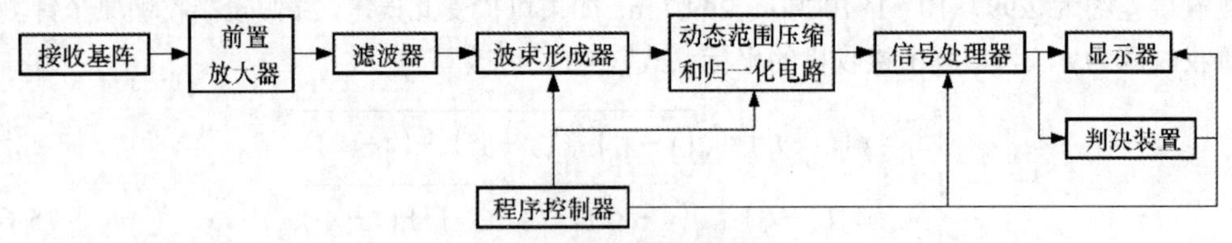

图 5-4 典型声呐接收机的组成

声呐发射机是主动声呐不可或缺的组成部分，它的任务是将特定形式的电信号经功率放大后由发射换能器（或换能器基阵）转换为声信号在水中辐射出去。

图 5-5 所示为典型声呐发射机的组成，它包括信号波形发生器、发射波束形成器和功率放大器这 3 个基本组成部分。信号波形发生器的功能是产生一定形式的信号波形，如单频脉冲、调频脉冲或编码脉冲等。发射波束形成器的作用是形成一个或多个指向性发射波束，以便向一个或多个探测方向发射水声信号。对于单个换能器的情况，不需要发射波束形成器，但由于现代声呐一般采用多阵元构成发射基阵，因此发射波束形成器必不可少。功率放大器的任务是对产生的小信号波形进行功率放大，并对换能器进行阻抗匹配，使其能够以足够高的效率向水中辐射大功率声信号。现代主动声呐发射机的电功率至少是千瓦量级，用于远距探测的主动声呐发射机电功率甚至达到兆瓦量级。

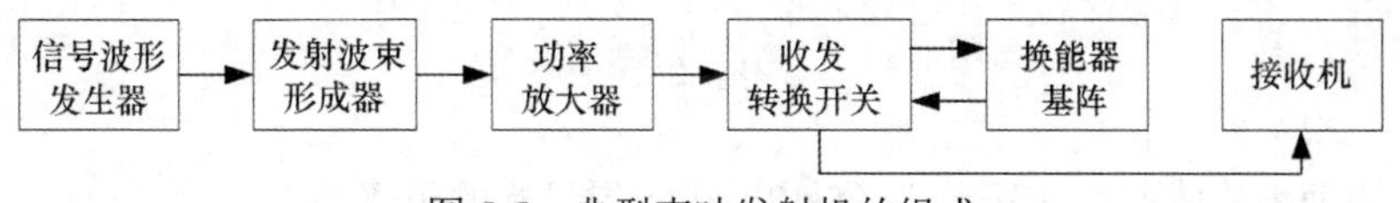

图 5-5　典型声呐发射机的组成

二、声呐系统测向基本原理

声呐系统主要用于测定参考目标的位置。在水平面内，目标相对于声呐系统的位置由目标的方位角和距离决定。本部分介绍声呐系统测定目标方向的基本原理。

声呐系统本质上都是利用声波到达水听器系统的声程差和相位差来测定目标方位的。尽管如此，具体的测向方法还与声呐系统的结构有关。对于不同数量换能器阵元组成的换能器基阵，其测向方法也不相同。下面以二元基阵为例，介绍声呐系统测向基本原理，如图 5-6 所示。

若两个阵元间距为 d，则平面波到达两个阵元的声程差 ξ_α 为

$$\xi_\alpha = d \cdot \sin\alpha \tag{5-9}$$

式中，α 为声线与基阵法线方向的夹角，称为目标方位角，$\alpha \in (0,\pm\pi/2)$。两个接收器接收声压或输出电压间的时间差 Δt 为

$$\Delta t = \frac{\xi_\alpha}{c} = \frac{d}{c}\sin\alpha \tag{5-10}$$

式中，c 为声波在水中的传播速度。两个接收器接收声压或输出电压间的相位差 φ_α 为

$$\varphi_\alpha = 2\pi f\,\Delta t = \frac{2\pi f\,\xi_\alpha}{c} = 2\pi f\,\frac{d}{c}\sin\alpha = 2\pi\frac{d}{\lambda}\sin\alpha \tag{5-11}$$

式中，f 为声波频率。由式（5-10）和式（5-11）可得，两个基元信号的时间差和相位差与目标的方位角一一对应。因此，测出两个基元信号的时间差或相位差，就可测出目标方位。

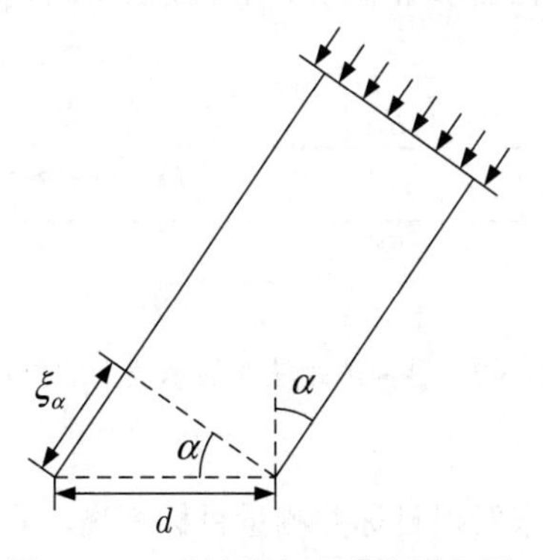

图 5-6　二元基阵声呐系统测向原理

三、目标距离的测定

为了测定目标的位置，需要同时完成测向和测距任务。主动声呐利用目标的回波或应答信号测定目标的距离，而被动声呐则利用目标声源发出的信号或噪声进行目标距离的测定。因此，两类声呐采用不同的方法进行目标测距。但无论采用何种测距方法，都是通过测定距离不同引起的信号变化来间接测量距离的。本部分分别介绍主动测距和被动测距的基本方法。

（1）主动测距方法。

①脉冲测距法。

脉冲测距法是利用接收回波与发射脉冲信号间的时间差来测距的。若有一目标与换能器的距离为 R，则换能器发射声脉冲经目标反射后，到达接收基阵所经历的传播时间为

$$t = \frac{2R}{c} \tag{5-12}$$

在已知声速 c 的情况下，基于式（5-12）可求得目标的距离为

$$R = \frac{ct}{2} \tag{5-13}$$

因此，只要测得声脉冲往返时间，便可求得目标距离。

实际应用中，常常在同一显示器上显示发射脉冲信号和回波信号，如图 5-7 所示。在发射声脉冲的同时，显示器上生成代表发射声脉冲的自左向右扫描的光点，扫描周期等于发射声脉冲的周期。发射声脉冲遇到目标后发生散射，在接收换能器接收到回波信号的同时，在显示器上生成另一个扫描光点，扫描周期也等于发射周期。设光点移动的最大线度为 L_0，光点移动速度为 v_0，则

$$v_0 = \frac{L_0}{T} = \frac{L}{t} \tag{5-14}$$

式中，L 为收到目标反射信号时，发射声脉冲对应光点移动的长度。可得目标距离为

$$R = \frac{ct}{2} = \frac{c}{2}\frac{LT}{L_0} = KL \tag{5-15}$$

式中，

$$K = \frac{cT}{2L_0} \tag{5-16}$$

K 与显示器的灵敏度、水中声速以及发射声脉冲周期有关。若光点在显示器上匀速运动，则 R 与 L 的关系为线性关系，在显示器上可以直接读出距离。

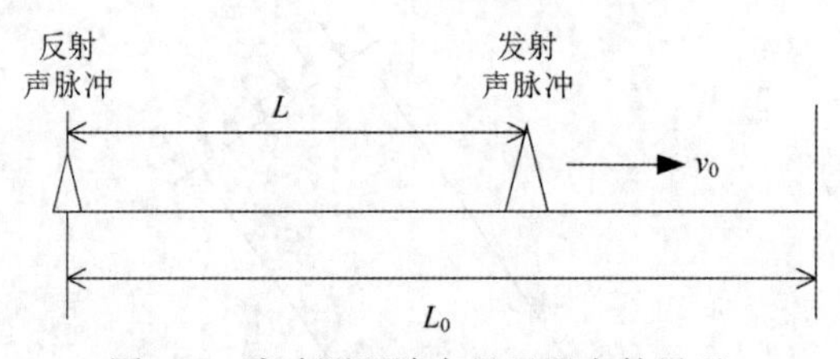

图 5-7 脉冲测距法在显示器上的显示

②调频信号测距法。

近代声呐常利用调频信号来发现目标并测量目标距离，具体又可分为线性调频信号测距法、三角波调频信号测距法、阶跃调频信号测距法以及双曲线调频信号测距法等。采用此类方法测距时，声呐连续向外发射信号，并通过测定收发信号的频差来测量距离。下面以线性调频信号测距法为例介绍调频信号测距法的基本原理。

设发射机连续、周期性地发射线性调频信号，其瞬时频率为

$$f_T(t) = f_a + kt \tag{5-17}$$

式中，f_a 为调频起始频率；k 为调频的斜率，可表示为

$$k = \frac{\Delta f_m}{T} \tag{5-18}$$

式中，Δf_m 为调频的频偏，为调频终止频率 f_b 与调频起始频率 f_a 之差。线性调频信号的波形为

$$s_{\mathrm{r}}(t)=\cos\left(2\pi f_{\mathrm{a}}t+\pi kt^{2}\right) \tag{5-19}$$

若目标距离为 R，则接收的信号延迟时间为

$$t_{0}=\frac{2R}{c} \tag{5-20}$$

发射信号与接收信号瞬时频率随时间变化的规律如图 5-8 所示。在此假定目标与声呐间无相对径向运动。

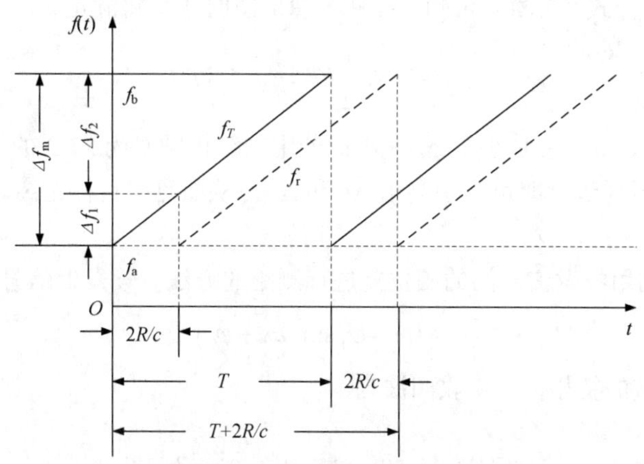

图 5-8 发射信号与接收信号瞬时频率随时间变化的规律

由图 5-8 可知，当 $2R/c=t=T$ 时，有

$$\begin{cases}f_{T}(t)=f_{\mathrm{a}}+kt\\ f_{\mathrm{r}}(t)=f_{\mathrm{a}}+k\left(t-\dfrac{2R}{c}\right)\end{cases} \tag{5-21}$$

发射信号与接收信号混频后的差频信号频率为

$$\Delta f_{1}=f_{T}(t)-f_{\mathrm{r}}(t)=k\frac{2R}{c} \tag{5-22}$$

当 $t=T+2R/c$ 时，有

$$\begin{cases}f_{T}(t)=f_{\mathrm{a}}+k(t-T)\\ f_{\mathrm{r}}(t)=f_{\mathrm{a}}+k\left(t-\dfrac{2R}{c}\right)\end{cases} \tag{5-23}$$

式（5-23）中，$f_{\mathrm{r}}(t)$为前一周期信号发射后的接收信号频率。收、发信号之间的差频信号频率为

$$\Delta f_{2}=f_{\mathrm{r}}(t)-f_{T}(t)=k\left(T-\frac{2R}{c}\right) \tag{5-24}$$

在式（5-22）和式（5-24）中，Δf_1 与 Δf_2 均为距离 R 的函数，因此只要测出 Δf_1 或 Δf_2，即可求得目标距离 R。图 5-9 所示为线性调频信号测距法的实现。

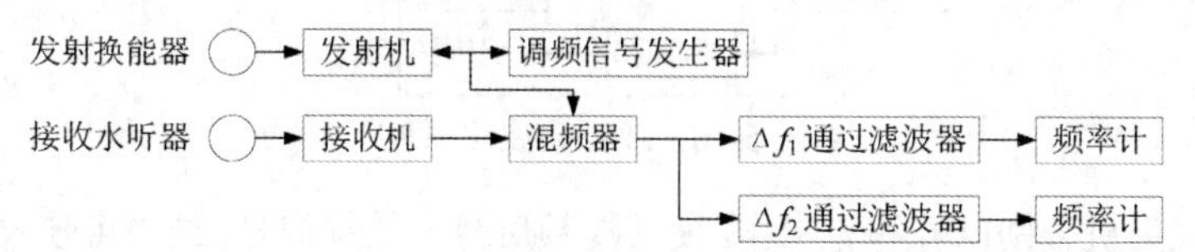

图 5-9 线性调频信号测距法的实现

若发射周期 T 足够大，使对于最远距离 $R_{\max}$ 的目标满足

$$\frac{2R_{\max}}{c} \leqslant \frac{T}{2} \tag{5-25}$$

或

$$T \leqslant \frac{4R_{\max}}{c} \tag{5-26}$$

则由式（5-22）和式（5-24）可知，差频分量的瞬时频率将满足

$$0 \leqslant \Delta f_1 \leqslant \frac{1}{2}kT \leqslant \Delta f_2 \leqslant kT \tag{5-27}$$

在此情况下，由于 Δf_1 总是小于 Δf_2，因此若用一截止频率为 $kT/2$ 的低通和高通滤波器分别让 Δf_1 和 Δf_2 的信号通过，即可分别测出 Δf_1 和 Δf_2，从而测出目标距离。

③相位测距法。

相位测距法是利用收发信号间的相位差进行测距的方法。设发射信号为

$$u_{\mathrm{r}}(t) = U_1 \sin\left(\omega t + \varphi_0\right) \tag{5-28}$$

式中，φ_0 为信号的初相位。接收回波为

$$u_{\mathrm{r}}(t) = U_2 \sin\left(\omega t + \varphi_0 - \omega\frac{2R}{c} + \varphi_{\mathrm{c}}\right) \tag{5-29}$$

式中，φ_{c} 为反射引起的相位差，$2R/c$ 为传播延迟。收发信号间的相位差为

$$\Delta\varphi = \frac{2\omega R}{c} - \varphi_{\mathrm{c}} \tag{5-30}$$

当忽略 φ_{c} 的影响时有

$$R \approx \frac{c}{2\omega}\Delta\varphi = \frac{c}{4\pi f}\Delta\varphi \tag{5-31}$$

由式（5-31）可知，只要测得收发信号间的相位差，就可求得目标距离 R。然而，由目标反射引起的相位差 φ_{c} 一般未知，且其数值可能较大，甚至达到 π，且当相位差大于 2π 时会造成测相模糊，因此在应用式（5-30）测定目标距离时，必须先消除相位多值性和目标反射引起的相位差 φ_{c}，这样才能保证测距结果的准确性。

采用双频载波法可以有效地解决上述问题，其原理如图 5-10 所示。

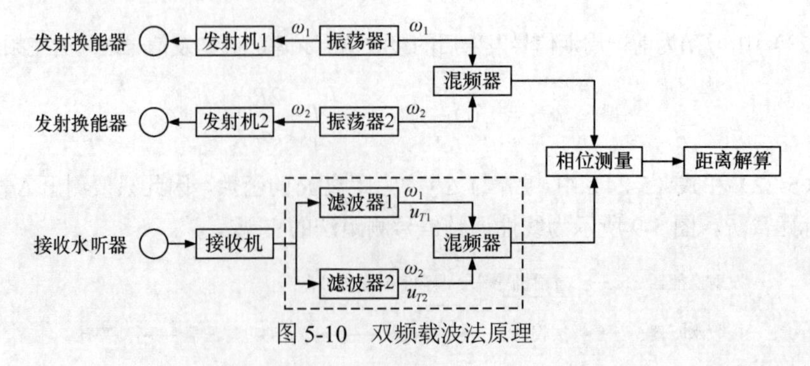

图 5-10　双频载波法原理

利用两个发射机分别以 f_1 和 f_2 工作，使其混频后得一差频信号，结果可使收发相位差在 2π 之内，从而避免相位多值。设发射的两个信号为

$$\begin{cases} u_{T1} = U\sin\left(\omega_1 t + \varphi_{01}\right) \\ u_{T2} = U\sin\left(\omega_2 t + \varphi_{02}\right) \end{cases} \tag{5-32}$$

两个信号在同一目标上反射后传回接收器的回波信号为

$$\begin{cases} u_{r1} = U'\sin\left[\omega_1\left(t - \dfrac{2R}{c}\right) + \varphi'_{01}\right] \\ u_{r2} = U'\sin\left[\omega_2\left(t - \dfrac{2R}{c}\right) + \varphi'_{02}\right] \end{cases} \tag{5-33}$$

两个回波信号的相位差为

$$\varphi_2 - \varphi_1 = \left(\omega_2 - \omega_1\right)\left(t - \frac{2R}{c}\right) + \left(\varphi'_{02} - \varphi'_{01}\right) \tag{5-34}$$

式中，φ'_{01}、φ'_{02}包含发射信号初相及目标反射引起的相移。这样，由于$\omega_2 - \omega_1$的值较小，因而最大距离$R_{\max}$容易满足

$$\left(\omega_2 - \omega_1\right)\frac{2R_{\max}}{c} < 2\pi \tag{5-35}$$

为避免相位测量产生多值，再引入一个基准信号，它由两个发射信号混频而成。混频后的信号相位为

$$\left(\omega_2 - \omega_1\right)t + \varphi_{03} \tag{5-36}$$

将两个混频后的信号进行相位比较，得到的相位差为

$$\Delta\varphi = \left(\omega_2 - \omega_1\right)\frac{2R}{c} + \varphi_{03} - \left(\varphi'_{02} - \varphi'_{01}\right) = 2\pi\left(f_2 - f_1\right)\frac{2R}{c} + \varphi_0 \tag{5-37}$$

式中，$\varphi_0 = \varphi_{03} - \varphi'_{02} - \varphi'_{01}$。由于目标造成的相位差均包含在$\varphi'_{01}$和$\varphi'_{02}$之中，而$\varphi'_{02} - \varphi'_{01}$中已消去了这种影响，因而可得到目标距离为

$$R = \frac{c\Delta\varphi}{4\pi\left(f_2 - f_1\right)} \tag{5-38}$$

由于双频载波法的测距精度只与$\Delta f = f_2 - f_1$的测量精度有关，而与具体的f_1或f_2无关，因而此方法对目标多普勒效应不敏感。此外，由式（5-37）可知，当f_1与f_2比较接近时，两个频率的信号因多普勒效应引起的附加相移也近似相同，因而f_1与f_2的相位差对目标多普勒效应不敏感。

相位测距法可用于测量很短的距离，具体取决于相位测量设备的最小分辨率。此外，此方法测量精度高，且与最大距离对应的相位差愈大，测量精度愈高。然而，此方法不能测量多目标。在采用连续波时，由于漏功率限制了发射功率的增大，使接收机难以接收远距离目标的弱回波，从而限制了距离测量的应用。采用脉冲发射方式可以克服这一困难。

（2）被动测距方法。

常用的被动测距方法可分为方位法和时差法，这两种方法都是利用间距相当长的两个或多个子阵进行测量的。由于子阵本身具有一定的指向性，因此可获得良好的空间处理增益。

方位法测距原理如图 5-11 所示。图中，A、B 为两个方向性子阵，它们可分别测出两个方位角α和β。

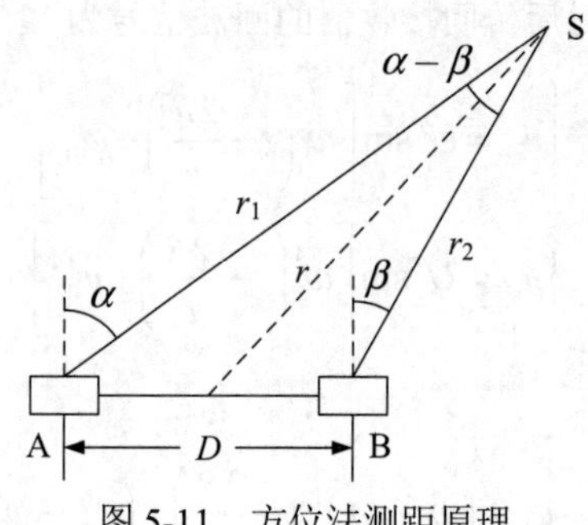

图 5-11 方位法测距原理

根据图 5-12 中的几何关系，由正弦定理可得

$$\frac{r_1}{\cos\beta}=\frac{D}{\sin(\alpha-\beta)} \tag{5-39}$$

$$\frac{r_2}{\cos\alpha}=\frac{D}{\sin(\alpha-\beta)} \tag{5-40}$$

式中，r_1和r_2为目标 S 与两个子阵声中心的距离；D为子阵 A、B 的等效声学中心之间的距离。利用式（5-39）和式（5-40），可由α、β和D求出r_1和r_2，进而求得目标距离为

$$r=\frac{1}{2}\sqrt{2\left(r_1^2+r_2^2\right)-D^2} \tag{5-41}$$

方位法是在远场平面波假设下测定目标方位角的，这要求子阵的尺寸小于r_1和r_2。同时，D应足够大，以避免α与β的差别太小导致误差过大。

由于方位法测距误差通常较大，因而常被更精确的时差法所取代。时差法通过测量波阵面的曲率实现测距，其测量原理如图 5-12 所示。

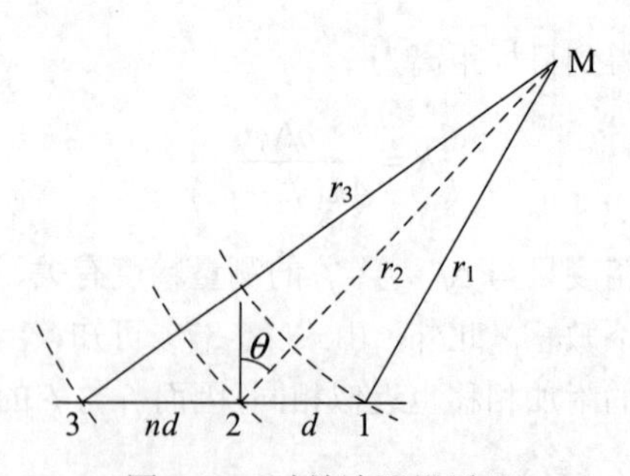

图 5-12 时差法测量原理

假定目标 M 是点源，并且声波按柱面波或球面波方式传播。时差法一般需要 3 个子阵或基元，设这 3 个子阵或基元安装在同一条直线上。考虑到非等间距安装的一般情况，设 1、2 号基元间距为d，2、3 号基元间距为nd，当$n=1$时即等间距情况。接下来，需要测量的是目标 M 与 2 号基元的距离r_2及方位角θ。

设目标 M 与 3 个基元的距离为r_1、r_2和r_3，它们对应的声波传播时间为τ_1、τ_2和τ_3，记作

$$r_2=c\tau_2=r \tag{5-42}$$

由图 5-13 中的几何关系有

$$r_1 = c\tau_1 = \sqrt{r^2 + d^2 - 2rd\sin\theta} \tag{5-43}$$

$$r_3 = c\tau_3 = \sqrt{r^2 + (nd)^2 + 2rnd\sin\theta} \tag{5-44}$$

记作

$$c\tau_{12} = c\left(\tau_2 - \tau_1\right) = r - r_1 \tag{5-45}$$

$$c\tau_{23} = c\left(\tau_3 - \tau_2\right) = r_3 - r \tag{5-46}$$

将式（5-43）和（5-44）式代入式（5-45）和式（5-46），可得

$$c\tau_{12} = r - \sqrt{r^2 + d^2 - 2rd\sin\theta} \tag{5-47}$$

$$c\tau_{23} = \sqrt{r^2 + (nd)^2 + 2rnd\sin\theta} - r \tag{5-48}$$

变换得

$$\left(r - c\tau_{12}\right)^2 = r^2 + d^2 - 2rd\sin\theta \tag{5-49}$$

$$\left(r + c\tau_{23}\right)^2 = r^2 + (nd)^2 + 2rnd\sin\theta \tag{5-50}$$

进而有

$$2rd\sin\theta - 2rc\tau_{12} = d^2 - c^2\tau_{12}^2 \tag{5-51}$$

$$2rnd\sin\theta - 2rc\tau_{23} = c^2\tau_{23}^2 - (nd)^2 \tag{5-52}$$

将式（5-51）和式（5-52）相加，解得

$$\begin{aligned}\sin\theta &= \frac{2cr\left(\tau_{12} + \tau_{23}\right) + c^2\left(\tau_{23}^2 - \tau_{12}^2\right) - \left(n^2 - 1\right)d^2}{2r(n+1)d} \\ &= \frac{c\left(\tau_{12} + \tau_{23}\right)}{(n+1)d}\left[1 + \frac{c\left(\tau_{23} - \tau_{12}\right)}{2r}\right] - \frac{(n-1)d}{2r}\end{aligned} \tag{5-53}$$

该式为目标方位角的精确解，它与目标到子阵的距离有关。在被动测距时，基于远场平面波模型测定方位角所带来的误差一般可以接受。于是，可认为 r 趋向于无穷，则式（5-53）中的第 2、3 项均可忽略，从而得到

$$\sin\theta \approx \frac{c\tau_{13}}{(n+1)d} \tag{5-54}$$

其中，$\tau_{13} = \tau_{12} + \tau_{23}$ 为两两基元间时差之和，它等于 1 号与 3 号基元间的时差。由式（5-54）可知，当 n=1，即 3 个基元等间距排列时，有

$$\sin\theta \approx \frac{c\tau_{13}}{2d} \tag{5-55}$$

而当 n=2 时，即 2、3 号基元间距为 1、2 号基元间距的 2 倍时，有

$$\sin\theta \approx \frac{c\tau_{13}}{3d} \tag{5-56}$$

上面推导得到了目标方位估算公式，现在来推导目标距离估算公式。将式（5-51）乘以 n 后与式（5-52）相减，得到

$$2cr\left(\tau_{23} - n\tau_{12}\right) = \left(n^2 + n\right)d^2 - c^2\left(\tau_{23}^2 + n\tau_{12}^2\right) \tag{5-57}$$

由此解得目标距离为

$$r=\frac{\left(n^2+n\right)d^2-c^2\left(\tau_{23}^2+n\tau_{12}^2\right)}{2c\left(\tau_{23}-n\tau_{12}\right)} \tag{5-58}$$

该式是目标距离的精确解。当 r 远大于基阵尺度时，可对式（5-58）进行简化。引入方位角的远场值，即

$$\tau_{23}\approx n\frac{d}{c}\sin\theta \tag{5-59}$$

$$\tau_{12}\approx\frac{d}{c}\sin\theta \tag{5-60}$$

将式（5-59）和式（5-60）代入式（5-58）可得

$$r\approx\frac{\left(n^2+n\right)d^2-\left(n^2+n\right)d^2\sin^2\theta}{2c\left(\tau_{23}-n\tau_{12}\right)}=\frac{\left(n^2+n\right)d^2\cos^2\theta}{2c\tau_d} \tag{5-61}$$

式中，$\tau_d=\tau_{23}-n\tau_{12}$ 是时间差之差。

当 n=1 时，有

$$r\approx\frac{d^2\cos^2\theta}{c\tau_d} \tag{5-62}$$

当 n=2 时，有

$$r\approx\frac{3d^2\cos^2\theta}{c\tau_d} \tag{5-63}$$

5.3.2　长基线定位系统

长基线（Long Baseline，LBL）定位系统一般由三大部分组成，即安装在水面船只上的数据处理及控制系统、安装在目标上的收发器以及布放在海底的由多个水下声标（也称水声信标）组成的海底基阵。长基线定位系统基于声呐载体与多个固定参考点之间的距离计算确定载体位置，此技术与卫星定位技术的基本原理相同。不同之处在于：长基线定位的测距信号为声波，而卫星定位的测距信号为无线电波；长基线定位的测距参考点为水下声标，而卫星定位的测距参考点为导航卫星。

水下声标由水声传感器及其附属设备组成，一般固设于水底或水体中，其主要功能是应答载体声呐所发出的水声信号，因此也称为应答器。载体声呐与水下声标的距离可通过二者之间的声学应答测量得到。

水下声标为长基线定位系统的基础设施，其位置由船载平台通过声学定位技术测定，这属于海洋大地测量的研究范畴。在测定水下声标位置的过程中，船载平台声学传感器作为动态控制点发挥着在统一大地坐标系中的坐标中继和传递作用。因此，为确定水下声标的位置，需要先完成船载平台的定位。针对这一任务，早期多基于常规定位技术。卫星定位技术的成熟与广泛应用，大大提高了船载平台的定位精度，并已成为船载平台定位的主导技术。同时，在姿态观测技术的辅助下，实现了水下声标位置的精确测定。水下声标位置测定的基本方法如图 5-13 所示。

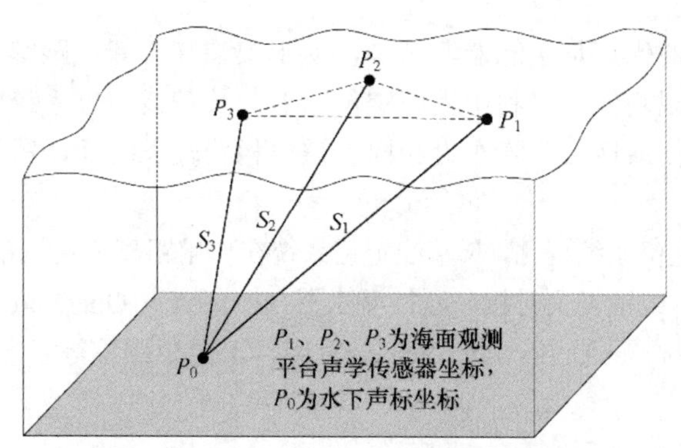

图 5-13 水下声标位置测定的基本方法

通过水下声标对载体定位的过程是上述水下声标位置测定的逆过程。此时，多个水下声标为载体定位提供了基准。为了向尽量大范围内的水下和水面运动载体提供定位服务，同时保证良好的定位精度，要求水下声标之间的距离明显大于水深。除了水深之外，确定水下声标间距时还必须考虑海底地形起伏情况。通常，长基线定位系统应答器之间的基线长度在几百米到几千米之间，如图 5-14 所示。

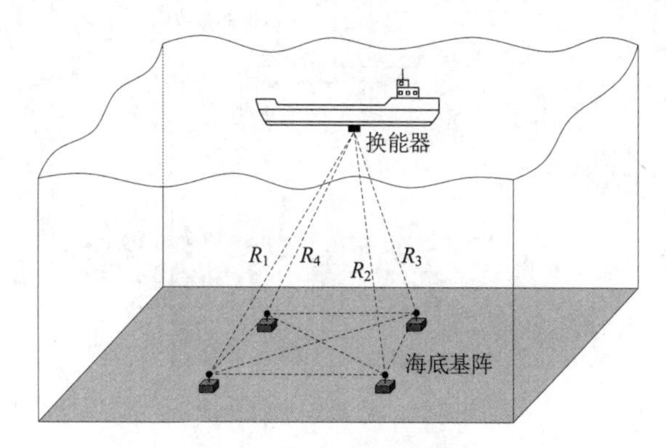

图 5-14 长基线定位系统

利用长基线定位系统进行定位时，由安装在待定位目标（船只、潜艇或水下机器人等）上的换能器主动发射定位信号，海底基阵中的应答器收到信号后，自动回复应答信号。在已知水下声速 c 的情况下，可得到换能器到应答器的距离为

$$R=\frac{1}{2}ct \tag{5-64}$$

式中，t 为测量信号从发射到返回的时间延迟。若测量船换能器的坐标为 (x, y, z)，基阵中 4 个应答器的坐标为 (x_i, y_i, z_i)，其中 i=1, 2, 3, 4，则有

$$\begin{cases} R_1=\sqrt{\left(x-x_1\right)^2+\left(y-y_1\right)^2+\left(z-z_3\right)^2} \\ R_2=\sqrt{\left(x-x_2\right)^2+\left(y-y_2\right)^2+\left(z-z_2\right)^2} \\ R_3=\sqrt{\left(x-x_3\right)^2+\left(y-y_3\right)^2+\left(z-z_3\right)^2} \\ R_4=\sqrt{\left(x-x_4\right)^2+\left(y-y_4\right)^2+\left(z-z_4\right)^2} \end{cases} \tag{5-65}$$

一般由 3 个应答器得到 3 个方程即可计算得到换能器的坐标(x, y, z)。当方程数目超过 3 个时，可利用最小二乘法进行计算，从而提高测量精度。

长基线定位系统的优点是换能器非常小，易于安装和拆卸，跟踪范围大，测量结果与水深无关，存在冗余观测值，有利于提高定位精度。长基线定位系统的缺点包括系统过于复杂，价格昂贵，操作烦琐，基阵布设和回收需要耗费较长时间，需要对海底基阵进行精细的校准等。

与其他水下声学定位系统相比，长基线定位系统在作用距离和定位精度上具有优势，因此其在海洋工程施工、管线铺设及对接、遥控潜水器（Remotely Operated Vehicle，ROV）和自主水下航行器（Autonomous Underwater Vehicle，AUV）定位跟踪等多方面得到了广泛应用。

5.3.3 短基线定位系统

短基线（Short Baseline，SBL）定位系统的声基阵布置在船底，通常由 3 个以上换能器构成，如图 5-15 所示。短基线定位系统的基线长度受到船体尺寸的限制，但一般需超过 10 m。阵元之间的相互关系由常规测量方法精确测定，并据此定义声基阵坐标系。同时，声基阵坐标系与船体坐标系的相互关系也由常规测量方法精确测定。

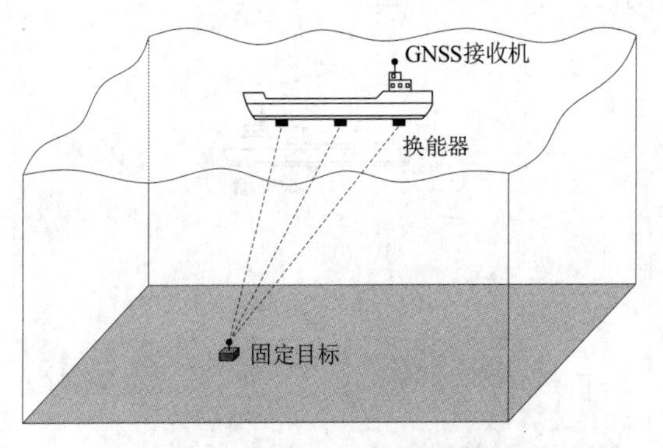

图 5-15 短基线定位系统

短基线定位系统可用于测定水下目标位置，其工作方式与长基线定位系统的类似。测量之前，需要在水下目标上安装应答器。测量时，根据船底声基阵阵元与应答器之间的声波时间延迟计算二者之间的距离，进而确定应答器在声基阵坐标系中的位置，再根据声基阵坐标系与船体坐标系的固定关系，并结合外部传感器观测值（如 GNSS 位置观测值、动态传感器单元姿态观测值、罗经航向观测值等），求得水下目标点在统一大地坐标系中的坐标。

短基线定位系统的优点是价格低廉，系统操作简单，换能器体积小，易于安装，不需要构建水底基阵。短基线定位系统的缺点包括测量跟踪范围较小，深水环境下定位精度低，声基阵布置后需要严格校准，而且测量目标的绝对位置精度受外部设备精度的影响。短基线定位系统可应用于水下拖体定位跟踪、ROV 定位导航、水下潜员定位跟踪等。但是，由于短基线定位系统的定位精度不及长基线定位系统，操作灵活性不如超短基线定位系统，其实际应用较为受限。

5.3.4 超短基线定位系统

超短基线（Ultra Short Baseline，USBL）定位系统由声基阵、应答器和外部设备（如 GNSS 接收机）等组成，如图 5-16 所示。

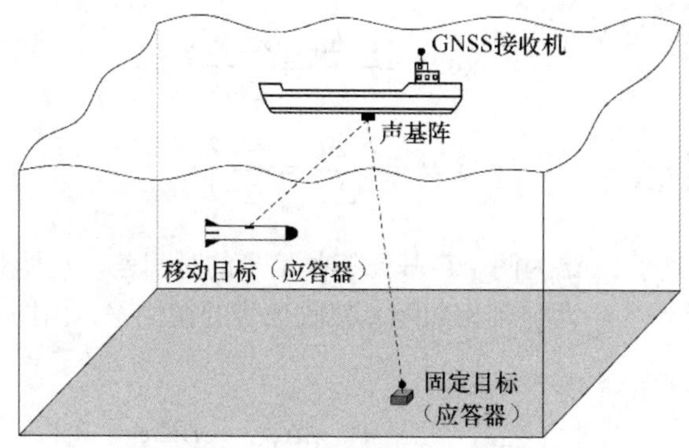

图 5-16 超短基线定位系统

声基阵一般由发射换能器和相互正交的水听器组成，安装在船底或船舷，常见的声基阵形式如图 5-17 所示。声基阵尺度为几厘米至几十厘米，声单元之间的相互位置由常规测量方法精确测定，并据此定义声基阵坐标系，而声基阵坐标系与船体坐标系之间的关系在安装时精确测定。应答器安装在水下被测目标上。外部设备主要包括 GNSS 接收机、动态传感器单元、罗经等。

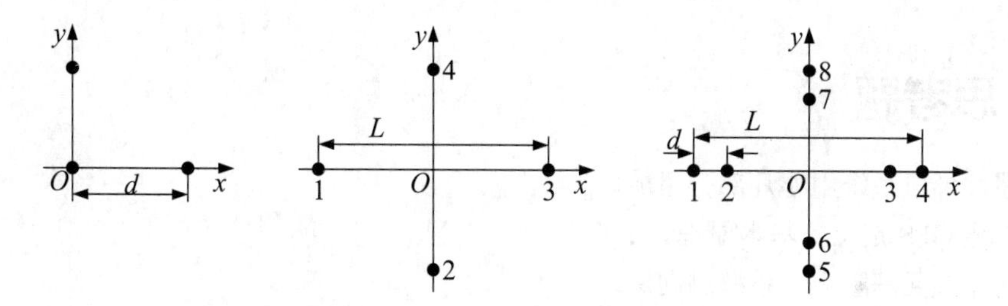

图 5-17 超短基线定位系统常见的声基阵

超短基线定位系统通过距离和角度测量确定应答器相对于声基阵的位置，下面以包含 3 个声单元的声基阵为例来说明其测量原理。如图 5-18 所示，3 个声单元 A、O、B 垂直分布，被测目标位于点 $P(x,y,z)$，则有

$$\begin{cases} x = R\cos\theta_x \\ y = R\cos\theta_y \end{cases} \tag{5-66}$$

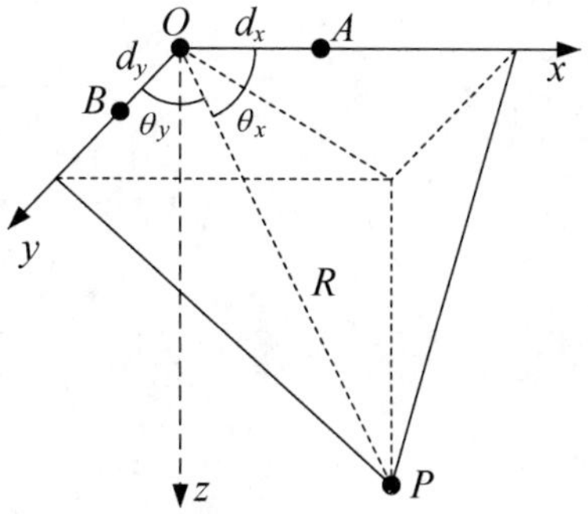

图 5-18 超短基线定位系统原理

假设阵元间距 $d=d_x=d_y$，由于声基阵的尺寸很小，目标回波近似为平面波，回波方向余弦值为

$$\begin{cases}\cos\theta_x = \dfrac{c\cdot\Delta t_1}{d_x} = \dfrac{\lambda\Delta\varphi_x}{2\pi d}\\ \cos\theta_y = \dfrac{c\cdot\Delta t_2}{d_y} = \dfrac{\lambda\Delta\varphi_y}{2\pi d}\end{cases} \tag{5-67}$$

式中，c 为水下声速值，Δt 为两个声基元接收信号的时间差，λ 为波长，$\Delta\varphi_x$ 为 x 轴相邻阵元接收信号的相位差，$\Delta\varphi_y$ 为 y 轴相邻阵元接收信号的相位差。由图 5-18 中的几何关系及声速与距离的关系可得

$$\begin{cases}x = R\cdot\cos\theta_x = \dfrac{1}{2}ct\dfrac{\lambda\Delta\varphi_x}{2\pi d} = \dfrac{ct\lambda\Delta\varphi_x}{4\pi d}\\ y = R\cdot\cos\theta_y = \dfrac{1}{2}ct\dfrac{\lambda\Delta\varphi_y}{2\pi d} = \dfrac{ct\lambda\Delta\varphi_y}{4\pi d}\end{cases} \tag{5-68}$$

超短基线定位系统的优点是价格低廉，系统操作简便，安装方便；缺点是系统校准精度要求高，测量目标的绝对位置精度受外部设备的精度影响。超短基线定位系统主要应用于水下拖体定位跟踪、ROV 定位导航、水下潜员定位跟踪、AUV 定位跟踪及遥控等。

5.4　思考题

1．惯性导航系统由哪几部分组成？
2．简述 GPS 定位的基本原理。
3．简述二元基阵声呐系统测向原理。
4．声呐测距的方法有哪些？
5．水下声学定位系统有哪些类型？各类型有何优缺点？

第 6 章

机器人温度传感器

机器人温度传感器（Temperature Transducer）是指机器人中装设的能感受温度并能将其转换成输出电信号的传感器。机器人温度传感器是机器人感知环境与自身温度的测量系统。按测量方式不同，机器人温度传感器可分为接触式和非接触式两大类，按照传感器材料及电子元件特性分为热电偶温度传感器、热电阻温度传感器、半导体温度传感器等。本章主要介绍这 3 类温度传感器。

6.1 热电偶温度传感器

热电偶由两个不同材料的金属线组成，其末端被焊接在一起。当测出不加热部位的环境温度，就可以准确得到加热点的温度。使用不同材质做出的热电偶适用于不同的温度范围，它们的灵敏度也各不相同。热电偶的灵敏度是指加热点温度变化 1 ℃时，输出电位差的变化量。

6.1.1 热电偶测温原理

一、热电效应

1821 年，德国科学家托马斯·约翰·塞贝克发现了电流热效应的逆效应，即当给一段金属丝的两端施加不同温度时，金属丝两端会产生电动势，闭合回路后金属丝中会有电流流过。这种现象被称为“热电效应”，也叫“塞贝克效应”。

如图 6-1 所示，将两种不同金属材料 A、B 的两端连接在一起，由于两种金属材料的不同，两个接触端 T 和 T_0 的温度也不同，最终 AB 回路中产生电势差 $e_{AB}(T, T_0)$。此处，接触端 T 称为工作端、热端、测量端；接触端 T_0 称为自由端、冷端、参比端。

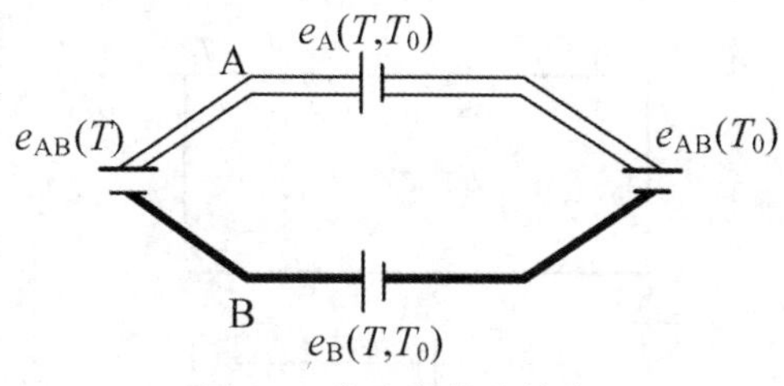

图 6-1 热电偶热电效应

热电势由两种不同导体的接触电势和单一导体的温差电势构成。

（1）接触电势。

两种不同材料相接触后，由于材料的自由电子密度不同，会产生自由电子扩散现象，电子扩散到一定程度时会产生一个阻止电子进一步扩散的方向电场，从而形成一个稳定的电势，此为接触电势。如图 6-2 所示，A、B 两种不同材料在温度 T 时的接触电势为

$$e_{AB}(T)=\frac{kT}{q}\ln\frac{n_A(T)}{n_B(T)} \tag{6-1}$$

式中，k 为玻尔兹曼常数，$k\approx 1.38\times 10^{-23}$ J/K；q 为电子电荷量，$q=1.6\times 10^{-19}$ C；$n_A(T)$、$n_B(T)$ 为 A、B 两种材料在温度 T 时的自由电子密度，图 6-2 中 $n_A(T)\gg n_B(T)$。

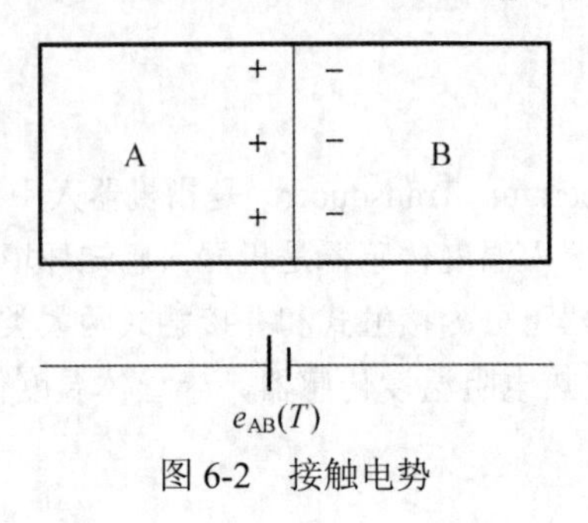

图 6-2　接触电势

同样两种材料在温度 T_0 时的接触电势为

$$e_{AB}(T_0)=\frac{kT_0}{q}\ln\frac{n_A(T_0)}{n_B(T_0)} \tag{6-2}$$

则 AB 回路中总接触电势为

$$\begin{aligned}
&e_{AB}(T)-e_{AB}(T_0)\\
=\;&\frac{k}{q}\left[T\ln\frac{n_A(T)}{n_B(T)}-T_0\ln\frac{n_A(T_0)}{n_B(T_0)}\right]\\
=\;&\frac{k}{q}\int_{T_0}^{T}\mathrm{d}\left(t\cdot\ln\frac{n_A}{n_B}\right)=\frac{k}{q}\int_{T_0}^{T}\ln\frac{n_A}{n_B}\mathrm{d}t+\frac{k}{q}\int_{T_0}^{T}t\mathrm{d}\ln\frac{n_A}{n_B}\\
=\;&\frac{k}{q}\int_{T_0}^{T}\ln\frac{n_A}{n_B}\mathrm{d}t+\frac{k}{q}\int_{T_0}^{T}t\mathrm{d}(\ln n_A-\ln n_B)\\
=\;&\frac{k}{q}\int_{T_0}^{T}\ln\frac{n_A}{n_B}\mathrm{d}t+\frac{k}{q}\int_{T_0}^{T}t\frac{1}{n_A}\mathrm{d}n_A-\frac{k}{q}\int_{T_0}^{T}t\frac{1}{n_B}\mathrm{d}n_B
\end{aligned} \tag{6-3}$$

（2）温差电势。

同一材料两端温度不同时，也会产生自由电子扩散现象，电子扩散到一定程度时也会产生一个稳定的电势，称为温差电势。如图 6-3 所示，$e_A(T,T_0)$为导体 A 由于两端温度差产生的温差电势，表示为

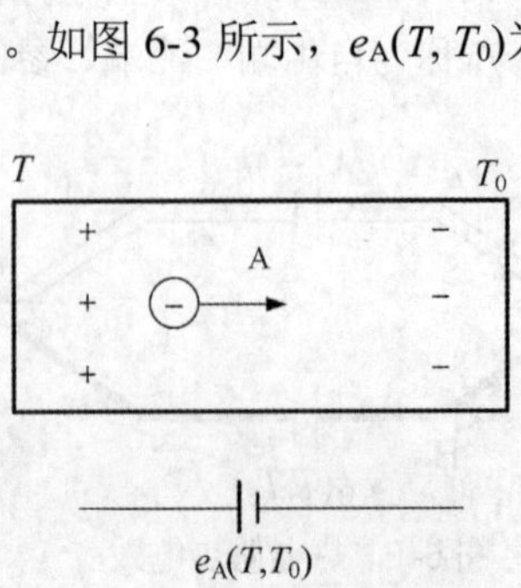

图 6-3　温差电势

$$e_A(T,T_0)=\int_{T_0}^{T}\sigma_A\mathrm{d}t=\frac{k}{q}\int_{T_0}^{T}\frac{1}{n_A}\mathrm{d}(n_A\cdot t) \tag{6-4}$$

式中，σ_A 为汤姆孙系数，表示单一导体两端温度差为 1℃时所产生的温差电势，与材料性质及两端温度有关。

同样对材料 B，由于两端温度差产生的温差电势为

$$e_B(T,T_0)=\int_{T_0}^{T}\sigma_B dt=\frac{k}{q}\int_{T_0}^{T}\frac{1}{n_B}d(n_B\cdot t) \tag{6-5}$$

AB 回路中总温差电势为

$$\begin{aligned}&e_A(T,T_0)-e_B(T,T_0)\\=&\frac{k}{q}\int_{T_0}^{T}\frac{1}{n_A}d(n_A\cdot t)-\frac{k}{q}\int_{T_0}^{T}\frac{1}{n_B}d(n_B\cdot t)\\=&\frac{k}{q}\int_{T_0}^{T}t\frac{1}{n_A}dn_A-\frac{k}{q}\int_{T_0}^{T}t\frac{1}{n_B}dn_B\end{aligned} \tag{6-6}$$

（3）回路总电势。

对于两种不同金属导体材料，接触两端温度不同时，既会产生接触电势，也会产生温差电势。如图 6-1 所示，此时 AB 回路中总电势 $E_{AB}(T, T_0)$等于接触电势与温差电势之和，表示为

$$\begin{aligned}E_{AB}(T,T_0)&=e_{AB}(T)-e_{AB}(T_0)+e_B(T,T_0)-e_A(T,T_0)\\&=\frac{k}{q}\int_{T_0}^{T}\ln\frac{n_A}{n_B}dt\end{aligned} \tag{6-7}$$

分析式（6-7）可得，产生热电势必须满足两个条件：一是 $T\neq T_0$，即两个接触点必须处于不同的温度；二是 $n_A\neq n_B$，即热电偶必须使用两种不同的材料制作。同时可以得出，由于对于特定热电偶，n_A、n_B、q、k 均为常数，则有

$$E_{AB}(T,T_0)=E(T)-E(T_0)=E(T)-C=f(T) \tag{6-8}$$

式中，当热电偶冷端 T_0 保持稳定不变时，$E(T_0)=C$ 为常数。这样热电偶的热电势就是待测点温度 T 的单值函数，通过热电势就可以确定待测温度。

二、热电偶基本定律

要使用热电偶测量温度，不仅需要知道热电势大小，还需要把热电势引出以便在显示仪表中显示。这就要求在接入第三导体与显示仪表时，不影响实际反映温度大小的热电势数值。热电偶工作遵循三大定律，分别为均质导体定律、中间导体定律和中间温度定律。

（1）均质导体定律。

对于同一种均质导体，两端温度不同时，组成的闭合回路不产生热电势。如图 6-4 所示，当 A、B 两种导体相同（$n_A=n_B$），两端温度不同（$T\neq T_0$）时，回路热电势为

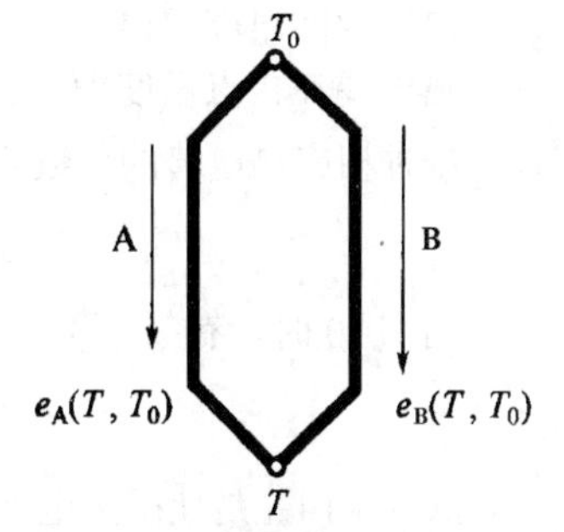

图 6-4 均质导体回路电势

$$E_{AB}(T,T_0)=\frac{k}{q}\int_{T_0}^{T}\ln\frac{n_A}{n_B}dt=\frac{k}{q}\int_{T_0}^{T}\ln\frac{n_A}{n_A}dt=0 \tag{6-9}$$

（2）中间导体定律。

热电偶回路中接入导体后，如果分开点的温度相等，即接入导体两端的温度相同，则不会影响回路总电势。

从热电偶原理电路可见，回路中虽有热电势，但无法直接测量，必须接入测量仪表及连接导线。接入仪表等效于接入第三导体，因此需要考虑这种接入是否影响回路热电势。只有接入第三导体后不影响回路热电势，仪表反映的数值才能准确表示温度数值，这是接入导体和仪表测量热电势的条件和基础。图 6-5 所示为第三导体接入等效电路的示意。

设 $n_A > n_B > n_C$，$T > T_0$，则在 A、B、C 这 3 种导体构成的闭合回路中，总回路电势为

$$\begin{aligned} E_{ABC}(T,T_0) &= E_{AB}(T) - E_A(T,T_0) + E_{BC}(T_0) - E_{AC}(T_0) + E_B(T,T_0) \\ &= E_{AB}(T) + E_{BC}(T_0) + E_{CA}(T_0) + E_B(T,T_0) - E_A(T,T_0) \end{aligned} \tag{6-10}$$

由于

$$E_{BC}(T_0) + E_{CA}(T_0) = \frac{k}{q}T_0\left[\ln\frac{n_B(T_0)}{n_C(T_0)} + \ln\frac{n_C(T_0)}{n_A(T_0)}\right] = \frac{k}{q}T_0\ln\frac{n_B(T_0)}{n_A(T_0)} = -E_{AB}(T_0) \tag{6-11}$$

将式（6-11）代入式（6-10）有

$$\begin{aligned} E_{ABC}(T,T_0) &= E_{AB}(T) - E_A(T,T_0) + E_{BC}(T_0) + E_{CA}(T_0) + E_B(T,T_0) \\ &= E_{AB}(T) - E_{AB}(T_0) + E_B(T,T_0) - E_A(T,T_0) \\ &= E_{AB}(T,T_0) \end{aligned} \tag{6-12}$$

由式（6-12）可见，在热电偶中间引入第三导体，并不影响回路热电势数值。

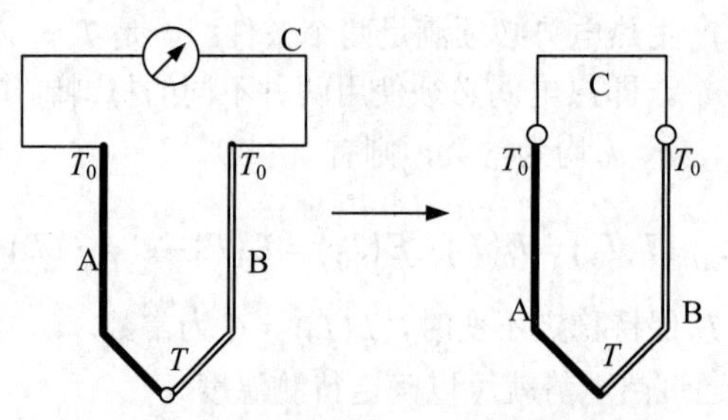

图 6-5 第三导体接入等效电路的示意

（3）中间温度定律。

热电偶在接点温度为 T、T_0 时的热电势 $E_{AB}(T_n,T_0)$ 等于该热电偶在接点温度为 T、T_n 和 T_n、T_0 时相应热电势的代数和，表示为

$$E_{AB}(T,T_0) = E_{AB}(T,T_n) + E_{AB}(T_n,T_0) \tag{6-13}$$

当 T_0=0 时，有

$$E_{AB}(T,0) = E_{AB}(T,T_n) + E_{AB}(T_n,0) \tag{6-14}$$

式（6-14）是使用热电偶测温时，冷端补偿的基础。

6.1.2 热电偶的种类与结构组成

一、热电偶的材料

热电偶材料种类较多，既有一些贵重金属，也有常规材料，但对它们有共同要求。

- 两种材料组成的热电偶应输出较大的热电势，以获得较高的灵敏度，且要求电势和温度之间尽可能地成线性关系。

- 能应用于较宽的温度范围，物理和化学特性比较稳定（较好的耐热性、抗氧化性、抗还原性和抗腐蚀性）。
- 具有较高的导电率和较低电阻温度系数。
- 工艺性好，利于批量生产。

二、热电偶的种类

热电偶种类较多，在我国被广泛应用的热电偶主要有如下几种。

（1）铂铑-铂热电偶。

它由直径为0.5 mm的铂丝和相同直径的铂铑丝（铂90%，铑10%）制作，分度号为S。铂铑-铂热电偶性能稳定，准确度高，可以长期在 1300 ℃以下环境中测温，也可以短期在1600 ℃的高温环境中测温。其主要不足是热电势相对较小，灵敏度低，且由于 S 型热电偶由贵金属制作，成本相对较高。

（2）镍铬-镍硅热电偶。

热偶丝直径为 1.2 mm～2.5 mm，分度号为 K，镍铬-镍硅热电偶化学稳定性较高，能够长期在 900 ℃以下环境中测温，可短期在 1200 ℃高温环境中测温。另外，与铂铑-铂热电偶相比，镍铬-镍硅热电偶的输出热电势较大，灵敏度较高，线性好，价格便宜。但它在还原性介质中易受腐蚀，从而影响测量精度。

（3）铜-康铜热电偶。

它是一种价格便宜，在低温范围内（−200～200 ℃）被广泛使用的热电偶，工业分度号为T。铜-康铜热电偶输出热电势较大，灵敏度较高。它的缺点就是铜的氧化性、稳定性较差。

除了上面介绍的热电偶外，常用热电偶还包括：铂铑30-铂铑热电偶，分度号为B；镍铬-考铜热电偶，分度号为E。实际使用热电偶时，需参考针对各类热电偶的热电势与温度对照表，即热电偶分度表，标准热电偶分度表均按照冷端温度为0 ℃条件制定。附录中列出了两种常用热电偶标准分度表。

三、热电偶测温的优缺点

与其他测温传感器相比，应用热电偶测温，有如下优缺点。

（1）优点。

- 温度范围广。热电偶适用于大多数实际的温度范围。热电偶的测量温度范围在−200 ℃至+2500 ℃之间，具体取决于所使用的金属线。
- 坚固耐用。热电偶属于耐用器件，抗冲击振动性好，适合危险恶劣的环境。
- 响应快。热电偶体积小，热容量低，因此对温度变化响应快，尤其在感应接合点裸露时，可在数百毫秒内对温度变化做出响应。
- 无自发热。由于热电偶不需要激励电源，因此不易自发热，其本身是安全的。

（2）缺点。

- 信号调制复杂。要将热电偶电压转换成可用的温度读数必须进行大量的信号调制。信号调制耗费大量设计时间，处理不当就会引入误差，导致精度降低。
- 精度低。除了由金属特性导致的热电偶内部固有不精确性外，热电偶测量精度只能达到参考接合点温度的测量精度，一般在 1 ℃至 2 ℃内。
- 易受腐蚀。热电偶由两种不同的金属组成，在一些工况下，随时间而腐蚀可能会降低精度。因此，在一些场景下需采取一定保护措施，且保养、维护必不可少。

- 抗噪性差。当测量毫伏级信号变化时，杂散电场和磁场产生的噪声可能会引起问题——绞合的热电偶线与可能大幅减弱的磁场耦合。使用屏蔽电缆或在金属导管内走线和防护可减弱电场耦合。
- 需要冷端补偿。

四、热电偶的结构

常规热电偶的结构如图 6-6 所示，由接线盒、保护套管、绝缘套管和热电极等组成。

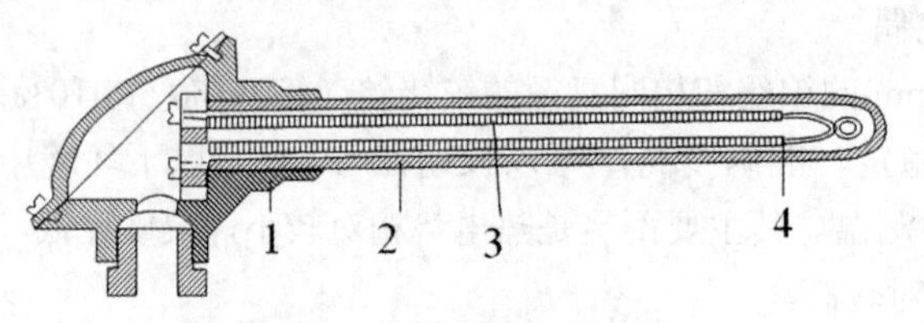

图 6-6　常规热电偶的结构

1—接线盒；2—保护套管；3—绝缘套管；4—热电极。

（1）接线盒。

热电偶接线盒用于连接热电偶与测量显示仪表，大多采用铝合金制作。为了防止灰尘和有害气体进入内部，接线盒的出线孔及接线盒本身都配有密闭用的垫片等。

（2）保护套管。

保护套管的功能是使热电偶能够有较长的使用寿命和较高的测量准确度，可以防止热电极直接和被测介质接触，避免各种有害气体和物质的侵蚀，同时避免火焰和清流的直接冲击影响。保护套管采用的材质、材料需要根据热电偶的类型和实际测量介质决定。常见的保护套管有不锈钢套管等。

（3）绝缘套管。

绝缘套管主要用于防止热电偶的两个热电极之间短路。绝缘套管材料种类繁多，常见的是陶瓷材料。

（4）热电极。

热电极由两种不同材料焊接而成。热电极的直径一般为 0.35 mm～3.2 mm，热电极长度由实际安装条件与被测介质插入深度决定，通常为 35 cm～200 cm，个别长度可以达到 350 cm。

6.1.3　热电偶的使用与冷端补偿

在使用热电偶实际测温时，冷端温度大多不是 0 ℃，常常是环境温度，即 $T_0 \neq 0$ ℃，然而理论上热电偶的测量是以冷端温度为 0 ℃为标准进行的。冷端温度不为 0 ℃，造成热端和冷端的热电动势差减小（或增大），使测量不准，出现误差。此外，热电偶测量温度时要求冷端温度保持不变，这样其热电势大小才与测量温度保持一定的比例关系。若测量时，冷端温度变化，将严重影响测量的准确性。此时所做的补偿误差措施即热电偶的冷端补偿，常用的方法有补偿导线法、计算补偿法、补偿电桥法等。

一、补偿导线法

补偿导线是在一定温度范围内（0～100 ℃）具有与所匹配热电偶热电动势相同标称值的一对带有绝缘层的导线，用它们连接热电偶与测量装置，以补偿它们与热电偶连接处的温度变化所产生的误差。

热电偶材料属于贵金属，而补偿导线相对便宜。将补偿导线与热电偶的冷端联结，就可以将热电偶输出的温度信号传输到距离数百米的控制室里，送给显示仪表或控制仪表。这就相当于把热电偶延长到温度恒定的地方，解决了热电偶冷端在热设备附近造成的高温和温度不稳定问题。这种方法使用方便，常用于热电偶安装应用中。这种补偿导线是专用导线，一种类型的补偿导线只能同相应的一类热电偶配套使用，而且正、负极性不可接反。如图 6-7 所示，A′ 和 B′ 为补偿导线，T_0' 为新的冷端。可以将新冷端置于冰水混合物之中，保持其温度为 0 ℃；也可以将其置于稳定温度环境中，通过计算补偿法进行数字补偿。

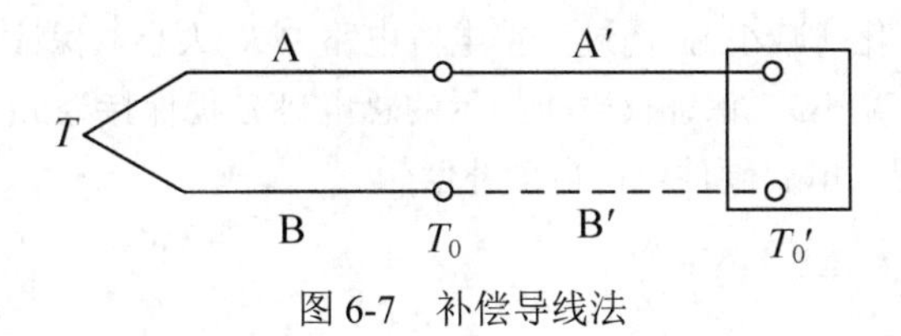

图 6-7 补偿导线法

对补偿导线一般要求如下。

- 在 0～100 ℃范围内，其热电特性与所取代热电偶丝的基本一致。
- 电阻率低。
- 价格必须比热电偶丝便宜。

常用冷端补偿导线数据如表 6-1 所示。

表 6-1 常用冷端补偿导线数据

热电偶	配用的补偿导线					
	材料		绝缘层着色标志		$E(100,0)$/mV	20 ℃电阻率不大于 /(Ω · mm² · m⁻¹)
	正极	负极	正极	负极		
铂铑 10-铂	铜	铜镍	红	绿	0.643 ± 0.023	0.0484
镍铬-镍硅	铜	康铜	红	棕	4.10 ± 0.15	0.634
镍铬-康铜	镍铬	康铜	紫	棕	6.32 ± 0.3	1.19

二、计算补偿法

使用补偿导线把热电偶的冷端延伸到 T_0 处，只要 T_0 值已知，并测得热电偶回路的热电势，就可以通过查表的方法来计算出被测温度 T。这种计算补偿法是热电偶冷端补偿的主要方法之一，其理论依据就是三大定律中的中间温度定律，即式（6-14）。

具体补偿步骤如下。

（1）由热电偶冷端温度 T_0 查找对应热电偶分度表中 $E_{AB}(T_0, 0)$热电势。

（2）将仪表热电势数值 $E_{AB}(T, T_0)$与 $E_{AB}(T_0, 0)$求和，计算标准热电势 $E_{AB}(T, 0)$。

（3）由 $E_{AB}(T, 0)$ 查对应热电偶分度表，可以得到待测的温度 T。

例 1：S 型热电偶冷端温度为 30 ℃，测量的热电势为 6.526 mV，试问此时真实的温度应为多少？

解：

①依题可知 $E_{AB}(T, 30) = 6.526$ mV，查 S 型热电偶分度表得知 $E_{AB}(30, 0) = 0.173$ mV；

②求和可得 $E_{AB}(T, 0) = E_{AB}(T, 30) + E_{AB}(30, 0) = 6.526\text{ mV} + 0.173\text{ mV} = 6.699\text{ mV}$；

③查找 S 型热电偶分度表，对应得到待测的温度 $T = 740$ ℃。

三、补偿电桥法

补偿电桥法也是目前实际应用中常用的一种处理方法，它利用不平衡电桥产生的热电势来补偿热电偶因冷端温度变化而引起的热电势变化。经过设计，可使电桥的不平衡电压等于因冷端温度变化引起的热电势变化，于是实现自动补偿。如图 6-8 所示。

（1）当 T_0=0 ℃时，R_4=1 Ω，四臂电阻相等，电桥平衡，电桥电路输出电压 $U_{ba}=0$，则 $E=E_{AB}(T,T_0)+U_{ba}$。电桥中，$R_1=R_2=R_3=1\ \Omega$ 为恒定电阻，R_4为铜热电阻，能感受冷端温度变化。

（2）当冷端温度 T_0 变化时（增大），R_4随冷端温度变化而变化（增大），电桥不平衡 $U_{ba}\neq0$，同时 $E_{AB}(T,T_0)$也发生变化（减小），通过调整电桥电路中 R_g 大小，保证 U_{ba} 的变化（增大）抵消掉 $E_{AB}(T,T_0)$的变化（减小），保证仪表所指示的总电势 E 仍保持为 $E(T,0)$，相当于热电偶冷端自动处于 0 ℃。实现热电偶硬件电桥自动补偿。

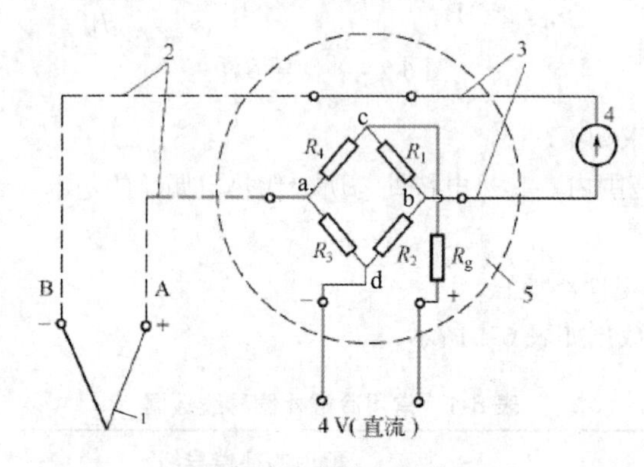

图 6-8　补偿电桥法

1—热电偶；2—补偿导线；3—铜导线；4—指示仪表；5—冷端补偿器。

热电偶冷端补偿除了上面介绍的几种方法外，还有 PN 结冷端补偿法、集成冷端补偿器法等。

6.2　热电阻温度传感器

热电阻温度传感器是利用物质的电阻率随温度变化的特性制作的电阻式温度传感器。由完全金属热敏元件制作的热电阻称为金属热敏电阻；由半导体材料制作的热电阻称为半导体热敏电阻。

6.2.1　热电阻测温原理

热电阻是中低温区常用的一种温度检测器。它的主要特点是测量精度高，性能稳定。其中铂热电阻的测量精确度较高，它不仅被广泛应用于工业测温，而且被制成标准的基准仪器。与热电偶的测温原理不同，热电阻是基于电阻的热效应进行温度测量的，即电阻自身的电阻值随温度变化而变化的特性。因此，只要测量出感温热电阻的电阻值变化，就可以测量出温度。

金属热敏电阻的电阻值和温度一般可以用以下的近似关系式表示，即

$$R_t = R_0\left(1+\alpha t+\beta t^2+\cdots\right) \tag{6-15}$$

式中，R_t为温度 t 时的电阻值；R_0为温度为 0 ℃时对应电阻值；α、β为温度系数。

半导体热敏电阻的电阻值和温度关系为

$$R_t = A\mathrm{e}^{B/t} \tag{6-16}$$

式中，A 是与半导体热敏电阻尺寸、形状及半导体物理性能有关的常数；B 是与半导体物理性能有关的常数。

与金属热敏电阻相比较而言，半导体热敏电阻的温度系数更大，常温下的电阻值更高（通常在数千欧以上），但互换性较差，非线性严重。金属热敏电阻一般适用于–200～500 ℃的温度测量，其特点是测量准确、稳定性好、性能可靠，应用极其广泛。

6.2.2　热电阻的类型

从电阻随温度的变化来看，大部分金属导体都具有电阻热效应，但并不是所有金属导体都能用作测温热电阻。对作为热电阻的金属材料的要求为：尽可能大而且稳定的温度系数、高电阻率（在同样灵敏度下可减小传感器的尺寸）、在使用的温度范围内具有稳定的化学物理性能、材料的复制性好、电阻值随温度变化要有单值函数关系（最好呈线性关系）。

目前应用广泛的热电阻材料是铂和铜，此外，现在已开始采用镍、锰和铑等材料制造热电阻。铂热电阻精度高，适用于中性和氧化性介质，稳定性好，具有一定的非线性，温度越高电阻变化率越小；铜热电阻在测温范围内电阻值和温度呈线性关系，温度系数大，适用于无腐蚀介质，超过 150 ℃易被氧化。

一、铂热电阻

铂热电阻的特点为精度高、稳定性好、性能可靠、易于提纯、复制性好，具有良好的工艺性，可以制成极细的铂丝，电阻率较高。在 0 ℃ 以上，其电阻与温度的关系曲线接近于直线（电阻温度系数为 $3.9\times10^{-3}\,\Omega/℃$）。铂热电阻的缺点为电阻温度系数小，价格昂贵，在还原气氛中，特别是在高温下易被污染变脆。

铂热电阻温阻关系为非线性关系，表示为

$$\begin{cases} R_t = R_0[1+At+Bt^2+Ct^3(t-100)] & -200\leqslant t\leqslant 0 \\ R_t = R_0(1+At+Bt^2) & 0\leqslant t\leqslant 650 \end{cases} \tag{6-17}$$

式中，温度系数 $A=3.90802\times10^{-3}$（$℃^{-1}$）；$B=-5.802\times10^{-7}$（$℃^{-2}$）；$C=-4.27350\times10^{-12}$（$℃^{-4}$）。

常用铂热电阻分度号为 Pt100、Pt50 和 Pt10，分别表示 0 ℃时电阻值 R_0 为 100 Ω、50 Ω 和 10 Ω。以此为基数，制定标准热电阻分度表，即针对 Pt100、Pt50 和 Pt10 等热电阻型号，给出具体的电阻值对应的温度数值。附录中列出了 Pt100 型、Pt50 型热电阻的分度表。

使用热电阻测温时，根据测量的电阻值，直接查找对应热电阻分度表，即可得到温度值。

二、铜热电阻

铜热电阻的特点为线性度好、电阻温度系数大、价格低、精度适中。铜热电阻的缺点为易被氧化，特别是当 T>100 ℃时，影响测温精度。

铜热电阻温阻关系可表示为

$$R_t = R_0(1+\alpha t) \tag{6-18}$$

式中，R_t 和 R_0 分别为温度为 t 和 0 ℃时对应电阻值；$\alpha=4.2299\times10^{-3}$（$℃^{-1}$）为铜热电阻温度系数。

常用铜热电阻分度号为 Cu100 和 Cu50，分别表示 0 ℃时电阻值 R_0 为 100 Ω 和 50 Ω。铜热电阻的测温范围为–50～150℃。使用铜热电阻测温时，根据测量的电阻值，直接查找对应铜热电阻分度表，即可得到温度值。附录中第 5 个表为 Cu50 型热电阻的分度表。

例 2：用分度号为 Pt50 的热电阻测温，在计算温度时错用 Cu50 型热电阻分度表，测得温度为 140 ℃，问实际温度是多少？

解： 先利用 Cu50 型热电阻分度表推算出 140 ℃时的电阻值为 79.98 Ω；再应用 Pt50 型热电阻分度表查得 79.98 Ω 对应的实际温度为 154.5 ℃。

6.2.3 热电阻的使用

热电阻是把温度变化转换为电阻值变化的一次元件，通常需要把电阻信号通过引线传递到计算机控制装置上。工业用热电阻安装在生产现场，与控制室之间存在一定的距离，因此热电阻的引线对测量结果会有较大的影响。为了减少测量误差，实际热电阻测量时，其接线非常重要。目前热电阻的接线主要有 3 种方式。

一、二线制

在热电阻的两端各连接一根引线引出电阻信号的方式称为二线制。如图 6-9 所示，二线制接线方式很简单，常接入一个电桥的桥臂，将引线与连接导线的电阻随环境温度的变化全部加入热电阻的变化之中。然而，因为连接引线必然存在引线电阻 r，其大小与引线的材质和长度等因素有关，所以这种接线方式只适用于测量精度较低的场合。

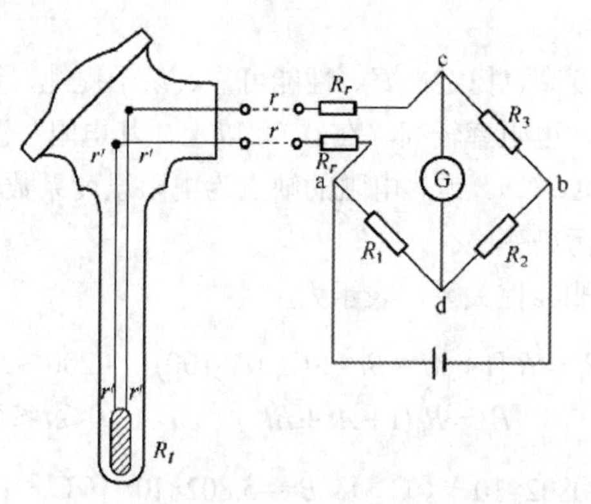

图 6-9 热电阻二线制接线

二、三线制

在热电阻根部的一端连接一根引线，另一端连接两根引线的方式称为三线制，这种方式通常也与电桥配套使用，可以较好地消除引线电阻的影响，是工业过程控制中的常用的接线方式，如图 6-10 所示。

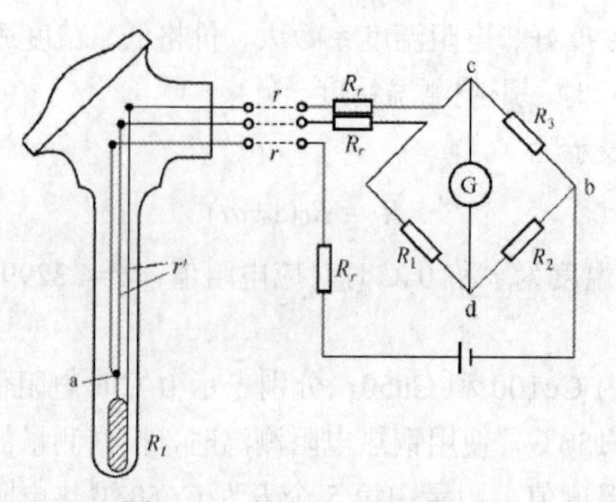

图 6-10 热电阻三线制接线

此处热电阻有 3 根引线，将第三根接到电源线上，电源与电桥的连接点 a 从仪表内部的电桥电路上移到热电阻附近，另外两根引线和连接导线的电阻分别加到电桥相邻两桥臂中，由于两个相邻桥臂中均接入近似等长度引线，有相互抵消的作用，引线与连接导线电阻变化减小。

三、四线制

在热电阻的根部两端各连接两根导线的方式称为四线制。如图 6-11 所示，其中两根引线为热电阻提供恒定电流 I，用于把 R_t 转换成电压信号 U；另两根引线将 U 引至二次仪表。这种接线方式可完全消除引线的电阻影响，主要用于高精度的温度检测。

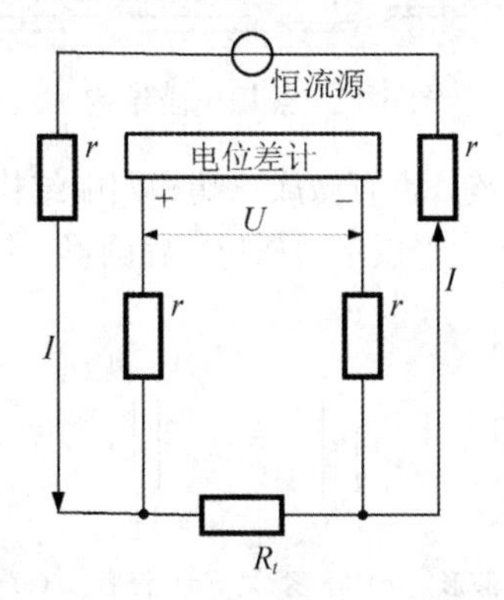

图 6-11　热电阻四线制接线

6.3　半导体温度传感器

6.3.1　热敏电阻

热敏电阻是一种用半导体材料制成的敏感元件，热敏电阻的电阻值会随着温度的变化而改变。与一般的固定电阻不同，热敏电阻属于可变电阻，被广泛应用于各种电子元器件中。不同于电阻温度计使用纯金属，在热敏电阻中使用的材料通常是陶瓷或聚合物。正温度系数（Positive Temperature Coefficient，PTC）热敏电阻在温度越高时电阻值越大；负温度系数（Negative Temperature Coefficient，NTC）热敏电阻在温度越高时电阻值越小；此外还有临界温度系数（Critical Temperature Resistor，CTR）电阻。这 3 种电阻同属于半导体器件，其中市场占比较大的为负温度系数热敏电阻，即电阻值随温度升高而降低，并且温度变化会造成大的电阻值改变，因此它也是非常灵敏的温度传感器。此处主要介绍负温度系数热敏电阻。

一、热敏电阻的温度特性

负温度系数热敏电阻的电阻-温度特性曲线在较小的温度范围内是一条指数曲线，其指数函数关系见式（6-16）。对具体的热敏电阻来说，可以通过实验的方法求得参数 A 和 B。若已知两个电阻值 R_0 和 R_1 对应的温度为 t_0 和 t_1，则使用端基法可求得 A 和 B 为

$$B=\frac{t_1 t_0}{t_1-t_0}\ln\frac{R_0}{R_1} \tag{6-19}$$

$$A=R_0 \mathrm{e}^{-B/t_0} \tag{6-20}$$

将式（6-20）代入式（6-16）可得

$$R_t = R_0 e^{B(1/t - 1/t_0)} \tag{6-21}$$

通常取 20 ℃（293 K）时热敏电阻值为 R_0，记为 R_{20}，称为额定电阻；取 100 ℃（373 K）时热敏电阻值为 R_1，记为 R_{100}。得到 R_{20} 和 R_{100} 即可以标定参数 A、B。

二、热敏电阻结构

一般的热敏电阻结构比较简单，由热敏探头、引线、壳体等构成，如图 6-12 所示。

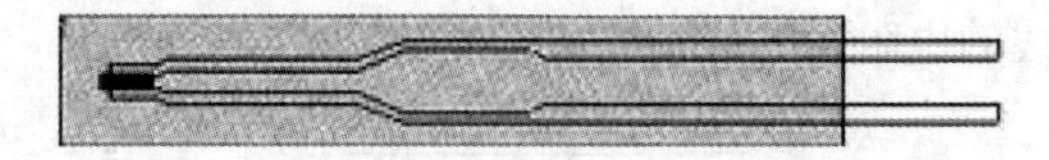

图 6-12 热敏电阻结构

图 6-12 所示为常见的二端结构，也有做成三端和四端结构的。热敏电阻的形状也有多种，包括圆片形、薄膜形、杆形、管形、平板形、珠形、扁圆形、垫圈形、杆形（金属帽引出）等，如图 6-13 所示。

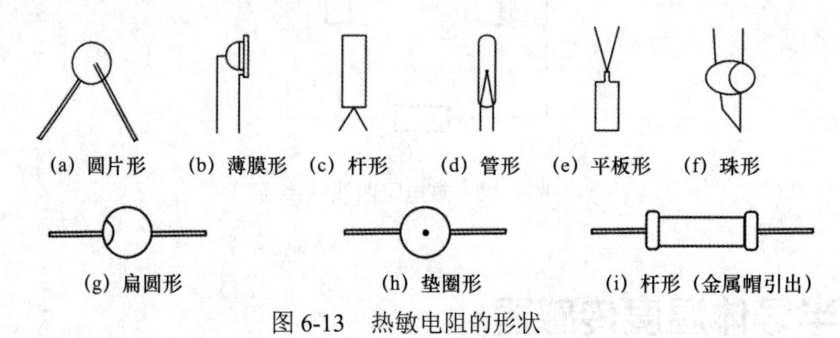

图 6-13 热敏电阻的形状

三、热敏电阻材料

常见的热敏电阻由金属氧化物半导体材料制作而成，将各种氧化物在不同条件下烧结成半导体陶瓷，以获得热敏特性。常用一定比例的锰、铜、镍、铁、锌、镁的氧化物，如以 Mn_3O_4、CuO、NiO、Fe_2O_3、ZnO、MgO 等两种或两种以上材料混合烧结成形，制成负温度系数热敏电阻。

热敏电阻体积小，灵敏度高，被广泛应用于空调、暖气机、电子体温计、液位传感器、汽车、电子台历、手机电池等设备中。

6.3.2 集成温度传感器

一、二极管与晶体管温度传感器

（1）PN 结二极管温度传感器。

常规二极管伏安特性为

$$I = I_s\left(e^{qU/kT} - 1\right) \tag{6-22}$$

式中，I 为 PN 结二极管的正向电流；I_s 为 PN 结二极管的反向饱和电流；q 为电子电荷量，q=1.6×10^{-19} C；U 为 PN 结二极管的正向电压；k 为玻尔兹曼常数，k≈1.38×10^{-23} J/K；T 为绝对温度值。当 $e^{qU/kT}$>>1 时，则有 I=$I_s e^{qU/kT}$，从而得到

$$U = \frac{kT}{q}\ln\frac{I}{I_s} \tag{6-23}$$

式中，只要保持通过 PN 结二极管的正向电流为恒流，同时选择合适的掺杂浓度，就可以在一定温度范围内令 PN 结二极管的反向饱和电流 I_s 保持为常数，此时 PN 结二极管的正向电压与温度成线性关系，表示为

$$\frac{dU}{dT} = \frac{k}{q}\ln\frac{I}{I_s} = 常数 \tag{6-24}$$

（2）晶体管温度传感器。

PN 结二极管温度传感器结构简单，但对线性化条件要求高。对此可以将 NPN 型晶体管的 BC 结短接，利用 BE 结作为感温元件。这时，NPN 型晶体管和 PN 结二极管的正向电压情况相同，其基-射极电压与其感受的温度变化直接相关，如图 6-14 所示，此时晶体管形式更接近理想 PN 结二极管，其线性度更高。

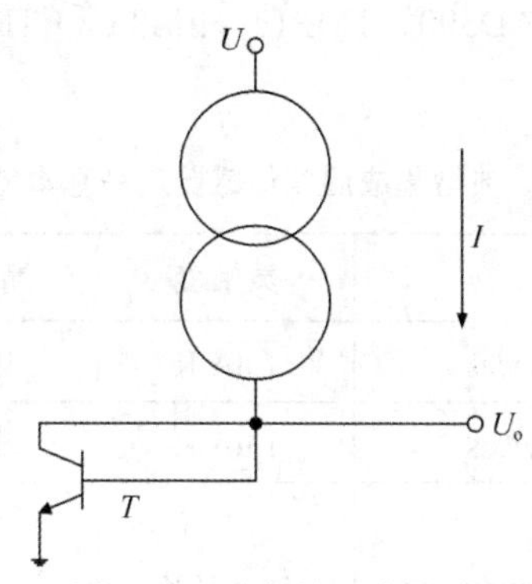

图 6-14　晶体管温度传感器

二、集成温度传感器

集成温度传感器于 20 世纪 80 年代开始发展，在晶体管温度传感器基础上发展而来，由硅半导体集成工艺制作而成，其信号输出为模拟电压或电流。集成温度传感器的特点是测温误差小、价格低、响应速度快、传输距离远、体积小、微功耗、外围电路简单，不需要进行非线性校准等，特别适合远距离测温、控温。它被应用于温度小于 150 ℃的场合。

（1）集成温度传感器测温原理。

双晶体管集成温度传感器测温原理如图 6-15 所示，其中每个晶体管的基-发射极电压 U_{BE} 表示为

$$U_{BE} = \frac{kT}{q}\ln\frac{J}{J_s} \tag{6-25}$$

式中，J_s 为基极反向饱和电流；T 为绝对温度值；J 为晶体管的发射极电流。在图 6-15 中，如果两个二极管性能相同，即 $J_{s1}=J_{s2}$，则两个晶体管的基-射极电压 U_{BE} 之差 ΔU_{BE} 为

$$\Delta U_{BE} = U_{BE1} - U_{BE2} = \frac{kT}{q}\ln\frac{J_1}{J_2} \tag{6-26}$$

式中，只要 J_1、J_2 为恒流，则 ΔU_{BE} 与温度成比例。对集成度要求更高的温度传感器，可以集成更多的晶体管，进而提高传感器的灵敏度，如常见的集成温度传感器 AD590 就集成了 4 个晶体管。

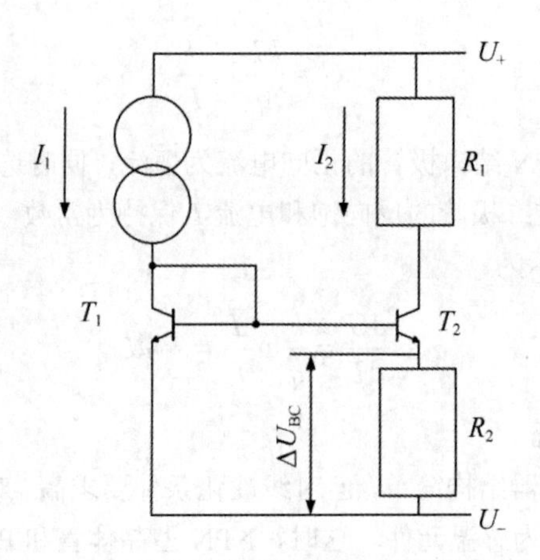

图 6-15 双晶体管集成温度传感器测温原理

（2）典型集成温度传感器。

典型集成温度传感器产品有 AD590、TMP17、LM35 和 TMP36 等，其基本特性如表 6-2 所示。

表 6-2 典型集成温度传感器产品基本特性

名称	公司	灵敏度	输出量	测温范围
AD590	Analog Devices	1 uA/K	电流	0～100 ℃
TMP17	Analog Devices	1 uA/K	电流	−40～+105 ℃
LM135/235/335	National Semiconductor	10 mV/K	电压	−55～+150 ℃ −40～+125 ℃ −40～+100 ℃
TMP36	Analog Devices	20 mV/℃	电压	−40～+80 ℃

6.4 思考题

1．热电偶测温原理是什么？热电偶由哪几部分组成？

2．使用热电偶测温时为什么要进行冷端补偿？冷端补偿的方法有哪些？

3．简述热电阻测温原理，常用热电阻有哪几种？

4．某热电偶灵敏度为 0.04 mV/℃，把它放在温度为 1200 ℃处，若指示表处温度为 50 ℃（冷端），计算热电势大小。

5．使用一个镍铬-镍硅热电偶测试加热炉温度，其冷端温度为 30 ℃，此时热电偶输出热电势为 19.868 mV，计算加热炉实际温度。

6．用分度号为 Pt100 的热电阻测温，在计算温度时错用 Cu50 型热电阻分度表，测得温度为 100 ℃，问实际温度是多少？

第 7 章

视觉传感器

视觉传感器是指生成数字图像，帮助机器人感知环境信息的一类元器件。常见视觉传感器的信息来源包括电磁波、声波、超声波和电子束等。其中，以电磁波为信息来源的视觉传感器在机器人应用中十分常见，而以声波为信息来源的声呐成像传感器在水下机器人中也得到广泛应用。本章分别对光视觉成像传感器和声呐成像传感器进行简单介绍。

7.1 光视觉成像传感器

7.1.1 透视相机

一、针孔相机

人们很早就发现，透过黑暗房间墙壁上的小孔，可以在与之相对的墙壁上生成清晰的倒像。此时，小孔与房间就构成了简单的针孔相机，其成像模型如图 7-1 所示。

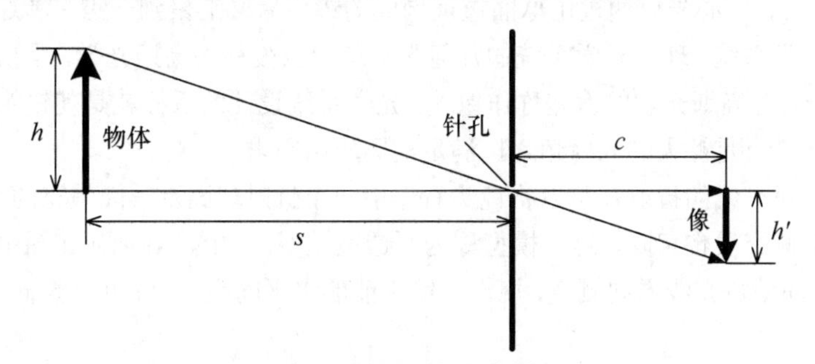

图 7-1 针孔相机成像模型

由图 7-1 可知，针孔相机所成的像为物体的倒像。由图中几何关系，可得到像的高度 h'为

$$h' = h\frac{c}{s} \tag{7-1}$$

式中，h 为物体高度；s 为物体到针孔的距离；c 为针孔到像平面的距离。

二、带镜头的相机

针孔相机结构简单，但受针孔尺寸的限制，投射到像平面的光线较少，导致成像暗淡。为了提高成像亮度，常利用透镜增大采光面积，即利用带镜头的相机获取明亮的图像。

折射是光由一种介质射入另一种介质时，传播方向发生改变的现象，如图 7-2 所示。

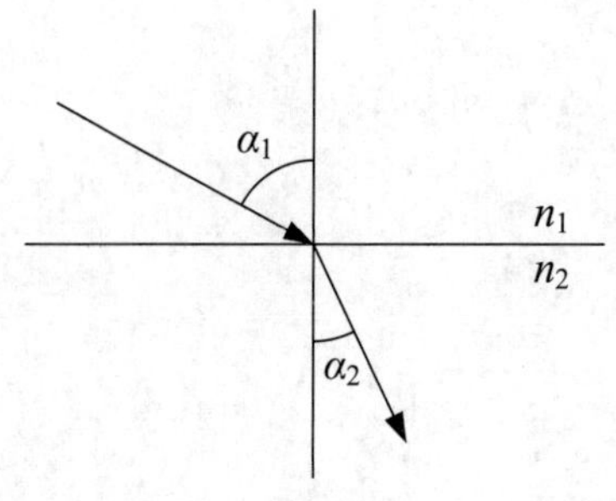

图 7-2 光的折射

依据光的折射定律，入射角 α_1 和折射角 α_2 之间的关系为

$$n_1 \sin\alpha_1 = n_2 \sin\alpha_2 \tag{7-2}$$

式中，n_1 和 n_2 分别为两种介质的折射率。某种介质的折射率 n 是该介质中光速 v 与真空中光速 c 的比值，即 $n=c/v$。在常温常压下，空气的折射率接近于 1，约为 1.0002926。不同玻璃的折射率范围为 1.48～1.62。

在其他条件相同的情况下，不同波长（即不同颜色）的光对应的折射率不相同。白光由不同波长的光组成，发生折射时，白光中不同颜色的光由于折射角不同会发生分离，这种现象称作色散。

式（7-2）所示的折射定律是非线性的，经由镜头所成的像与物体之间的关系也是非线性的，这与线性的针孔模型有所不同，故而由同一点发出的光束通过镜头后无法完全汇聚在一点。为简单起见，可通过近轴近似得到线性的折射定律，即当入射角 α 很小时用 α 代替 $\sin\alpha$，从而

$$n_1\alpha_1 = n_2\alpha_2 \tag{7-3}$$

根据式（7-3)，同心光束通过由球面透镜构成的镜头后又汇聚到一点，满足这一成像规律的系统为理想光学系统。理想光学系统的几何光学理论也被称为高斯光学，是指对所有光学系统的理想化，所有与高斯光学的偏差称作像差。光学系统设计的目标就是使镜头结构在满足高斯光学的基础上具有足够大的入射角，以满足实际应用需求。

为分析透镜对光线的折射，可以将镜头看作由两个折射球面及其间填充的均匀介质构成，并假设镜头外两侧介质也相同，这一模型称为厚透镜模型，如图 7-3 所示。图中光线从左向右传播，所有水平间距按光线方向测量，规定在镜头前的水平间距为负，并规定向下的间距为负。

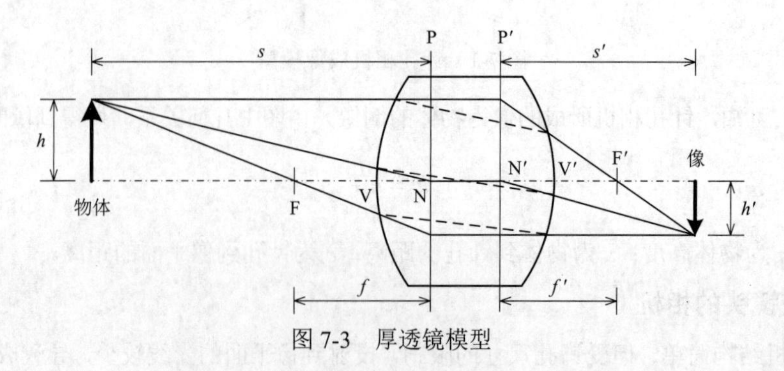

图 7-3 厚透镜模型

图 7-3 中，位于镜头前方的物体在镜头后形成倒立的像。中心线为光轴，也是镜头中两个折射球面的旋转对称轴。折射球面与光轴的交点为顶点 V 和 V′。由于镜头两边介质相同，因此节点 N 和 N′为主平面与光轴的交点。F 和 F′为镜头的两个焦点，平行于光轴的光线穿过镜

头后将汇聚到另一侧的焦点。主平面 P 和P′与光轴垂直，其位置可以根据自镜头一侧入射的平行光线及其折射光线的交点得到。焦点 F、F′与相应的主平面 P、P′的距离分别为 f、f'（$f=-f'$），f 和 f' 为镜头焦距。物体到主平面 P 的距离为物距 s，而像到主平面P′的距离为像距 s'。

在上述定义下，厚透镜成像法则如下：①镜头前平行于光轴的光线通过镜头后过 F′点；②过 F 点的光线通过镜头后平行于光轴；③过 N 点的光线也会过 N′点，并且通过镜头前后与光轴之间的夹角保持不变。

图 7-3 所示 3 条光线汇聚于一点，其位置以及像的几何尺寸取决于 F、F′、N 和N′，因此这四个点称作镜头的主要要素。需要说明的是，平行于主平面 P 和P′的平面上的所有物点由透镜所成像点所在平面也平行于 P 和P′，该平面称为像平面。

可以利用图 7-3 所示的几何关系来确定物像之间的基本关系，即

$$h'=h\frac{s'}{s} \tag{7-4}$$

定义放大系数为 $\beta=h'/h$，从而 $\beta=s'/s$，利用光轴上下两侧的相似三角形，可以得出 $h'/h=f/(s-f)$ 及 $h'/h=(s'-f')/f'$，这两个三角形分别位于镜头两侧，并且光轴是它们的一条公共边，F 和F′分别是两个三角形的一个顶点。因此，当 $f=f'$时，可得

$$\frac{1}{s'}+\frac{1}{s}=\frac{1}{f'} \tag{7-5}$$

当物距 s 变化时，可以由式（7-5）得到光线通过镜头后的交点，即确定成像位置。如果物体靠近镜头，即 s 的绝对值变小，像距 s' 就会变大；同理，如果物距变大，像距就会变小。因此，聚焦过程相当于改变像距的过程。对于物距无穷大的极限情况，所有的光线都会成为平行光，此时 $s'=f'$。换言之，如果把被测物置于 F 处，像平面将在无穷远处。如果继续减小物距，使其小于 f，则光线在成像端发散，式（7-5）中 s' 的正负号发生变化，即 $-1/s'+1/s=1/f'$。此时，镜头所成的像为与物体同侧的虚像，如图 7-4 所示，这就是放大镜的主要原理。根据 $\beta=s'/s$ 和 $-1/s'+1/s=1/f'$ 可以得出，对于相同物距 s，随着焦距 f' 的增大，放大倍率会减小。

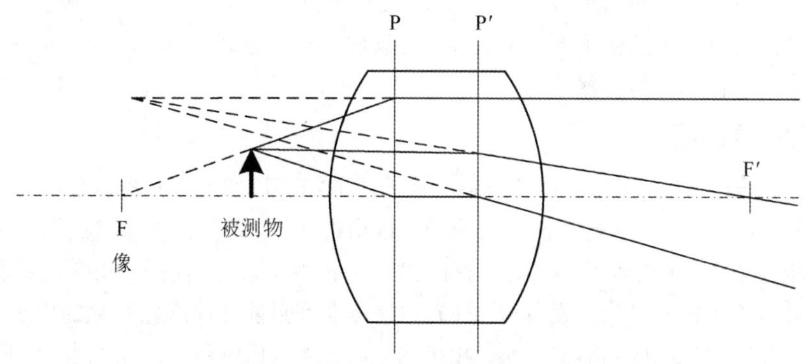

图 7-4 物距比焦距还小时成虚像

实际的镜头系统远比上文讨论的厚透镜复杂。图 7-5 所示是真实镜头的结构示意，它由多个球心位于同一光轴上的光学镜片组成，以达到减少像差的目的。尽管结构远比厚透镜的复杂，真实的镜头系统仍可以被看作一个厚透镜，因此也可以用主要要素对其进行描述。图 7-5 表示了焦点 F 和F′、节点 N 和N′及主平面的位置。需要说明的是，在这个镜头中，物方焦点 F 位

于第二个镜片内部，而且 N′在 N 的前面。

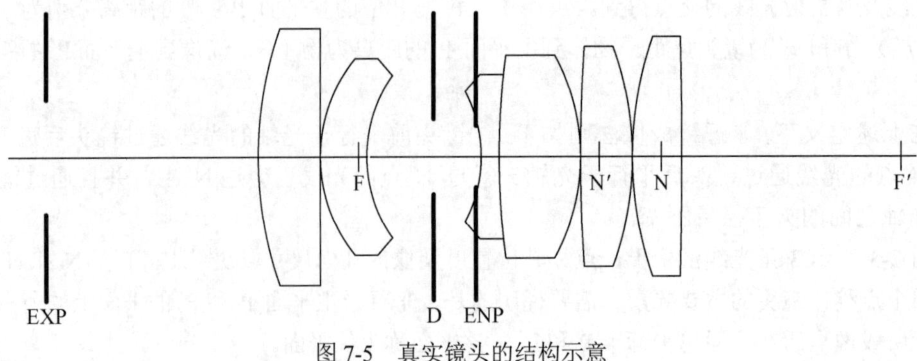

图 7-5 真实镜头的结构示意
D—光阑；ENP—入瞳；EXP—出瞳。

为了控制进光量，真实镜头系统一般都设计有可变光阑，并通过镜头筒上的调节环调整大小。除可变光阑之外，镜头筒等其他镜头组成部件也会限制到达像平面的光线总量，这些部件统称为光阑，在图 7-5 中光阑以 D 表示。最大限度限制进光量的光阑称作镜头的孔径光阑。由于光阑前后的镜片可能放大或缩小光阑的实际尺寸，因此最小的光阑并不一定为镜头系统的孔径光阑，即镜头中相对较大的光阑也可能成为镜头光学系统的孔径光阑。

基于孔径光阑，还有两个虚拟光阑，即入瞳与出瞳。入瞳是孔径光阑通过其前面的光学系统在物方所成的像，通常为虚像。可以认为入瞳是物面上各点发出的光束进入镜头光学系统的入口，它决定镜头可以接收光线的面积。类似的，出瞳是孔径光阑通过其后面的镜头光学系统在像方所成的像，通常也为虚像。可以认为出瞳是光线通过整个光学系统的出口。在图 7-5 中，入瞳与出瞳分别用 ENP 和 EXP 表示。

7.1.2 传感器

摄像机需要根据通过镜头聚焦于像平面的光线生成数字图像，完成这一转换的摄像机组成部件是数字传感器。本小节将主要讨论电荷耦合器件（Charge Coupled Device，CCD）和互补金属氧化物半导体（Complementary Metal Oxide Semiconductor，CMOS）两种重要的传感器。两者的主要区别在于读出结构不同，即从芯片中读出数据的方式不同。此外，本小节还将简单介绍两类主要的彩色图像传感器。

一、CCD 传感器

可以将图 7-6 所示的线阵 CCD 传感器看成简单的线阵摄像机传感器，它由一行对光线敏感的光电探测器组成，每个光电探测器对应一个读出寄存器。常见的光电探测器包括光栅晶体管和光电二极管。本小节内容不涉及光电探测器感光的物理原理，仅把光电探测器看作能将光子转为电子并将电子转为电流的设备。每种光电探测器都只能存储有限数量的电子，具体电子存储容量一般取决于光电探测器的大小。相机曝光时，光电探测器不断累积电荷。曝光完成之后，转移门电路将累积的电荷移至串行读出寄存器读出。串行读出寄存器也是光敏元件，读出期间必须由金属护罩遮挡以避免接收到其他光子。读出的电荷由电荷转换单元转换为电压并放大，进而可以被转换为模拟图像信号。如果通过模数转换器（ADC）将模拟电压转换为数字电压，则可输出数字图像信号。

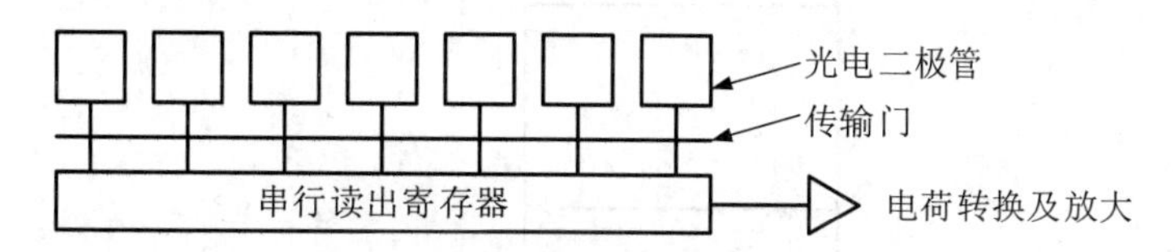

图 7-6 线阵 CCD 传感器

线阵 CCD 传感器生成的图像高度仅为 1 行，在实际中用途有限。若线阵 CCD 传感器做相对于被测物的运动，则可得到二维图像。为此，可将传感器安置在运动的被测物上方，如传送带物品成像。此外，还可固定被测物并使传感器相对被测物运动，如印制电路板成像。

使用线阵 CCD 传感器采集二维图像时，为确保得到矩形像素，传感器自身必须平行于被测物平面并与其运动方向垂直。同时，根据线阵 CCD 传感器的分辨率，线采集频率必须与摄像机、被测物相对运动速度匹配以得到矩形像素。在满足上述条件的情况下，若相对速度恒定，则线阵传感器所采集到的图像具有一致性。若相对速度发生变化，则需要利用速度传感器（如编码器）反馈信号触发传感器采集每行图像。由于传感器与被测物之间的相对运动很难完全满足上述要求，因此为确保测量精度，常需要对测量系统进行标定。

线阵 CCD 传感器的频率一般为 14 kHz～140 kHz，限制了每行的曝光时间，所以线扫描应用需要非常强的照明。同时，扫描镜头的光圈值通常较小，严重限制了景深。上述因素导致线扫描应用系统中参数的设定极具挑战性。

为直接获取二维图像，可采用面阵 CCD 传感器。图 7-7 所示为全帧转移型面阵 CCD 传感器的原理，它可以看成是由线阵 CCD 传感器扩展得到的。成像时，光电探测器将光转换为电荷，电荷被逐行转移到串行读出寄存器，然后以与线阵 CCD 传感器一样的方式转换为图像信号。

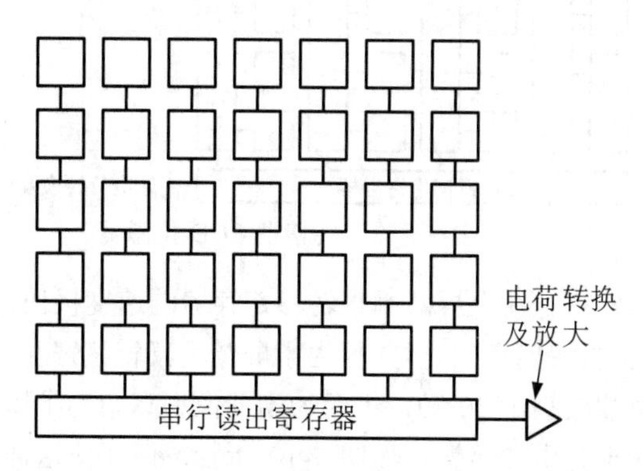

图 7-7 全帧转移型面阵 CCD 传感器的原理

在读出过程中，光电探测器还在持续曝光并积累电荷。因此，在像素逐行下移读出的过程中，持续曝光积累的全部场景信息就会导致发生拖影现象，这也是全帧转移型面阵 CCD 传感器的主要缺点。为抑制拖影，常用的方法是加装机械快门或利用闪光灯。此类传感器的主要优点是填充因子可达 100%（填充因子是像素光敏感区域与整个靶面之比），这使像素的光灵敏度最大化并使图像失真最小化。

为了解决全帧转移型 CCD 传感器的拖影问题，可以为其配备覆盖有金属光屏蔽层的存储传感器，构成帧转移型面阵 CCD 传感器，如图 7-8 所示。此类传感器将光敏传感器产生的图像一次性转移至光屏蔽存储阵列，然后从存储阵列中逐行读出图像。

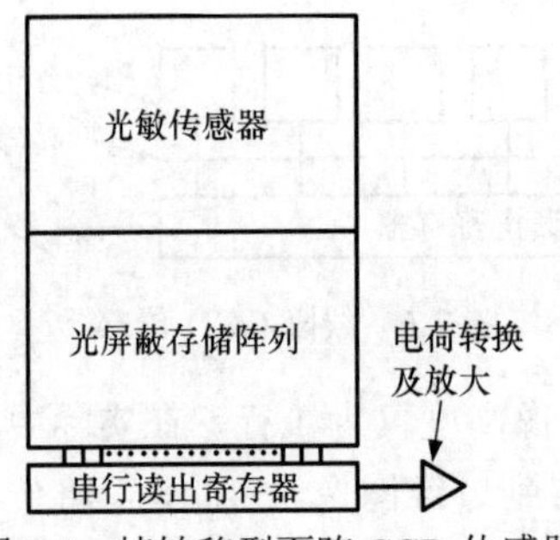

图 7-8 帧转移型面阵 CCD 传感器

由于两个传感器间转移时间很短（通常小于 500 μs），因此可以大大减弱拖影。帧转移型面阵传感器不需要机械快门或闪光灯，同时保留了全帧转移型面阵 CCD 传感器填充因子可达 100%的优点。帧转移型面阵传感器的缺点是其通常由两个传感器组成，导致成本较高。此外，由于两个传感器间传输数据的短暂时间内依然在曝光，因而还是有残留的拖影。

另外一种 CCD 传感器是图 7-9 所示的隔列转移型 CCD 传感器。此类传感器为每列光电探测器（通常情况下为光电二极管）配备了带金属屏蔽层的垂直转移寄存器。曝光后，光电探测器累积到的电荷通过传输门电路（图 7-9 中没有显示）转移到屏蔽垂直传输寄存器，这一过程可在极短时间内完成（通常小于 1 μs）。随后，电荷通过屏蔽垂直转移寄存器移至串行读出寄存器，然后被读出形成图像信号。

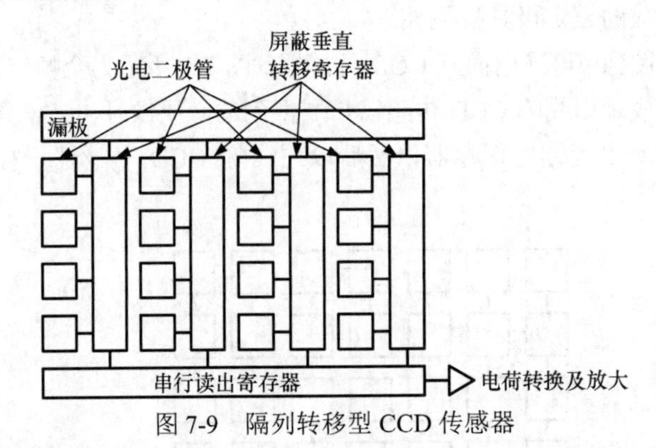

图 7-9 隔列转移型 CCD 传感器

由于从光电探测器转移电荷至屏蔽垂直转移寄存器的速度极快，因此几乎可以消除拖影现象。此类传感器不需要机械快门和闪光灯，但由于屏蔽垂直转移寄存器需要占用感光区域空间，导致填充因子减小（可能减小至 20%），进而加剧图像失真。为了增大填充因子，常在传感器上加装微镜头将光聚焦至光电二极管，如图 7-10 所示，但即使这样也不可能使其填充因子达到 100%。

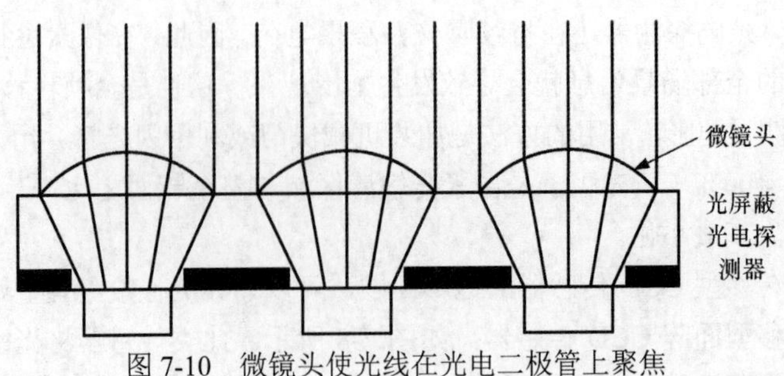

图 7-10 微镜头使光线在光电二极管上聚焦

使用CCD传感器时存在的一个问题是其高光溢出效应，即当积累的电荷超过光电探测器的容量时，电荷将会溢出到相邻的光电探测器中，导致图像中亮的区域被放大。为解决此问题，可在传感器上增加溢流沟道，使光电探测器中多余的电荷通过沟道流向衬底。常见的溢流沟道可分为侧溢流沟道和垂直溢流沟道，前者位于传感器平面中每个像素的侧边，后者埋于设备底部。

当将溢流沟道的电位置为0时，光电探测器无法累积电荷；当将溢流沟道的电位置为高位时，光电探测器可以积累电荷直至其被读出。因此，传感器上的溢流沟道还可以被用来作为摄像机的电子快门。

二、CMOS 传感器

CMOS传感器的结构如图7-11所示，其光电探测器通常为光电二极管。CMOS传感器中的每个光电二极管都可以通过行和列选择电路直接选择并读出，这与CCD传感器逐行移出的方式不同。此外，CMOS传感器中每个光电二极管都有独立的放大器，这类传感器也称作主动像素传感器（APS）。CMOS传感器常被用于输出数字图像，其每行像素通过模数转换器阵列并行地转换为数字信号。

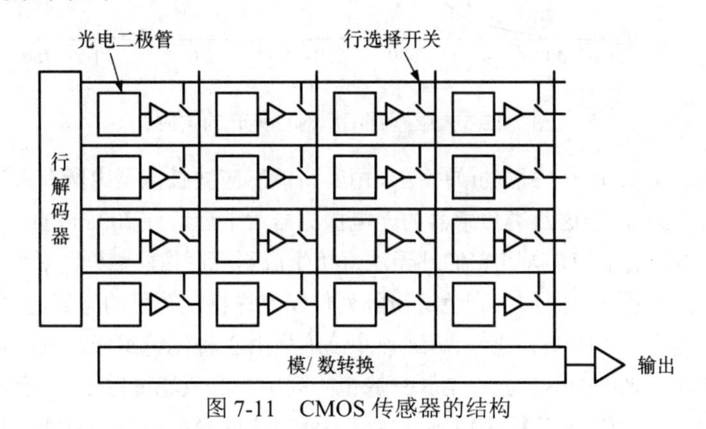

图7-11　CMOS传感器的结构

由于放大器及行、列选择电路常占用大量感光区域面积，导致CMOS传感器的填充因子很小。与隔列转移型CCD传感器一样，CMOS传感器常采用微镜头聚焦光线，以增大填充因子并减少图像失真。

由于CMOS传感器中的每个光电二极管都可以直接选择并读出，因此它可以被当作随机存储器，使其很容易实现图像的矩形感兴趣区域（AOI）读出方式，从而获得高拍摄帧率。由于丢掉行比读出要快，因此CCD传感器将AOI上方和下方所有行的数据转移出再丢掉，也可以提高帧率。然而，由于CCD传感器中光电探测器产生的电荷必须经过电荷转换单元进行转移，因此丢掉水平方向像素无法提高帧率。总之，CMOS传感器更容易实现高拍摄帧率，使其在高速摄影等应用中较CCD传感器具有更大优势。

CMOS传感器的另外一个优点是可以在传感器上实现并行模数转换，有利于提高拍摄帧率。此外，在CMOS传感器每个像素上集成模数转换电路可以进一步提高读出速度，这种传感器又称作数字像素传感器（Digital Pixel Sensor，DPS）。

由于CMOS传感器中每一行都可以独立读出，因此可以通过逐行曝光并读出的方式得到整幅图像，这被称为行曝光。虽然连续行的曝光时间和读出时间可以重叠，但这种方式仍然导致图像的第一行和最后一行有很大的采集时差，因此采集运动物体图像时会产生变形。对于高速被测物，为避免变形必须使用全局曝光的CMOS传感器，此类传感器中每个像素都需要一个存储区，导致填充因子较小。

三、彩色图像传感器

人眼视网膜上有视杆细胞和视锥细胞，这两类感光细胞可以感知波长为400 nm至700 nm的光。视杆细胞更为敏感但只能感受光照强度。视锥细胞分为3类，分别对长、中、短3个波长区间的光敏感，如图7-12所示，帮助人类产生红、绿、蓝3种色觉。摄像机传感器模拟人眼产生色觉的原理，需要分别捕捉红、绿、蓝3种光的信息才能生成彩色图像。

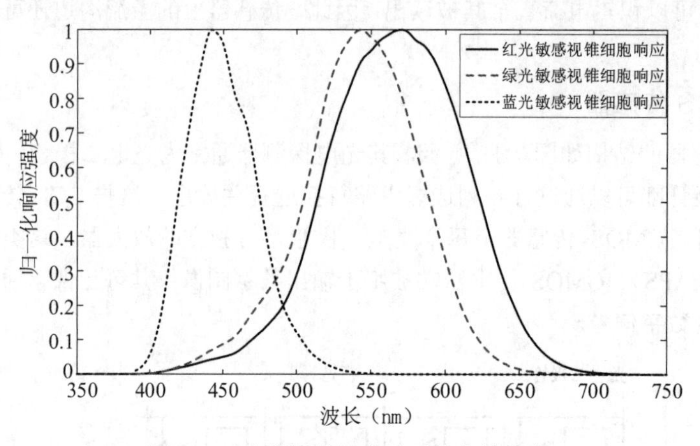

图7-12 人眼视锥细胞对可见光的响应

CCD传感器和CMOS传感器的响应结果由其所能感应波长范围内所有入射光按相应的光谱响应函数映射得到。由于这两类传感器的光电探测器对于近紫外200 nm直至近红外1100 nm波长范围的电磁波都有响应，因此它们都无法直接生成彩色图像。要分别对红、绿、蓝3色光做出响应，需要在传感器前面加上彩色滤镜阵列使仅允许特定颜色的光到达每个光电探测器。常见的Bayer滤镜阵列如图7-13所示，这种滤镜阵列由3种滤镜组成，分别可以透过人眼敏感的红、绿、蓝3色光中的一种。在Bayer滤镜阵列中，绿色滤镜占1/2，而红色和蓝色滤镜各占1/4，这是因为人眼对绿色极为敏感。各色滤镜对应的光电探测器只能对相应的单色光做出响应，同一像素点处的其他色光信息需要通过颜色插值处理来重建，这一过程会产生颜色失真。此外，Bayer滤镜阵列难以准确模拟人眼对色彩的感知，导致严重的图像失真。为此，通常需要在传感器前加上控图像失真滤光片。利用单个芯片搭配滤镜阵列获取彩色图像的摄像机称作单芯片彩色摄像机。

图7-13 常见的Bayer滤镜阵列

图7-14所示是三芯片彩色摄像机原理。通过镜头的光被分光器或棱镜分为3束并射向3个传感器，每个传感器前有一个不同的单色滤光片，这种摄像机称作三芯片彩色摄像机。这种结构可

以解决单芯片彩色摄像机由于颜色插值产生的图像失真问题。然而，由于必须使用 3 个传感器，而且 3 个传感器需要精确调整位置，因此三芯片彩色摄像机比单芯片彩色摄像机贵许多。

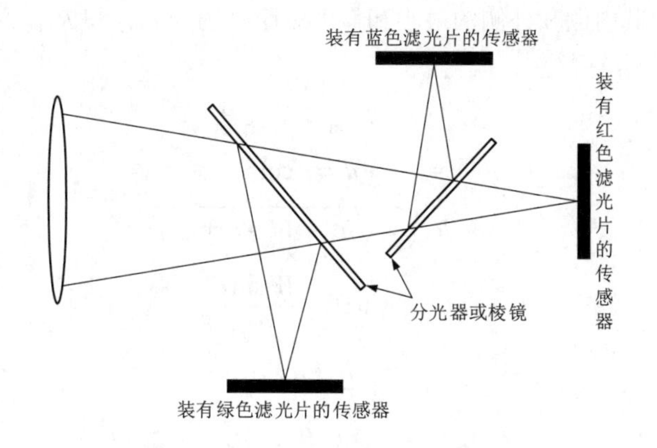

图 7-14 三芯片彩色摄像机原理

7.2 声呐成像传感器

声呐成像传感器一般用于海底地形地貌测量，主要的类型有侧扫声呐、合成孔径声呐、前视声呐、多波束测深声呐等。

7.2.1 侧扫声呐

侧扫声呐（Side Scan Sonar，SSS）又称旁视声呐，被广泛应用在海底测绘、海底地质与矿产勘测、海底工程施工、海底障碍物及沉积物的探测等方面。侧扫声呐在载体的两侧各布设一条工作频率相同的换能器阵列，分别负责扫描左右两侧海底。换能器收发合置，在载体航行方向波束很窄（1°或小于 1°），从而保证有较高的航向分辨率。在垂直于航向的方向上波束则较宽（大于 30°），从而实现两舷侧的大面积照射覆盖。图 7-15 所示为单波束侧扫声呐工作示意。图中 a 代表波束内侧的声路径距离；b 代表垂直波束角大小；c 代表波束外侧到达的最远距离；d 代表单侧扫描的海底宽度；e 代表侧扫声呐的拖鱼深度；f 代表左舷和右舷通道分离的距离；g 代表水平波束宽度。

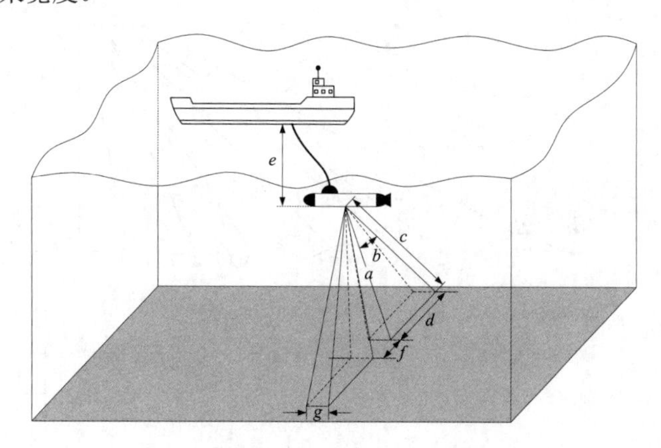

图 7-15 单波束侧扫声呐工作示意

在与载体平台航行轨迹垂直的平面内，侧扫声呐照射海底时的几何关系如图 7-16 所示。假设海底为平面，声呐系统距海底的高度为 h，换能器向航行器侧面发射波束的垂直宽度为 θ_E，波束照射到海底时其内侧和外侧的最小和最大斜距分别为 $R_{\min}$ 和 $R_{\max}$，海底单侧测绘带宽度为 W。由图中几何关系，可得

$$R_{\min} = h\csc\theta \tag{7-6}$$

$$d = h\cot\theta \tag{7-7}$$

$$R_{\max} = \sqrt{h^2 + (W + h\cot\theta)^2} \tag{7-8}$$

$$\sin\theta_E = \frac{W\sin\theta}{R_{\max}} \tag{7-9}$$

$$E = \theta - \theta_E \tag{7-10}$$

$$(R_{\max} - R_{\min})\cos\frac{\theta_E}{2} = W\cos\left(\theta - \frac{\theta_E}{2}\right) \tag{7-11}$$

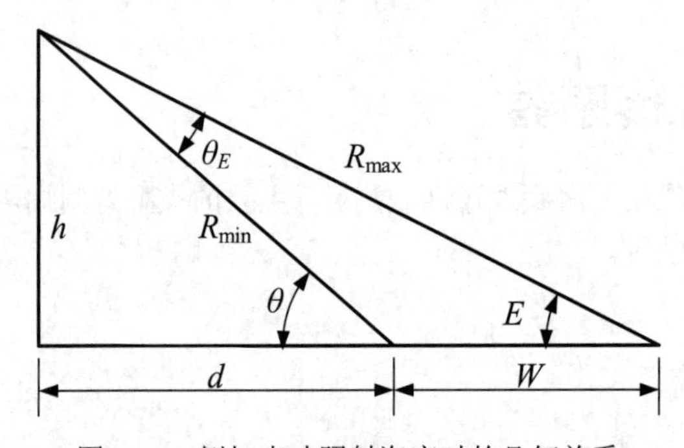

图 7-16 侧扫声呐照射海底时的几何关系

工作时，侧扫声呐向两侧海底发射单频矩形脉冲或者线性调频脉冲，每次发射后立即转为接收状态，连续记录海底或者目标返回脉冲的传播时间及幅度，构成显示器上的一行线。强回波对应粗糙、凸起或硬的水底，弱回波则对应平滑、凹陷或软的水底。若水底被遮挡，则不产生回波。图 7-17 给出了侧扫声呐回波强度的示意。1 点是换能器发射脉冲的位置。2 点为换能器正下方海底，因垂直入射，回波是正反射，回波很强。从 4 点开始水底向上突起，在 5 点附

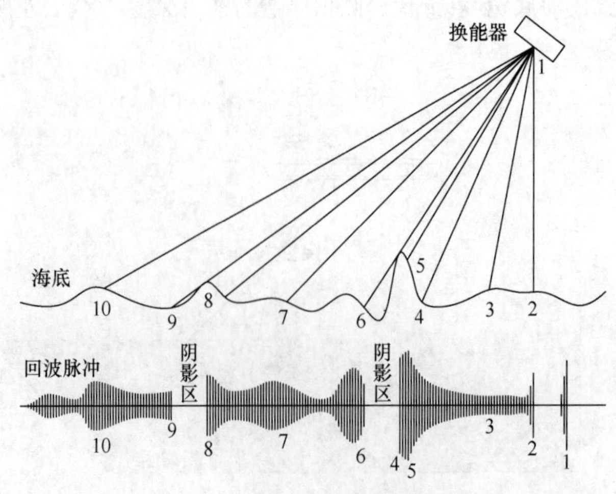

图 7-17 侧扫声呐回波强度示意

近达到顶点，所以4、5点间的回波较强。5点到换能器的距离比4点的近，所以回波返回到换能器的顺序是从5点到4点，此时斜距远近不能反映真实的平距远近。5点与6点间的水底被遮挡，没有回波，在图像上反映为阴影区。8点与9点间的水底也被遮挡，没有回波，产生阴影区。

在水下载体前进过程中，侧扫声呐不断发射、接收和处理声波脉冲。每次发射获取一条扫描线上的数据并在显示器上显示一条横线，每一点的位置（像素坐标）对应回波到达时刻，每一点的亮度（像素灰度值）对应回波幅度。在显示器上纵向逐行排列每一发射周期的接收数据即可获取二维水底地貌声呐图像。在采用灰度显示时，一般暗色代表回波较弱，亮色代表回波较强。此外，也可采用伪彩色显示声呐图像。侧扫声呐图像可由4条线组合构成，分别是零位线、海面线（侧扫声呐换能器副瓣小时不易出现）、海底线和扫描线，如图7-18所示。

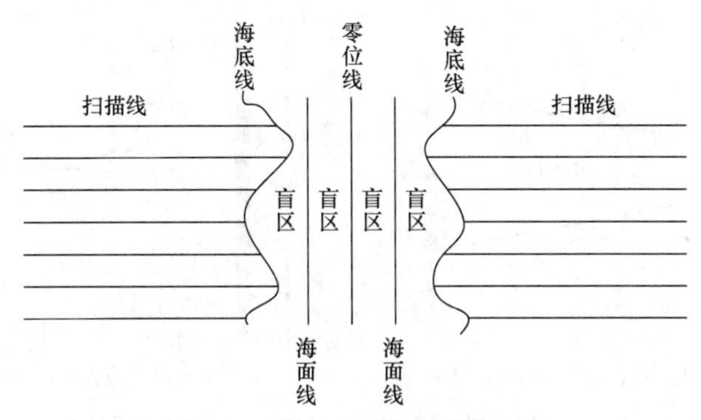

图7-18 侧扫声呐图像结构示意

通常希望侧扫声呐扫描结果远近亮度均匀，以准确显示海底地貌。然而，由于远端传播损失大，导致回波信号弱，因此远端对应的显示图像偏暗。为保证亮度均匀，需要采取增益补偿措施，比较简单的方法是按照球面扩展加介质吸收随距离变化的规律直接进行时间可变增益（Time Variable Gain，TVG），更为细致的方法则是同时考虑换能器的指向性和海底散射的角度规律进行回波强度校正。

侧扫声呐在航行方向上的分辨率由波束角的水平宽度决定，因此侧扫声呐多采用水平宽度较窄的单波束（两侧各一）以提高航行方向上的分辨率。此外，单波束侧扫声呐对航速有较严格的要求。航速较低时，因波束在远距离上传播跨度较大，导致各行的数据由于存在交叠而不完全独立，数据处理时必须考虑这种相关性；当航速较高时，又容易发生海区漏扫，显示的数据不能充分反映海底的连续性。为提高载体速度并避免漏扫，可采用多个水平窄波束接收回波，但发射仍可采用一个较宽的水平波束（也可采用相控发射多个窄波束以获得发射指向性增益）。在同样的条件下，采用多波束可使航速提高M倍（M为接收波束数）。

侧扫声呐成像受成像方法、复杂多变的海洋环境和系统参数设置等因素的影响，常存在辐射畸变和几何畸变。为了更好地测量分析目标，需要对侧扫声呐图像进行有效的预处理，以矫正几何畸变、增强对比度、消除噪声，通常需要考虑船速校正、斜距校正、换能器姿态校正、灰度均衡、图像降噪等。

7.2.2 合成孔径声呐

侧扫声呐中基阵的方位分辨能力受物理孔径大小的限制，如果空间中多个目标同时落在基阵的一个波束宽度内，则基阵无法分辨，如图7-19（a）所示。同时，方位向空间分辨率随距离增加而降低。如果希望由窄的波束分辨航迹上距离较近的两个目标，则需要增大物理孔径，或者提高系统的工作频率。受到基阵平台尺寸、成本、硬件的复杂性等多种因素的限制，单纯通过增大基阵的物理孔径改善空间方位分辨能力的方法只能在一定限度内使用。另一方面，提高工作频率将增加声传播损失，使声呐系统的作用距离变短。解决上述难题的方法是采用合成孔径技术，该技术通过信号处理在一定程度上打破了物理孔径的限制，使侧扫基阵的空间分辨能力得到明显改善。

在合成孔径的过程中，换能器一面随声呐承载平台匀速直线前进，一面以固定的重复频率发射并接收信号。如果把回波信号的幅值和相位信息存储起来并与以前的接收信号叠加，则随着换能器的前进将形成等效的线列阵。如图 7-19（b）所示，图中不同位置代表同一个物理孔径在不同时刻所处的位置。

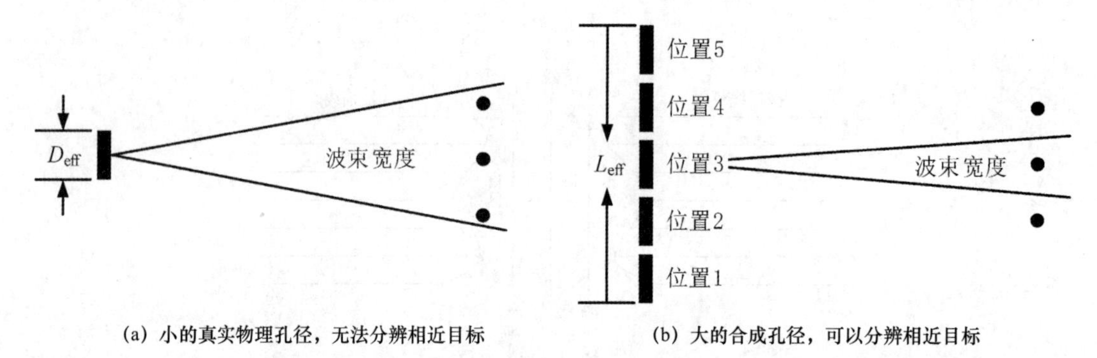

(a) 小的真实物理孔径，无法分辨相近目标　　(b) 大的合成孔径，可以分辨相近目标

图 7-19 侧扫声呐与合成孔径声呐的方位向空间分辨率

与图 7-19（a）中物理孔径长度 D_{eff} 相比，合成孔径长度 L_{eff} 可以远大于单个物理孔径的长度，因而可以形成窄的波束，达到改善方位分辨率的目的。合成孔径声呐的方位向空间分辨率是基阵实际长度的一半，而与声呐的工作频率和作用距离无关，因此可以对远距离目标实现高分辨率成像，且可采用较低的工作频率以提高探测距离。综上，合成孔径技术不需要长的接收阵，而是通过合成大型等效换能器基阵，获得不依赖径向距离和频率的方位高分辨率。

合成孔径声呐可以实现高的角度分辨率（即方位向分辨率或径向分辨率）和足够高的距离向分辨率，是一种高分辨率声呐。其中，角度分辨率利用合成孔径原理进行提高，而距离向分辨率的提高则需要借助脉冲压缩技术。成像算法、运动补偿、自聚焦等是合成孔径声呐提高图像质量的关键技术。在设计合成孔径声呐时需要重点考虑以下技术难题：①水声信道及物体散射问题；②基阵平台稳定性及高精度测量技术；③测绘速率与多子阵技术；④合成孔径声呐成像算法。

7.2.3 前视声呐

前视声呐观察区域通常为扇面，因而又称扇扫声呐。前视声呐主要用于水下导航、自主式水下机器人障碍物识别、沉底目标探测等。早期的前视声呐每次仅能够收发单个窄波束，因而一次收发只能得到一个窄波束覆盖的空间。若要增大观察扇面，则需要采用机械或电子的方法转动窄波束，逐步搜索并覆盖观察扇面。随着技术的发展，后来出现了脉冲内波束扫描声呐，这类声呐采用单个宽波束发射以覆盖大扇面，而接收时则采用电子技术在大扇面内快速转动接收窄波束以获取大扇面的方位-距离像。由于接收窄波束在每一个波束方位上停留的时间极短，接收信号能量有损失，导致作用距离缩短。但由于电路简单且成本低廉，脉冲内波束扫描声呐在有些应用中仍然得以采用。

多波束前视声呐通常采用宽波束发射，并利用多个固定的接收波束获取大扇面的方位-距离像，从而避免单波束旋转接收方式引发的问题。图 7-20 所示为多波束前视声呐波束扫描的平面示意，图 7-21 所示为某公司生产的多波束前视声呐及其对水下绳索成像的扇形图。

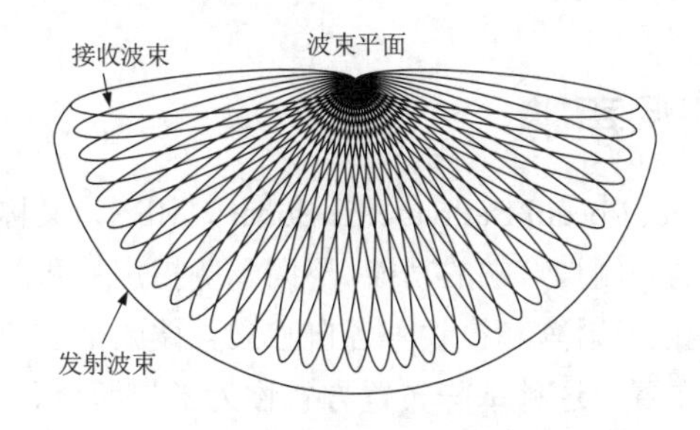

图 7-20 多波束前视声呐波束扫描的平面示意

(a) 多波束前视声呐

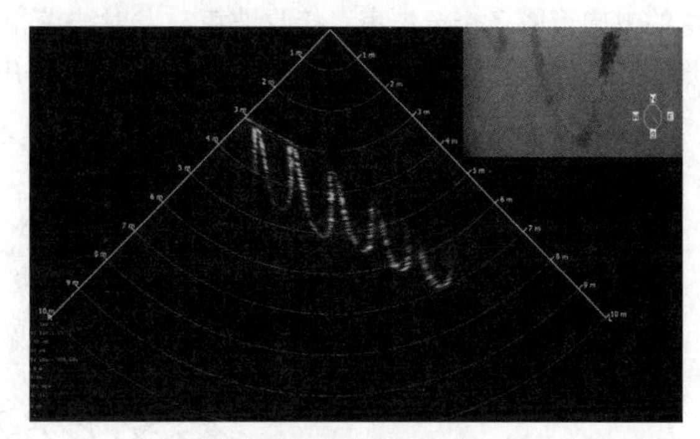

(b) 对水下绳索成像的扇形图

图 7-21 多波束前视声呐及其对水下绳索成像的扇形图

由于扫描方式的不同，多波束前视声呐在载体固定不动时仍可获取同一区域的测量图像，而侧扫声呐则只能在载体不断前进的过程中完成区域测量。总体来讲，侧扫声呐更适用于大面积水下地貌测绘和大范围目标搜寻，而前视声呐则更为灵活，适用于前方避障、近距离目标探测和识别。早期的前视声呐和单波束侧扫声呐存在相似之处，前者通过波束旋转获取多线数据，后者通过载体不断前进实现波束平移并获取多线数据。前视声呐的多线数据通常显示为扇形以避免失真，但在小扇面扫描的情况下，由于多线之间接近平行，也可采用矩形显示。单波束侧扫声呐则通常采用矩形显示，这是因为其扫描线是平行的。多波束侧扫声呐和多波束前视声呐也存在相似之处。不同之处在于：前者波束数通常少于 10 个，单次扫描面小，所接收的多线之间近似平行，一般采用矩形显示；而后者波束数可达数百个（如 256 个波束），单次扫描面大（图 7-21 所示多波束前视声呐的典型水平扇面夹角为 150°），一般需要采用扇形显示。应用前视声呐通常需要考虑以下问题：①数据处理和图像显示；②目标识别与波束设计；③波束稳定。

利用声呐获取目标的距离、角度和深度三维信息，可实现三维成像。具体的方法是基于多波束前视声呐的一维阵列，通过机械旋转获取目标的二维图像序列，再通过三维重建得到目标三维图像。此外，还可利用二维基阵直接获取目标三维空间信息。

现代三维声呐成像系统广泛采用相控阵技术实现真正的三维实时成像，这类系统可同时产生上万个波束强度信号，经过实时信号处理可获取观察场景的三维图像。相控阵三维成像声呐在海上工程实施、海底管道检修、反潜作战、水雷和鱼雷目标识别、水下航行器的避障和导航等方面具有广阔的应用前景。在设计具有实时、高分辨率的相控阵三维成像声呐时需要解决两个关键问题：一是大量前端信号处理通道的设计，包括大量换能器以及相关的模拟信号滤波、放大、采样和数字信号处理等硬件电路的设计；二是海量数据的处理，即根据上万个波束方向强度信号计算获取三维图像的问题。

7.2.4 多波束测深声呐

多波束测深声呐（Multi-beam Bathymetric Sonar，MBS）又称为多波束测深侧扫声呐，这类系统一般兼具测深声呐和侧扫声呐的功能。不同于侧扫声呐和前视声呐常采用的收发基阵合置设计，多波束测深声呐的发射阵和接收阵各自独立且彼此垂直，其中发射阵沿艏艉方向布置，而接收阵垂直于发射阵布置，这种基阵布置方式称为米尔斯交叉（Mills Cross）。工作时，发射阵形成多个窄波束并将其发射到海底垂直于航迹方向的条带区域上，而接收阵沿着与航迹垂直的方向形成多个窄波束。接收波束与发射波束相交形成数百个照射脚印（即交叉区域），仅照射脚印的回波被声呐系统接收处理。图 7-22 给出了多波束测深声呐的波束示意。

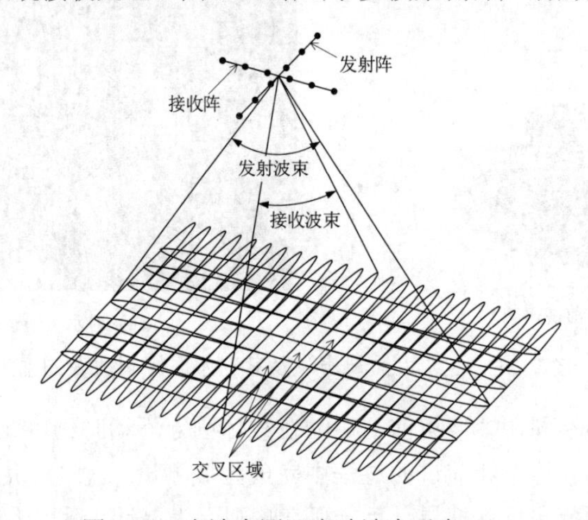

图 7-22 多波束测深声呐波束示意

精确测量海底回波的到达时间（Time of Arrival，TOA）和到达方位（Direction of Arrival，DOA）对于多波束测深声呐至关重要。主要的 TOA 和 DOA 测量方法包括：能量中心、特征函数法，仅测量 TOA 并认为 DOA 与波束指向角相同；海底检测法，基于分裂波束相位检测原理同时实现 TOA 和 DOA 的测量；方位指示（Bearing Direction Indicator，BDI）方法，先准确定位每个波束内回波的 DOA，然后计算该回波的 TOA；加权平均时间（Weighted Mean Time，WMT）方法，与 BDI 方法不同，WMT 方法先将 DOA 固定在每个波束的中心，然后基于 DOA 计算精确的 TOA。为提高多波束测深声呐的测量精度，通常需要解决以下几个问题：①声速及声线跟踪；②辅助参数的测定和滤波；③深度数据滤波；④图像处理。

与侧扫声呐相比，多波束测深声呐具有诸多优势，例如：多波束测深声呐具有高分辨率，由于其基于照射脚印回波进行计算，因此可以获取精确且详细的照射脚印位置和回波强度信息，而侧扫声呐通常仅依靠一个波束照射载体一侧，无法精确获取水下目标或海底位置信息；多波束测深声呐可以照射其下方全部区域，无测量盲区，而使用侧扫声呐测量时其正下方区域为测量盲区（见图 7-18）；多波束测深声呐基于照射脚印回波幅值、相位和角度进行测量，可获取水下目标竖直特征信息，而侧扫声呐无法区分角度不同但距离相同的回波信号，所以不能获取目标竖直方向信息。整体而言，多波束测深声呐更适合在各种测深条件下以高分辨率绘制不规则海底地形地貌图，而侧扫声呐更适合用于障碍物高效检测。通常可结合使用这两类系统，先利用侧扫声呐获取目标轮廓，再利用多波束测深声呐收集目标精确信息。

为得到大范围海底地形地貌图，对多波束测深声呐获取的条带图像还需进行拼接处理。为此，需要统一不同条带图像的几何位置和回波强度值。统一几何位置就是要获取相邻条带重叠区采样点在同一坐标系下的位置，并将重合采样点的位置对应起来。统一回波强度值就是要确定相邻条带之间的接边线或镶嵌线，即选择一条曲线，使按照这条曲线拼接得到的声呐图像在曲线两侧的回波强度变化不显著或变化最小。完成所有条带图像拼接即可得到对应全部测量范围的海底地形地貌图。

7.3 思考题

1. 简述透视相机所形成的图像与被成像物体之间的几何关系。
2. 透视相机中的成像传感器包含哪些类型？
3. 如何保证侧扫声呐显示的地貌图像远近亮度均匀？
4. 为获取目标的距离、角度和深度三维信息，前视声呐可以采用哪些方法？
5. 多波束测深声呐可以采用哪些方法测量海底回波的到达时间和到达方位？

第 8 章

触觉与接近觉传感器

触觉传感器用于模拟人的触觉功能，是机器人发展中的关键之一。触觉传感器按功能大致可分为接触觉传感器、力觉传感器、压觉传感器和滑觉传感器等。其中力觉传感器的基本原理与应用在第 4 章中已讲解，本章重点介绍基于接触觉的柔性触觉传感器的基本原理，以及电子皮肤的应用。

接近觉传感器介于触觉传感器和视觉传感器之间，是机器人用以探测自身和周围物体之间相对位置和距离的传感器。接近觉传感器可以辅助视觉系统，判断对象的方位、外形、表面形状等，进而修正动作规划、躲避障碍、避免碰撞等。本章在各传感器的工作原理基础上，重点围绕实例应用展开讲解。

8.1 触觉传感器

触觉传感器是一种新型电子设备，为机器与周围环境的交互提供了可能性，使用触觉传感器或电子皮肤可以实现机器与环境之间的友好交互。柔性触觉传感器具有柔性好、质量轻、功能多、成本低等优点，在可穿戴电子产品中具有极大的应用潜力。

电子皮肤的触觉感应能力可以概括为对压力、应变、剪切力、振动等的测量能力。在柔性触觉传感器中，常用的将触觉信息转换为电信号的方式包括压阻式、压容式、压电式和摩擦电式，它们的转换机制如图 8-1 所示。

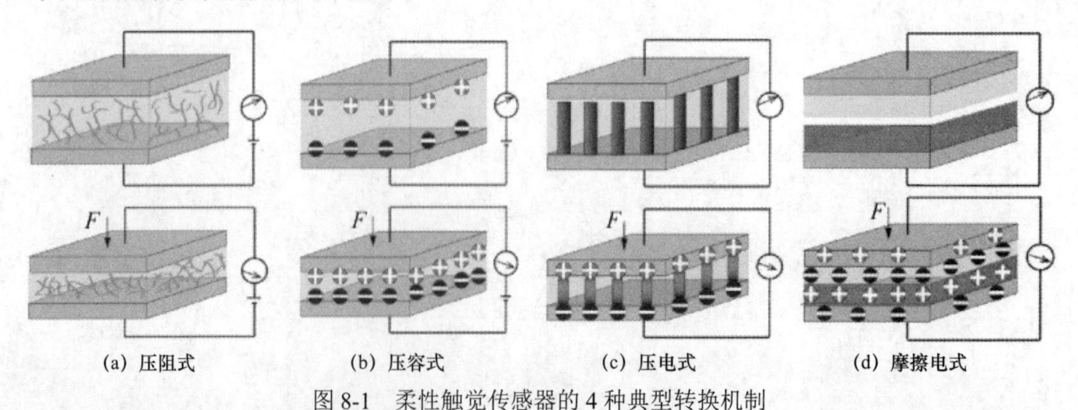

图 8-1 柔性触觉传感器的 4 种典型转换机制

8.1.1 压阻式触觉传感器

压阻式触觉传感器的原理基于压阻效应，即对界面材料施加刺激后，其电阻相应发生变化，图 8-1（a）显示了将机械信号转换为电信号的压阻式触觉传感器的机制。压阻式触觉传感器具有简单的器件结构、低能耗、易于读出的机制和较大的检测范围。在应变式传感器中，电阻变化取决于几何形状和电阻率。接触电阻 R_c 的变化是电阻变化的另一个主要因素。R_c 由于材料之间的几何形状或接触面积的变化而随施加的力变化。R_c 和作用力 F 之间的关系为 $R_c \propto F^{-1/2}$，从而为压阻式触觉传感器提供高灵敏度和相对较大的工作范围。此外，已在硅、碳纳米管和石墨烯中观察到由能带结构变化引起的压阻效应，基本上是由于应力改变了带隙并因此改变了电荷载流子的迁移率。因此，由于电荷载流子的迁移率和密度的变化，电阻率会发生显著变化。

通过在导电复合材料的情况下发生的量子隧穿传导，也可产生压阻效应。通常将导电填料（颗粒、线材、管材或薄片）嵌入绝缘聚合物中。虽然导电填料彼此靠近放置，但通过薄聚合物层绝缘，易形成隧道势垒。由于导电填料的特殊形态，实现了量子隧穿机制，在聚合物的表面会附着具有纳米结构的尖端或高纵横比的粒子。在没有任何机械刺激的情况下，复合材料的电阻值非常大，近似于绝缘体。当外界对其施加压缩、拉伸或扭曲作用时，机械变形会导致导电填料之间的聚合物层厚度减小，从而导致隧道势垒降低。在这种情况下，导电填料形成隧道通路，隧道的传导率增加，复合材料的电阻大幅减小。图 8-2 所示为一种基于石墨烯的压阻柔性触觉传感器及其在人体中的应用。

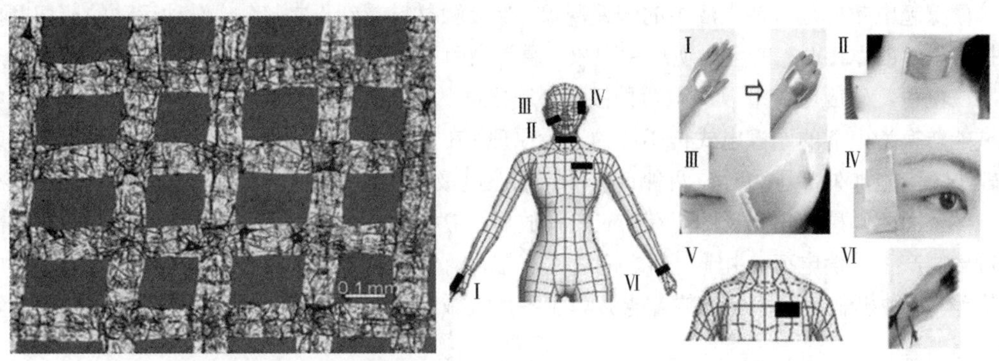

图 8-2 基于石墨烯的压阻柔性触觉传感器及其在人体中的应用

8.1.2 压容式触觉传感器

压容式触觉传感器基于传统电容式传感器制成，电容式传感器的工作原理已在第 2 章介绍过。图 8-1（b）中的电容位于夹着电介质的两个平行板的框架中。用于触觉传感的电容式设备已展示出高灵敏度、与静态力测量的兼容性和低功耗。然而，设备容易受到来自改变电容边缘场的接近物体的干扰，并且这种影响可能会在测量过程中导致不确定的信号。

具有弹性电介质的电容式触觉传感器的灵敏度和响应速度通常受到橡胶的黏弹性和不可压缩性的限制。触觉传感器的性能可以通过使用高度可压缩的电介质来提高。因此，变隙式传感器因其高压缩性而被普遍使用。然而，相对较大的气隙对电容和灵敏度有影响。通过将电介质加工成锥形，能够显著减小块状弹性体黏弹性特性的不利影响，并且电介质可以被做得更薄。具有高电容的小厚度电介质已被用于高灵敏度的触觉传感器。

8.1.3 压电式触觉传感器

压电式是另一种常用的触觉传感转换方式，第 4 章已对其工作原理进行了介绍。由机械应力产生电压的效应称为压电效应，它源自材料中定向的永久偶极子。图 8-1（c）显示了电偶极矩的出现，定向非中心对称晶体结构的变形导致电偶极矩的分离和两侧的压电电压产生。例如，在纤锌矿结构的 ZnO 中，四面体配位的 Zn^{2+}和 O^{2-}沿 c 层逐层堆叠。阴离子和阳离子的电荷中心在它们未受干扰的状态下彼此重合。然而，当对其施加外力时，其结构会发生变形。在这种情况下，阴离子和阳离子的电荷中心分离并形成电偶极矩，从而形成压电势。因此，自由电子被驱动流过外部电路以屏蔽压电电位并达到新的平衡状态。

一般情况下，压电系数是评价压电材料的能量转换效率的物理量。通常压电无机物具有高压电系数但柔韧性低，而压电聚合物表现出高柔韧性。为了开发具有高压电系数的柔性压电式触觉传感器，科研人员已经进行多种尝试，例如使用压电聚合物或无机物/聚合物复合材料，以及在柔性基板上构建压电无机物。由于压电式传感器具有高灵敏度和快速响应的特点，已被广泛应用于动态压力的检测，例如检测声音的振动和滑动。考虑到其独有的能量收集特性，压电材料也有潜力成为开发低功耗或自供电触觉传感器的候选材料。

8.1.4 摩擦电式触觉传感器

摩擦起电效应是日常生活中的普遍现象。当接触材料受到正常接触、滑动运动的剪切摩擦或扭转引起的摩擦时，就会出现这种现象。通常当两种不同的材料相互摩擦时，摩擦表面会产生感应电荷。感应电荷量取决于两种接触材料之间的摩擦电极性差异。图 8-1（d）显示了将机械能转换为电能的摩擦电式传感器的一般原理。在原始状态下，这两种材料的摩擦电极性差异较小。当施加外部压力时，两种具有不同摩擦电极性的材料相互接触，由于摩擦起电效应，在摩擦表面两侧感应出相反的电荷。应变释放后，带相反电荷的两个表面自动分离，并在顶部的每一侧产生补偿电荷。由于材料之间有空气层，两个表面上的电荷不能完全中和，从而形成电位差。这种机制使摩擦起电装置能够响应各种机械刺激产生电信号，因此可以用作自供电触觉传感器。

8.1.5 触觉传感器的关键参数

为保障触觉传感器在实际应用中的有效性，需要评估其关键参数，包括灵敏度、检测限、响应时间、稳定性和可重复性。

灵敏度是反映传感器测量效果和精度的参数。一般情况下，触觉灵敏度定义为

$$S=\mathrm{d}X/\mathrm{d}P \tag{8-1}$$

式中，S 为灵敏度；X 为定量输出量；P 为施加的刺激。当 P 是外加压力时，灵敏度的单位是 kPa^{-1}。在 P 外力作用下产生的是应变，灵敏度无量纲，因此灵敏度也称为规范因子。

检测限表示包含外部最小值和最大值的测量区域刺激。日常活动产生的人体内的典型压力通常分布在低压状态（<10 kPa，例如轻柔触摸）和中压状态（10 kPa～100 kPa，允许物体施加的压力）。触觉传感器的高检测限对于灵敏度的检测以及准确和安全操纵物体至关重要。

响应时间为触觉传感器从开始受到刺激到产生稳定的信号输出的时间消耗。动态响应可以描述为响应和恢复时间，通常表示为上升到最大值或恢复到初始状态所需的时间。在即时响应显示器或实时医疗监控系统中运行的许多触觉传感器需要快速响应（上升沿 < 100 m）。除上述参数外，有时还应考虑与器件功耗相关的外加电压。对于触觉传感器的可持续操作来说，降低工作电压和能耗是巨大的挑战。

8.2 接近觉传感器

根据感知距离，接近觉传感器大致可分为 3 类：感知近距离（1 cm 左右）的感应式接近觉传感器、电容式接近觉传感器；感知中距离（约 30 cm 以内）的红外光电式传感器；感知远距离（30 cm 以外）的超声波传感器、激光传感器。

8.2.1 感应式接近觉传感器

根据测量原理的不同，用于感知近距离的感应式接近觉传感器主要有两种：霍尔接近觉传感器、电涡流接近觉传感器，主要用于感知金属物体。

一、霍尔接近觉传感器

霍尔接近觉传感器是一种磁场传感器，可以将被测量如电流、磁场、位移、压力等转换成电动势输出。霍尔元件是将霍尔片和其信号处理电路集成在同一个芯片上的元件，具有灵敏度高、结构简单、体积小、频率响应宽、输出电压高、使用寿命长等优点。

（1）霍尔接近觉传感器的工作原理。

图 8-3 所示为霍尔元件的恒定电流供电原理。当电流垂直于外磁场通过导体时，载流子发生偏转，在垂直于电流和磁场的方向产生附加电场，从而在导体两端产生电势差，这一现象即霍尔效应。

定义霍尔元件在恒定电流供电下霍尔电压的感应能力为电流磁灵敏度，表示为

$$S_I = \frac{1}{nq_e d} \tag{8-2}$$

式中，n 为电子浓度，q_e 为电子电荷，d 为霍尔元件厚度。

在恒定电流供电下霍尔元件磁灵敏度与霍尔元件厚度 d、电子浓度 n 呈现反比关系。同时，可得出此时霍尔电压 V_H 与磁灵敏度 S_I 关系为

$$V_H = S_I \cdot I_{IN} \cdot B \tag{8-3}$$

式中，B 为磁感应强度。

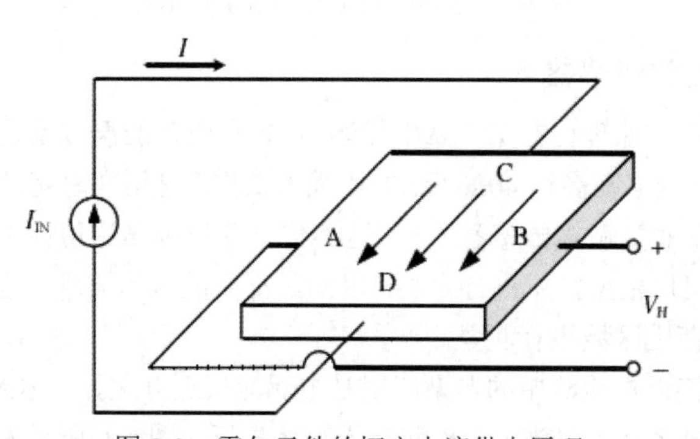

图 8-3 霍尔元件的恒定电流供电原理

霍尔元件的输出电压非常小，即使在强磁场下也仅有几微伏。为了提高传感器的灵敏度、迟滞和输出电压，常见的霍尔元件都内置直流放大器、逻辑开关电路和电压调节器，其内部电路如图 8-4 所示。霍尔元件在产生霍尔电势后，会将其转换为交变电信号，最后传感器内部电路会将信号调整和放大，输出矩形脉冲信号。

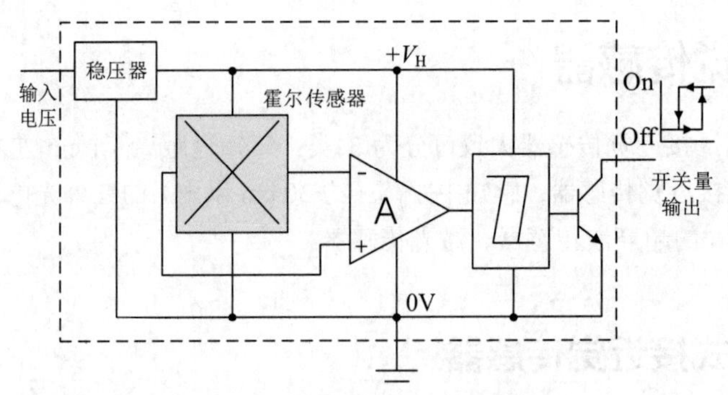

图 8-4 常见霍尔元件内部电路

（2）霍尔接近觉传感器的应用。

霍尔接近觉传感器在水、振动、污垢或油等环境条件下均可用于接近觉检测，在汽车应用中也可以代替光学和光传感器使用。当电流通过导体时，会在其周围产生圆形电磁场。通过将霍尔接近觉传感器放置在导体旁边，无须大型或昂贵的变压器和线圈，即可从产生的磁场中测量从几毫安到数千安的电流。

图 8-5 所示为应用于位置检测的霍尔接近觉传感器工作示意，当不存在磁场时，霍尔接近觉传感器处于“关闭”状态。当永磁体 S 极垂直移动到霍尔接近觉传感器的有效区域时，霍尔接近觉传感器切换为“开启”状态并点亮 LED。一旦切换为“开启”状态，霍尔接近觉传感器将保持“开启”。要将其关闭并“关闭”LED，磁场必须降低到单极传感器的释放点以下，或接近双极传感器的 N 极。

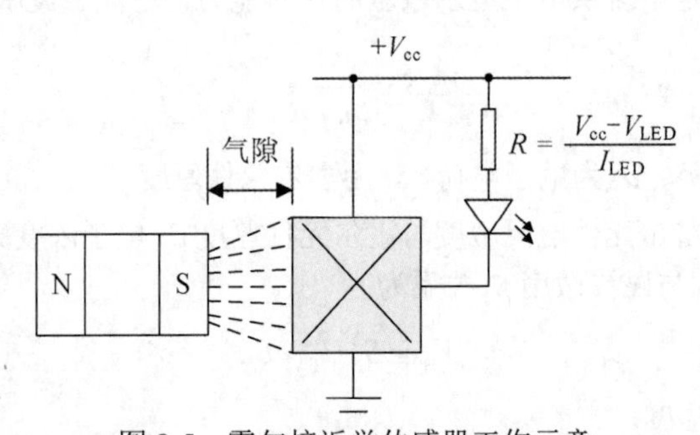

图 8-5 霍尔接近觉传感器工作示意

二、电涡流接近觉传感器

电涡流传感器的工作原理已在第 2 章中描述。其具有出色的温度稳定性以及对压力、温度、污垢、油等的耐受性，能够在高达 4000 bar 的压强下工作，是用在恶劣的工业环境中测量位移和位置的最佳无磨损、非接触式传感器之一。这类传感器能以高达每秒 100 千克样品的速度进行测量，传感器头也可以根据需求进行定制，以满足不同的应用需求。这种传感器的尺寸通常很小，因此适合在小范围区域进行测量。

电涡流传感器在接近觉检测中的典型应用是电涡流接近开关，又称无触点行程开关。它能在一定的距离（几毫米至几十毫米）内检测有无物体靠近。图 8-6 所示为电涡流接近觉传感器（接近开关）的检测原理。当物体接近到设定距离时，就可发出“动作”信号。该传感器的核心部分是感辨头，对正在接近的物体有很高的感辨能力。这种传感器只能检测金属。随着机电一体化智能技术的发展，电涡流接近觉传感器的性能将会得到进一步改善，其检测结果将会更精确，检测距离将会更长，动态检测性能更好。

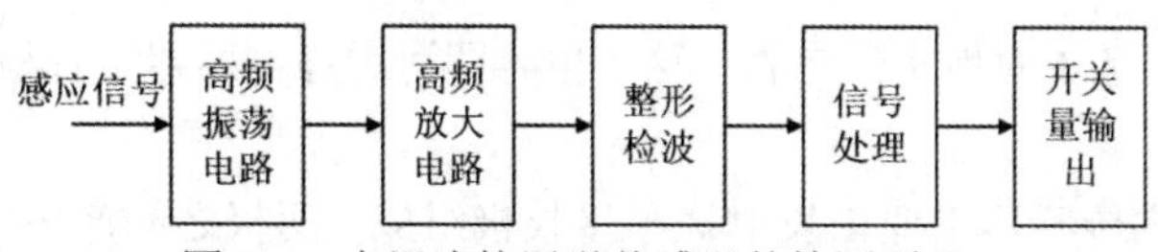

图 8-6 电涡流接近觉传感器的检测原理

8.2.2 电容式接近觉传感器

电容式接近觉传感器类似于感应式接近觉传感器，其主要区别是电容式接近觉传感器产生静电场而非电磁场，不仅可以感应金属材料，也可以感应如纸张、玻璃、液体、布料等非金属材料。

一、电容式接近觉传感器的工作原理

电容式接近觉传感器的结构如图 8-7 所示。电容式接近觉传感器由缠绕电容的两个同心金属电极构成。当物体接近传感器感测表面时，振荡器电路中的电容会改变，而后触发电路读取振荡器的振幅，振幅达到一定范围时，传感器的输出发生变化。当目标远离传感器时，振荡器的振幅减小，传感器的输出将回到原来的状态。

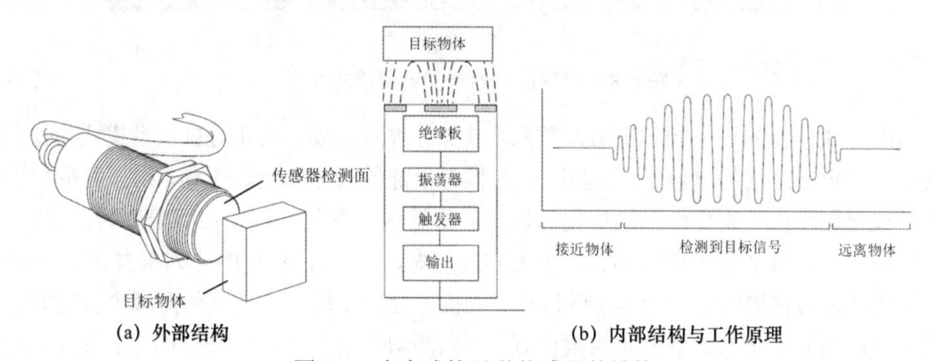

图 8-7 电容式接近觉传感器的结构

振荡器的灵敏度或阈值电平可通过调节电位器、使用集成示教按钮或使用示教线进行远程调节。如果传感器没有调整方法，则必须物理移动传感器才能正确感应目标。提高灵敏度可增大最大检测距离，但也意味着传感器对温度、湿度、污垢等影响因素更加敏感。

二、电容式接近觉传感器的分类与特性

根据原理可将电容式接近觉传感器分为自电容式（Capacitive Single Ended Mode）与互电容式（Mutual Capacitance Mode）两种。在简单的平行片电容中间隔着一层电介质，该系统中的大部分能量聚集在电容极板之间，少许的能量会溢出到电容极板以外的区域，当手指放在电容触摸系统上时，相当于放置于能量溢出区域（称为边缘场），将增加该电容触摸系统的导电表面积。

（1）自电容。

自电容是感应块相对地之间的电容，这个地在这里指的是电路的地。当对感应块施加一个激励信号时，由于自电容的存在，将在感应块和地之间产生一个随激励信号变化的电场。图 8-8（a）所示为自电容模式原理，其中电极由电势驱动，并在测量电极和物体之间产生电场。

自电容式接近觉传感器可以具有与互电容式接近觉传感器相同的 X-Y 网格，但列和行独立运行。使用自电容，电流可感应每列或每行物体的电容负载。这种方式会产生比互电容感应更强的信号，但无法准确分辨多个物体，多个物体出现会导致“重影”或位置感应错误。检测

物体（例如手指）增加了对地寄生电容，这一电容即可通过传感器进行检测。

（2）互电容。

互电容式接近觉传感器主要由发射极和接收极组成，两极之间产生电场，其中大部分能量直接聚集在电容极板之间。少许能量会泄漏到电容极板以外的空间，而由这些泄漏能量所形成的电场被称为边缘场。把手指放在边缘场的附近，将增加电容式传感系统的导电表面积。图 8-8（b）所示为互电容模式原理，其中右电极发射器（T_x）被驱动，产生一个电场，该电场终止于接收器（R_x）。测量范围内的导电物体可以阻挡/屏蔽电极之间的场线。

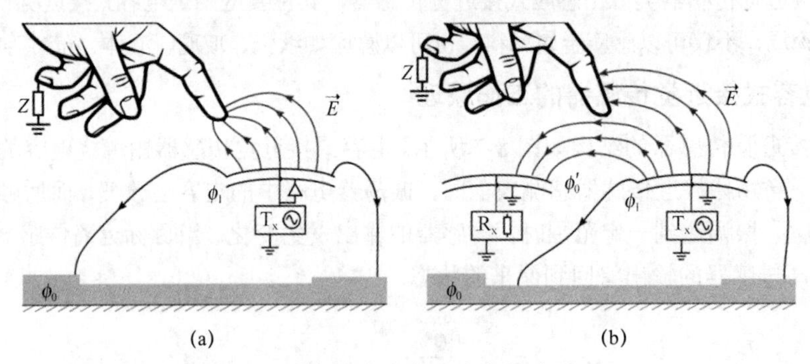

图 8-8　电容自电容与互电容模式原理

与地面有高耦合的导电物体（如人类）可以部分屏蔽电场，因此与自电容模式相比，互电容模式减少了电极之间的电容。如果与地面的耦合很低的物体靠近这个场，则会发生相反的效应，并且耦合程度由于物体内部的极化而提高。根据这种变化，可以实现距离的检测。

每行和每列的每个交叉点处都有一个电容。例如，一个 12×16 的阵列将有 192 个独立的电容，可向行或列施加电压。物体靠近传感器表面，会改变局部电场，从而减少互电容，通过测量另一个轴上的电压来准确确定触摸位置。可以测量网格上每个单独点的电容变化。互电容允许多点触控操作，可以同时准确跟踪多个手指、手掌或触控笔等。

（3）电容式接近觉传感器的特性。

①感应范围比感应式接近觉传感器的大。

电容式接近觉传感器的感应距离通常比感应式接近觉传感器的感应距离长，通常在 5 mm～40 mm。检测范围取决于板直径，因为电容式接近觉传感器测量介电间隙。许多电容式接近觉传感器都配备了感应距离的灵敏度调节控件，以便能够匹配目标物体和应用条件。

②滞后性。

滞后是目标接近感应面时的开启点和目标远离感应面时的关闭点的距离差。如果目标位于切换点，则在传感器设计中考虑滞后性，以防止输出抖动。

滞后以额定感应距离的百分比表示。例如，额定感应距离为 20 mm 的传感器可能具有 15% 或 3 mm 的最大滞后。滞后是一个独立的参数，它不是一个常数，并且会因传感器而异。有几个因素会影响滞后，包括传感器的环境温度和通电传感器产生的热量、气压、相对湿度，传感器外壳的机械应力，传感器内印刷电路板上使用的电子元件，以及灵敏度——更高的灵敏度与更高的额定感应距离和更大的滞后有关。

三、电容式接近觉传感器的应用

（1）机械臂的安全检测与人机交互。

从人机交互安全角度考虑，机械臂在工作过程中需要与人保持一定安全距离。如图 8-9 所示，使用电容式接近觉传感器，人手与电极可构成等效电容结构，通过检测电容变化可反映出人手接近机械臂的情况。

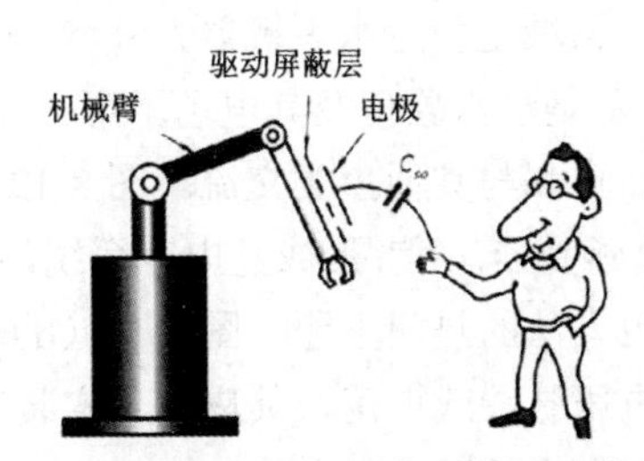

图 8-9 机械臂人机交互原理示意

如图 8-10（a）所示，当在金属装置上或附近使用电容式接近觉传感器时，由于电板与装置的金属部分产生耦合电容，因此它的灵敏度将被严重地降低。减少这种寄生电容的有效方法是使用有源屏蔽装置。当机械臂接近人体或者其他导电物体时，如果控制中心没有事先为其提供接近障碍物的信息，它将发生碰撞。当人体或其他导电物体接近机械臂时，其与机械臂形成一个耦合电容。为了形成电容式传感器，机械臂上覆盖有电隔离的导电保护套，即电极。

耦合电容能用来探测物体的接近。但是，机械臂表面与电极形成了更强大的电容耦合，对电极与物体形成的电场造成干扰。一个好的解决方法是使用中间屏蔽层（Shield）来隔离电极和机械臂，如图 8-10（b）所示。

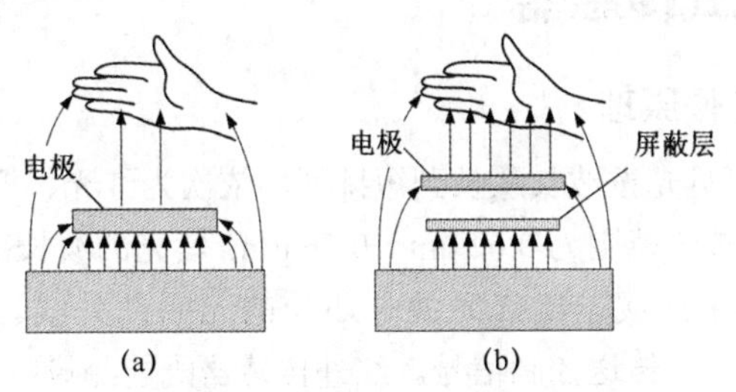

图 8-10 电容式接近觉传感器与人手接近时的工作原理

传感器由覆盖机械臂的复合层装配而成，底层是绝缘体，接着是一个大的导电屏蔽层，然后是另外一层绝缘层，最上层是一个窄片电极。为了减小电极和机械臂之间的电容耦合，屏蔽层必须和电极有相同的电压，即它的电压必须由电极电压驱动（因而称为有源屏蔽）。因此它们之间不形成电场，但是电场仍会从电极下方穿出并朝向物体，以便实现可靠的探测。

图 8-11 所示为矩形波振荡器的简化电路，其频率取决于净输入电容，该电容由传感器对地电容、传感器对目标的电容、目标对地的电容 3 个部分组成。电极通过电压跟随器连接到屏蔽层上。调频信号被反馈到机器人控制器中来控制机械臂的运动。这种方式能在 30 cm 的范围内探测到导电物体的靠近。

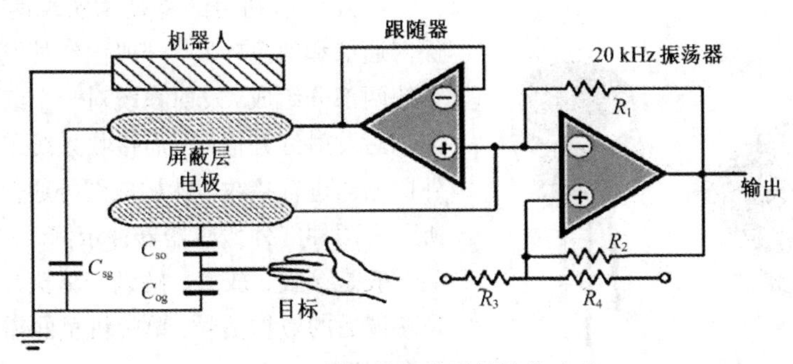

图 8-11 矩形波振荡器的简化电路

（2）仿生水下机器人电容感应系统。

机器人技术中有一个独特的领域是仿生水下机器人领域，在仿生水下机器人中，电容式传感器起着重要作用。图 8-12 所示是淡水象鱼及其电场示意——一项仿生鱼的研究，这项研究的成果是仿生鱼可进行导航、捕食和与其他鱼类交流。图 8-12（a）所示是原产于非洲的淡水象鱼，该种鱼具有电子器官和电感受器，两者形成互电容系统，用于感知周围环境并进行通信。这使它们成为研究仿生接近感应方法的热门主题。图 8-12（b）所示是淡水象鱼产生的电场示意。仿生鱼使用电子器官产生电压脉冲或振荡，其皮肤上安装有电压接收器以检测场的干扰，这些元器件在水中构建类似于空气中的互电容系统。

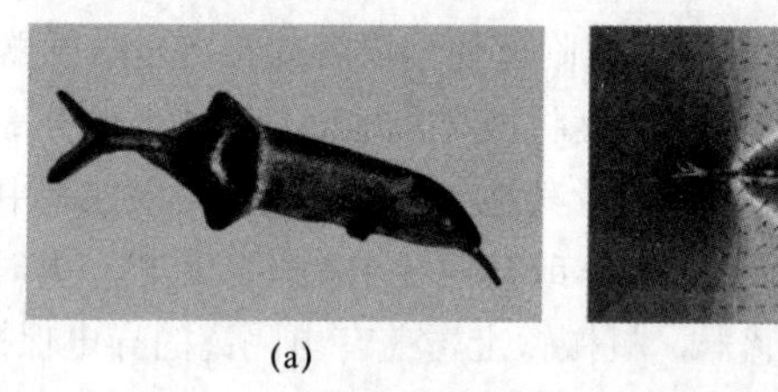

(a)　　　　(b)

图 8-12　淡水象鱼及其电场示意

8.2.3　红外光电式传感器

一、红外传感器工作原理

人的眼睛能看到的可见光按波长从长到短排列，依次为红光、橙光、黄光、绿光、青光、蓝光、紫光。其中红光的波长范围为 0.62 μm～0.76 μm；紫光的波长范围为 0.38 μm～0.46 μm。比紫光波长还短的光叫紫外线，比红光波长还长的光叫红外线。红外传感器利用波长为 0.76 μm～1.5 μm 的近红外线传送控制信号。红外传感器既能测量物体的热量，又能检测物体的运动。通常，在红外光谱中，所有物体都会发出某种形式的热辐射。这些类型的热辐射对人眼是不可见的，但可以通过红外传感器探测到。

红外传感器主要由发射器和探测器组成。发射器是一个红外发光二极管，探测器是一个红外光电二极管，对红外发光二极管发出的相同波长的红外线敏感。当红外线照射到红外光电二极管上时，电阻和输出电压将随接收到的红外线的强度成比例变化。红外接收头一般是接收、放大、解调一体头，一般红外信号经接收头解调后变为数字信号，数字信号的区别通常体现在高低电平的时间长短或信号周期上。单片机解码时，通常将接收头输出引脚连接到单片机的外部中断，结合定时器判断外部中断间隔的时间从而获取距离数据，其中的重点是对数字信号波形的分析与计算。

图 8-13　两种红外传感器器件示例

红外通信利用红外技术实现两点间的近距离保密通信和信息转发，一般由红外发射系统和接收系统两部分组成。发射系统对一个红外辐射源进行调制后发射红外信号，而接收系统用光学装置和红外探测器进行接收，就构成红外通信系统。图 8-13 所示为两种红外传感器器件示例。三引脚红外接收头一般是接收、放大、解调一体头，接收头输出的是解调后的数据信号，单片机里面需要设置相应的读取程序。

二、红外遥控系统

常用的红外遥控系统一般分发射和接收两个部分。发射部分的主要元件为红外发光二极管，它实际上是一种特殊的发光二极管，由于其内部材料不同于普通发光二极管，因而在其两端施加一定电压时，其发出的是红外线而不是可见光。目前大量使用的红外发光二极管发出的红外线波长为 940 nm 左右，其外形与普通发光二极管相同，只是颜色不同。红外发光二极管一般有黑色、深蓝色、透明 3 种。判断红外发光二极管好坏的办法与判断普通二极管的一样：用万用表电阻挡量一下红外发光二极管的正、反向电阻即可。红外发光二极管的发光效率要用专门的仪器才能精确测定，而在无仪器条件下只能使用拉距法粗略判定。

接收部分的红外接收二极管是一种光敏二极管。在实际应用中要给红外接收二极管加反向偏压，它才能正常工作，即红外接收二极管在电路中应用时是反向运用的，这样才能获得较高的灵敏度。

由于红外发光二极管的发射功率一般都较小（100 mW 左右），红外接收二极管接收到的信号比较微弱，因此要增加高增益放大电路。前些年常用 μPC1373H、CX20106A 等红外接收专用放大电路。近年来，在设计中大多采用成品红外接收头。成品红外接收头的封装大致有两种：一种采用铁皮屏蔽；另一种采用塑料封装。红外接收头通常具有三引脚，分别为电源正（VDD）、电源（GND）和数据输出（Vo 或 OUT）。红外接收头的引脚排列因型号不同而不尽相同。封装后的红外接收头的优点是不需要复杂的调试和外壳屏蔽，功能与晶体管的类似。红外遥控系统常用的载波频率为 38 kHz，由发射端所使用的频率为 455 kHz 的晶振决定。在发射端要对晶振进行整数分频，分频系数一般取 12，因此 455 kHz/12≈37.9 kHz≈38 kHz。也有一些遥控系统采用 36 kHz、40 kHz、56 kHz 等载波频率，具体由发射端晶振的振荡频率来决定。

红外遥控的特点是不影响周边环境、不干扰其他电器设备，由于红外线无法穿透墙壁，故遥控不同房间的家用电器可使用通用的遥控器而不会产生相互干扰；电路调试简单，只要按给定电路连接无误，一般不需任何调试即可投入使用；编解码容易，可进行多路遥控。

三、红外传感器的应用

红外传感器用于各种基于传感器的项目中，也用于测量温度的各种电子设备中。

（1）辐射温度计。

红外传感器用于辐射温度计中，根据物体的温度和材料测量温度。这类温度计具有不与物体直接接触即可测量、更快的响应、简单的图案测量等特性。

（2）火焰监测器。

火焰监测器用于检测火焰发出的光，并监测燃烧情况。火焰发出的光从紫外（UV）区域类型延伸为红外（IR）区域类型。PbS 探测器、PbSe 探测器、双色探测器、热电探测器是火焰监测器中常用的几种探测器。

（3）水分分析仪。

水对特定波长的红外光具有强烈的吸收特性。水分分析仪使用特定波长（1.1 μm、1.4 μm、1.9 μm 和 2.7 μm）的红外光与参考波长的光照射被测物，被测物中所含的水会吸收部分红外光的能量，水分分析仪通过测量反射光的减少量，可以计算被测物的水分含量（特定波长反射光与参考波长反射光之比）。

（4）气体分析仪。

红外传感器用于利用红外区气体吸收特性的气体分析仪中时。测量气体密度的方法有两种：色散法和非色散法。

①色散法：发射光被分光器分为单色光，根据红外区气体的吸收特性分析气体成分和样品量。

②非色散法：常用的测量气体密度的方法，利用吸收特性。非色散法使用离散的光学带通滤波器，类似于用于眼睛保护的太阳镜，用于滤除不需要的紫外线辐射。这种结构通常被称为非色散红外（NDIR）结构。非色散气体分析仪用于大多数商用红外仪器中，如用于汽车尾气燃料泄漏检测。

（5）红外成像器件。

红外成像器件是红外传感器的主要应用之一，多用于热像仪、夜视仪等器件中。例如，水、岩石、土壤、植被、大气和人体组织都会发出红外辐射，热红外探测器就用于在红外范围内测量这些辐射，并在图像上绘制物体/区域的空间温度分布图。热像仪镜头通常由锑铟、锗汞或碲汞镉材料制成。

在检测地貌时，使用液氦或液氮将电子探测器冷却至低温，确保红外成像电子设备探测器记录的辐射能（光子）来自地形，而不是来自扫描仪内部物体的环境温度。

8.2.4 超声波传感器

超声波传感器具有坚固和低成本的特点，且在硬件升级和软件适配方面具有高适用性和高可靠性，适用于距离测量，被广泛应用于消费和工业领域。

超声波传感器发射超声波并将反射声波转换为电信号，以确定到目标物体的距离。超声波比人类可听见的声音传播得更快。超声波传感器主要由两部分组成，分别是产生声音的压电晶体发射器和声音接收器。

一、超声波传感器的工作原理

超声波传感器通过以高于人类听觉范围的频率发射声波来工作。为了接收和发送超声波，传感器的换能器起到话筒的作用。与许多其他传感器一样，超声波传感器使用单个传感器发送声波并接收回波。传感器通过测量发送和接收超声波脉冲之间经过的时间来计算到目标的距离。传感器发出一个频率为 40 kHz 的超声波脉冲，超声波脉冲在空气中传播时，如果遇到障碍物或目标物体，会被反射回传感器。从发射位置到障碍物或目标物体的距离可以通过传播时间乘以声速来估算。

发射声波与回波的时间间隔与障碍物或目标物体与传感器之间的距离成正比。操作范围可以根据宽度和在感应范围内的位置进行调整。超出测量距离上限的障碍物或目标物体无法令传感器输出产生变化，称为“背景消隐”现象。

在图 8-14 中，两个具有相同感应范围的超声波传感器平行安装，目标物体与声锥垂直。在这种情况下，两个传感器之间的距离决定了感应范围。例如，当传感器的感应范围在 6 cm～30 cm，则两个传感器之间的距离至少为 15 cm。表 8-1 列出了传感器距离与感应范围之间的关系。

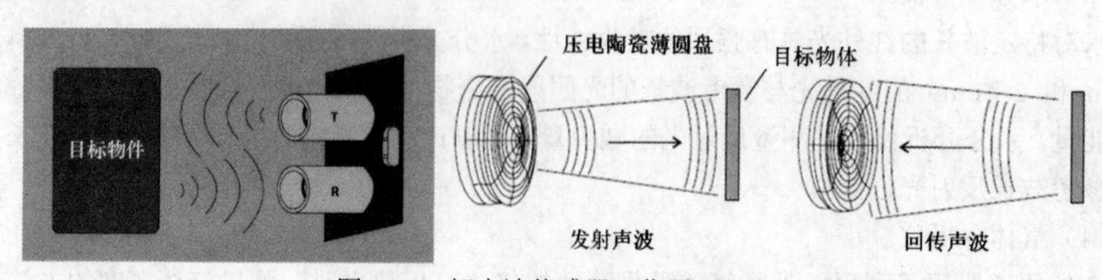

图 8-14 超声波传感器工作原理示意

表 8-1 传感器距离与感应范围之间的关系

感应范围/cm	传感器距离/cm
6～30	>15
20～130	>60
40～300	>150
60～600	>250
80～1000	>350

二、超声波传感器问题与解决方案

超声波传感器应用起来简单，成本也很低。然而，目前的超声波传感器都有一些缺陷，例如反射问题、噪声问题、交叉问题。

（1）反射问题。

在实际应用中，产生的波形应该是三维的，类似柱状体。在机器人应用中，超声波传感器主要用来探测物体的距离以及物体相对于传感器的方位，以便进行避障动作。理想的波形是矩形，这样不但可以准确地获得物体的距离值，而且可以准确地获得方位值，即正前方。然而在实际中，超声波的波束根据应用不同，有宽波束和窄波束。宽波束的传感器会检测到任何在波束范围的物体，可以检测到物体的距离，但是无法检测到物体的方位，误差最高会有 100° 左右，机器人将无法准确地确定其避障动作。作为只需要探测物体有或者无的传感器来说，宽波束的传感器是比较理想的。同理，窄波束可以相对宽波束获得更加精确的方位角。在选择超声波传感器的时候，这个波形特性是必须要考虑的。

图 8-15（a）所示是三角误差，当被测物与传感器成一定角度的时候，所探测的距离和实际距离存在三角误差。

图 8-15（b）所示是镜面反射，这和高中物理介绍的光的反射是一样的。在特定的角度下，发出的声波被光滑的物体镜面反射出去，因此无法产生回波，也就无法产生距离读数。这时超声波传感器会忽视这个物体的存在。

图 8-15（c）所示是多次反射。这种情况在探测墙角或者类似结构的物体时比较常见。声波经过多次反射才被传感器接收到，因此实际的探测值并不是真实的距离值。

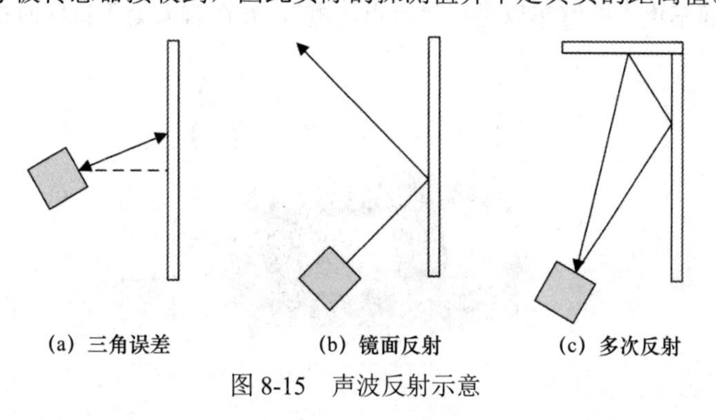

图 8-15 声波反射示意

这些问题可以通过使用多个按照一定角度排列的超声波传感器解决。通过探测多个超声波传感器的返回值来筛选出正确的读数。

（2）噪声问题。

虽然多数超声波传感器的工作频率为 40 kHz～45 kHz，远远高于人类能够听到的频率。

但是周围环境也会产生类似频率的噪声。比如，电机在转动过程会产生一定的高频噪声；轮子在比较硬的地面摩擦所产生的高频噪声；机器人本身抖动产生的噪声；当有多个机器人时，其他机器人超声波传感器发出的声波。这些噪声都会引起传感器接收到错误的信号。

这个问题可以通过对发射的超声波进行编码来解决，比如发射一组波长不同的声波，只有当探测头检测到与发射波一致的声波的时候，才进行距离计算。这样可以有效地避免由环境噪声所引起的误读。

（3）交叉问题。

交叉问题是当多个超声波传感器按照一定角度被安装在机器人上的时候所引起的，如图8-16所示。

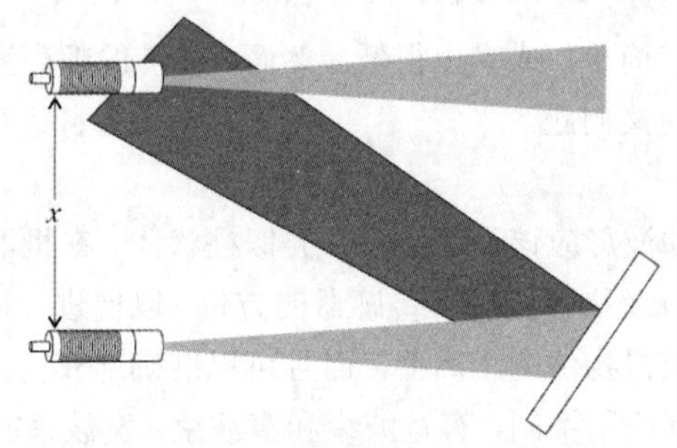

图8-16 多超声波传感器检测交叉问题示意

下方传感器发出的声波，经过镜面反射，被上方传感器接收，并且上方传感器根据这个信号来计算距离值，从而干扰获得正确的测量值。

要解决这个问题可以通过对每个传感器发出的信号进行编码，让每个超声波传感器能识别出“自己的声音”。

三、超声波传感器的应用

（1）辅助驾驶中的目标检测

图8-17所示为汽车辅助驾驶中使用超声波传感器实现目标检测的示意。许多主要的汽车制造商和技术公司都在测试能完全自动驾驶的自动驾驶汽车，现正在研发的自动驾驶汽车（以及结合了驾驶员辅助技术的汽车）都广泛使用传感器来监控道路和周围环境。例如，超声波传感器可以检测相邻车道上的汽车以进行“盲点检测”，并在有人处于盲区时提醒驾驶员。

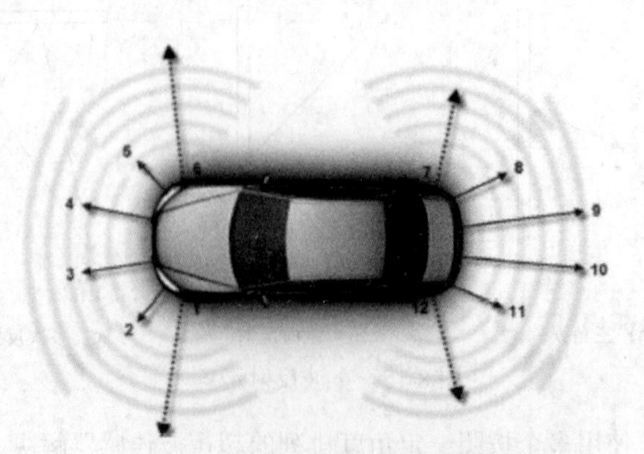

图8-17 汽车辅助驾驶目标检测示意

超声波传感器可以通过检测汽车前后的汽车或其他物体何时靠近来防止碰撞。例如，在停车时，传感器可以监视汽车与墙壁或其他车辆的距离，并提醒驾驶员停车。这同样适用于汽车行驶时，因为即使两个物体都在运动中，这些传感器也可以正常工作。

（2）工业中的应用。

图 8-18 所示为超声检测在工业中的多种应用示意。

图 8-18 超声检测在工业中的多种应用示意

下面对直径检测、凹陷检测、液位检测进行简单介绍。

①超声波直径检测。超声波传感器可以帮助保持自动化生产线的平稳运行。使用印刷设备时，例如那些印刷报纸或杂志的设备，纸张通常以一卷开始，随着纸张的使用，纸卷的直径会减小。使用超声波传感器，该设备可以自动检测纸卷余量，以便更换为新的纸卷，而不会降低生产率。超声波传感器也可以与吸声材料一起使用，例如橡胶或填料。

②超声波凹陷检测。超声波传感器可以确保将可能在制造或其他工业环境中使用的任何传送带、电线或电缆放置在准确的位置。电缆下垂会减慢或停止生产线，应用超声波传感器可以自动检测这些设备是否运行均匀，甚至是否需要拧紧。超声波传感器可以实现非常高的测量精确度，这意味着它们甚至可以检测到微小的缺陷或故障。此外，在制造过程中可能产生的像灰尘这样的微粒不会影响其感应能力。

③超声波液位检测。这是食品生产行业中过程自动化的一个示例。超声波传感器采用卫生设计，并完全以不锈钢封装，即使在处理食品时也能保持良好的性能。例如，它可以通过监测牛奶和凝乳酶的含量，帮助乳品厂连续生产奶酪，控制原料配比。

8.2.5 激光传感器

激光传感器是利用激光技术进行测量的传感器，它能把被测物理量（如长度、流量、速度等）转换成光信号，然后应用光电转换器把光信号转变成电信号，通过相应电路的过滤、放大、整流得到输出量，从而算出被测量。激光传感器的发展迅速，在现代科技、医疗、汽车等领域都有广泛应用。

一、激光传感器的工作原理

图 8-19 所示为激光传感器。激光传感器由激光器、激光检测器和测量电路等组成。其优点是能实现无接触远距离测量，速度快，精度高，量程大，抗光、电干扰能力强等。

图 8-19 激光传感器

图 8-20 所示为激光传感器测量的基本原理示意，其原理是光学三角法。激光传感器工作时，激光发射二极管首先对准目标发射激光脉冲，激光被目标反射后向四面八方散射。即半导体激光器（1）发射的激光被镜片（2）聚焦到目标（6 或 7）；反射光被镜片（3）收集，投射到 CCD 阵列（4）上；信号处理器（5）通过三角函数计算 CCD 阵列（4）上的光点位置从而得到传感器距目标（6 或 7）的距离。

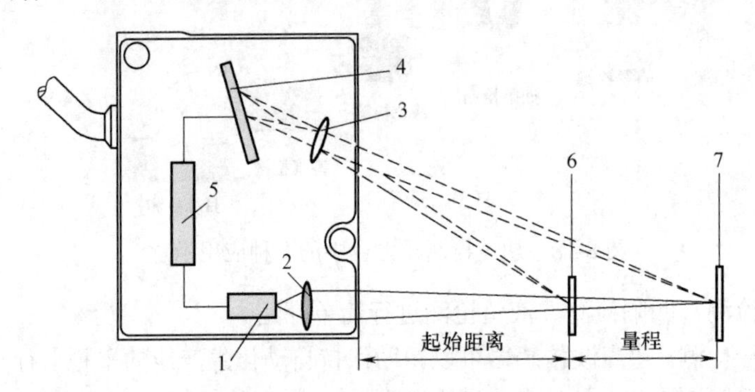

图 8-20 激光传感器测量的基本原理示意

1—半导体激光器；2、3—镜片；4—CCD 阵列；5—信号处理器；6—目标 a；7—目标 b。

激光传感器可以通过记录和处理从发出光脉冲到接收到光脉冲的时间来确定目标距离。由于光速太快，激光传感器难以准确测量传输时间。例如，光速约为 3×10^8 m/s，为了达到 1 mm 的分辨率，传感器的电子电路需要能区分以下极短的时间：0.001 m/(3×10^8 m/s)=3 ps。需要区分 3 ps 的时间，即对电子技术要求高，实现成本高。但是当前的激光传感器巧妙地避开了这个问题，采用了一种简单的统计原理，即平均法，实现了 1 mm 的分辨率，并且可以保证响应速度。

二、激光传感器的应用

（1）激光测长。

精密测量长度是精密机械制造工业和光学加工工业的关键技术之一。现代长度计量多是利用光波的干涉现象来进行的，其精度主要取决于光的单色性的好坏。激光是理想的光源，它比以往较好的单色光源（氪-86 灯）还纯约 10 万倍。因此激光测长的量程大、精度高。由光学原理可知单色光的最大可测长度 L 与波长 λ 和谱线宽度 δ 之间的关系是 $L=\lambda/\delta$。用氪-86 灯可测的最大长度为 38.5 cm，对于较长物体需分段测量从而使精度降低。若用氦氖气体激光器，则最大可测几十千米。一般测量数米之内的长度，其精度可达 0.1 μm。

（2）激光测距。

激光测距的原理与无线电雷达的相同，对准目标发射激光后，测量激光的往返时间，再乘以光速即得到往返距离。由于激光具有高方向性、高单色性和高功率等优点，这些对于测远距离、判定目标方位、提高接收系统的信噪比、保证测量精度等都非常关键，因此激光测距仪日益受到重视。在激光测距仪基础上发展起来的激光雷达不仅能测距，还可以测目标方位、运动速度和加速度等，已成功地被用于人造卫星的测距和跟踪。例如，采用红宝石激光器的激光雷达测距范围为 500 km～2000 km，误差仅为几米。目前常采用红宝石激光器、钕玻璃激光器、二氧化碳激光器以及砷化镓激光器作为激光测距仪的光源。

（3）激光测厚。

利用三角测距原理，在 C 型架的上、下方分别安装一个精密激光测距传感器，将激光器发射出的调制激光打到被测物的表面，对线阵 CCD 的信号进行采样处理。线阵 CCD 摄像机在控制电路的控制下同步得到被测物到 C 型架的距离，通过传感器反馈的数据来计算中间被测物的厚度。由于检测是连续进行的，因此可以得到被测物的连续动态厚度值。

①单激光位移传感器测厚。

将被测物放在测量平台上，测量出传感器到平台表面的距离，然后测出传感器到被测物表面的距离，经计算后测出厚度。要求被测物与测量平台之间无气隙，被测物无翘起。这些严格要求只有在静态情况下能实现。

②双激光位移传感器测厚。

在被测物上方和下方各安装一个激光位移传感器，被测物厚度 $D=C-(A+B)$。其中，C 是两个传感器的距离，A 是上面传感器到被测物的距离，B 是下面传感器到被测物的距离。在线厚度测量用这种方法的优点是可消除被测物振动对测量结果的影响。但同时对传感器安装和性能有要求。保证测量准确性的条件是：两个传感器发射光束必须同轴，两个传感器扫描必须同步。同轴是靠安装实现的，而同步要通过安装同步端激光传感器实现。

（4）激光测振。

激光测振基于多普勒原理测量物体的振动速度。多普勒原理是指：若波源或接收波的观察者相对于传播波的介质而运动，那么观察者所测到的频率不仅取决于波源发出的振动频率，还取决于波源或观察者的运动速度的大小和方向。所测频率与波源频率之差称为多普勒频移。在振动方向与观测方向一致时，多普勒频移 $f_d=v/\lambda$，式中 v 为振动速度，λ 为波长。在激光多普勒振动速度测量仪中，由于光往返，$f_d=2v/\lambda$。这种测振仪在测量时由光学部分将物体的振动转换为相应的多普勒频移，并由光检测器将此频移转换为电信号，再由电路部分做适当处理后将信号送往多普勒信号处理器，多普勒信号处理器将多普勒频移信号变换为与振动速度相对应的电信号，最后将信号记录于磁带。这种测振仪采用波长为 6328 Å 的氦氖激光器，用声光调制器进行光频调制，用石英晶体振荡器加功率放大电路作为声光调制器的驱动源，用光电倍增管进行光电检测，用频率跟踪器来处理多普勒信号。它的优点是使用方便，不需要固定参考系，不影响物体本身的振动，测量频率范围宽、精度高、动态范围大；缺点是测量过程受其他杂散光的影响较大。

（5）激光测速。

激光测速是基于多普勒原理的一种激光测速方法。激光多普勒流速计使用较多，可测量风洞气流速度、火箭燃料流速、飞行器喷射气流流速、大气风速和化学反应中粒子的大小及汇聚速度等。

8.3 思考题

1. 柔性触觉传感器有哪几类？简述各类柔性触觉传感器的工作原理。
2. 简述柔性触觉传感器的关键参数。
3. 简述感应式接近觉传感器的分类及工作原理。
4. 简述红外传感器的工作原理。
5. 简述使用超声波传感器检测时存在的问题及解决办法。
6. 举例说明一种接近觉传感器的应用场景及工作原理，并分析这类传感器有何潜在应用。

第 9 章

味觉、嗅觉与听觉传感器

机器人的味觉、嗅觉、听觉传感器分别对应模拟了人的口、鼻、耳的功能。其中，新型味觉传感器与嗅觉传感器均采用模拟生物工作原理的仿生检测技术，基于传统的化学与生物传感器构建。其原理是通过特殊材料或特殊结构获取混合介质，通过一些物理化学反应，将分子信息转换为相应的电信号。听觉传感器通过声波振动传感器将声音信号转换成电信号。听觉传感器的检测原理为对波的识别，可检测比人耳能听到的更广的声波范围。语音信号的处理是听觉感知技术的重点研究内容，涉及语音消噪、信号预处理、特征提取、语音模型构建、信号匹配等多种关键技术。

本章首先介绍仿生嗅觉与味觉传感器系统的工作原理，然后介绍听觉传感器的结构原理，并简单介绍语音识别系统。

9.1 仿生嗅觉与味觉传感器

仿生嗅觉与味觉传感器主要由生物功能部件和微纳传感器两部分组成。其中，生物功能部件作为敏感元件，与目标分子或离子结合并产生特异性的响应；微纳传感器作为换能器，将响应信号转化为更易于处理和分析的光、电等物理信号。近年来，随着嗅觉和味觉生物机理研究愈发深入，对仿生嗅觉和味觉传感器的研究也取得了突破性的进展，并且开始在基础研究和实际应用中“崭露头角”。与传统气相和液相检测仪器相比，仿生嗅觉与味觉传感器继承了生物化学感受系统具有的优点，在灵敏度、响应时间、特异性等指标上都略胜一筹，在食品安全、环境监测以及疾病检测等多个领域都拥有广阔的应用前景。

随着国际上传感技术和微机电系统技术的快速发展，仿生嗅觉与味觉传感技术通过不同传感原理的化学和生物传感器，实现了对特定气味和味觉物质的检测。尽管目前还不能替代复杂的化学分析设备，但由于在便携性、操作以及价格等方面具有优势，仿生嗅觉与味觉传感器在日常生活中得到广泛应用。随着生命科学的发展，将生物敏感材料替换化学传感器的新一代仿生嗅觉与味觉传感技术更好地利用生物体的优越性，可以弥补电子鼻、电子舌在响应速度、灵敏度、特异性上的不足。利用生物体嗅觉与味觉系统复杂、精密的传感检测能力，结合工程技术生物信号解析和识别技术，使生物信号转换成可读取的检测信息，开发出新一代智能嗅觉和味觉传感系统，将进一步推动仿生嗅觉与味觉传感技术的发展。

9.1.1 人工嗅觉与味觉系统

生物体嗅觉和人工嗅觉的差异如图 9-1 所示。气味分子样本通过生物体鼻腔内的黏液和纤毛作用于嗅上皮感受细胞（嗅觉感受细胞）。嗅上皮含有数以百万计的感受细胞，嗅觉受体位于这些感受细胞的细胞膜上，可通过嗅球将化学信号转化为神经电信号。这些神经电信号再由嗅觉皮层神经网络进行解码和识别。在设计模拟生物嗅觉的人工嗅觉系统——电子鼻时，将电子传感器阵列作为嗅觉受体阵列，信号处理系统（如计算机等）则作为嗅觉皮层神经网络，通过前处理器和模式识别判别细菌种群类型。

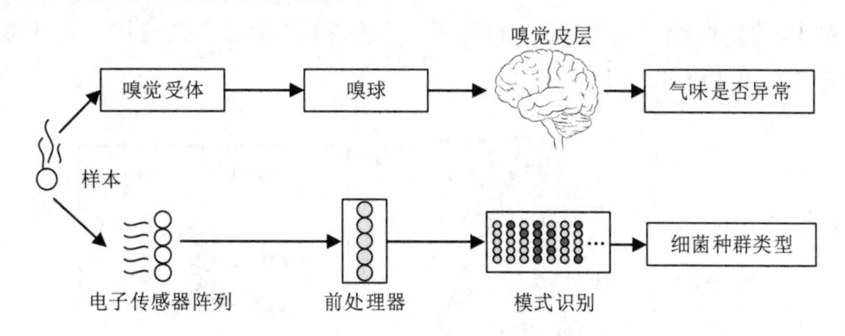

图 9-1 生物体嗅觉与人工嗅觉的差异

味觉与嗅觉类似，都通过上皮组织中的化学感受细胞实现目标分子的捕获，以及从化学信号到电信号的转换。不同之处在于，嗅觉感受细胞是神经元，在与气味分子结合后可产生动作电位；而味觉感受细胞包裹于味蕾之中，没有产生动作电位的能力，其顶部微纤毛与味觉物质结合后引起神经递质的释放，通过突触引起传入神经的兴奋。尽管味觉和嗅觉系统将化学信号转换为电信号的过程略有不同，但是最终的电信号中同样携带有化学信息，结合传感器芯片可以高速检测并记录到电信号。

图 9-2 所示为基于微电极阵列（Microelectrode Array，MEA）芯片的味觉传感系统。以味觉上皮组织细胞为敏感元件，以微电极阵列作为换能器的味觉仿生传感系统，用于苦味、咸味和鲜味等的检测，发展了新型的仿生味觉细胞传感技术。

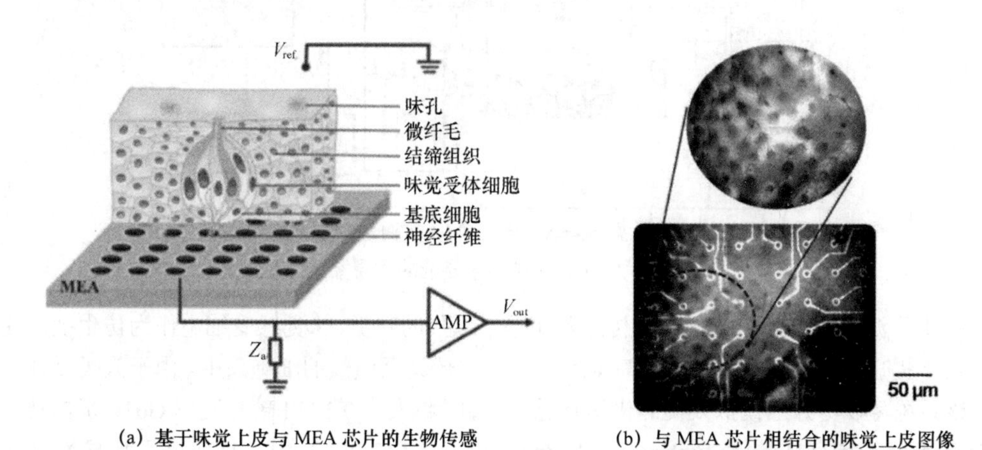

(a) 基于味觉上皮与 MEA 芯片的生物传感　　(b) 与 MEA 芯片相结合的味觉上皮图像

图 9-2 基于微电极阵列芯片的味觉传感系统

9.1.2 嗅觉与味觉传感技术分类

一、基于细胞的仿生传感技术

基于细胞的生物传感器将活细胞作为敏感元件，可以用来检测生物活性物质的功能信息。因此，在嗅觉和味觉仿生传感器的开发中，也有不少研究使用原代嗅感觉神经元（Olfactory

Sensory Neurons，OSNs）和味觉感受细胞作为敏感材料。图 9-3 所示为用于检测气味分子的测量系统，其将体外原代培养的嗅感觉神经元与光寻址电位型传感器（Light Addressable Potentiometric Sensor，LAPS）结合，嗅感觉神经元细胞膜表面的特异性受体与气味分子结合后，引起胞内外离子浓度的变化，如图 9-3（a）所示，并最终影响 LAPS 偏置电流的大小，利用该现象可以检测不同的气味分子。此外，使用 LAPS 测试了嗅感觉神经元对抑制剂 MDL12330A 以及兴奋剂 LY294002 的响应，与生物学方法结果一致，基于嗅感觉神经元的 LAPS 测量系统如图 9-3（b）所示。

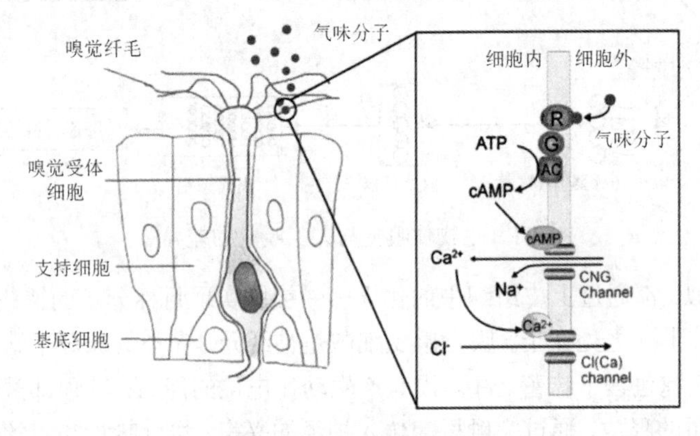

(a) 嗅感觉神经元与纤毛中的离子通道

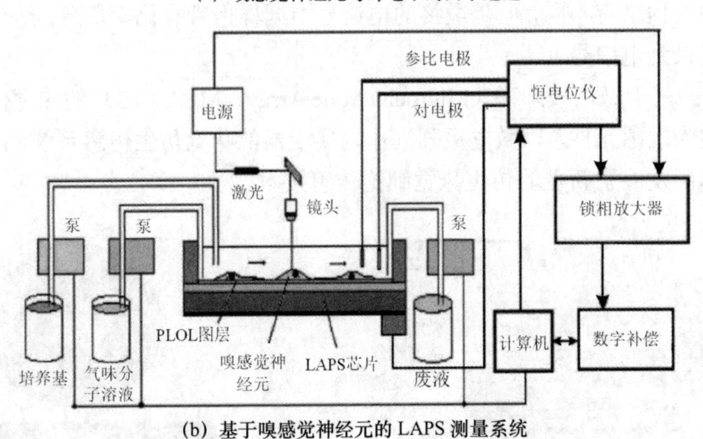

(b) 基于嗅感觉神经元的 LAPS 测量系统

图 9-3 用于检测气味分子的测量系统

基于异源表达细胞的味觉仿生传感器在采用原代的嗅觉、味觉感受细胞作为仿生敏感元件的基础上提出，该传感器将人类的嗅觉或味觉受体转染至成熟的细胞系中。由于人类受体的引入，该系统可以更好地模拟人类的化学感觉。例如，将人类 T2R14 苦味受体 Gα16 蛋白转染至人类胚胎肾细胞（Human Embryonic Kidney-293，HEK-293）中，将转染了特异性受体的 HEK-293 置于细胞阻抗传感器（Electric Cell-Substrate Impedance Sensor，ECIS）表面培养，该系统可以特异性地检测水杨苷等 T2R14 的配体。研究表明，味觉受体被广泛表达于很多非味觉组织和细胞中，如胃肠道细胞、器官上皮细胞、小鼠精细胞等。

二、基于受体蛋白的仿生传感技术

生物识别气味分子和味觉物质的基础是位于嗅觉和味觉感受细胞纤毛上的受体，基于此衍生了基于受体的仿生传感器，其中受体的活性极大地影响传感器的性能。嗅觉受体是疏水的 G 蛋白耦联受体（G Protein-Coupled Receptor，GPCR），其 7 段跨膜结构需要细胞膜的支持。目前，开发基于受体的嗅觉仿生传感器在研究中仍是极大的挑战。

为解决该问题，可直接从原代嗅觉组织中提取嗅觉受体，并将其作为敏感元件固定在传感器表面。从牛蛙的嗅上皮细胞中分离出嗅觉蛋白，并将其固定在传感器的表面，用来测定不同的挥发性有机物。还可利用异源表达系统，将带有嗅觉受体的细胞膜作为敏感元件与换能器耦合，构建嗅觉仿生传感器，其中常用的异源表达系统包括 HEK-293 细胞、人类乳腺癌细胞 MCF-7 和真菌等。图 9-4 所示为基于声表面波（Surface Acoustic Wave，SAW）传感器和大肠杆菌嗅觉受体 ORD-10 的仿生嗅觉传感器。

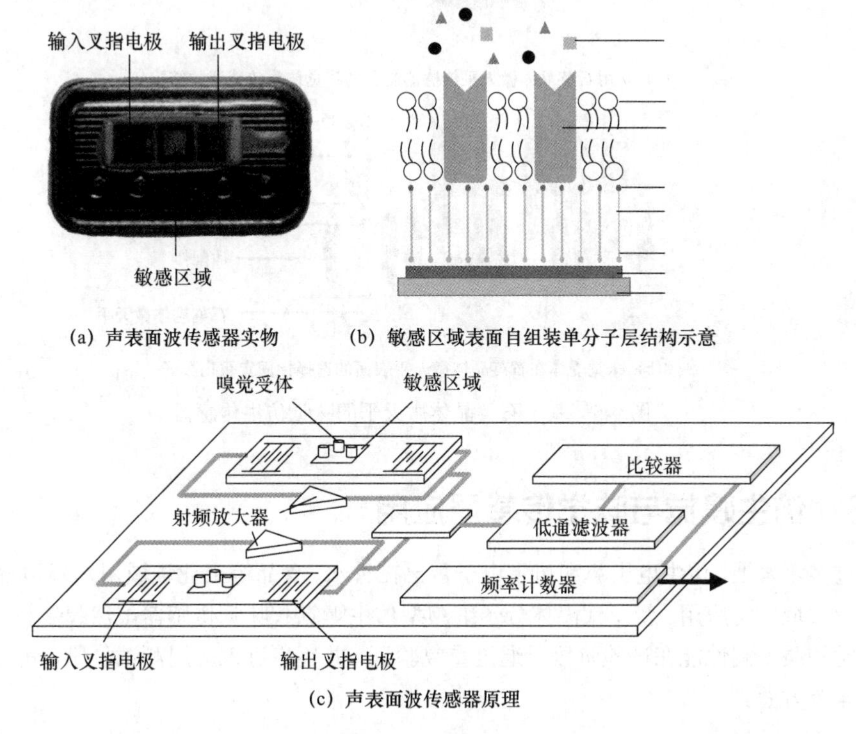

图 9-4 基于声表面波（SAW）传感器和大肠杆菌嗅觉受体 ORD-10 的仿生嗅觉传感器

另外，昆虫对气味分子的识别需要嗅觉结合蛋白的参与。嗅觉结合蛋白与疏水的气味分子结合后，使气味分子的亲水性增强，并将气味分子运载至受体上的特异性结合位点。嗅觉结合蛋白拥有与嗅觉受体相当的灵敏度和特异性，但其结构更为简单。

与嗅觉受体类似，味觉受体中的苦味、甜味、鲜味受体也是 G 蛋白耦联受体，研发基于此类受体的味觉仿生传感器同样具有难度。研究表明，可将人类味觉受体 hT1R2+hT1R3 异质二聚体表达在 HEK-293 细胞的细胞膜上，将细胞振碎成为带有味觉受体的纳米囊泡，并固定在场效应管传感器表面，这为甜味物质检测提供了新的传感技术。然而，酸味和咸味受体为离子通道型受体，目前还没有基于此类受体构造的仿生味觉传感器。

采用石英晶体微天平（Quartz Crystal Microbalance，QCM）传感器制备的味觉仿生传感器的结构如图 9-5（a）所示。人类的苦味受体 hT2R4 表达在 HEK-293 细胞膜上，在受体 C 端标记 His6 标签，并使用试剂盒分解细胞提取出含有 hT2R4 受体的细胞膜碎片。同时，QCM 表面固定有巯基修饰的抗 His6 标签的适配体，可以特异性地捕获带有 His6 标签的 hT2R4 受体，将细胞膜碎片准确地固定在器件表面，如图 9-5（b）所示。由于磷脂双分子层的存在，受体的跨膜结构得以维持，该方法可能有助于解决味觉受体的固定效率和分布密度等问题。用不同苦味物质对该基于石英晶体微天平的味觉仿生传感器进行测试，在一定浓度范围内，该仿生传感器能有效检测出苦味物质地那铵，对检测特异性苦味物质具有较高的特异性和灵敏度。

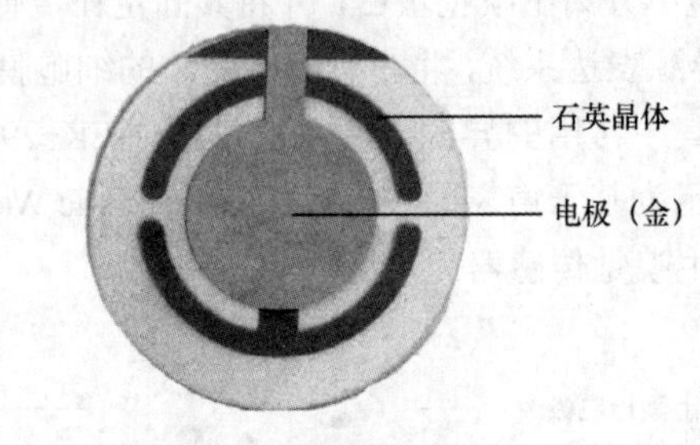

(a) 采用石英晶体微天平传感器制备的味觉仿生传感器的结构

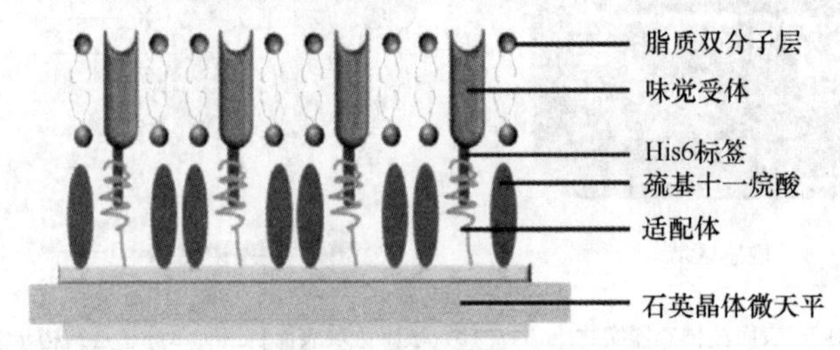

(b) 味觉受体在石英晶体微天平表面的选择性固定蛋白分子

图 9-5 基于石英晶体微天平的味觉仿生传感器

9.1.3 仿生嗅觉与味觉传感器应用

经过多年发展，仿生电子鼻和仿生电子舌已在香水、食品等工业领域，以及环境质量检测、生物医学领域广泛应用。新一代离体分子细胞型仿生嗅觉和味觉传感器虽然起步较晚，但其气味和味觉物质检测性能在试验阶段已通过重复验证，并逐步进入应用测试阶段，其主要应用包括以下 4 个方面。

一、食品质量检测

新一代离体分子细胞型仿生嗅觉和味觉传感器在食品领域的应用，包括对原料质量的检验、加工过程的监管，以及食品新鲜度检测等。食品在储藏过程中，不可避免发生变质，对因变质产生的气体、酶、微生物等进行检测，是有效预测食品保质期的手段，例如可使用仿生电子鼻实时监测海鲜质量。

二、缉毒、防爆

毒品及其包装材料中一般具有特殊的气味，因此可以通过气体和味道进行鉴别，不需要人品尝即可实现现场快速鉴别。由于一般毒品及其包装材料所含的特征性气味浓度较低，因此需要发展具有快速响应、高灵敏度和高特异性的仿生嗅觉与味觉传感器及相关仪器。

爆炸物一般以负电荷氮和氧作为燃烧时的氧化剂，大部分高能爆炸物用硝酸盐作为氧化剂，对氮和氧成分以及特征性气体的分析可以有效实现爆炸物检测。

三、疾病诊断

人类呼出气体中存在挥发性有机化合物（Volatile Organic Compound，VOC）。健康人体的呼出气体中含有约 200 种 VOC，其成分非常复杂并且部分成分浓度极低（10～12 mol/L）。研究发现，肺癌患者呼出气体中含有丙酮、甲基乙基酮、正丙醇、苯乙烯等不同于健康人体呼出气体的特征性 VOC 成分（生物标志物）。因此，通过对特征性 VOC 成分的高灵敏度和特异性检测，有望实现对肺癌的早期诊断。

四、环境检测

近 10 年来，空气质量问题受到越来越多的关注，空气污染对环境和人类健康有重要影响。每年全世界因大气颗粒物（Partical Matter，PM）引发心肺疾病致死的人数为 300 万～700 万。PM 主要由发电厂、工业企业、汽车中的生物质化石燃料的燃烧产生。为解决此类健康问题，世界上多个国家已经开展了一氧化碳、一氧化氮、二氧化氮、臭氧、苯、甲苯、二甲苯等气体的现场快速检测技术研究，并已将部分研究成果应用于各种场合。

9.2 听觉传感器

9.2.1 声波的特性

一、声波分类

声波根据频率可分为次声波、可闻声波（声音）、超声波和微波等，如图 9-6 所示。

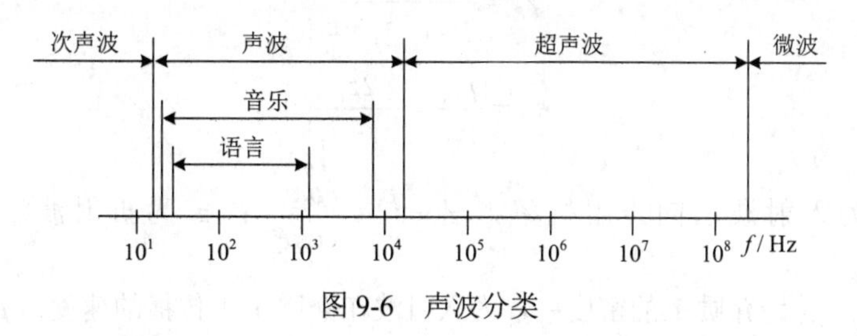

图 9-6 声波分类

- 次声波：频率低于 16 Hz 的声波。
- 可闻声波：人耳朵可听到的声波，波阵面到达人耳时会有相应的声音感觉，其频率范围为 16Hz～20 kHz。
- 超声波：频率超过 20 kHz 的声波。
- 微波：频率高于 300 MHz 的声波，具有微米级波长。

二、声波类型

- 纵波：质点的振动方向与波的传播方向一致，能在固体、液体和气体中传播。
- 横波：质点振动方向垂直于波传播方向，只能在固体中传播。
- 表面波：质点振动介于纵波和横波之间，沿着不同介质之间的界面传播，振幅随深度增加而迅速衰减；表面波质点振动的轨迹是椭圆形（其长轴垂直于波传播方向，短轴平行于波传播方向）。

三、物理特性

（1）声压和声阻抗率。

声压：体积元受声波扰动后压强由 P_0 到 P 的变化，即声扰动产生的逾量压强，$p=P-P_0$，单位为 Pa。

声阻抗率：声场中某位置的声压 p 与该位置质点速度 v 的比值，即

$$z_s = \frac{p}{v} \tag{9-1}$$

（2）平均声功率、声强及相关特性。

平均声功率：单位时间内通过垂直于声传播方向的平均声能量，或称为平均声能量流。

声强：单位时间内通过垂直于声传播方向的单位面积的平均声能量，或称为平均声能量流密度。

声能密度：单位体积内的声能量。

平均声能密度：一个周期内的平均声能密度。

声压级（Sound Pressure Level，SPL）：待测有效声压与参考声压比值的常用对数的 20 倍。

声强级（Sound Intensity Level，SIL）：待测声强与参考声强比值的常用对数的 10 倍。

（3）声波的反射、折射和透射。

当入射角为 θ_i，反射角为 θ_r，折射角为 θ_t 时，其关系满足声波反射与折射定律，用公式表示为

$$\theta_i = \theta_r,\quad \frac{\sin\theta_i}{\sin\theta_r} = \frac{c_1}{c_2} \tag{9-2}$$

分界面上反射波声压与入射波声压之比 γ_P、透射波声压与入射波声压之比 t_P 分别为

$$\gamma_P = \frac{p_{rA}}{p_{iA}} - \frac{z_2 - z_1}{z_2 + z_1} \tag{9-3}$$

$$t_P = \frac{p_{tA}}{p_{iA}} = \frac{2z_1}{z_2 + z_1} \tag{9-4}$$

式中，z_1 为入射波法向声阻抗率，$z_1 = \frac{p_i}{v_{ix}} - \frac{\rho_1 c_1}{\cos\theta_i}$；$z_2$ 为折射波法向声阻抗率，$z_2 = \frac{p_t}{v_{tx}} - \frac{\rho_2 c_2}{\cos\theta_t}$；$\rho_1$ 为介质 1 的密度；c_1 为入射波在介质 1 中传播的速度；ρ_2 为介质 2 的密度；c_2 为折射波在介质 2 中传播的速度。

（4）声波的衰减和吸收。

声波在介质中传播时，随着传播距离 x 的增加，能量逐渐衰减，其声压和声强的衰减规律可表示为

$$p_x = p_0 e^{-\alpha x} \tag{9-5}$$

$$I_x = I_0 e^{-2\alpha x} \tag{9-6}$$

式中，p_x 和 I_x 分别为平面波在 x 处的声压和声强；p_0 为平面波在 x=0 处的声压；I_0 为平面波在 x=0 处的声强；α 为声波衰减系数。

（5）声波的干涉。

当两个声波同时作用于同一介质时，遵循声波的叠加原理：两列声波合成声场的声压等于每列声波声压之和，即 $p=p_1 + p_2$。

当两列相同频率、固定相位差的声波叠加时会发生干涉，且合成声压是相同频率的声振动信号，但合成振幅与两列声波的振幅和相位差都有关。若两列声波的频率不同，即使有固定的相位差也不可能发生干涉。波的干涉如图 9-7 所示。

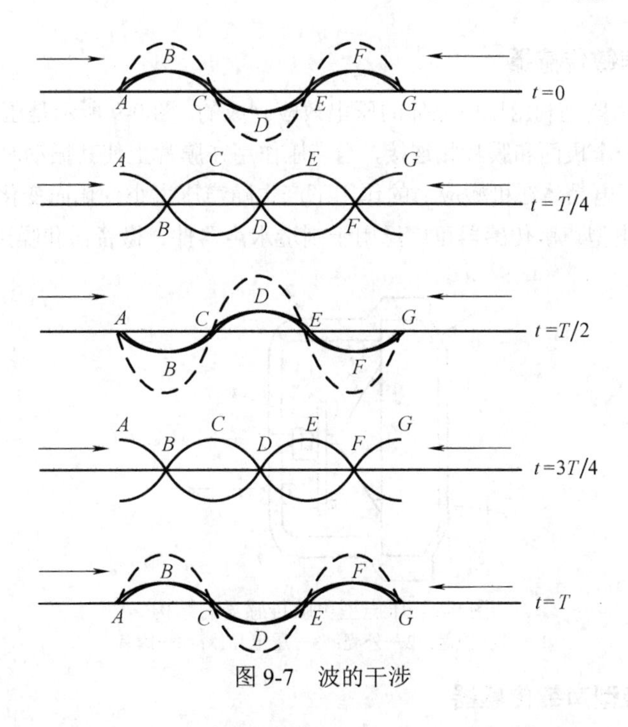

图 9-7 波的干涉

9.2.2 听觉传感器的工作原理

听觉传感器即声敏传感器，又称电声换能器，是指通过某种物理效应，将在气体、液体或固体中传播的机械振动声信号转换成电信号的器件或装置，用接触或非接触的方法检测出信号。声敏传感器的种类很多，按测量原理可分为阻抗变换型声敏传感器、压电型声敏传感器、电磁变换型声敏传感器、电容式（静电型）声敏传感器和音响传感器等。

一、阻抗变换型声敏传感器

按照转换原理将阻抗变换型声敏传感器分为接触阻抗型和阻抗变换型两种。接触阻抗型声敏传感器的一个典型实例是炭粒式送话器，其工作原理如图 9-8 所示。当声波经空气传播至膜片时，膜片振动，膜片和电极之间炭粒的接触电阻发生变化，从而调制通过送话器的电流，该电流经变压器耦合至放大器经放大后输出。阻抗变换型声敏传感器是由金属电阻应变片或半导体电阻应变片粘贴在膜片上构成的。当声压作用在膜片上时膜片产生形变，使应变片的阻抗发生变化，检测电路将这种变化转换为电压信号输出，从而实现声—电的转换。

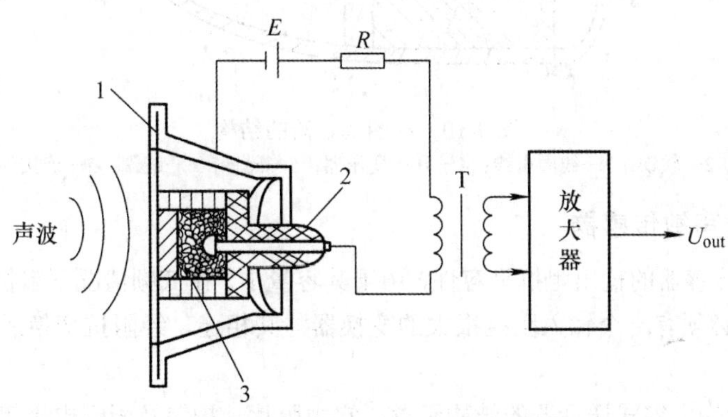

图 9-8 炭粒式送话器的工作原理

1—膜片；2—电极；3—炭粒。

二、压电型声敏传感器

压电型声敏传感器是利用压电晶体的压电效应制成的。图 9-9 所示是压电型声敏传感器的结构。压电晶体的一个极面和膜片相连接，当声压作用在膜片上使其振动时，膜片带动压电晶体产生机械振动，压电晶体在机械应力的作用下产生随声压大小变化而变化的电压，从而完成声—电的转换。压电型声敏传感器可广泛用于制造水声器件、微音器和噪声计等。

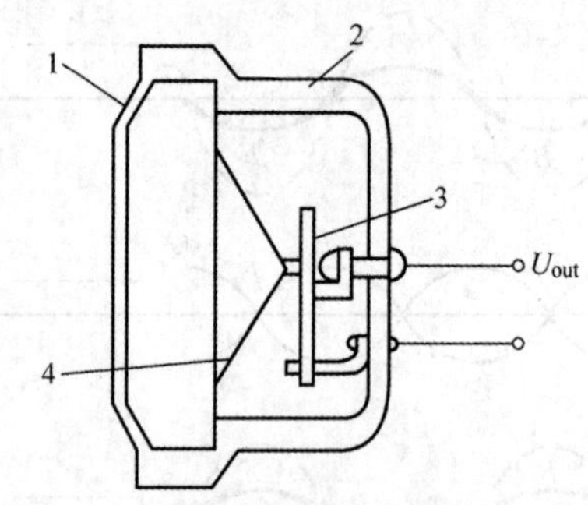

图 9-9 压电型声敏传感器的结构

1—带孔护盖；2—外壳；3—压电晶体；4—膜片。

三、电磁变换型声敏传感器

电磁变换型声敏传感器由电动式芯子和支架构成，有动磁式（MM 型）、动铁式（MI 型）、磁感应式（IM 型）和可变磁阻式等。大多数磁性材料广泛使用坡莫合金、铁硅铝磁合金和珀明德铁钴系高导磁合金等制成。

图 9-10 所示为动圈式话筒的结构，其中磁路由磁铁和软铁组成，磁场集中在磁铁心柱与软铁形成的气隙中。在软铁的前部装有振动膜片，其上带有线圈，线圈套在磁铁心柱上位于强磁场中。当振动膜片受声波作用时，带动线圈切割磁力线，产生感应电动势，从而将声信号转换为电信号输出。因线圈数很少，其输出端还接有升压变压器以提高输出电压。

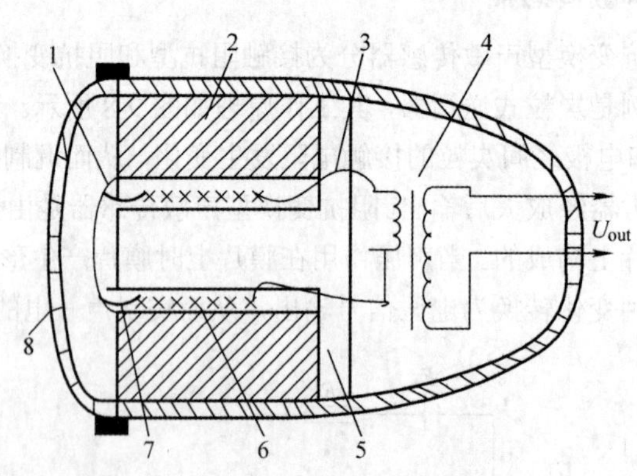

图 9-10 动圈式话筒的结构

1—振动膜片；2—软铁；3—线圈引线；4—升压变压器；5—磁铁；6—线圈；7—连接件；8—外壳。

四、电容式声敏传感器

电容式声敏传感器的输出阻抗呈容性，由于其容量小，在低频情况下阻抗很大，为保证低频时的灵敏度，必须有一个输入阻抗很大的变换器与其相连，经阻抗变换后再由放大器进行放大。

图 9-11 所示为电容式送话器的结构示意。它由膜片、护盖及固定电极等组成，其中膜片为一片质轻而弹性好的金属薄片，它与固定电极组成一个间距很小的可变电容。当膜片在声波

作用下振动时，膜片与固定电极间的距离发生变化，从而引起电容的变化。如果在传感器的两极间串接负载电阻 R_L 和直流电流极化电压 E，当电容随声波的振动变化时，R_L 的两端会产生交变电压。

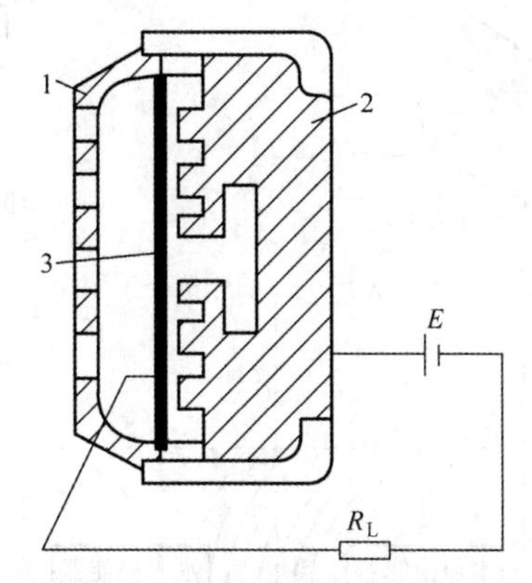

图 9-11 电容式送话器的结构示意
1—护盖；2—固定电极；3—膜片。

五、音响传感器

音响传感器包括：将声音载于通信网的电话话筒；将可听频带范围（20～2×10^5 Hz）的声音真实地进行声电变换的放音、录音话筒；将介质所记录的信号还原成声音的各种传感器等。根据不同的工作原理（电磁变换、静电变换、电阻变换、光电变换等），可制成多种音响传感器。其中水听器是一种用于水中接收声波的音响传感器。

声音在水中的传播速度快，声波传输衰减少，而且水中各种噪声一般比空气中的高 20 dB。音响振动变换元件可被换成电动式、电磁式、静电式等，也可直接使用晶体和烧结体元件，水中的音响技术涉及测深、鱼群探测、海流检测及各种噪声检测等。

电磁波在海水中传播时衰减很快，因而，到目前为止电磁波水下观察尚未得到普遍使用，而水下声波检测则得到了广泛的应用。利用声波在海水中进行观察和通信的设备叫作水声换能设备，这种观察和通信设备必须有一个发射和接收声波的器件，称为水声换能器，即第 5 章提到的用于水下导航的换能器。

一般情况下，水声换能设备主要由两部分组成，一是电子设备，是产生、放大、接收和指示电信号的部分，具体包括发射机、接收机、指示器等；二是水声换能器，其作用是完成电声信号的转换。图 9-12 所示是几种常用的水声换能设备的工作示意。可以看出，水声换能器是电子设备与水下信号声场相互联系的纽带。实际上，水声换能设备中的水声换能器就像无线电、雷达的天线一样，起着“耳目”的作用，不同之处在于水声换能器发射和接收声信号，而天线发射和接收电磁波信号。

当水声换能器工作在发射状态时，它的任务是把电的振荡能转换为机械系统的振动能，再推动水介质向外辐射声能量。当水声换能器工作在接收状态时，它的任务和发射状态时的相反，即先把水介质中的声信号通过机械振动系统耦合到电路中变成电信号，然后把电信号送到接收或指示设备上去。

目前在水声换能设备中常用的是电致伸缩式换能器、压电式换能器和磁致伸缩式换能器。专门被用来作为接收器的水声换能器，称为水听器。目前被广泛用作水听器的是球形和小圆柱形压电陶瓷换能器，一般水听器工作在远低于其谐振频率的频率上。所以一般采用弹性静力学的方法进行分析。

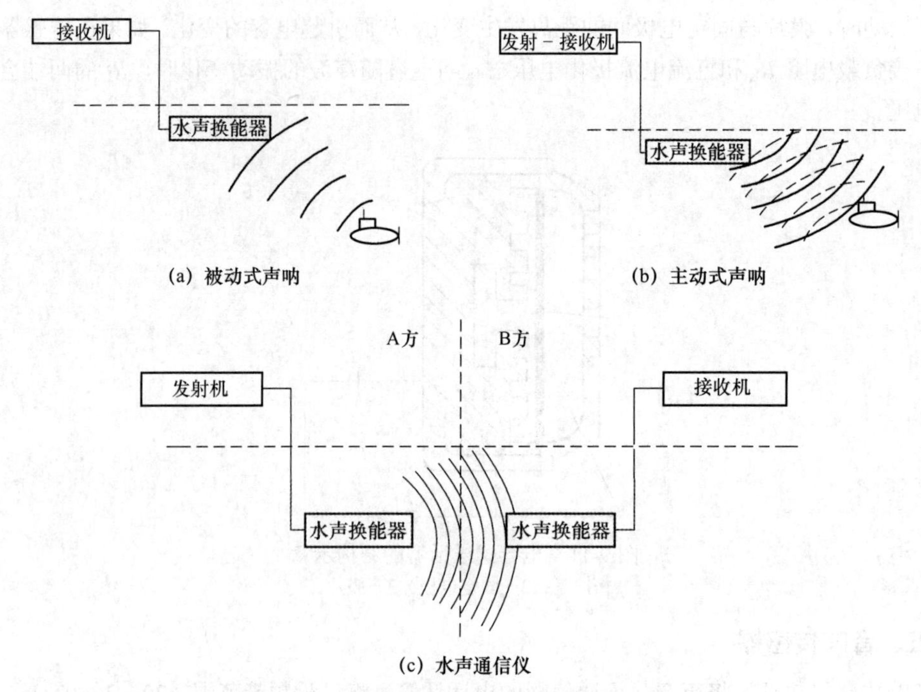

(a) 被动式声呐　　(b) 主动式声呐

(c) 水声通信仪

图 9-12　几种常用的水声换能设备的工作示意

此外，日常工作和生活中常见的还有录音拾音器、动圈式话筒、医用音响传感器等多种音响传感器。

9.2.3 语音识别系统

语音识别的本质是基于语音特征参数的模式识别，即通过学习，系统能够对输入的语音按一定模式进行分类，进而依据判定准则找出最佳匹配结果。目前，模式匹配原理已经被应用于大多数语音识别系统中。

图 9-13 所示是基于模式匹配原理的语音识别系统。模式识别通常包括预处理、特征提取、模板匹配等基本模块。首先对输入语音进行预处理，而后进行特征提取，经过训练后进行模板匹配。

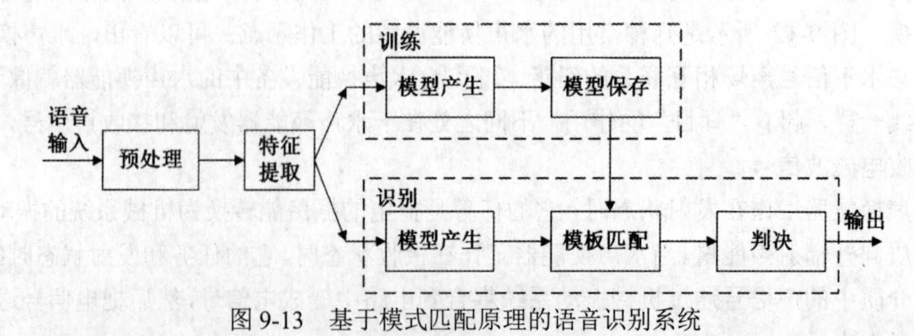

图 9-13　基于模式匹配原理的语音识别系统

一、声音预处理

声音预处理即对输入的原始语音信号进行处理（对于输入的语音信号，首先要进行反混叠滤波、采样、A/D 转换等过程，以将其数字化，滤除掉其中不重要的信息，并进行语音信号的端点检测（找出语音信号的始末）、语音分帧（近似认为在 10 ms～30 ms 内语音信号是短时平稳的，将语音信号分割为段进行分析）以及预加重（提升高频部分）等处理。

二、特征提取

语音信号是一种典型的时变信号，然而如果把音频的参考时间控制在几十毫秒以内，则能得到一段基本稳定的信号。选择合适的特征参数尤为重要，常用的特征参数包括基音周期、共振峰、短时平均能量或幅度、线性预测系数（Linear Prediction Coefficient，LPC）、感知加权预测系数（Linear Predictive Coding，PLP）、短时平均过零率、线性预测倒谱系数（Linear Predictive Cepstral Coefficient，LPCC）、自相关函数、梅尔倒谱系数（Mel Frequency Cepstral Coefficient，MFCC）、小波变换系数、经验模态分解（Empirical Mode Decomposition，EMD）系数、伽马通滤波器倒谱系数（Gammatone Filter Cepstral Coefficient，GFCC）等。

特征提取可以去除语音信号中对于语音识别无用的冗余信息，保留能够反映语音本质特征的信息，并用一定的形式将其表示出来，即提取出反映语音信号特征的关键特征参数形成特征矢量序列，去掉相对无关的信息如背景噪声、信道失真等，以便用于后续处理。声学特征提取的常用参数有线性预测系数和梅尔倒谱系数等参数。

在训练前，首先需要利用话筒采集语音信号。由于采集到的语音信号已通过 A/D 模块转换，因此得到的语音信号是数字信号。而后把声音存储在计算机的文件夹中，作为原始的音频信号保存下来，同时把得到的数字语音信号以及它的采样频率、ID 和语音长度等保存在数据库中，形成一个声音的样本特征库。

三、声学模型训练

声学模型训练是语音识别系统的底层模型，也是语音识别系统中关键的部分。声学模型表示一种语言的发音声音，可以通过训练来识别某个特定用户的语音模式和发音环境特征。根据训练语音库的特征参数训练出声学模型参数，在识别时可以将待识别的语音特征参数同声学模型参数进行匹配与比较，得到最佳识别结果。目前具有代表性的语音识别方法主要有动态时间规整（Dynamic Time Warping，DTW）算法、隐马尔可夫模型（Hidden Markov Model，HMM）、矢量量化（Vector Quantization，VQ）、人工神经网络（Artificial Neural Network，ANN）、支持向量机（Support Vector Machine，SVM）等。

（1）动态时间规整算法。

动态时间规整算法是非特定人语音识别中一种简单有效的方法，该算法基于动态规划的思想，解决了发音长短不一的模板匹配问题，是语音识别技术中出现较早、较常用的算法之一。在应用动态时间规整算法进行语音识别时，将已经预处理和分帧后的语音测试信号和参考语音模板进行比较，以获取它们的相似度，然后按照某种距离测度得出两者的相似程度并选择最佳路径。

（2）隐马尔可夫模型。

隐马尔可夫模型是语音信号处理中的一种统计模型，是由马尔可夫链演变来的，所以它是基于参数模型的统计识别方法。由于其模式库中是通过反复训练形成的与训练输出量吻合概率最大的最佳模型参数而不是预先储存好的模式样本，且其运用待识别语音序列与隐马尔可夫模型参数之间的似然概率达到最大值时所对应的最佳状态序列作为输出，因此是较理想的语音识别模型。

（3）矢量量化。

矢量量化是一种重要的信号压缩方法。与隐马尔可夫模型相比，矢量量化主要适用于小词汇量、孤立词的语音识别中。其过程是将若干个语音信号波形或特征参数的标量数据组成一个矢量，在多维空间进行整体量化。把矢量空间分成若干个小区域，在每个小区域寻找一个代表矢量，量化时落入某个小区域的矢量就用对应的代表矢量代替。矢量量化器的设计就是从大量信号样本中训练出好的码书，从实际效果出发寻找到好的失真测度定义公式，设计出最佳的矢量量化系统，用最少的搜索和计算失真的运算量实现最大可能的平均信噪比。

（4）人工神经网络。

人工神经网络是 20 世纪 80 年代末期出现的一种新的语音识别方法。其本质上是一个自适应非线性动力学系统，模拟了人类神经活动的原理，具有自适应性、并行性、健壮性、容错性和学习特性等，其强大的分类能力和输入-输出映射能力在语音识别中都很有吸引力。其方法是模拟人脑思维机制的工程模型，与隐马尔可夫模型正好相反，它的分类决策能力和对不确定信息的描述能力得到举世公认，但对动态时间信号的描述能力尚不尽如人意。通常多层感知器分类器只能解决静态模式分类问题，并不涉及时间序列的处理。尽管学者们提出了许多含反馈的结构，但它们仍不足以描述诸如语音信号这种时间序列的动态特性。由于人工神经网络不能很好地描述语音信号的时间动态特性，因此常把人工神经网络与传统识别方法结合，分别利用各自优点来进行语音识别，从而弥补传统识别方法和人工神经网络各自的不足。

（5）支持向量机。

支持向量机是应用统计学理论的一种新的学习机模型，采用结构风险最小化（Structural Risk Minimization，SRM）原理，有效解决了传统经验风险最小化方法存在的问题。兼顾减少训练误差和提升泛化能力，在解决小样本、非线性及高维模式识别方面有许多优越的性能，已经被广泛地应用到模式识别领域。

四、语言模型训练

语音识别中的语言模型主要解决两个问题，一是如何使用数学模型来描述语音中词的语音结构；二是如何结合给定的语言结构和模式识别器形成识别算法。语言模型是用来计算一个句子出现概率的模型。它主要用于决定哪个词序列出现的可能性更大，或者在出现了几个词的情况下预测下一个即将出现的词的内容，即语言模型是用来约束单词搜索的。它定义了哪些词能跟在上一个已经识别的词的后面，这样就可以为匹配排除一些不可能的单词（匹配是一个顺序的处理过程）。语言模型一般指在匹配搜索时用于字词和路径约束的语言规则，它包括由识别语音命令构成的语法网络或由统计方法构成的语言模型，基于语言模型进行语言处理，可以进行语法、语义分析。

语言建模能够有效地结合汉语语法和语义的知识，描述词之间的内在关系，从而提高识别率，缩小搜索范围。语言模型分为 3 个层次：字典知识、语法知识、句法知识。对训练文本数据库进行语法、语义分析，经过基于统计模型的训练得到语言模型。

五、语音解码和搜索算法

解码即语音技术中的识别过程。针对输入的语音信号，根据已经训练好的隐马尔可夫模型、语言模型及字典建立一个识别网络，根据搜索算法在该网络中寻找最佳的一条路径，这条路径就是能够以最大概率输出该语音信号的词串，用于确定这个语音样本所包含的文字。解码操作采用搜索算法——在解码端通过搜索技术寻找最优词串的方法。

语音识别中的连续搜索，就是寻找一个词模型序列以描述输入语音信号，从而得到词解码序列。搜索所依据的是对公式中的声学模型打分和语言模型打分。在实际使用中，往往要依据经验给语言模型加上一个高权重，并设置一个长词惩罚分数。当今的主流解码技术都基于维特比算法。

9.3 思考题

1．简述嗅觉传感器与味觉传感器的工作原理。

2．声波具有什么特性？

3．简述语音识别系统的结构。

4．举例说明声学模型训练方法。

第10章 智能传感器

随着信息电子和人工智能技术的发展，人们要求传感器能获取更全面和更真实的信息，并能被更方便地纳入系统控制中，这促使智能传感器（Intelligent Sensor 或 Smart Sensor）成为当今传感技术发展的主要方向之一。

10.1 智能传感器的定义与特点

一、智能传感器的定义

一般把具有一种或多种敏感功能，能够完成信号探测和处理、逻辑判断、双向通信、自校准、自补偿、自诊断和计算显示等全部或部分功能的器件称为智能传感器。

二、智能传感器的特点

智能传感器主要具有以下特点。

（1）高精度。由于采用自动调零、自动补偿、自动校准等新技术，智能传感器的测量精度及分辨率得到大幅提高。

（2）多功能。智能传感器能进行多参数、多功能测量。例如，瑞士 Sensirion 公司研制的 SHT11/15 型高精度、自校准、多功能智能传感器，能同时测量相对湿度、温度和露点等参数，兼有数字温度计、湿度计和露点计 3 种仪表的功能。

（3）自适应能力强。智能传感器有较强的自适应能力。例如，美国 Microsemi 公司推出的能实现人眼仿真的集成化可见光亮度传感器，可代替人眼感受环境的亮度变化，通过自动控制 LCD 显示器背光源的亮度，可以充分满足用户在不同时间、不同环境中对显示器亮度的需求。

（4）高可靠性与高稳定性。

（5）超小型化、微型化、微功耗。

10.2 智能传感器的体系结构

智能传感器将传感器、信号调制电路、微控制器及数字信号接口组合为一个整体，该结构如图 10-1 所示。智能传感器不仅有硬件作为实现测量的基础，还有强大的软件支持，保证测量结果的正确性和高精度，通过数字信号接口输出易于和计算机测控系统通信的信息，具备很好的传输特性和很强的抗干扰能力。智能传感器的结构可进一步分为非集成化结构、集成化结构、混合实现等。

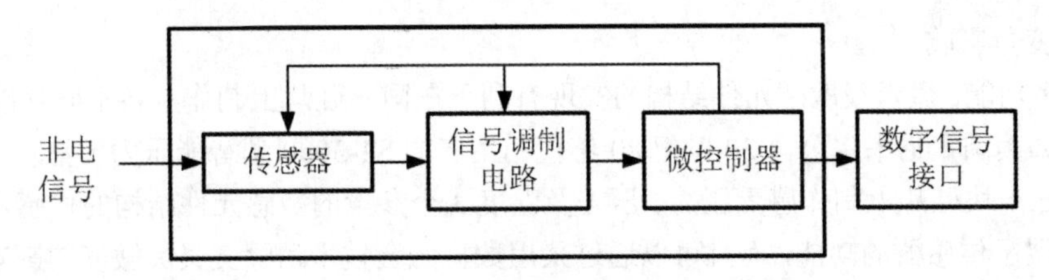

图 10-1 智能传感器结构

一、非集成化结构

在非集成化结构中，传统的经典传感器（采用非集成化工艺制作的传感器，仅具有获取信号的功能）、信号调制电路及带数字信号接口的微控制器组合为一个整体，构成一个智能传感器，如图 10-2 所示。

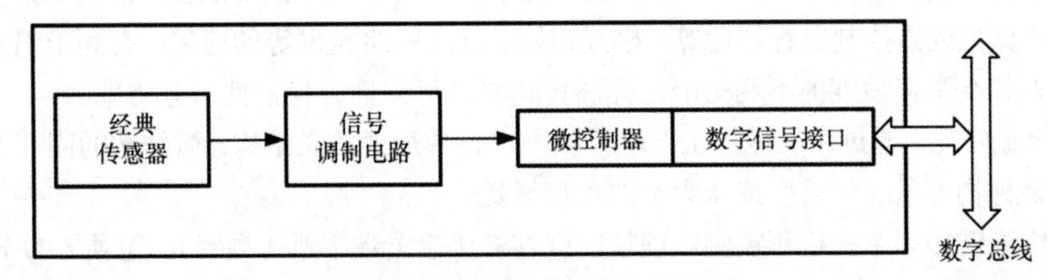

图 10-2 非集成化智能传感器结构

美国罗斯蒙特公司生产的电容式智能压力（差）变送器系列产品，就是在原有传统式非集成化电容式变送器基础之上，附加一块带数字总线接口的微控制器插板而成的。同时，对应开发可进行通信、控制、自校准、自补偿、自诊断等智能化功能的软件，从而形成智能传感器。

二、集成化结构

集成化结构智能传感器采用微机械加工技术和大规模集成电路工艺技术，以硅作为基本材料制作敏感元件、信号调制电路、微控制器单元，并把它们集成在一块芯片上，故又可称为集成智能传感器（Integrated Smart/Intelligent Sensor），示意如图 10-3 所示。

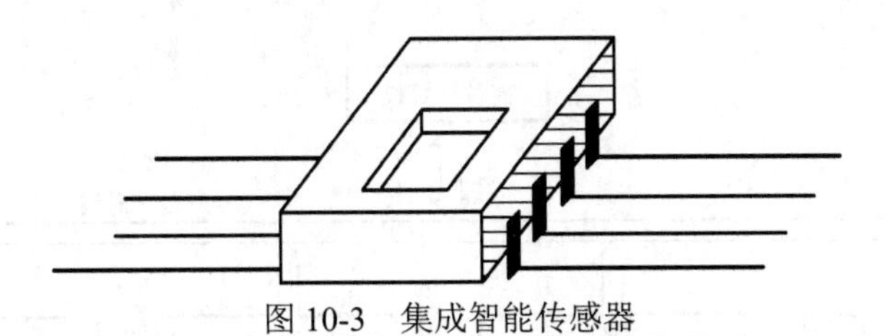

图 10-3 集成智能传感器

现代传感技术以硅材料为基础，采用微米级的微机械加工技术和大规模集成电路工艺来实现仪表传感器系统的微米级尺寸化。国外也称它为专用集成电路（Application Specific Integrated Circuit，ASIM）传感技术。由此制作的智能传感器具有以下特点。

（1）微型化。电容测量使用专用芯片。

（2）结构一体化。压阻式压力（差）传感器最早实现一体化结构。传统做法为：先分别宏观机械加工金属圆膜片与圆柱状环，然后把二者粘贴形成具有周边固支结构的“金属杯”，再在圆膜片上粘贴应变片。因此，压阻式压力（差）传感器不可避免地存在蠕变、迟滞、非线性等特性。但集成智能传感器不存在这些缺陷。

（3）精度高。比起分体结构，结构一体化传感器的迟滞、重复性指标将大大改善，时间漂移大大减小，精度提高。后续的信号调制电路与敏感元件一体化后可以大大减小由引线长度带来的寄生变量影响。

（4）多功能。微米级敏感元件结构的实现有利于在同一硅片上制作具备不同功能的多个传感器。例如美国霍尼韦尔公司20世纪80年代初生产的ST-3000型智能压力（差）和温度变送器，就是在一块硅片上制作感受压力、压差及温度3个参量的敏感元件结构的传感器。这种方法不仅扩展了传感器的功能，而且可以通过采用数据融合技术消除交叉灵敏度的影响，提高传感器的稳定性和精度。

（5）阵列式。微米技术已经可以在面积为1 cm^2的硅芯片上制作含有几千个压力传感器的阵列。例如丰田中央研究所半导体研究室用微机械加工技术制作的集成化应变计式面阵触觉传感器，在尺寸为8 mm×8 mm的硅片上制作了1024个（32×32）敏感触点（桥），在硅片四周还制作了信号处理电路，其元件总数约16000个。

将敏感元件构成阵列后，配合相应图像处理软件，可以实现图形成像，构成多维图像传感器。通过计算机或微控制器解耦运算、模式识别、神经网络技术等的应用，有利于消除传感器的时变误差和交叉灵敏度的不利影响，提高传感器的可靠性、稳定性与分辨率。

（6）全数字化。通过微机械加工技术可以制作各种形式的微结构。微结构的固有谐振频率可设计成某种物理量（如温度或压力）的单值函数。

通过检测谐振频率来检测被测物理量，可以直接输出数字量（频率），无须A/D转换器便能与微控制器连接。

（7）使用方便，操作简单。集成化结构没有外部连接元件，外接连线数量极少，包括电源线、通信线，可以少至4条，接线极其简便。

此外，它还可以自动进行整体自校准，无须用户长时间地反复多环节调节与校验。“智能”含量越高的智能传感器，其操作、使用越简便，用户只需编制简单主程序即可使用。

三、混合实现

混合实现将系统各集成化环节，如敏感单元、信号调制电路、微控制器单元、数字总线接口，以不同的组合方式集成在2块或3块芯片上，并装在一个外壳里，如图10-4所示。这也是一种常见的结构形式。

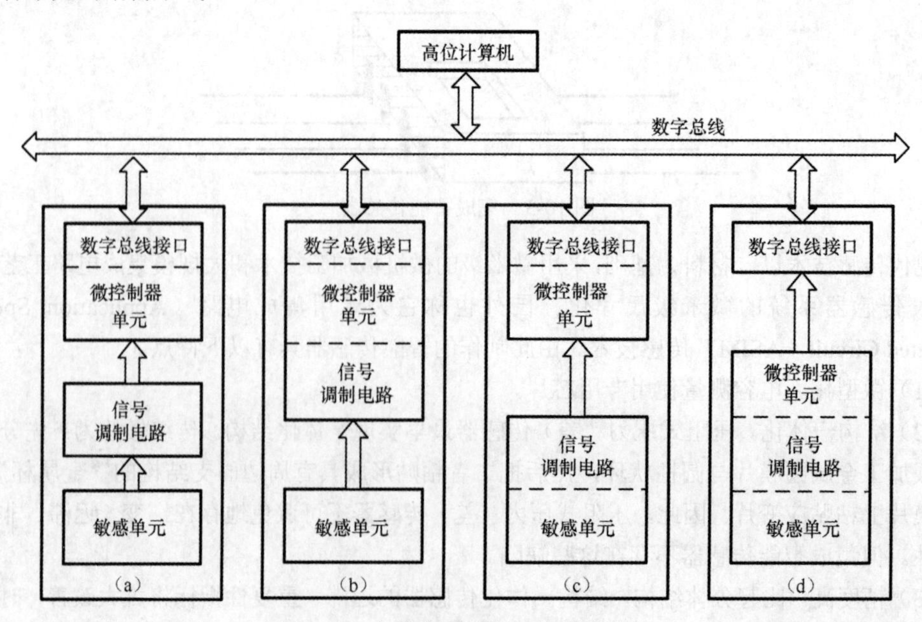

图10-4 智能传感器的混合实现结构

10.3 智能传感器的功能实现

为了更好、更方便地分析智能传感器功能的实现，此处以非集成化智能传感器为例，介绍智能传感器功能实现过程。而集成化智能传感器需要把这些功能集成到一块芯片之中。

一、传感变送、信号调制放大

传感变送、信号调制放大是智能传感器的信息来源，硬件包括敏感元件、变换电路、放大调理电路等。以图 10-5 所示的智能热电阻温度传感测量为例，其具备将温度转换为电阻、将电阻转换为电压、将电压信号放大调制等功能。该恒流源电路中的主要关系为

$$I=\frac{V_x-V_0}{R_x}=\frac{V_0-V_{\mathrm{GND}}}{R_0} \tag{10-1}$$

式中，I 为恒流源产生的恒定电流；R_0 为标准参考电阻；R_x 为热电阻；V_x、V_0、V_{GND} 为直接测量的电压值。

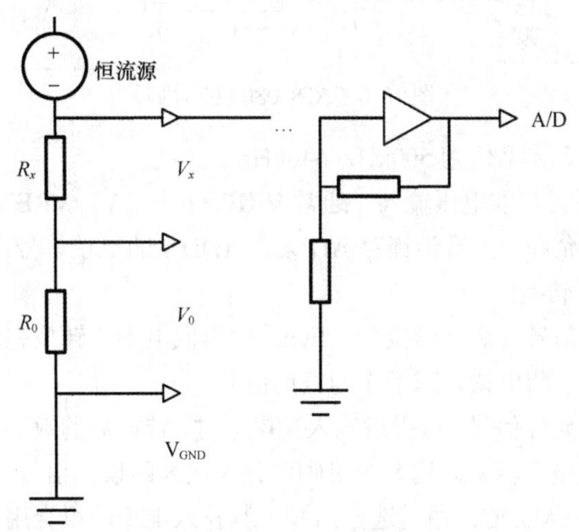

图 10-5 智能热电阻温度传感测量

二、A/D 转换与显示

A/D 转换器是一种用来将连续的模拟信号转换成二进制数的器件。一个完整的 A/D 转换器中通常包括一些输入、输出量，有模拟输入量和参考电压、数字输出量、启动转换信号、转换结束信号、数据输出允许信号等。高速 A/D 转换器中一般还应有采样保持电路，以减少孔径误差（在 A/D 转换的孔径时间内，输入模拟量的变动所引起输出的不确定性误差）。

（1）A/D 转换器特性。

①分辨率：输出数字量变化一个相邻数码所需输入模拟电压的变化量，通常用位数表示。对 n 位的 A/D 转换器，分辨率为满刻度电压的 $1/2^n$。

②转换误差：一个实际的 A/D 转换器量化值与一个理想的 A/D 转换器量化值之间的最大偏差，通常以最低有效位的倍数给出。转换误差和分辨率一起共同描述 A/D 转换器的转换精度。值得一提的是，转换误差或转换精度的概念在国内外不同的参考文献上含义或形式可能会有所不同，读者在阅读时应该注意区别。

③转换时间与转换速率：A/D 转换器完成一次转换所需要的时间为 A/D 转换器的转换时间；转换时间的倒数为转换速率，即 1 s 内完成转换的次数。

（2）A/D 扩展接口。

以逐次逼近型 8 位 A/D 转换器 ADC0809 为例，该 A/D 转换器内有 8 路模拟开关，可对 8 路模拟电压量实现分时转换。其典型转换时间为 100 us。片内带有三态输出缓冲器，可直接与微控制器的数据总线相连接。ADC0809 的引脚如图 10-6 所示，其信号意义如下。

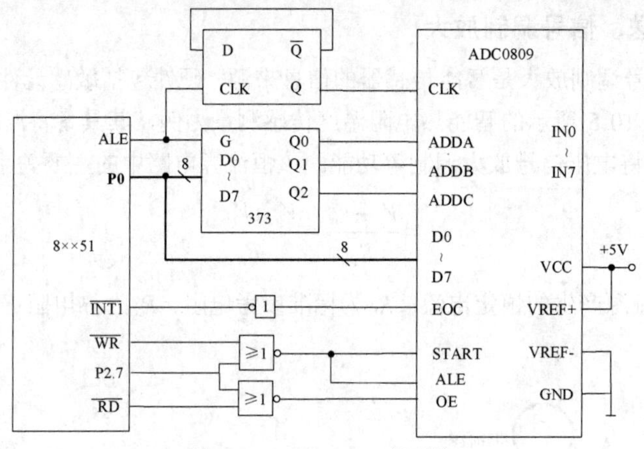

图 10-6 ADC0809 的引脚

①CLK：时钟信号。典型值为 500kHz~640kHz。

②VREF+、VREF−：基准电压输入。通常 VREF+接＋5 V，VREF−接地。

③ALE：地址锁存允许。上升沿锁存 ADDC～ADDA 的地址信号。START A/D 转换启动信号，上升沿启动 A/D 转换。

④EOC：转换完成信号。启动转换后，EOC 输出低电平，转换完成后输出高电平。该信号可用于向单片机提出中断申请，或者作为查询信号。

⑤OE：数字量输出允许信号。该引脚输入高电平时，转换后的数字量从 D0~D7 引脚输出。

⑥IN0～IN7：模拟电压输入。这 8 个引脚可分别接 8 路模拟信号。

⑦ADDA、ADDB、ADDC：通道选择信号。其输入电平的组合用于选择模拟通道 IN0～IN7，其对应关系如表 10-1 所示。

表 10-1 通道选择信号与模拟通道的对应关系

ADDC	ADDB	ADDA	模拟通道
0	0	0	IN0
0	0	1	IN1
0	1	0	IN2
0	1	1	IN3
1	0	0	IN4
1	0	1	IN5
1	1	0	IN6
1	1	1	IN7

三、非线性校正

在实际应用中，传感器的输出量与被测量之间呈非线性关系。造成非线性的原因主要有两方面。一是许多传感器的转换原理是非线性的，例如，在温度测量中，热电阻阻值及热电偶的毫伏电压与温度的关系就是非线性的；二是采用的转换电路是非线性的，例如，在测量热电阻所用的四臂电桥中，当电阻的变化引起电桥失去平衡时，输出电压与电阻之间的关系为非线性的。

为了校正非线性，可将传感器的输出量 y 通过校正电路后再和模拟表头相连。在图 10-7 所示的智能仪器的非线性校正过程中，校正电路的功能是将传感器输出量 y 变换成 z，使 z 与被测量之间呈线性关系，即 $z=\Phi(N)=k'x$。这样就可得到线性刻度方程。校正电路可以是模拟的，也可以是数字的，但它们均属于硬件校正，因此其电路复杂、成本较高，并且有些校正难以实现。

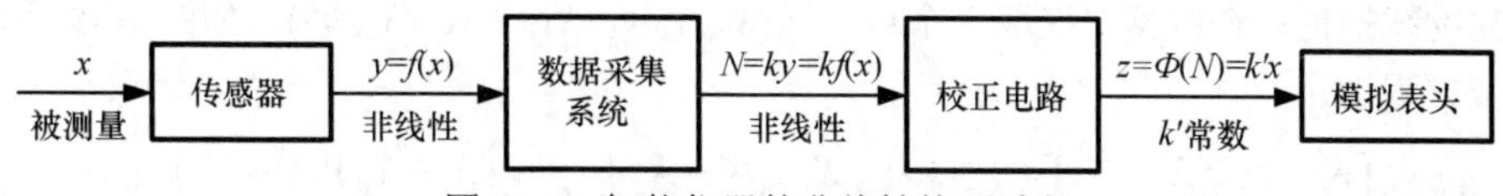

图 10-7 智能仪器的非线性校正过程

在以微控制器为基础构成的智能传感器中，可采用各种非线性校正算法（查表法、插值法等）从传感器数据采集系统输出的与被测量呈非线性关系的数字量中提取与之相对应的被测量，然后由微控制器控制显示器接口，以数字方式显示被测量。

非线性校正算法由传感器中的微控制器通过执行相应的软件来完成，显然要比采用硬件技术方便并且具有较高的精度和较好的适应性。

（1）查表法。

如果参数计算非常复杂，特别是涉及指数、对数、三角函数、微分和积分等运算时，编程相当麻烦，程序冗长且计算费时，那么此时可采用查表法。

使用查表法可将测量范围内的参量变化由小到大分成若干等分点，然后按由小到大的顺序计算或测量出这些等分点对应的输出数值。将这些等分点和其对应的输出数值组成一张表格，而后把这张表格存储在计算机中。软件处理方法是在程序中编制一段查表程序，当被测量经采样等转换后，通过查表程序，直接从表中查出其对应的输出数值。

（2）插值法。

设 X 为被测量，Y 为输出量，二者的函数关系表示为 $Y=f(X)$。如图 10-8 所示，将输入 X 分成 n 个均匀的区间，每个区间的端点 X_k 都对应一个输出 Y_k，把这些 X_k、Y_k 编制成表格存储起来。实际的测量值 X_i 一定会落在(X_k, X_{k+1})内，即 $X_k < X_i < X_{k+1}$。插值法就是用一段简单的曲线，近似代替这段区间里的实际曲线，然后通过近似曲线公式，计算出输出量 Y_i。使用不同的近似曲线，就形成不同的插值方法。

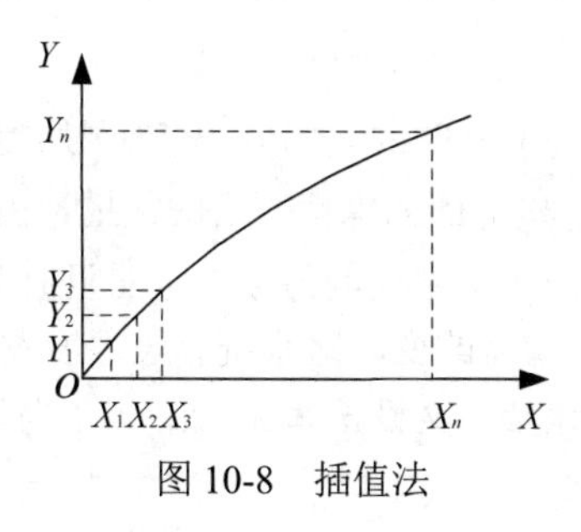

图 10-8 插值法

①线性插值：在一组(X_i, Y_i)中选取两个有代表性的点，即(X_0, Y_0)、(X_1, Y_1)。根据插值原理，求出插值方程为

$$P_1(X)=\frac{Y_1-Y_0}{X_1-X_0}\times(X-X_0)+Y_0 \tag{10-2}$$

线性方程设为 $Y=\alpha_1 X+\alpha_0$，待定系数 α_1 和 α_0 分别为

$$\alpha_1=\frac{Y_1-Y_0}{X_1-X_0} \tag{10-3}$$

$$\alpha_0=Y_0-\alpha_1 X_0 \tag{10-4}$$

对分段后的每一段非线性曲线用一个直线方程校正，表示为

$$P_{1i}(X)=\alpha_{1i}X+\alpha_{0i}, i=1,2,\cdots,N \tag{10-5}$$

②抛物线插值：在数据中选取 3 个点，即(X_0, Y_0)、(X_1, Y_1)、(X_2, Y_2)，如图 10-9 所示。相应的插值方程为

$$P_2(X)=\frac{(X-X_1)(X-X_2)}{(X_0-X_1)(X_0-X_2)}Y_0+\frac{(X-X_0)(X-X_2)}{(X_1-X_0)(X_1-X_2)}Y_1+\frac{(X-X_0)(X-X_1)}{(X_2-X_0)(X_2-X_1)}Y_2 \tag{10-6}$$

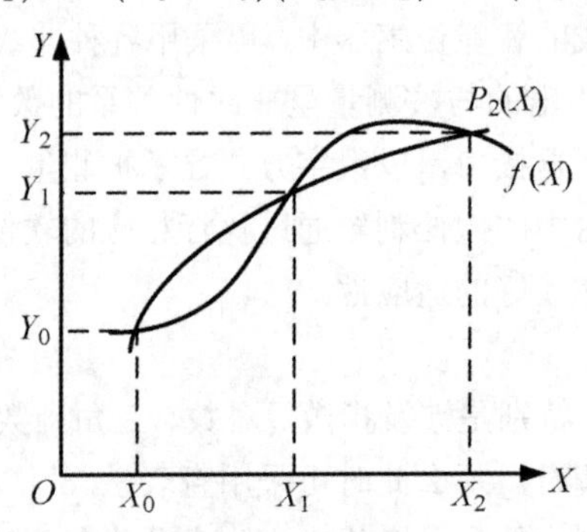

图 10-9 抛物线插值

③多项式插值：关键是决定多项式次数，需根据经验观察数据分布。在决定多项式次数 n 后，选择 n+1 个自变量 X 和函数值 Y。由于一般给出的离散数组函数关系对的数目均大于 n+1，故应选择适当的插值节点（X_i,Y_i）。

插值节点的选择与插值多项式误差的大小有很大关系，在同样的 n 值条件下，选择合适的(X_i, Y_i)值可减小误差。实际计算时，对于多项式的次数一般不宜选择得过高。对一些难以靠提高多项式次数来提高拟合精度的非线性特性，可采用分段插值的方法加以解决。

四、自校零与自校准技术

假设一传感器系统经标定实验得到的静态输出 Y 与静态输入 X 的关系为

$$Y=a_0+a_1X \tag{10-7}$$

式中，a_0 为零位值，即当输入 X=0 时的输出值；a_1 为灵敏度，又称传感器系统的转换增益。

在理想的传感器系统中，a_0 和 a_1 应为保持恒定的常量。由于各种内外因素的影响，a_0 和 a_1 不可能保持恒定。例如，决定放大器增益的外接电阻的阻值会因温度变化而变化，因此引起放大器增益改变，从而使系统总增益改变，即系统总灵敏度发生变化。设 $a_1=K+\Delta a_1$，其中 K 为增益的恒定部分，Δa_1 为变化量；又设 $a_0=A+\Delta a_0$，A 为零位值的恒定部分，Δa_0 为变化量。将其代入式（10-7）可得

$$Y=(A+\Delta a_0)+(K+\Delta a_1)X \tag{10-8}$$

式中，变化量 Δa_0 称为零位漂移；变化量 Δa_1 称为灵敏度漂移。由式（10-8）可见，零位漂移会引入零位误差，灵敏度漂移会引入测量误差。

自校准功能实现的原理如图 10-10 所示，该实时自校准环节不含传感器，其中标准发生器产生的标准电压 U_R、零点标准值与传感器输出参量 U_X 为同类属性。如果传感器输出参量为电压，则标准发生器产生的标准值 U_R 即标准电压，零点标准值是地电平。

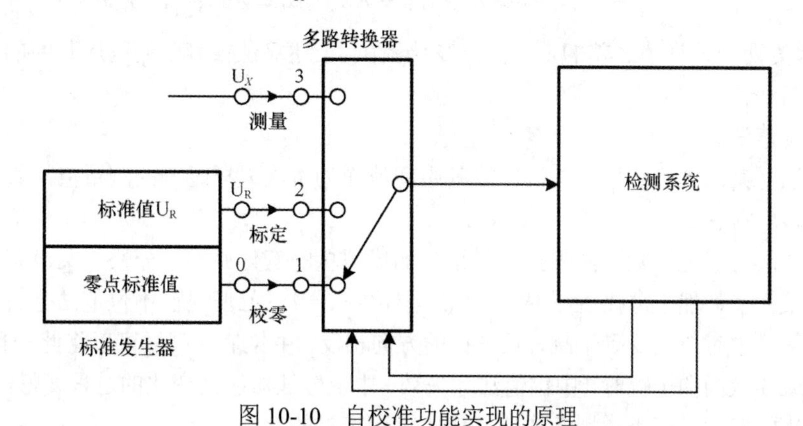

图 10-10　自校准功能实现的原理

多路转换器是可传输电压信号的多路开关。微控制器在每一特定的周期内发出指令，控制多路转换器执行三步测量法，使自校准环节接通不同的输入量。输入量为零点标准值，输出值为 $Y_0 = a_0$；输入量为标准电压 U_R，输出值为 Y_R；输入量为传感器的当前测量值 U_X，输出值为 Y_X。于是自校准环节的增益 a_1 和被测信号 U_X 为

$$a_1 = K + \Delta a_1 = \frac{Y_R - Y_0}{U_R} \tag{10-9}$$

$$U_X = \frac{Y_X - Y_0}{a_1} = \frac{Y_X - Y_0}{Y_R - Y_0} U_R \tag{10-10}$$

可见，这种方法可实现实时测量零位值，实时标定灵敏度 a_1。

五、抗干扰技术

传感器获取的信号中常夹杂着噪声及各种干扰信号。智能传感器系统不仅具有获取信息的功能，而且具有信息处理功能，以便从噪声中自动、准确地提取表征被测对象特征的定量有用信息。如果信号的频谱和噪声的频谱不重合，则可用滤波器消除噪声；当信号频谱和噪声频谱重合或噪声的幅值比信号的大时，就需要采用其他的噪声抑制方法，如利用相关技术、平均技术等来消除噪声。

滤波器可分为由硬件实现的连续时间系统的模拟滤波器和由软件实现的离散时间系统的数字滤波器。相较而言，数字滤波器的实时性较差，但稳定性和重复性好，调整方便、灵活，能在模拟滤波器不能实现的频带下进行滤波，故应用愈加广泛。尤其是在智能传感器系统中，数字滤波器是主要的滤波手段。

常用的数字滤波算法有程序判断法、中位值法、算术平均滤波法、递推平均滤波法、一阶惯性滤波法等。

（1）程序判断法。

程序判断法又称限幅滤波法，由于测控系统存在随机脉冲干扰，或由于传感器不可靠而将尖脉冲干扰引入输入端，因此测量信号会有严重失真。其基本方法是比较相邻 n 和 $n-1$ 时刻

的两个采样值 Y_n 和 Y_{n-1}。如果它们的差值过大，超过了参数可能的最大变化范围，则认为发生了随机干扰，并视后一次采样值 Y_n 为非法值，应予剔除。Y_n 作废后，可以用 Y_{n-1} 代替 Y_n；或采用递推方法，由 $n-1$ 和 $n-2$ 时刻的滤波值近似推出，其相应算法为

$$\Delta Y_n = \left|Y_n - \overline{Y}_{n-1}\right| \begin{cases} \leqslant \alpha & \overline{Y}_n = Y_n \\ > \alpha & \overline{Y}_n = \overline{Y}_{n-1} \text{或} \overline{Y}_n = 2\overline{Y}_{n-1} - \overline{Y}_{n-2} \end{cases} \tag{10-11}$$

式中，α 为两个采样值之差的最大可能变化范围。上述算法很容易用程序判断的方法实现，故称程序判断法。

（2）中位值法。

中位值法对某一点连续采样 3 次，以其中间值作为本次采样时刻的测量值，其算法如下：若 $Y_1 \leqslant Y_2 \leqslant Y_3$，则取 Y_2。

中位值法能有效地滤除脉冲干扰。如果被测模拟量的变化并不十分快，又没有干扰存在，则连续 3 次采样值显然十分接近。如果在 3 次采样中有一次受到干扰，中位值法会将干扰剔除。如果在 3 次采样中有 2 次受到干扰，且干扰的方向相反，中位值法同样可以将此干扰剔除。唯有产生 2 次或 3 次同向干扰时，中位值法才失效。中位值法对缓慢变化的过程变量具有良好的滤除随机干扰的能力，但不适用于快速变化的过程变量的滤波。

（3）算术平均滤波法。

算术平均滤波法就是连续取 n 个采样值进行算术平均运算，其数学表达式为

$$\overline{Y} = \frac{1}{N}\sum_{i=1}^{n} Y_i \tag{10-12}$$

算术平均滤波法适用于对一般具有随机干扰的信号进行滤波。这种信号的特点是有一个平均值，信号在某一数值范围附近上下波动。在这种情况下取一个采样值作为依据显然是不准确的。算术平均滤波法对信号的平滑程度取决于 N。当 N 较大时，平滑度高，但灵敏度低；当 N 较小时，平滑度低，但灵敏度高。应视具体情况选取 N，以便既减少占用计算时间，又达到最好的效果。

（4）递推平均滤波法。

对于算术平均滤波法，每计算一次数据，需测量 N 次。对于测量速度慢或要求数据计算速度较高的实时系统，该方法是无法使用的。

递推平均滤波法把 N 个测量数据看成一个队列，队列的长度固定为 N，每进行一次新的测量，就把测量结果放到队尾，而扔掉原来队首的一个数据，这样在队列中始终有 N 个最新的数据。计算滤波值时，只要对队列中的 N 个数据进行算术平均运算，就可以得到新的滤波值。这样每进行一次测量，就可计算得到一个新的平均滤波值。这种滤波算法称为递推平均滤波法，其数学表达式为

$$\overline{Y}_n = \frac{1}{N}\sum_{i=0}^{N-1} Y_{n-i} \tag{10-13}$$

式中，$\overline{Y}_n$ 为第 n 次采样值经滤波后的输出；Y_{n-i} 为未经滤波的第 $n-i$ 次采样值；N 为递推平均项数。这里第 n 次采样的 N 项递推平均值是 $n, n-1,$ ……, $n-N+1$ 次采样值的算术平均值，与算术平均滤波法相似。递推平均滤波法对周期性干扰有良好的抑制作用，平滑度高，灵敏度低；但对偶然出现的脉冲性干扰的抑制作用差。因此，该算法不适合用于脉冲干扰比较严重的场合，而适用于高频振荡的系统。

（5）一阶惯性滤波法。

在模拟量输入通道等硬件电路中，常用一阶惯性 RC 模拟滤波器来抑制干扰。当使用这

种模拟方法来实现对低频干扰进行滤波时，首先遇到的问题是要求滤波器有大的时间常数和高精度的 RC 网络。时间常数 T_f越大，要求 R 值越大，其漏电流也随之增大，从而使 RC 网络的误差增大，降低滤波后的精度。而一阶惯性滤波法是一种以数字形式通过算法来实现动态的 RC 滤波方法，它能很好地克服上述模拟滤波器的缺点，在滤波常数要求大的场合，此法更为实用。

六、自补偿、自检验及自诊断

智能传感器系统通过自补偿技术可以改善其动态特性，但在不能进行实时自校准的情况下，可以采用补偿法消除因工作条件、环境参数发生变化后引起的系统特性的漂移，如零漂、灵敏度漂移等。

同时，智能传感器系统能够根据工作条件的变化，自动选择改换量程，定期进行自检验及自诊断等多项措施，保证系统可靠地工作。

10.4 智能热电阻温度检测传感器

温度是工业生产和机器人感知系统中最重要的参数之一，热电阻测温以其稳定、精确的特性而被广泛使用。本节以智能 6 点热电阻温度巡检仪为例，介绍现代智能传感器的设计与应用。智能 6 点热电阻温度巡检仪结构如图 10-11 所示。现场多点热电阻信号及标准参考信号同时输入多路开关，在 CPU 的控制下分时接通开关并将信号送到运算放大器，经放大后的模拟信号由 VFC 转换为频率信号并经光电隔离后被送往 CPU，经 CPU 处理得到测量温度值后，将其送到数码管进行显示，并输出相应的开关量报警信号。此外该传感器系统还具有通信、打印等功能。图 10-12 所示为多点温度巡检仪的主程序流程。

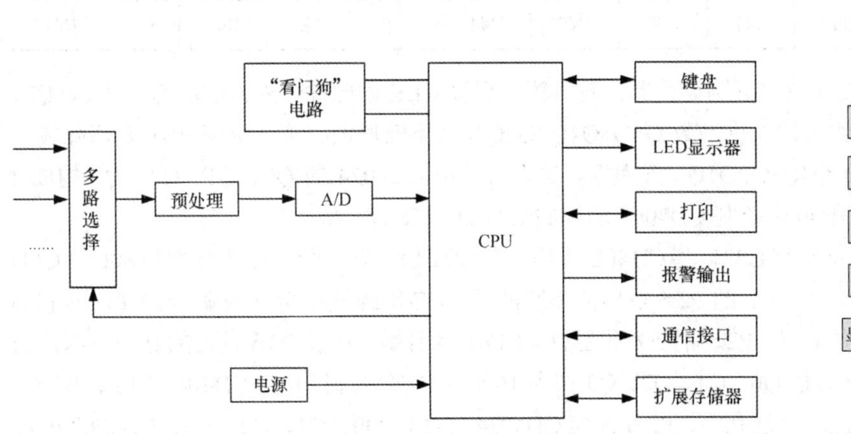

图 10-11 智能 6 点热电阻温度巡检仪结构

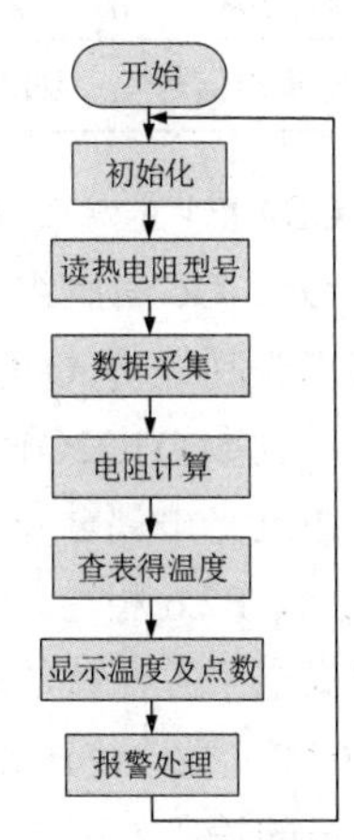

图 10-12 多点温度巡检仪的主程序流程

一、温度转换变送、信号调制放大

（1）多路开关电路设计。

在多点温度检测设计中，需要对多路信号进行采集和处理，如果每一路都采用各自的输入回路，即每一路都采用放大、A/D 转换等环节，不仅成本相较单路成倍地增加，而且会导致系统体积庞大。此外，模拟器件、阻容元件参数特性的不一致给系统的校准带来了很大困难。本系统采用公共的 A/D 转换及放大电路，而要实现这种设计，就必须采用多路模拟开关。多路开关的作用是信号切换，即某一时刻接通某一路，让该路信号输入，而让其他路断开，从而达到信号切换的目的。智能 6 点热电阻温度巡检仪中的信号多路选择电路设计如图 10-13 所示。

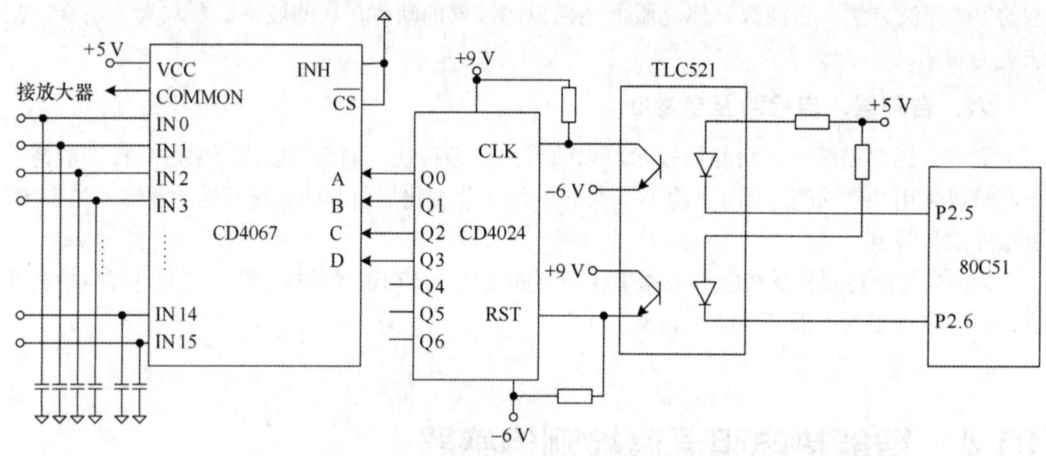

图 10-13 信号多路选择电路设计

多路信号转换输入采用常用芯片 CD4067 与 CD4024 的组合电路来实现。CD4067 芯片实现选择开关和计数器功能，有 16 个输入接口，1 个输出接口。CD4067 选择 16 路输入量中的哪一路作为输出是由其控制信号 A、B、C、D 决定的。A、B、C、D 组成一个数字序列，数字序列与控制选择输出的信号路数的真值如表 10-2 所示。

表 10-2 数字序列与控制选择输出的信号路数的真值

控制信号 DCBA	0000	0001	0010	0011	0100	0101	0110	0111	……	1111
被选择的信号	IN0	IN1	IN2	IN3	IN4	IN5	IN6	IN7	……	IN15

CD4024 是一个 7 位二进制计数器，随着第一引脚 CLK 的脉冲输入，Q0、Q1、Q2、Q3、Q4、Q5、Q6 引脚组成的二进制数 Q6Q5Q4Q3Q2Q1Q0 不断增大。第二引脚 RST 是清除端，可将二进制数 Q6Q5Q4Q3Q2Q1Q0 置为零。这里仅使用 CD4024 的 Q0、Q1、Q2、Q3 构成 4 位二进制数 Q3Q2Q1Q0 来控制 CD4067 的控制信号 D、C、B、A。

通过光电耦合开关 TLC521，将 CD4024 的第一引脚 CLK、第二引脚 RST 分别与 80C51 CPU 的 P2.5、P2.6 相连。当 CPU 的 P2.6 发出清零脉冲后，CD4024 输出全部为 0；当 CPU 的 P2.6 发出高电平并保持的时候，P2.5 不断发出脉冲，CD4024 计数，通过 P2.5 发出的脉冲可以控制 CD4024 计数，使计数值 Q0、Q1、Q2、Q3 作为 16 选 1 的多路选择开关 CD4067 的 A、B、C、D 信号的输入。因此，通过 P2.5、P2.6 改变 CD4024 计数值 Q0、Q1、Q2、Q3，CD4067 就可以决定哪一路热电阻传感器信号被输出。例如要选择第 4 路信号输入作为输出，只要向 CD4024 的 CLK 引脚输入 3 个脉冲，使 CD4024 的 Q0、Q1 引脚为高电平，Q2、Q3 引脚为低电平。此时，CD4067 的控制信号 D、C、B、A 为 0011，相应选择第 4 路信号输入作为输出。

（2）V/F 转换电路。

如图 10-14 所示，经多路选择电路输出的信号经过 OP07 放大后被送入 AD654，对转换得到的频率信号利用 80C51 计数测量。在 CPU 内由软件实现 80 ms 的定时，通过 CPU 的 T0 口进行 AD654 的输出脉冲计数。一旦达到定时时间，读出 T0 的计数值，以供后面的计算使用。

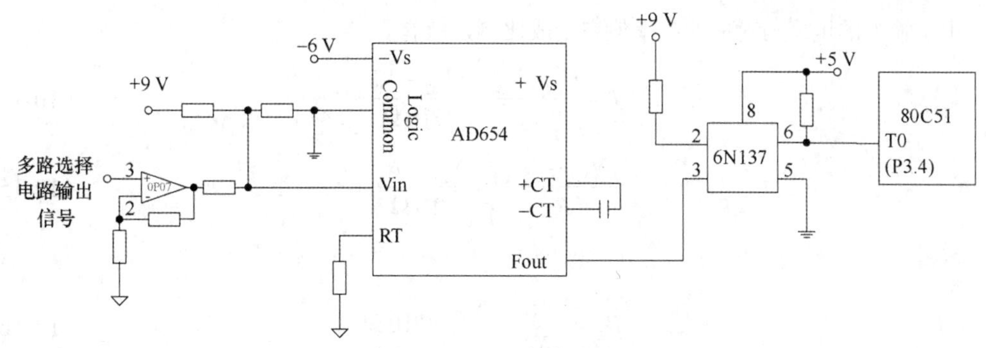

图 10-14 V/F 转换电路

V/F 转换器 AD654 引脚如图 10-15 所示，其引脚名称和功能如表 10-3 所示。

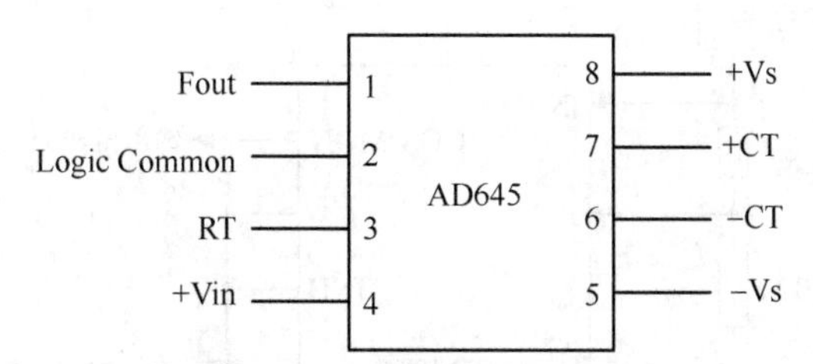

图 10-15 V/F 转换器 AD654 引脚

表 10-3 AD654 引脚名称和功能

引脚	名称	功能描述
1	Fout	频率输出端
2	Logic Common	数字地
3	RT	外接定时电阻端
4	+Vin	模拟电压输入端
5	−Vs	负电源电压输入端
6	−CT	外接定时电容端
7	+CT	外接定时电容另一端
8	+Vs	正电源电压输入端

AD654 是一种经济的 V/F 转换器。它由低漂移输入放大器、精密振荡器系统、大电流输出极等组成。使用时，只需使用一个 RC 网络，就可以设置高达 500 kHz 的任何满量程频率以及±30 V 的满量程输入。低漂移输入放大器允许直接输入小信号，可以提供高达 250 MΩ 的输入电阻。输出极为宽范围的开路式集电极输出，可提供足够的电流供 TTL、CMOS、光电耦合器或脉冲变压器等工作。

（3）数据采集与软件设计。

图 10-16 所示为智能 6 点热电阻温度巡检仪的电阻/电压（R/V）转换及恒流源电路。恒流源输出的恒定电流分别经过待测热电阻和 110 Ω 精密电阻后接地。为了测试各路热电阻的大小以计算相应温度数值，必须采集热电阻在恒流源作用下两端的电压信号 V_{XH}、V_{XL} 及参考地信号 V_0。这些电压信号经 AD654 进行 V/F 转换和 T0 计数后，变换为成比例的计数值 N_{XH}、N_{XL} 和 N_0，被读出后存储于计算机内供计算处理。

由于输入的电压与对应的频率值完全成比例，故有

$$I = \frac{V_{XH} - V_{XL}}{R_X} = \frac{V_{XL} - V_0}{110\,\Omega} \tag{10-14}$$

$$\frac{N_{XH} - N_{XL}}{R_X} = \frac{N_{XL} - N_0}{110\,\Omega} \tag{10-15}$$

可得

$$R_X = \frac{N_{XH} - N_{XL}}{N_{XL} - N_0} \times 110\,\Omega \tag{10-16}$$

由计算得到 R_X 数值，再根据热电阻的型号直接查表，即可得到被测温度值。

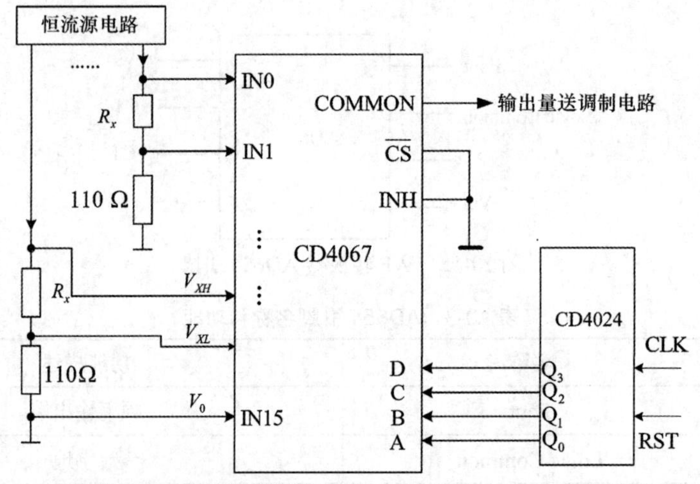

图 10-16 智能 6 点热电阻温度巡检仪的电阻/电压（R/V）转换及恒流源电路

与图 10-16 所示对应的数据采集程序如下。

```
        ORG     2000H
        CLR     P2.6            发送脉冲，CD4024 清 0
        LCALL   D2MS
        SETB    P2.6
        LCALL   D2MS
                                多路选通并计数
START:  MOV     A,#PNUMBER      将待巡检点送 A 中
        MOV     R1,A
MP00:   NOP
        CLR     P2.5            发送脉冲，CD4024 计数
        LCALL   D2MS
        SETB    P2.5
        LCALL   D2MS
        DJNZ    R1,MP00
        MOV     TL0,#00H        TL0 清零
        MOV     TH0,#00H        TH0 清零
        CLR     EX1
        SETB    TR0
        LCALL   D80MS           调用延时子程序
        CLR     TR0
```

```
        SETB    EX1
        MOV     A,TL0           将 TL0 的计数值赋予 A
        MOV     58H,A           将 A 中的值送到 58H
        MOV     A,TH0           将 TH0 的计数值赋予 A
        MOV     59H,A           将 A 中的计数值赋予 59H
        LCALL   CALPT           调用热电阻温度计算子程序
D80MS:  NOP                     80 ms 延时子程序
        MOV     07H,#80         80×1ms
D80A:   MOV     05H,#250
        DJNZ    06H,$
        DJNZ    07H,D80A
        NOP
        NOP
        RET
```

二、存储器扩展电路设计

由于热电阻智能温度检测程序所占空间较大，因此扩展一片 EPROM（可擦可编程只读存储器）2764（8K）基本满足要求。另外对智能温度传感器而言，还有许多仪器参数需要保存，以及针对不同应用场合需要对参数在线修改，如温度报警数值、巡检点数的设定值等。本系统中扩展一片 EEPROM（电擦除可编程只读存储器）24C02 来实现此功能。下面介绍两方面的扩展电路。

（1）程序存储器扩展电路。

程序存储器扩展电路如图 10-17 所示。将 P0 引脚和 P2.0～P2.4 接 2764 的地址输入线 A8～A12，P0 引脚同时也接入 2764 的三态数据总线 D00～D07。片选控制线 $\overline{CE}$ 接低电平，80C51 的外部程序存储器的读选通信号 $\overline{PSEN}$ 引脚接 2764 的输出允许控制线 $\overline{OE}$。当 80C51 的外部程序存储器读选通信号 $\overline{PSEN}$ 引脚为低选通时，2764 工作在读方式，D00～D07 输出数据。当 80C51 的外部程序存储器读选通信号 $\overline{PSEN}$ 引脚为高选通时，2764 工作在维持方式，D00～D07 为高阻。

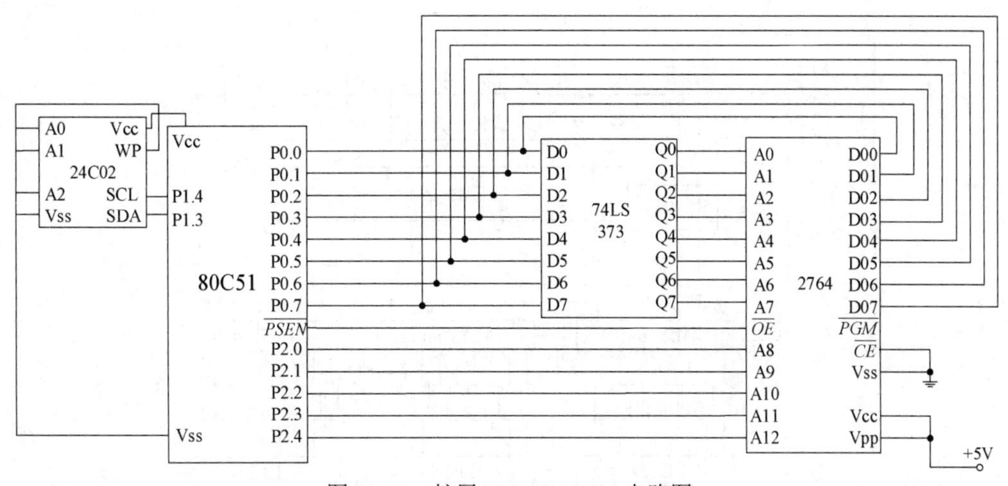

图 10-17　扩展 EPROM 2764 电路图

（2）参数存储器扩展电路。

本系统采用 24C02 作为 EEPROM，常用普通的 2 根 I/O 口线串行传输。其具有页写模式，自同步写周期为 10 ms，具有写保护措施，写入次数为 10 万次。

24C02 与 80C51 接口电路如图 10-17 所示。A0、A1、A2 为芯片地址线，在单片使用下 A0、A1、A2、Vss 均接地；SCL 为串行移位时钟，接 80C51 的 P1.4 引脚；SDA 为串行数据或地址，接 80C51 的 P1.3 引脚，80C51 可通过 SDA 为芯片写入或读出数据；WP 为写保护，WP 接地，芯片可读写。

由于 24C02 写入的数据停电不丢失，也可在线改写，占用极少的 I/O 资源，非常适用于各类仪器仪表的参数保存。本系统中将 24C02 用作系统的 EEPROM，用于存放温度巡检仪的上下限报警值、仪表的量程巡检点数的设定值等，供程序在计算时使用。用户可以在设定仪表的状态时，重新设定 24C02 中存放的参数值。它的引入使仪表的硬件结构十分简单，系统外部存储器扩展极为方便。

三、显示/键盘的人机交互接口电路设计

图 10-18 所示为巡检仪的显示/键盘接口电路，其中下面的 7 个 74LS164 作为 8 位 7 段显示器的静态显示口，上面的 74LS164 作为键扫描输出口，80C51 的 P1.2、P1.1 作为键输入引脚，P1.0 作为显示输出的移位脉冲控制引脚，P1.5 作为显示/键盘串行输出端口，P1.6 作为键盘 74LS164 的输出脉冲控制引脚。这种静态显示方式中显示器亮度大，易于做到显示不闪烁。静态显示的优点是单片机不必频繁地为显示服务，因而主程序可不必扫描显示器，软件设计比较简单，从而使单片机有更多的时间处理其他事务。7 位 LED 中，前 2 位 LED 用于显示巡检的点数，后面 5 位 LED 用于显示被测温度数值，有一位小数。键盘上除 10 个数字键外，其他为功能键。如“复位”“参数设定”“打印”等。

（1）判键子程序。

在图 10-18 中，键盘部分采用 2×8 键盘的接口逻辑电路，其连接采用 8 位串行输入并行输出移位寄存器 74LS164 构成行列式键盘。图中 80C51 的 P1.1、P1.2 引脚接键盘的行线，用来回收键扫描数据。74LS164 的 Q0～Q7 接列线作为键输入口。键盘的行线通过电阻接+5 V，当键盘上没有键闭合时，所有的行线和列线断开，行线呈高电平；当键盘上某个键闭合时，该键所对应的行线和列线短路，此时行线的电平由该列线的电平决定。判键子程序采用编程扫描方式取得键号。

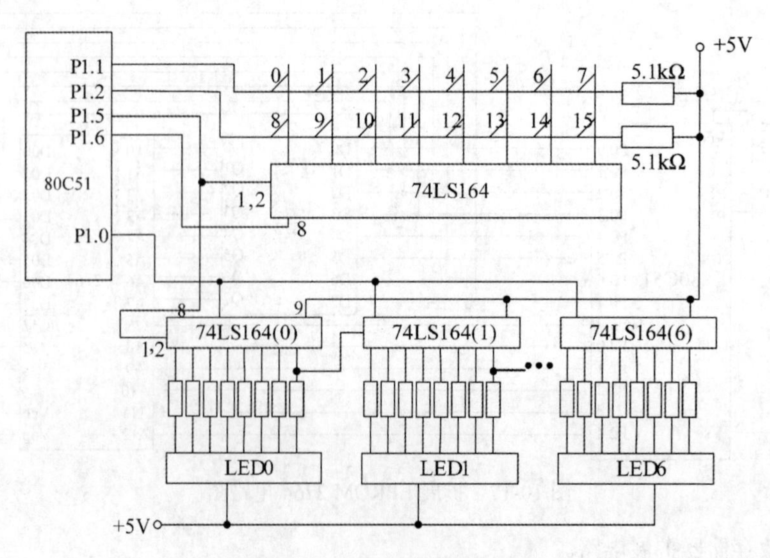

图 10-18 显示/键盘接口电路

键盘输入程序主要有以下 4 个方面的功能。

①判别键盘上有无键闭合。首先，P1.5 串行输出 00H，再读入数据回收线 P1.1、P1.2 并查看 P1.1、P1.2 是否为 1。若 P1.1、P1.2 为 1（键盘上行线为高电平），则键盘上没有闭合键；若 P1.1、P1.2 为 0，则有键处于闭合状态。

②去除键的机械抖动。目前，键盘大部分都利用机械触点的合、断作用。由于弹性作用的影响，机械触点在闭合及断开瞬间均有抖动，从而使电压信号也出现抖动。抖动时间的长短与开关的机械特性有关，一般为 5 ms～10 ms，而单片机对键盘进行一次扫描仅需几百微秒。这样将会使键盘扫描产生错误的判断。为保证单片机对键的一次闭合仅做一次输入处理，必须去除抖动影响。其方法为判别键盘上有键闭合后，延迟一段时间再判别键盘的状态。若仍有键闭合，则认为键盘上有一个键处于稳定的闭合期；否则，认为是键的抖动。

③判别闭合键的键号。P1.5 依次串行输出如下的值到 74LS164 的 A、B 端，实现 8 位串行输入并行输出 11111110B、11111101B、11111011B、11110111B、11101111B、11011111B、10111111B、01111111B，并相应地顺次读出 P1.1 的状态。若 P1.1 为“1”，则 P1.1 行没有键闭合；否则，P1.1 行有键闭合。闭合键的键号为状态低电平的列号。例如，P1.5 口输出 11111011 时，读出 P1.1 为 0，则第 2 列的键处于闭合状态，闭合键的键号为 2。对 P1.2 的处理与之相同，只是相应的键号稍有变化。

④使 CPU 对键的一次闭合仅做一次处理。采用的方法为等待闭合键释放以后再处理。

（2）显示及显示器接口。

在该单片机的应用系统中，使用的显示器为 LED 显示器（发光二极管显示器），这种显示器成本低廉，配置灵活，与单片机接线方便。LED 显示器是由发光二极管显示字段的显示器件。在单片机系统中通常使用的是 7 段 LED 显示器，这种显示器有共阴极和共阳极两种。此处采用共阴极 LED 显示器，其显示区的发光二极管阴极共地，如图 10-19 所示，当某个发光二极管的阳极为高电平时，发光二极管点亮。通常 7 段 LED 显示器中有 8 个发光二极管，故 7 段 LED 显示器也叫 8 段显示器。其中，7 段发光的二极管构成 7 笔字形“8”，一个发光二极管构成小数点。7 段显示器与单片机的接线非常简单，只要将一个 74LS164 的 8 位并行输出口与显示器的发光二极管的引脚相连即可。8 位并行输出口输出不同的字节数据即可获得不同的数字或字符。通常将控制发光二极管的 8 位字节数据称为段选码。

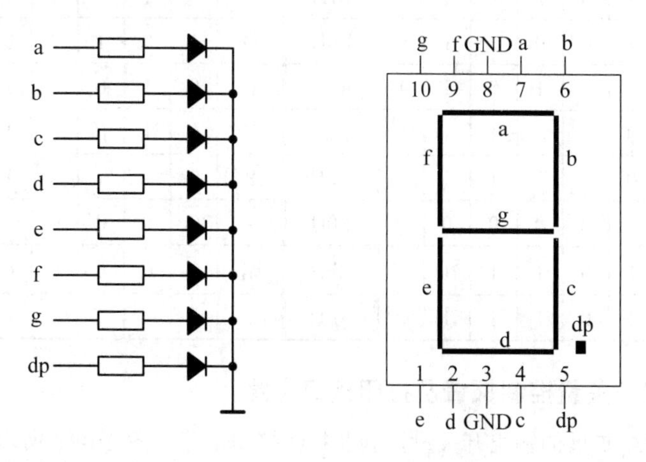

图 10-19 共阴极 7 段 LED 显示器与引脚配置

在本系统中，由于要显示的字数不多，因此采用静态显示方式。图 10-20 中，LED 显示器的接口电路将每片 LED 的共阴极连接在一起接地，每片的段选线与一个 74LS164 的 8 位并行口相连，这样每一位数据可独立显示。只要在该位数据对应的 LED 的段选线上保持段选码电平，就能保持相应的显示字符。由于每一位有一个 8 位输出口控制段选码，故在同一时间里每一片 LED 显示的字符可以各不相同。每片 74LS164 并行地送数据到对应的 LED 数码管，通过 80C51 的 P1.5 引脚发出显示数据，P1.0 引脚发出移位脉冲信号使数据移位，以保证一组参数的完整显示。

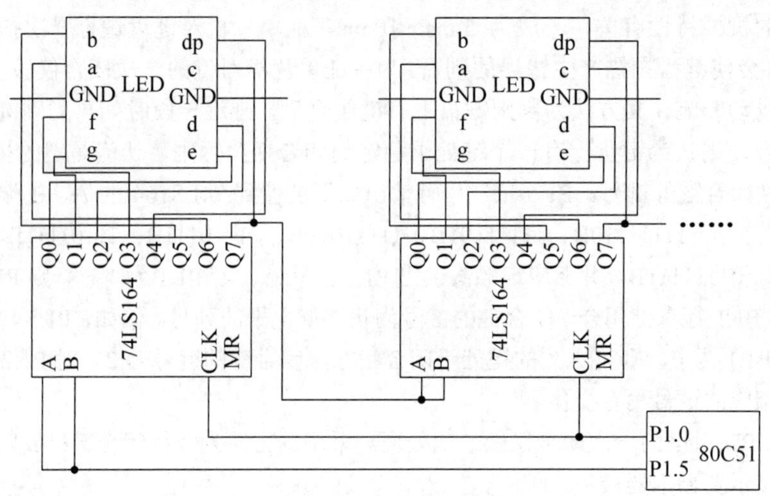

图 10-20 LED 显示器接口原理

由 LED 显示器的接口原理图可得出 7 段 LED 显示器的段选码如表 10-4 所示。

表 10-4 7 段 LED 显示器的段选码

字符	c	a	b	dp	f	d	g	e	段选码	字符	c	a	b	dp	f	d	g	e	段选码
	Q7	Q6	Q5	Q4	Q3	Q2	Q1	Q0			Q7	Q6	Q5	Q4	Q3	Q2	Q1	Q0	
0	1	1	1	0	1	1	0	1	EDH	A	1	1	1	0	1	0	1	1	EBH
1	1	0	1	0	0	0	0	0	A0H	B	1	0	0	0	1	1	1	1	8FH
2	0	1	1	0	0	1	1	1	67H	C	0	1	0	0	1	1	0	1	4DH
3	1	1	1	0	0	1	1	0	E6H	D	1	0	1	0	0	1	1	1	A7H
4	0	1	0	1	1	0	1	1	ABH	E	0	1	0	0	1	1	1	1	4FH
5	1	1	0	0	1	1	1	0	CEH	F	0	1	0	0	1	0	1	1	4BH
6	1	1	0	0	1	1	1	1	CFH	P	0	1	1	0	1	0	1	1	6BH
7	1	1	1	0	0	0	0	0	E0H	=	0	0	0	0	0	1	1	0	C8H
8	1	1	1	0	1	1	1	1	EFH	暗	0	0	0	0	0	0	0	0	00H
9	1	1	1	0	1	1	1	0	EEH										

四、输出开关量控制报警及打印接口电路

利用 8255A 扩展的输出开关量控制及打印接口电路如图 10-21 所示。采用线选法编址，以 P0.7 作为 8255A 的片选地址位，把 74LS373 的 Q7 与 8255A 的片选端 $\overline{\mathrm{CS}}$ 相连接。以地址的两个最低位对应接 8255A 的口选择端 A0 和 A1，把不连接的地址设为 1。这样 8255A 的 A 口地址为 7CH，B 口地址为 7DH，C 口的地址为 7EH，控制寄存器的地址为 7FH。

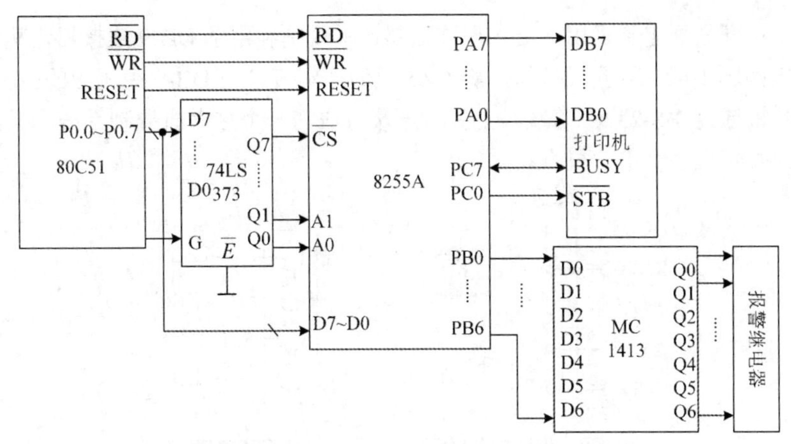

图 10-21 输出开关量控制及打印接口电路

8255A 的 A 口（PA7～PA0）与打印机数据线相连接，传送要打印的数据；C 口的 PC0 提供数据选通信号，接打印机的 $\overline{\text{STB}}$ 端进行打印数据送打印机的选通控制；C 口的 PC7 接打印机的 BUSY 端，以 BUSY 信号作为状态查询信号；B 口作为开关量输出控制口，将控制数据送到 MC1413，由 MC1413 将数据送到继电器进行驱动报警。

按上述电路连接和设置，确定 8255A 工作方式控制字各位状态如下。

- A 口作方式 0 输出：D6D5D4=000。
- B 口作输出：D2D1=00。
- C 口高位输入：D3=1。
- C 口低位输出：D0=0。

工作方式控制字为 10001000B=88H。

五、串行通信接口及软件编程

（1）通信接口。

上位机（IMB-PC 机）通信串行口采用的是 RS-232C 串行总线标准，该标准采用的是负逻辑电平（即逻辑 1 的电平是−12 V～−5 V，逻辑 0 的电平是+5 V～+12 V）。80C51 输出的是 TTL 电平，逻辑 1 为高电平 3.8 V 左右，逻辑 0 为低电平 0.3 V 左右。这两种电平互不兼容，必须将 TTL 电平与负逻辑电平进行转换。本系统使用 Intersil 公司生产的 ICL232 集成电路，它是单片集成双 RS-232 发送/接收器，采用单一±5 V 电源供电，内部有两组电压转换电路，最多外接 4 个电容、2 个电阻便可以构成标准的 RS-232C 通信接口，接口电路设计如图 10-22 所示。

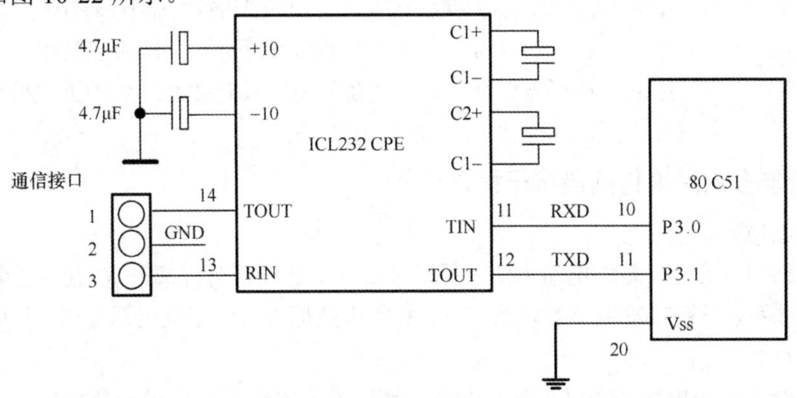

图 10-22 接口电路设计

RS-232C 标准只规定了采用一对物理连接器，本系统利用了 DB-9 连接器，其引脚分配和 CZ5 通信插座如图 10-23 所示。使用时，将 CZ5 通信插座接口与 DB-9 中相应的引脚连上即可。多个下位单片机通过 RS-232C 总线与上位机连接可成为一个多微机控制系统，上位机通过地址识别可以同时管理多个单片机系统。

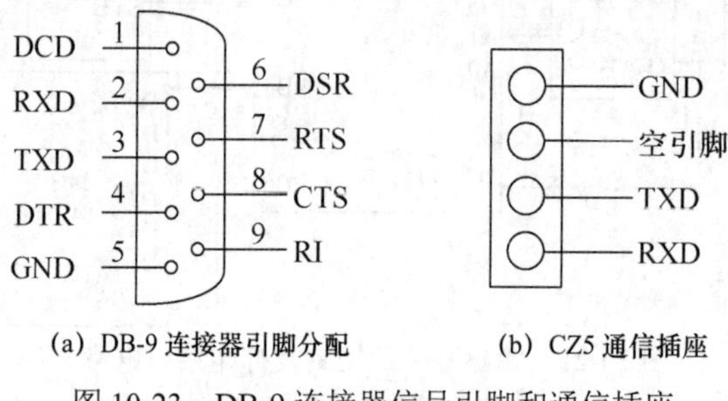

(a) DB-9 连接器引脚分配 (b) CZ5 通信插座

图 10-23 DB-9 连接器信号引脚和通信插座

（2）通信程序。

①80C51 串行口的结构。

80C51 内部有一个全双工的串行口，有两个独立的接收、发送缓冲器 SBUF（属于特殊功能寄存器），可同时发送、接收数据。发送缓冲器只能写入不能读出，接收缓冲器只能读出不能写入，两个缓冲器占用一个地址（99H），用读写指令加以区分。

80C51 的串行口寄存器共有两个，即串行口控制寄存器 SCON 和特殊功能寄存器 PCON。

SCON 用来设定串行口的工作方式、接收发送控制器以及状态标志。可用 SCON 的 SM0、SM1 两位来选择串行口的 4 种工作方式。80C51 本身具有多机通信功能，SCON 的 SM2 位正是为此而设计的。在工作于方式 2 和方式 3 时，若置 SM2=1，当接收数据第 9 位 RB8=0，则激活 RI，数据被写入 SBUF；若 SM2=0，则不论 RB8 是 1 还是 0，都激活 RI，数据写入 SBUF。PCON 是特殊功能寄存器，D7 位 SMOD 为串行口波特率系数控制位，当 SMOD=1 时波特率加倍。

②本系统中通信口的工作方式。

本上-下位机系统是主从式的，上位机在这一系统中作为指挥、调度者，对下位机进行访问，发布各种命令和接收下位机发来的信息。为了使上位机能有效地和每台下位机通信，需为每台下位机配置唯一的地址，这样上位机和下位机要联络时，上位机首先发送地址呼叫帧，所有的下位机接收到地址呼叫帧后，各自将接收到的上位机呼叫地址与本机地址相比较。若比较结果相等，则为被寻址的下位机，被寻址到的下位机设置一个标志位，同时被寻址到的下位机回送本机地址给上位机，经验证相符后，准备接收上位机发来的数据帧；若比较不相等，则为非寻址下位机，不设标志位，对其后上位机发来的数据帧不予理会，即不将接收到的数据帧内容装入 SBUF，不产生中断，直至被寻址为止。也就是说，只有被寻址到的下位机接收的数据帧才有效。

六、智能多点温度传感器抗干扰设计

（1）光电隔离。

信号隔离的目的之一是将电路上的干扰源和易受干扰的部分隔离开来，使测控装置与现场仅保持信号联系，不直接发生电的联系。隔离的实质是把引进的干扰通道切断，从而达到隔离现场干扰的目的。

光电耦合器以光电转换原理传输信息。它是以光为媒介传输信号的器件，其输入端配置发光源，输出端配置受光源，因而输入和输出在电气上完全是隔离的。开关量输入电路接入光电耦合器之后，由于光电耦合器的隔离作用，夹杂在输入开关量中的各种干扰脉冲都被挡在输入回路的一侧。它不仅使信息发出端与信息接收并输出端实现电绝缘，从而对干扰有很强的抑制能力，而且有很强的抑制电磁干扰的能力，且其速度快、价格低、接线简单，因而得到广泛的应用。

智能多点温度传感器的信号多路选择电路中，模拟信号的输入选择是通过 CD4024 计数来工作的，CD4024 与 CPU 之间的连接则是采用光电耦合器来进行干扰防治的。如在图 10-13 中，在 80C51 控制多路选择的信号 P2.5、P2.6 与 CD4024 的连接上采用光电耦合开关 TLC521，用 TLC521 实现带隔离的模拟通道选择。

同理，图 10-14 所示的 V/F 转换电路中，在 AD654 与单片机之间采用高速光耦 6N137 实现光电隔离。6N137 是日本东芝公司生产的特性优良的光电耦合器件，具有体积小、寿命长、抗干扰性强、隔离电压高、速度快、与 TTL 电平兼容等优点，可用于隔离线路、开关电路、数模转换、逻辑电路、长线传输、过流保护、高压控制、电平匹配、线性放大等。它的主要的特点就是高速。

（2）信号调制滤波。

由于传感器的输出量很小，极易受到外部感应噪声的影响，如果处理不当，微弱的有用电信号可能完全被无用的噪声信号淹没。因此，智能多点温度传感器中采用了以下几种措施来提高测量信号精度。

①硬件滤波。在信号输入端采用低通滤波器，允许低频信号通过，但阻止高频信号通过。由于传送的是低频信号，所以可以将 RC 低通滤波器接在低频信号通道中，它可以大大削弱各类高频干扰信号。在 CD4067 的多路信号输入通道中都接入了低通滤波器。

②使用高精度运算放大器。通常传感器的微弱信号往往必须由测量放大器放大。与其他半导体器件一样，测量放大器也是温度敏感器件，由于传感器变换后的模拟信号有时是很微弱的微伏级信号，而通用运算放大器一般都具有毫伏级的失调电压和每摄氏度微伏的温度漂移，显然是不能用于放大微弱信号的，因此检测信号的放大必须采用高精度、低漂移、高集成度的测量放大器。设计中采用了高精度的测量放大器 OP07，它具有极低的失调电压（10 μV）偏置电流（0.7 nA）和温漂系数（0.2 μV/C）。

③避免线间串扰。当数字电路与模拟通道平行且靠得很近时，数字电路引起的电流变化会产生瞬间电压，通过串扰而进入模拟信号线。智能仪表体积小，结构紧凑，所以在电路板走线和信号线布置时，可将模拟信号线远离数字信号线。

（3）硬件“看门狗”。

单片机受到干扰而失控，可能引起程序“乱飞”，也可能使程序陷入“死循环”。为了使失控的程序摆脱“死循环”的困境，通常采用程序监视技术，又称“看门狗”技术（Watch Dog Technology，WDT）。测控系统的应用程序往往采用循环体运行方式，每一次循环的时间基本固定。“看门狗”技术就是不断监视程序循环运行时间，若发现时间超过已知循环设定时间，则认为系统陷入了“死循环”，迫使系统复位，使系统重新进入正轨。“看门狗”技术可由硬件实现，也可由软件实现。本系统中采用芯片 IMP805L 实现硬件“看门狗”，其电路如图 10-24 所示。如果在“看门狗”时钟（TWD）=1.6 s 之内微机不触发“看门狗”输入引脚 6（WDI），且 WDI 引脚不处于浮空状态，则“看门狗”的输出引脚 7（RESET）将变为高电平，触发微机的 RST，使系统复位。

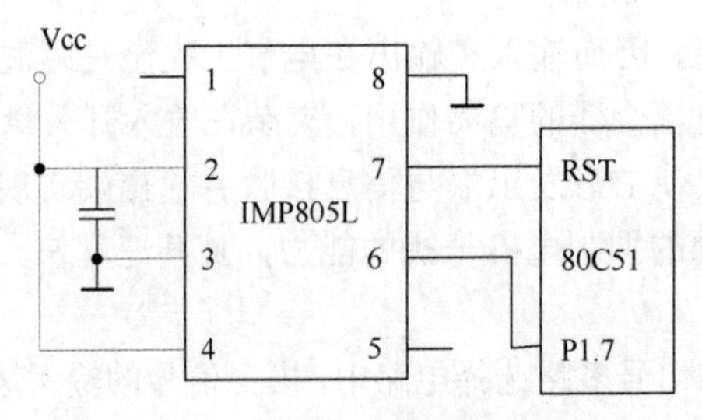

图 10-24 硬件“看门狗”电路

（4）软件抗干扰。

在多点温度巡检仪设计中，除考虑到硬件抗干扰设计外，还进一步考虑了软件抗干扰技术，主要包括数值滤波和指令冗余技术。

10.5 思考题

1. 何为智能传感器？智能传感器有哪些特点？
2. 简述智能传感器典型的体系结构及具体内涵。
3. 智能传感器非线性校正有哪些具体方法，分别介绍其内容。
4. 智能传感器的抗干扰方法有哪些？
5. 简述智能传感器的特点。

第 11 章

多传感器信息融合

近十几年来，多传感器信息融合（Multi-Sensor Information Fusion，MSIF）技术获得了普遍的关注和广泛的应用，融合一词几乎无限制地被许多领域所引用。这些应用领域主要有机器人系统、环境感知与目标识别、多源图像融合、故障检测与辨识、战场任务和无人机、目标检测与跟踪等。信息融合是针对一个系统中使用多种传感器（多个或多类）这一特定问题而展开的一种信息处理的新研究方向，因此，信息融合又称作多传感器融合（Multi-Sensor Fusion，MSF）。

11.1 多传感器信息融合技术

一、信息融合的基本原理

多传感器信息融合是人类和其他生物系统中普遍存在的一种基本功能，人类具有将自身的各种感觉器官（眼、耳、鼻、舌、四肢）所探测的信息（图像、声音、气味和触觉）与先验知识进行综合的能力，以便对周围环境和正在发生的事件做出估计。由于人类的感觉器官有不同的度量特征，因而可以测出不同空间范围内发生的各种物理现象。这一处理过程是复杂的，也是自适应的，它将各种信息转换为对环境的有价值的解释。

多传感器信息融合是对人脑综合处理复杂问题的一种功能模拟。在多传感器系统中，各种传感器提供的信息可能有不同的特征：时变的或非时变的，实时的或非实时的，模糊的或确定的，精确的或不完全的，可靠的或非可靠的，互补的或相互矛盾的。多传感器信息融合的基本原理和人脑综合处理信息的一样，充分利用多个传感器资源，通过对各种传感器及其观测信息的合理支配与使用，将各种传感器在空间和时间上的互补与冗余信息依据某种优化准则组合起来，产生对观测环境的一致性解释和描述。信息融合的目标是基于各传感器分别观测信息，通过对信息的优化组合导出更多的有效信息，它的最终目的是利用多传感器联合操作的优势，提高整个传感器系统的有效性。

二、信息融合的定义

根据国外研究成果和国内出版的一些专著，信息融合比较确切的定义可以概括为利用计算机技术对来自多传感器或多源的信息和数据，在一定准则下加以自动分析、综合，以完成所需要的决策和估计而进行的信息处理过程，以便得出更为准确可信的结论。信息融合的另一种普遍说法是数据融合，但就信息和数据的内涵而论，用信息融合一词更广泛、更合理，也更有概括性。一般说来，人们普遍认为信息不仅包括数据，而且包括信号和知识。

三、信息融合的级别

按照数据抽象的 3 个层次，目标识别的信息融合可以分为 3 级：数据级融合（也称像素级融合）、特征级融合和决策级融合。

（1）数据级融合。

数据级融合是对来自同等量级的传感器原始信息直接进行融合，是在各种传感器的原始测试信息未经预处理之前就进行的综合与分析，是低层次的融合。数据级融合过程如图 11-1 所示。这种融合的主要优点是能保持尽可能多的现场信息，提供其他融合层次所不能提供的细微信息。然而，其所需处理的传感器信息量太大，故处理代价高、时间长、实时性差。同时，这种融合是在信息的底层进行的，传感器原始信息的不确定性、不安全性和不稳定性要求在融合时有较高的纠错能力。此外由于是原始信息直接关联，故要求信息要来自同类型或相同量级的传感器。数据级信息融合主要用于多源图像复合、图像分析及同类雷达波形的直接合成等。

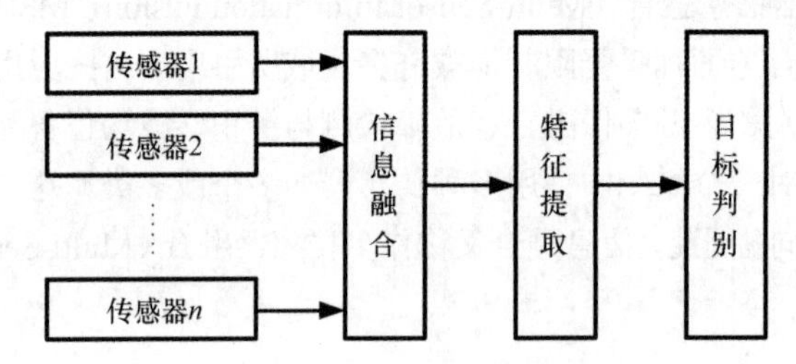

图 11-1 数据级融合过程

（2）特征级融合。

特征级融合属于中间层次，首先对来自多传感器的原始信息进行特征提取，然后对特征信息进行综合分析和处理，以便做出正确的决策。其融合过程如图 11-2 所示。

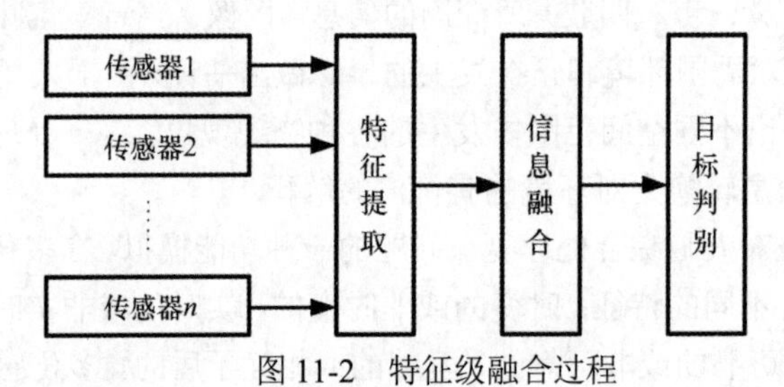

图 11-2 特征级融合过程

特征级融合的优点是实现了可观的信息压缩，有利于实时处理，并且由于所提取的特征直接与决策分析有关，因而融合结果能最大限度地给出决策分析所需要的特征信息。

（3）决策级融合。

决策级融合是一种高层次融合，它必须从具体决策问题的需求出发，充分利用特征级融合所提取的测试对象的各种特征信息，采用适当的融合技术来实现。决策级融合是 3 级融合的最终结果，是直接针对具体决策目标的，融合结果直接影响决策水平。其融合过程如图 11-3 所示。

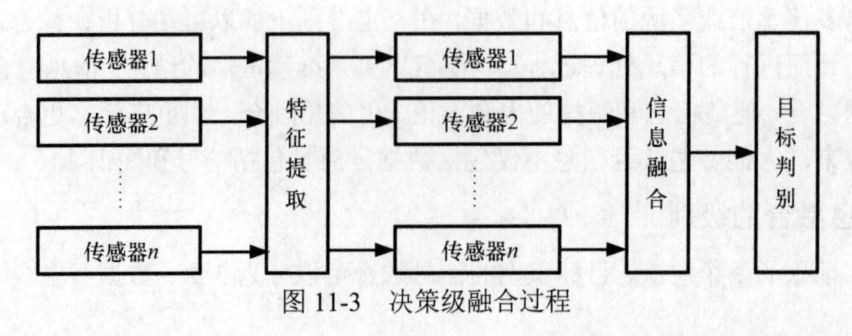

图 11-3 决策级融合过程

决策级融合的主要优点是灵活性高；能有效反映环境或目标各个侧面的不同类型信息；对传感器的依赖性小，传感器可以是同质的，也可以是异质的；当一个或几个传感器出现错误时，通过适当融合，系统还能获得正确的结果，所以有容错性。但是，决策级融合首先要对原传感器信息进行预处理以获得各自的判定结果，因此预处理代价高。

四、信息融合与机器人

信息融合技术自20世纪80年代一诞生，就引起了各国国防部门的高度重视，并将其列为军事高技术研究和发展领域中的一个重要专题。1984年，美国国防部成立了数据融合专家组（Data Fusion Subpanel，DFS），以指导、组织并协调有关这一国防关键技术的系统研究，1991年将信息融合列为20世纪90年代重点研究开发的20项关键技术之一，并制定了信息融合的1995年、2000年、2005年发展目标及预算。美国国防部领导下的C3I系统（Command Control Communication and Intelligence System）专家组专门成立了一个信息融合小组，并组织了多项专题计划研究数据融合技术。因此，早期信息融合技术的应用主要反映在军事上。随着技术本身的发展，现在信息融合技术已在工业和民用领域得到应用，如工业机器人、战场无人机、工业过程监视、空中交通管制、金融系统、气象预报等。

（1）信息融合的应用场景。

军用信息融合与民用信息融合之间通常存在着明显的差别，这种差别的出现是由于大部分民用系统在“人为设计的世界”（设计世界）或温和的现实世界中运行，而大部分军事系统则必须在敌对的现实世界中运行。为了说明这种差别，根据问题的性质，可以将信息融合的应用场景分为3类：设计世界、温和的现实世界和敌对的现实世界。

①设计世界。

设计世界如机器人系统（包括工业机器人、服务机器人和部分特种机器人）、工业过程监视与故障诊断、空中交通管制等。其特点是已知正常状态、信息源可靠精确、数据库固定、系统要素互相协作。

②温和的现实世界。

温和的现实世界如气象预报、金融系统和病人监护等。其特点是部分已知状态、信息源可靠但覆盖范围小、数据库部分可变、系统不受感觉影响。

③敌对的现实世界。

敌对的现实世界如各种军用C3I系统，各种战场无人机、导弹攻击与防御系统、陆海空警戒、目标指示、目标跟踪和导航系统等。其特点是不易确定正常状态，信息源可能不精确、不完整、不可靠，易受干扰，数据率高度可变，主观感觉可有效地影响系统，系统要素不相互协作。

（2）信息融合与机器人。

将信息融合技术应用到机器人领域是由信息融合的本质特性决定的。在机器人感知识别、行为决策领域，由于执行任务本身的复杂性和运行环境的不稳定性，机器人单传感器反映的环境和目标信息具有不确定性。具体地讲，机器人感知与决策的不确定性有环境中的不确定性（包括环境干扰和感知传感器的制约等）、准则中条件的不确定性、准则本身有效性的不确定性、推理时的不确定性，以及不完全的知识和片面的数据导致的不确定性。由此可以将机器人感知与决策的不确定性归纳为3种：随机性或可能性、模糊性、不完全性或不知性。这种不确定性的存在，必然导致机器人感知决策正确率的降低，甚至出现任务失败现象。

发源于人类思维模式的多传感器信息融合技术，为解决机器人系统感知决策的不确定性问题提供了一条重要的途径。这是由信息融合独特的多维信息处理方式决定的。单维的信息含量显然有其局限性，根据信息论的原理，由单维信息融合起来的多维信息，其信息含量比任何一个单维信息的都要大。多传感器信息融合在解决环境感知、目标识别、决策执行等问题上存在着许多先天的优越性。

①扩展了空间覆盖范围。

通过多个交叠覆盖的传感器作用区域，扩展了空间覆盖范围，一些传感器可以探测其他传感器无法探测的地方，进而提高了机器人系统的监视能力和检测概率。

②扩展了时间覆盖范围。

当某些传感器不能探测时，另一些传感器可以测试目标模式，多个传感器的协同作用可以扩展机器人系统的时间覆盖范围并提高检测概率。

③提高了可信度，降低了信息的模糊性。

一个或多个传感器能确认同一目标或事件，多传感器联合信息降低了目标或事件的不确定性。

④改善了识别性能。

对目标的多种测量的有效融合，提高了识别的有效性。

⑤改善了系统的可靠性。

多传感器相互配合使用具有内在的冗余度。

将信息融合应用于机器人感知决策的起因体现在 3 个方面：一是多传感器形成了不同通道的信号；二是同一信号形成了不同的特征信息；三是不同感知途径得出了有偏差的决策结论。融合感知决策的最终目标是综合利用各种信息提高感知决策准确率。由此可见，利用多传感器信息融合技术来提高机器人的智能性和可靠性，是非常有实际意义的。

11.2　多传感器信息融合方法

11.2.1　模糊信息融合方法

（1）模糊变换。

模糊集的基本思想是把普通集合中的绝对隶属关系灵活化，使元素对集合的隶属度从原来只能取 0、1 值扩充到取[0, 1]中的任意数值，因此很适合用来对传感器信息的不确定性进行描述和处理。在应用多传感器信息进行融合时，模糊集理论用隶属函数表示各传感器信息的不确定性，再利用模糊变换进行数据处理。

设 A 为模式识别系统可能决策的集合，如机器人感知的环境障碍物与目标物等的集合；B 为传感器识别参数的集合（如被感知对象的图像、距离、温度等参数）。x 表示各传感器判断的可信度，经过模糊变换得到的 y 是融合后各决策的可能性。A 和 B 的关系矩阵 $\boldsymbol{R}$ 中的元素 μ_{ji} 表示由传感器 j 推断决策为 i 的可能性。具体来说，假设有 m 个传感器对被识别系统进行测试，而系统可能决策有 n 个，则有

$$A=\{y_1, y_2, \cdots, y_n\} \tag{11-1}$$

$$B=\{x_1, x_2, \cdots, x_m\} \tag{11-2}$$

传感器对各可能决策的判断用定义在 A 上的隶属度函数表示，设传感器 j 对待识别系统的判断结果为

$$\{\mu_{j1}, \mu_{j2}, \cdots, \mu_{jn}\} \qquad 0\leqslant\mu_{ji}\leqslant 1 \tag{11-3}$$

即认为结果为决策 i 的可能性为 μ_{ji}，记为向量$(\mu_{j1}, \mu_{j2},\cdots, \mu_{jn})$。$m$ 个传感器构成 $m\times n$ 的关系矩阵，表示为

$$\boldsymbol{R}=\begin{pmatrix}\mu_{11},\mu_{12},\cdots,\mu_{1n}\\ \mu_{21},\mu_{22},\cdots,\mu_{2n}\\ \vdots \quad \vdots \quad\quad \vdots\\ \mu_{m1},\mu_{m2},\cdots,\mu_{mn}\end{pmatrix} \tag{11-4}$$

将各传感器判断的可信度用 B 上的隶属度 $\boldsymbol{X}=(x_1,x_2,\cdots,x_m)$ 表示，那么由 $\boldsymbol{Y}=\boldsymbol{X}\boldsymbol{\cdot}\boldsymbol{R}$ 进行模糊变换，就可得到融合后的感知识别结果 $\boldsymbol{Y}=(y_1,y_2,\cdots,y_n)$，即信息融合后的各模式识别的可能性集合。采用模糊集理论的融合过程如图 11-4 所示。

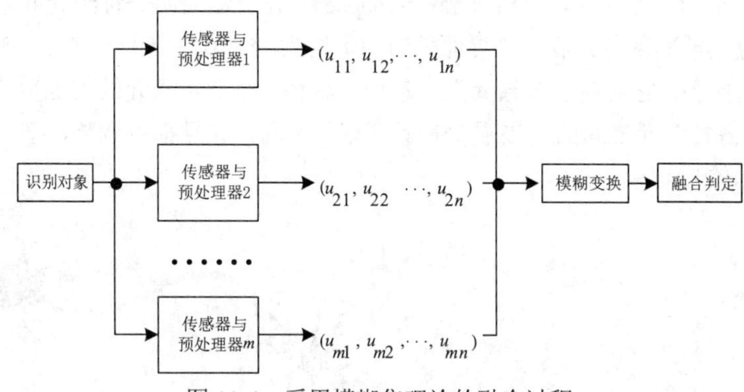

图 11-4　采用模糊集理论的融合过程

（2）模式判定规则。

对待识别模式进行决策时，采用基于规则的方法。基本原则如下。

①判定的感知模式应具有最大的隶属度值。

②判定的感知模式的隶属度值要大于某个阈值，具体要视实际问题而定。

③判定的感知模式和其他模式的隶属度值之差要大于某个阈值。具体阈值的确定同②。

模糊信息融合感知识别方法是指将各传感器的影响权重引入集合论中的隶属函数中，利用融合隶属函数和模糊关系矩阵的概念来解决待识别模式与传感器信息之间的不确定关系，进而实现待识别模式的检测与判断。这种方法计算简单，应用方便，结论明确、直观。但在模糊感知识别中，构造隶属函数是实现感知识别的前提，隶属函数是人为设计的。同时，在选择各传感器的影响权重时，也受一定的主观因素影响。如选择不当，必将影响感知识别准确性。

11.2.2　神经网络信息融合方法

神经网络效仿生物体信息处理系统获得柔性信息处理能力。它从微观上模拟人脑功能，是一种分布式的微观数值模型，神经元网络通过对大量经验样本的学习，将专家知识和模式识别实例以权值和阈值的形式分布在网络的内部，并且利用神经网络的信息保持性来完成不确定性推理。更重要的是，神经网络有极强的自学习能力，对于新的模式和样本可以通过权值的改变进行学习、记忆和存储，进而在以后的运行中能够识别、判断这些新的模式。作为一种新的智能化问题求解模型，神经网络信息融合方法为机器人感知识别系统的建造提供了一种新的框架。神经网络模型很多，包括经典的感知器模型、BP（Error Back Propagation）神经网络模型、CMAC（Cerebellar Model Articulation Controller）神经网络模型、SOM（Self-Organizing Map）

神经网络模型、霍普菲尔德神经网络模型，以及现代深度神经网络模型，如深度置信网络（Deep Belief Network，DBN）、卷积神经网络（Convolutional Neural Network，CNN）等。此处以经典 BP 神经网络模型为例介绍多传感器神经网络信息融合方法。

一、人工神经网络基本概念

人工神经网络基于一组称为人工神经元的连接单元或节点，它们对生物大脑中的神经元进行松散建模。每个连接就像生物大脑中的突触一样，可以向其他神经元传输信号，如图 11-5 所示。神经元由细胞体及其发出的许多突起构成。细胞体内有细胞核，突起的作用是传递信息。用于引入输入量的若干个突起称为树突（Dendrite）或“晶枝”，而作为输出端的突起只有一个，称为轴突（Axon）。树突是细胞体的延伸部，它由细胞体发出后逐渐变细，其各部位都可与其他神经元的轴突末梢相互联系，形成突触（Synapse）。在突触处两个神经元并未连通，突触只是发生信息传递功能的部件。联系“界面”的间隙约为 15×10^{-9}～50×10^{-9} m。突触可分为兴奋性与抑制性两种类型，它对应于神经元之间耦合的极性。每个神经元的突触数目有所不同，最高可达 10^5 个，各神经元之间的连接强度和极性有所不同，并且都可调整，基于这一特性，人脑具有存储信息的功能。

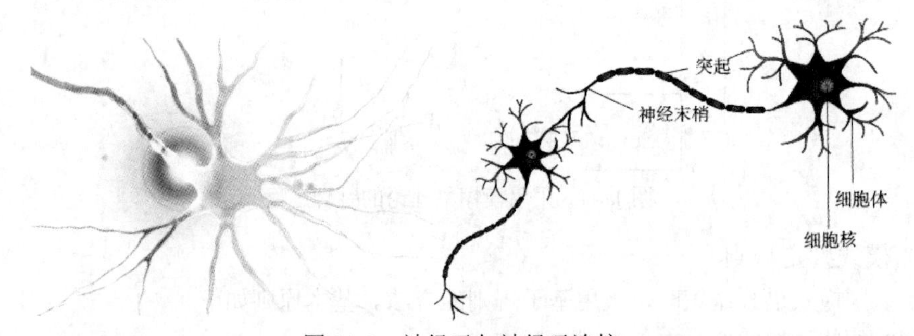

图 11-5 神经元与神经元连接

（1）神经元及输入输出。

神经元由细胞体及其发出的许多突起构成。对于这样一种多输入、单输出的基本单元可以进一步从生物化学、电生物学、数学等方面给出描述其功能的模型。从信息处理角度考察，我们可以为神经元构造了各种形式的数学模型。此处以经典的莫克罗-彼特氏（McCulloch-Pitts）神经模型为例，图 11-6 所示为这种模型的示意结构。对于第 j 个神经元，接收多个其他神经元的输入量 x_i 。各突触强度以实系数 w_{ij} 表示，即第 i 个神经元对第 j 个神经元作用的加权值。利用某种运算把输入量的作用结合起来，得出它们的总效果，称为“净输入”，以 N_{etj} 或 I_j 表示。净输入表达式有多种类型，其中简单的一种形式是线性加权求和，表示为

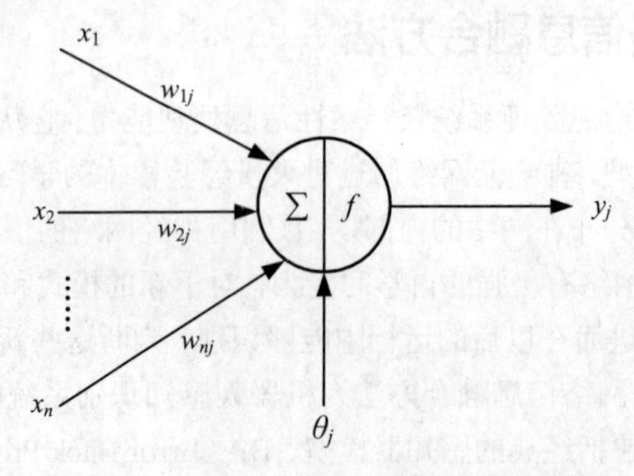

图 11-6 McCulloch-Pitts 模型的示意结构

$$N_{etj} = \sum w_{ij} x_i \tag{11-5}$$

式（11-5）的加权求和作用引起神经元 j 的状态变化，而神经元 j 的输出 y_j 是其当前状态的函数。McCulloch-Pitts 模型的数学表达式为

$$y_j = \mathrm{sgn}\left(\sum_i w_{ij} x_i - \theta_j\right) \tag{11-6}$$

式中，θ_j 为阈值；sgn 是符号函数，当净输入超过阈值时，y_j 取+1 输出，反之取−1 输出。如果考虑输出与输入的延时作用，表达式可被修正为

$$y_j(t+1) = \mathrm{sgn}\left(\sum_i w_{ij} x_i(t) - \theta_j\right) \tag{11-7}$$

利用大量神经元相互连接组成的人工神经网络将呈现出人脑的若干特征，人工神经网络也具有初步的自适应与自组织能力。在学习或训练过程中，改变突触权重 w_{ij} 值，可以满足周围环境的要求。同一网络因学习方式及内容不同可具有不同的功能。人工神经网络是一个具有学习能力的系统，可以学习知识，以至超过设计者原有的知识水平。其学习（或训练）方式通常可分为两种：一种是有监督（Supervised）或称有导师的学习，这时利用给定的样本标准进行分类或模仿；另一种是无监督（Unsupervised）学习或称无导师学习，这时只规定学习方式或某些规则，而具体的学习内容随系统所处环境（即输入量情况）而异，系统可以自动发现环境特征和规律性，具有更近似于人脑的功能。

（2）人工神经网络的基本要素。

在人工神经网络设计及应用研究中，通常需要考虑 3 个方面的内容，即神经元功能函数、神经元之间的连接形式和人工神经网络的学习（训练）算法。

①神经元功能函数。神经元在输入量作用下产生输出量的规律由神经元功能函数 f 给出，也称激活函数（Activation Function）或转移函数。这是神经元模型的外特性，包含从输入量到净输入，再到激活值，最终产生输出量的过程，可表示为

$$y = f(x) \tag{11-8}$$

该函数综合了净输入、f 函数的作用。f 函数形式多样，利用它们的不同特性可以构成功能各异的神经网络。

神经元激活函数有很多，常见的有线性函数、符号函数、S 形函数等。图 11-7（a）所示为双极 S 形函数 $f(x) = \dfrac{1-\mathrm{e}^{-x}}{1+\mathrm{e}^{-x}}$，图 11-7（b）所示为单极 S 形函数 $f(x) = \dfrac{1}{1+\mathrm{e}^{-x}}$。

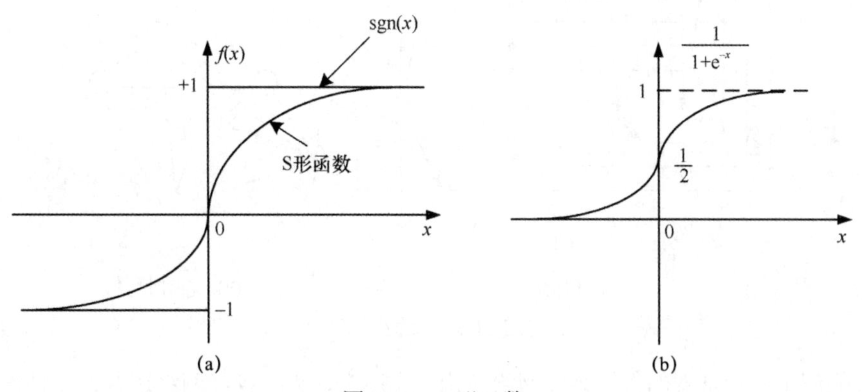

图 11-7　S 形函数

②神经元之间的连接形式。神经网络是一个复杂的互连系统，单元之间的互连模式将对网络的性质和功能产生重要影响。互连模式种类繁多，典型的网络结构如下。

- 前向网络（前馈网络）。网络可以分为若干“层”，各层按信号传输先后顺序依次排列，第 i 层的神经元只接收第 i–1 层神经元给出的信号，同一层各神经元之间没有反馈。前向网络可用一有向无环图表示，如图 11-8 所示。可以看出，输入节点并无计算功能，只是为了表征输入矢量各元素值。各层节点表示具有计算功能的神经元，称为计算单元。每个计算单元可以有任意个输入，但只有一个输出，输出可以再送到下一层的多个节点作为输入。称输入节点层为第 0 层。计算单元的各节点层从下至上依次称为第 1 至第 N 层，由此构成 N 层前向网络。（也可把输入节点层称为第 1 层，则 N 层网络将变为 N+1 个节点层。）

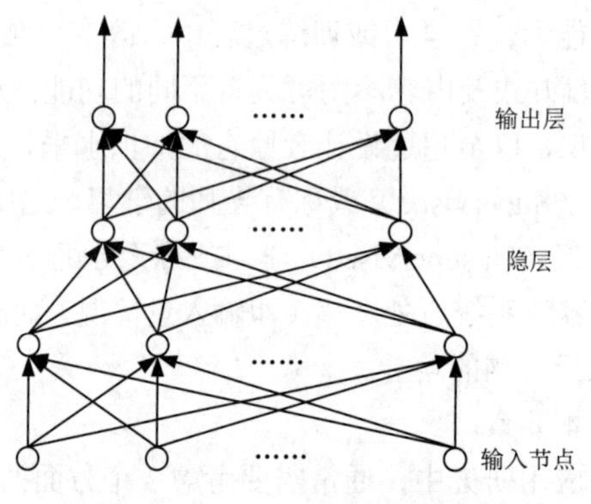

图 11-8　前向网络结构

第一节点层与输出节点层统称为“可见层”，而其他中间层则称为隐层（Hidden Layer），这些神经元称为隐节点。BP 神经网络就是典型的前向网络。

- 反馈网络。典型的反馈网络结构如图 11-9（a）所示，每个节点都表示一个计算单元，同时接收外加输入和其他各节点的反馈输入，每个节点也都直接向外部输出。霍普菲尔德神经网络就属于此种类型。在某些反馈网络中，各神经元除接收外加输入与其他各节点反馈输入之外，还接收自身反馈。有时，反馈神经网络也可表示为一张完全的无向图，如图 11-9（b）所示。其中，每一个连接都是双向的，第 i 个神经元对第 j 个神经元的反馈与第 j 个神经元对第 i 个神经元的反馈的突触权重相等，即 $w_{ij} = w_{ji}$。

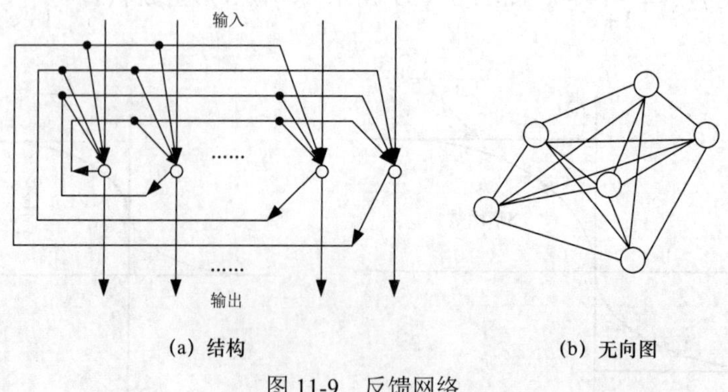

图 11-9　反馈网络

以上介绍了两种基本的人工神经网络结构。实际上，人工神经网络还有许多种连接形式，例如，从输出层到输入层有反馈的前向网络，同层内或异层间有相互反馈的多层网络等。

③人工神经网络的学习（训练）算法。学习功能是神经网络主要的特征之一。各种学习算法的研究，在人工神经网络理论与实践发展过程中起着重要作用。当前，人工神经网络研究的许多课题都致力于学习算法的改进、更新和应用。典型的监督类型的学习过程如图 11-10 所示。图中，将样本训练数据加到网络输入端，同时将相应的期望输出与网络输出相比较得到误差信号，以此控制权重连接强度的调整，经计算至收敛后得出确定的 w 值。当样本情况发生变化时，经学习可修正 w 值以适应新的环境。

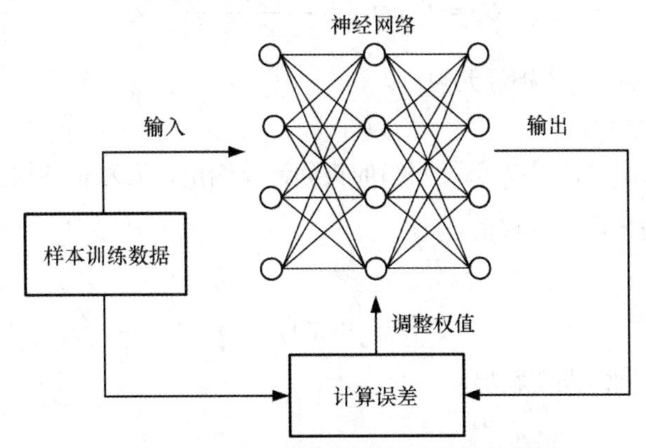

图 11-10 典型的监督类型的学习过程

二、BP 神经网络

BP 神经网络是目前应用最为广泛和成功的神经网络之一。它是 1986 年由鲁梅尔哈特（Rumelhant）和麦克利兰（McClelland）提出的，其学习过程采用一种多层网络的“逆推”学习算法。其基本思想是学习过程由信号的正向传播与误差的反向传播两个过程组成。信号正向传播时，输入样本从输入层输入，经隐层逐层处理后传向输出层。若输出层的实际输出与期望输出（导师信号）不符，则转向误差的反向传播阶段。误差的反向传播是指将输出误差以某种形式通过隐层向输入层逐层反传，并将误差分摊给各层的所有单元，从而获得各层单元的误差信号，此误差信号即作为修正各单元权值的依据。这种信号正向传播与误差反向传播的各层权值调整过程周而复始地进行。权值不断调整的过程，就是网络的学习训练过程。此过程一直进行到网络输出误差减少到可以接受的程度，或进行到完成预先设定的学习次数为止。

（1）BP 神经网络结构。

图 11-11 所示是 BP 神经网络的结构。它由输入层、输出层和中间层（又称隐层）等组成。

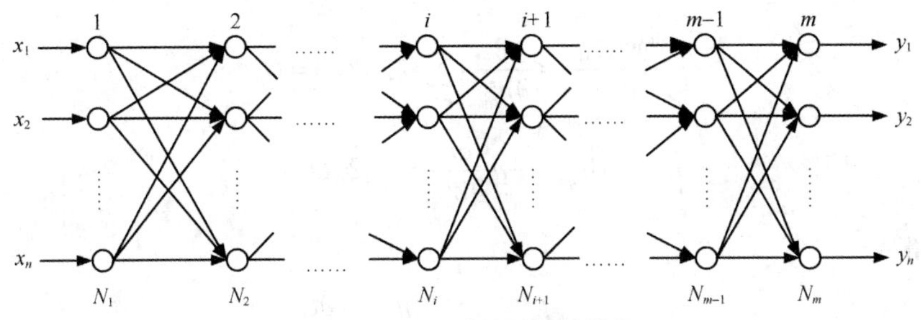

图 11-11 BP 神经网络的结构

在多层前向型 BP 神经网络结构中，x_i 表示神经网络输入；y_i 表示神经网络实际输出。

（2）BP 神经网络学习算法。

以图 11-11 所示的 BP 神经网络结构为例，推导标准 BP 神经网络学习算法。

①BP 神经网络前向传播算法。

$$\mathrm{net}_{ij}=\sum_{k=1}^{N_{i-1}}O_{(i-1)k}\cdot W_{(i-1)kj} \tag{11-9}$$

式中，$W_{(i-1)kj}$ 表示第 $i-1$ 层第 k 个神经元到第 i 层第 j 个神经元的连接权值；$Q_{(i-1)k}$ 表示第 i-1 层第 k 个神经元输出；net_{ij} 表示第 i 层第 j 个神经元总输入；N_{i-1} 表示第 i-1 层神经元节点数。

$$O_{ij}=f_s(\mathrm{net}_{ij})=\frac{1}{1+\mathrm{e}^{-(\mathrm{net}_{ij}-\theta_{ij})}} \tag{11-10}$$

式中，θ_{ij} 表示第 i 层第 j 个神经元阈值。

②BP 神经网络后退算法。

如果神经元 j 在输出层，则 O_{ij} 就是网络的实际计算输出，记为 y。通过 y_j 与所期望的输出 d_j 之间的误差反向传播来修改各权值。

误差定义为

$$e_j=d_j-y_j \tag{11-11}$$

式中，d_j 表示神经网络期望输出。

网络目标函数为

$$E=\frac{1}{2}\sum_j(d_j-y_j)^2 \tag{11-12}$$

网络的权值沿 E 函数梯度下降的方向修正，表示为

$$\Delta W_{ijk}=-\eta\frac{\partial E}{\partial W_{ijk}} \tag{11-13}$$

式中，$0<\eta<1$，η 为学习效率。对式（11-13），为使其在计算机中方便编制程序计算，必须求出 ΔW_{ijk} 与神经元输出之间的递推关系，为

$$\Delta W_{ijk}=-\eta\frac{\partial E}{\partial W_{ijk}}=-\eta\frac{\partial E}{\partial \mathrm{net}_{(i+1)k}}\cdot\frac{\partial \mathrm{net}_{(i+1)k}}{\partial W_{ijk}}=\eta\delta_{ik}\frac{\partial \mathrm{net}_{(i+1)k}}{\partial W_{ijk}} \tag{11-14}$$

式中，$\delta_{ik}=-\dfrac{\partial E}{\partial \mathrm{net}_{(i+1)k}}$。

a. 解 $\dfrac{\partial \mathrm{net}_{(i+1)k}}{\partial W_{ijk}}$。

$$\frac{\partial \mathrm{net}_{(i+1)k}}{\partial W_{ijk}}=\frac{\partial}{\partial W_{ijk}}\left(\sum_{h=1}^{N_i}O_{ih}\cdot W_{ihk}\right)=O_{ij} \tag{11-15}$$

$$\Delta W_{ijk}=-\eta\frac{\partial E}{\partial W_{ijk}}=-\eta\delta_{ik}O_{ij} \tag{11-16}$$

b. 计算 δ_{ik}。

$$\delta_{ik}=-\frac{\partial E}{\partial \mathrm{net}_{(i+1)k}}=-\frac{\partial E}{\partial O_{(i+1)k}}\cdot\frac{\partial O_{(i+1)k}}{\partial \mathrm{net}_{(i+1)k}} \tag{11-17}$$

有 $\dfrac{\partial O_{(i+1)k}}{\partial \mathrm{net}_{(i+1)k}}=f'(\mathrm{net}_{(i+1)k})$，由 $f'(x)=\dfrac{\mathrm{e}^{-(x-\theta)}}{[1+\mathrm{e}^{-(x-\theta)}]^2}=f(x)[1-f(x)]$ 得：

$$\frac{\partial O_{(i+1)k}}{\partial \text{net}_{(i+1)k}} = f'(\text{net}_{(i+1)k}) = f(\text{net}_{(i+1)k})(1-f) = O_{(i+1)k}(1-O_{(i+1)k}) \tag{11-18}$$

然后求 $\frac{\partial E}{\partial O_{(i+1)k}}$。

当 $O_{(i+1)k}$ 为输出节点时，有

$$\frac{\partial E}{\partial O_{(i+1)k}} = y_k - d_k;\ E = \frac{1}{2}\sum_j (d_j - y_j)^2 \tag{11-19}$$

$$\begin{aligned}\delta_{ik} &= -\frac{\partial E}{\partial \text{net}_{(i+1)k}} = -\frac{\partial E}{\partial O_{(i+1)k}} \cdot \frac{\partial O_{(i+1)k}}{\partial \text{net}_{(i+1)k}} = (d_k - y_k)O_{(i+1)k}(1-O_{(i+1)k}) \\ &= (d_k - y_k)y_k(1-y_k) = (d_k - O_{mk})O_{mk}(1-O_{mk})\end{aligned} \tag{11-20}$$

当 $O_{(i+1)k}$ 为隐节点时，有

$$\frac{\partial E}{\partial O_{(i+1)k}} = \sum_{h=1}^{N_{i+2}} \frac{\partial E}{\partial \text{net}_{(i+2)h}} \cdot \frac{\partial \text{net}_{(i+2)h}}{\partial O_{(i+1)k}} = -\sum_{h=1}^{N_{i+2}} \delta_{(i+1)h} W_{(i+1)kh} \tag{11-21}$$

$$\text{net}_{ij} = \sum_{k=1}^{N_{i-1}} O_{(i-1)k} \cdot W_{(i-1)kj} \tag{11-22}$$

$O_{(i+1)k}$ 为隐节点时，可知节点的实际输出，但无法提前知道其正确输出，只是总的误差与隐层输出相关，同时隐层的输出必影响下一隐层各节点的输入。误差为

$$\delta_{ik} = O_{(i+1)k}(1-O_{(i+1)k})\sum_{h=1}^{N_{i+2}} \delta_{(i+1)h} W_{(i+1)kh} \tag{11-23}$$

BP 神经网络学习算法的权值调整公式为

$$\Delta W_{ijk} = \begin{cases} \eta(d_k - y_k)y_k(1-y_k)O_{ij} & i+1\text{层为输出层} \\ \eta O_{(i+1)k}(1-O_{(i+1)k}) \cdot (\sum_{h=1}^{N_{i+2}} \delta_{(i+1)h} W_{(i+1)kh})O_{ij} & i+1\text{层为隐层} \end{cases} \tag{11-24}$$

第 i 层神经元为

$$\delta_{ik} = \begin{cases} (d_k - y_k)y_k(1-y_k) & i+1\text{层为输出层} \\ O_{(i+1)k}(1-O_{(i+1)k})(\sum_{h=1}^{N_{i+2}} \delta_{(i+1)h} \cdot W_{(i+1)kh}) & i+1\text{层为隐层} \end{cases} \tag{11-25}$$

$$W_{ijk}(t+1) = W_{ijk}(t) + \Delta W_{ijk} = W_{ijk} + \eta \delta_{ik} O_{ij} \tag{11-26}$$

同理证明

$$\Delta\theta_{ik} = -\eta \frac{\partial E}{\partial \theta_{ik}} \begin{cases} \eta(d_k - y_k)y_k(1-y_k) & i+1\text{层为输出层} \\ \eta O_{(i+1)k}(1-O_{(i+1)k})(\sum_{h=1}^{N_{i+2}} \delta_{(i+1)h} \cdot W_{(i+1)kh}) & i+1\text{层为隐层} \end{cases} \tag{11-27}$$

除了上面介绍的标准 BP 神经网络学习算法外，由于标准 BP 神经网络学习算法存在学习过程的局部极小和学习饱和缺陷，出现不少改进 BP 神经网络学习算法，如增加动量项的改进 BP 神经网络学习算法、可变学习速率的反向传播（Variable Learning Rate Back Propagation，VLBP）算法、

学习速率的自适应调节BP神经网络学习算法等。相关改进BP神经网络学习算法也得到实际应用。

三、BP 神经网络信息融合模型

（1）BP 神经网络结构。

BP 神经网络中由输入层、输出层和隐含层组成前向连接模型，同层各神经元互不相连，相邻层的神经元通过权值连接。典型的 BP 神经网络是 3 层前向网络，即输入层、隐含层和输出层，如图 11-12 所示，其中输入层对应于感知传感器信息，输出层对应于待识别模式，设输入层 LA 有 m 个节点，输出层 LC 有 n 个节点，隐含层 LB 的节点数目为 u。隐含层中的节点输出函数为

$$b_r = f(\sum_{i=1}^{m} W_{ir} \cdot a_i - T_r) \quad r=1,\ \cdots,\ u \tag{11-28}$$

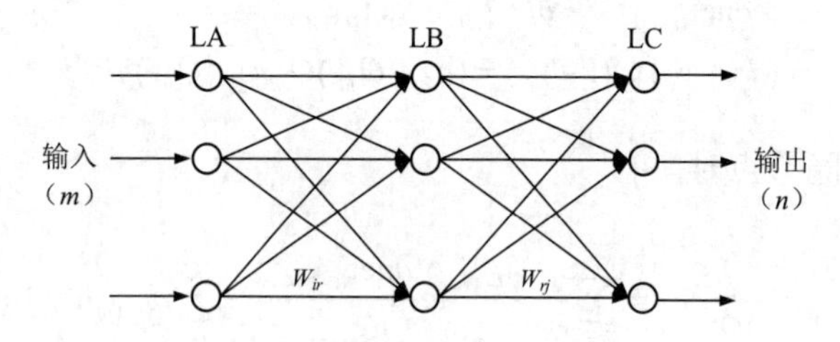

图 11-12　3 层 BP 神经网络结构

输出层中节点的输出函数为

$$c_j = f(\sum_{r=1}^{u} V_{rj} \cdot b_r - \theta_j) \quad j=1,\ \cdots,\ n \tag{11-29}$$

式（11-29）中 f 采用 S 形函数即 $f(x)=(1+\mathrm{e}^{-x})^{-1}$。$W_{ir}$ 为输入层 a_i 到隐含层 b_r 间的连接权，V_{rj} 为隐含层 b_r 到输出层 c_j 间的连接权，T_r 为隐含层的阈值，θ_j 为输出层单元的阈值。此神经网络的学习过程为：把神经网络学习时输出层出现的与事实不符的误差，归结为连接层中各节点的连接权及阈值的误差；通过把输出层节点的误差逐层向输入层逆向传播，以分给各连接节点，从而可算出各连接点的参考误差；根据此误差对各连接权进行相应的调整，使网络获得满足要求的输出，实现训练模式对输入 $A^{(k)}$→输出 $C^{(j)}$（k=1,⋯,m；j=1,⋯,n）的映射。

神经网络信息融合是指将神经网络（如 BP 神经网络）引入信息融合之中，同时结合模糊集理论进行待识别模式判断。其融合感知识别过程如图 11-13 所示。其中，$A_1, A_2,\ \cdots, A_n$ 为待识别的模式；$\{\mu_j(A_1), \mu_j(A_2),\ \cdots, \mu_j(A_n)\}$ 为传感器 j 测得的各识别模式 $\{A_1, A_2,\ \cdots, A_n\}$ 所对应的隶属度值；$\{\mu(A_1), \mu(A_1),\ \cdots, \mu(A_n)\}$ 为融合的隶属度值；n 为模式的类型总数。在融合过程中，通过多传感器测试被识别对象，求出每一个传感器对模式集中各类模式的隶属度值；而后将所有传感器的模式隶属度值矢量作为神经网络的输入，网络输出即融合后待识别对象属于各类模式的隶属度值矢量；最后利用基于规则的判定原则进行模式决策。

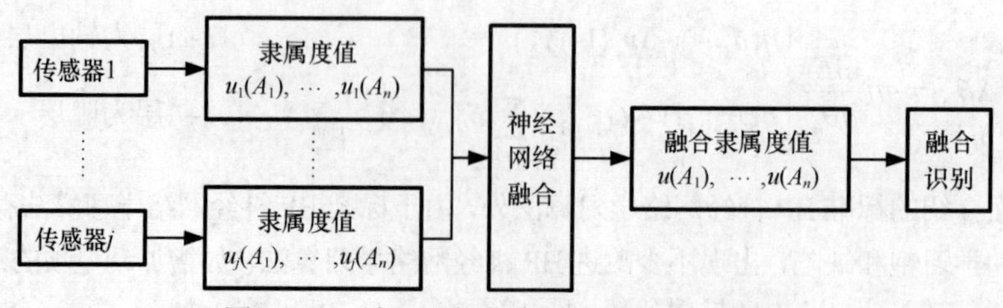

图 11-13　神经网络信息融合感知识别过程

（2）神经网络信息融合识别步骤。

①各传感器故障隶属度值的确立：通过传感器测试待识别对象的状态参数，经过一定的变换处理，得到各传感器所测状态属于各类模式的隶属度值{ $\mu_j(A_1), \mu_j(A_2), \cdots, \mu_j(A_n)$}。

②神经网络的训练：先用标准样本对神经网络进行训练，其样本由实验测定，训练时网络的输入端为各传感器测试出的各待识别对象属于各模式的隶属度，网络输出端为各待识别对象已知的模式隶属度值。网络的实际结构形式视实际问题而定。

③神经网络信息融合：对某一待识别对象，将各传感器测试的模式隶属度矢量作为训练后网络的输入，输出即融合后的模式隶属度矢量。由此输出可以判断实际模式。

（3）模式决策。

对网络融合后输出的各待识别对象属于各个模式的隶属度值，在感知识别时，采用基于规则的方法进行分析，其基本原则如下。

①判定的模式应具有最大的隶属度值。

②判定的模式的隶属度值要大于某个阈值。此阈值过小，易出现模式误判现象，而此阈值过大时又易出现模式漏判。一般情况下，此值至少要大于 $1/n$（n 为待识别模式个数），阈值越大，模式识别准确度越高，只是阈值过大时测试得到的模式隶属度值无法满足要求，因此必须针对实际被识别对象，根据实际识别结果准确率的统计数据来选择一个大于 $1/n$ 的适当数值。

③判定的目标模式和其他模式的隶属度值之差要大于某个阈值。此阈值的取值类似于②。

11.2.3 D-S 证据理论信息融合方法

登普斯特（Dempster）和谢弗（Shafer）在 20 世纪 70 年代提出的证据理论是对概率论的扩展。它建立了命题和集合之间的一一对应关系，把命题的不确定性问题转化为集合的不确定性问题，而证据理论处理的正是集合的不确定性。

D-S 证据理论是指针对事件发生后的结果（证据），探求事件发生的主要原因（假设）。对于具有主观不确定性判断的多属性诊断问题，D-S 证据理论是一个融合主观不确定性信息的有效手段。D-S 证据理论中，用信度函数表达概率大小，通过多传感器测试被识别对象，得出每一个传感器测得的对象属于各类模式的信度函数，然后利用 D-S 组合规则进行信息融合，得到融合后待识别目标分别属于各类模式的信度函数，最后根据一定的判定准则确定模式类型，其融合识别过程如图 11-14 所示。

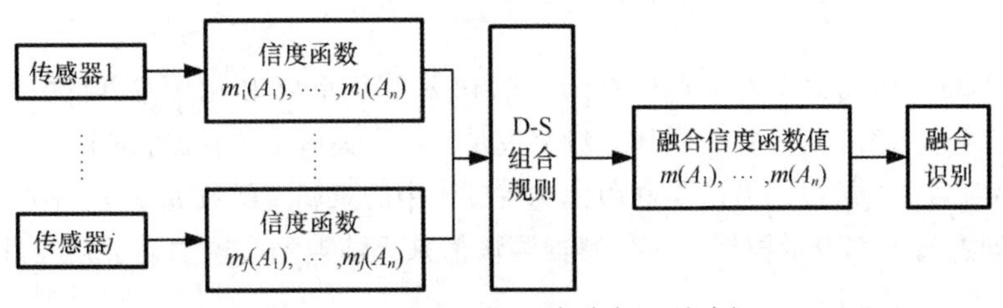

图 11-14 D-S 证据理论融合识别过程

图中 $m_j(A_1),\cdots,m_j(A_n)$表示传感器 j 测得的对象属于模式 $A_1,\cdots,A_n$ 的信度函数。$m(A_1)$, $m(A_2),\cdots,m(A_n)$ 是传感器信息融合后分配到各模式上的信度函数值。

一、信度函数及信度函数分配

通过测试被识别对象的特征参数，采用一定的数据变换（如小波变换、概率统计、隶属函数等），得到各传感器测得的症状参数属于各类模式的信度函数$\{m_j(A_1),\cdots,m_j(A_i),\cdots,m_j(A_n)\}$，$m_j(A_i)$表示传感器 j 测得的症状参数属于模式 A_i 的信度函数。

（1）信度函数。

证据理论的论域称为识别框架，记为Θ，其中包括有限个基本命题，记为$\{A_1,A_2,\cdots A_i，\cdots,A_n\}$，对应于概率论中的基本事件，称为基元，在模式识别中对应基本的模式。Θ 中事件是互斥的。

定义 1：设Θ 为识别框架，如果集函数 $m:2^{\Theta}\rightarrow[0,1]$（$2^{\Theta}$ 为Θ 的幂集）满足

$$m(\Phi)=0,\sum_{i=1}^{n}m(A_i)=1,A\in\Theta \tag{11-30}$$

则称函数 m 为信度函数。式中，m 为识别框架Θ 上的信度函数分配；Φ 为空集；对 $A\in\Theta$，$m(A)$为 A 的信度函数值，当 $m(A)\neq 0$ 时，称 A 为信度函数分配上的基元。A 的信度函数值反映了对 A 本身的信度大小，即确切地分配到 A 上的信度函数值。

（2）信度函数分配。

信度函数分配是表示人对故障模式假设的可信程度的一种推理，是一种人为的判断，这种判断受各种因素的影响，不同的思路会构成不同的信度函数分配公式。

定义 2：

$$\alpha_j=\max\{C_j(A_i)\} \qquad i=1,2,\cdots,N_c$$

$$\beta_j=\{[N_cW_j/\sum_{i=1}^{N_c}C_j(A_i)-1]\}/(N_c-1)]\} \qquad N_c\geqslant 2$$

$$R_j=(W_j\alpha_j\beta_j)/(\sum_{j=1}^{N}W_j\alpha_j\beta_j) \qquad j=1,\ 2,\cdots,N \tag{11-31}$$

式中，$C_j(A_i)$是传感器 j 对目标模式 A_i 的相关系数；N_c为目标模式数目；N 是传感器总数；W_j 是传感器 j 的环境加权系数，其值域为[0, 1]；α_j 是传感器 j 的最大相关系数；β_j 是传感器 j 的相关分配值；R_j 是传感器 j 的可靠性系数。则传感器 j 对目标模式 A_i 的信度函数 $m_j(A_i)$为

$$m_j(A_i)=C_j(A_i)/\{\sum_{i=1}^{N_c}C_j(A_i)+NK(1-R_j)(1-W_j\alpha_j\beta_j)\} \tag{11-32}$$

传感器 j 的不确定性 θ的信度函数为

$$m_j(\theta)=1-\sum_{i=1}^{N_c}m_j(A_i) \tag{11-33}$$

从式（11-32）和式（11-33）可以看出，除 W_j 和修正系数 K 由传感器特性及现场经验而定，有一定的主观性外，N、N_c 对具体系统来说是定值，关键是传感器 j 对目标模式 A_i 的相关系数 $C_j(A_i)$如何确定？解决的方法是利用模糊集理论中的隶属度函数 μ_{ji} 来代替 $C_j(A_i)$。因为这两个量在物理意义上都表示根据某一传感器测量值来评估被测对象隶属于某一目标类型的程度，即两者之间的相关性。

二、D–S 组合规则

根据 D-S 组合规则，设 m_1、m_2 分别对应同一识别框架Θ 上的信度函数分配，基元分别为 $A_1, A_2,\cdots,A_k$ 和 $B_1, B_2,\cdots,B_k$，设 $\sum_{\Phi=A_i\cap B_j}\{m_1(A_i)m_2(B_j)\}<1$，则由式（11-34）定义的函数 $m:2^{\Theta}\rightarrow[0,1]$

是联合后的信度函数分配，表示为

$$m(A)=\begin{cases}\dfrac{\sum\limits_{A=A_i\cap B_j}\{m_1(A_i)m_2(B_j)\}}{1-C} & A\neq\Phi\\ 0 & A=\Phi\end{cases} \tag{11-34}$$

$$C=\sum_{\Phi=A_i\cap B_j}m_1(A_i)m_2(B_j) \tag{11-35}$$

式中，C 为包含完全冲突假设 A_i 和 B_j 的所有信度函数乘积之和；冲突假设 A_i 和 B_j 是指假设的目标模式 A_i 和 B_j 在 Θ 上不可同时存在，即它们是相互排斥的；此处 Φ 表示空集，式(11-34)中的 A 指假设的目标模式 A_i 和 B_j 布尔组合的一个综合命题，A 的信度函数值 $m(A)$是包含不冲突假设 A_i 和 B_j 的所有信度函数乘积之和。

在模式识别中基元 $A_1,A_2,\cdots,A_k$ 和 $B_1,B_2,\cdots,B_k$ 即前面所指的待识别的模式，而 $m(A)$是指融合后分配到各待识别模式上的信度函数值。

三、融合模式判定原则

融合模式判定一般遵守以下原则。

①判定的模式类型应具有最大的信度函数值，并要大于某个阈值。

②判定的模式类型和其他类型的信度函数值之差要大于某个阈值。

③不确定模式函数值必须小于某个阈值。

④判定模式类型的信度函数值要大于不确定信度函数值。

11.3 多传感器信息融合应用

11.3.1 多传感器信息融合故障识别

一、模拟电路信息融合故障识别

图 11-15 所示为一弱信号放大电路，其中的 3 个测量放大器 OP07 为待诊断元件，分别为 A_1（元件 1）、A_2（元件 2）、A_3（元件 3）。取 U_1、U_2、U_3 分别为元件 1、2、3 的电压测试点，以各元件断路（不供电）为故障形式。

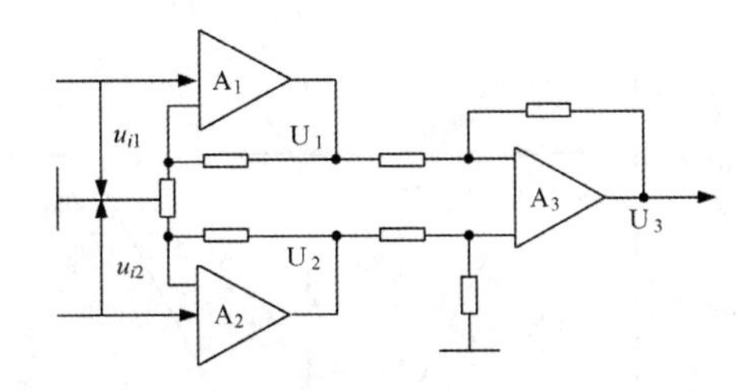

图 11-15 弱信号放大电路

运用多传感器模糊信息融合方法进行故障元件搜寻，并与单传感器诊断进行比较，从而通过这一简单电路的故障诊断说明多传感器信息融合在电路故障诊断中的有效性和优越性。

二、融合诊断原理

实验中采用的基于多传感器模糊信息融合的故障诊断结构如图 11-16 所示。首先利用探针测出各待诊断元件关键点的电压信号，利用热像仪（Inframetrics 600）测试出电路板待诊断元件的工作温度信号，对每一个传感器来讲，被测元件属于故障的可能性可分别用一组隶属度值来表示，这样会得到两组，共 6 个隶属度值。由于电路中前后元件的相互影响，同一传感器测得的不同元件的隶属度值可能比较接近，如用一种传感器判别故障元件，往往会出现误判，解决的办法是：应用模糊集理论对两组隶属度值进行融合处理，得到两传感器信息融合后各待诊断元件的故障隶属度值，再根据一定的判定规则进行故障元件的判定。

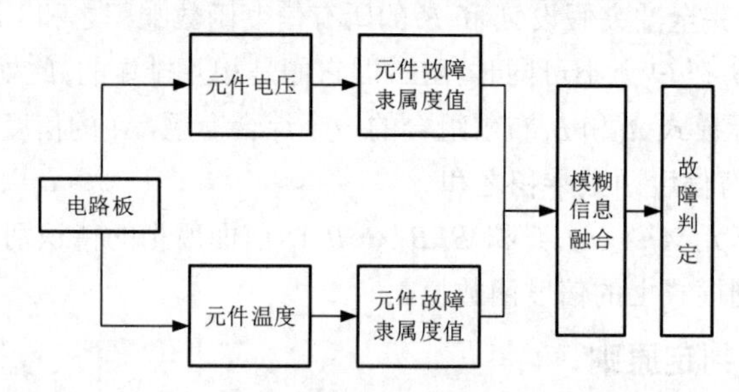

图 11-16 基于多传感器模糊信息融合的故障诊断结构

三、隶属度函数的形式

隶属度函数主要由传感器本身的工作特性及被测参数的特性而定。对于电子电路系统某一特定元器件，当系统正常工作时，其关键点电压值应是稳定的，在环境温度一定时，其芯片温度值也是一稳定数值，当元器件出现故障时，一般其电压值会偏离正常范围，温度信号也会发生变化（无论是升高还是降低），偏差越大相对来说元器件出现故障的可能性越大。定义隶属度函数 $\mu_{ji}(x)$ 的分布如图 11-17 所示，其表达式为

$$\mu_{ji}(x)=\begin{cases}1 & x_j \leqslant x_{0ij}-t_{ij} \\ -\alpha(x_j-x_{0ij}+e_{ij})/(t_{ij}-e_{ij}) & x_{0ij}-t_{ij}<x_j\leqslant x_{0ij}-e_{ij} \\ 0 & x_{0ij}-e_{ij}<x_j\leqslant x_{0ij}+e_{ij} \\ \alpha(x_j-x_{0ij}-e_{ij})/(t_{ij}-e_{ij}) & x_{0ij}+e_{ij}<x_j\leqslant x_{0ij}+t_{ij} \\ 1 & x_j>x_{0ij}+t_{ij}\end{cases} \tag{11-36}$$

式中，x_{0ij} 为电路工作正常时被测元件的标准参数值；e_{ij} 为待诊断元件参数的正常变化范围，即容差；t_{ij} 为待诊断元件参数的极限偏差；α 为修正系数；$\mu_{ji}(x)$ 为传感器 j 测定被诊断元件 i 的故障隶属度；x_j 为传感器 j 测定的实际数值。

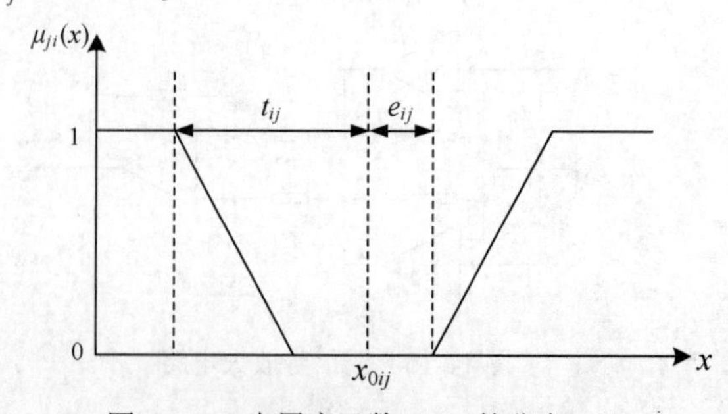

图 11-17 隶属度函数 $\mu_{ji}(x)$ 的分布

在此，为处理问题方便，结合实际测试数据取电压传感器的 α=1、温度传感器的 α=10，$e_{ij}=0$，$t_{ij}=x_{0ij}$，表 11-1 所示为按式（11-36）计算后的归一化故障隶属度，是在人为设置 A_1、A_2 和 A_3 故障（即分别使其不供电）的情况下，通过改变输入量 u_{i1}、u_{i2} 得到的多组实验数据。

表 11-1 归一化故障隶属度

序号	故障元件	电压故障隶属度			温度故障隶属度		
		$\mu'(A_1)$	$\mu'(A_2)$	$\mu'(A_3)$	$\mu'(A_1)$	$\mu'(A_2)$	$\mu'(A_3)$
1	A_1	0.4179	0.0477	0.5344	0.6842	0.2614	0.0554
2	A_2	0.0181	0.6479	0.3340	0.0000	0.9004	0.0996
3	A_3	0.0121	0.0349	0.9530	0.1075	0.0959	0.7966
4	A_1	0.4780	0.1077	0.4143	0.7812	0.1087	0.1101
5	A_2	0.0136	0.7425	0.2439	0.0000	0.8987	0.1013
6	A_3	0.0169	0.0541	0.9290	0.1760	0.0857	0.7383
7	A_1	0.3417	0.0597	0.5986	0.8880	0.1120	0.0000
8	A_2	0.0135	0.3813	0.6052	0.2234	0.6992	0.0774
9	A_3	0.0237	0.0308	0.9455	0.1152	0.0951	0.7897
10	A_1	0.4555	0.0607	0.4838	0.8840	0.1160	0.0000
11	A_2	0.0093	0.6567	0.3340	0.1435	0.8565	0.0000
12	A_3	0.0166	0.0312	0.9522	0.0433	0.2555	0.7012
13	A_1	0.4913	0.0921	0.4166	0.8976	0.1024	0.0000
14	A_2	0.0041	0.7366	0.2593	0.1100	0.8900	0.0000
15	A_3	0.0237	0.1020	0.8743	0.0000	0.1217	0.8783
16	A_1	0.4780	0.1481	0.3739	0.4993	0.2495	0.2512
17	A_2	0.0111	0.7581	0.2308	0.1958	0.4988	0.3054
18	A_3	0.0283	0.1327	0.8390	0.3890	0.1994	0.4116

四、模糊信息融合

为了使用模糊信息融合方法得到电压、温度信息融合后的结果，首先决定各传感器测试的特征值 X_j（温度、电压）相对于各故障元件 i（A_1、A_2、A_3）的隶属度值 μ'_{ji}，而 μ'_{ji} 可由式（11-36）结合具体实验结果而定。根据 μ'_{ji} 可得到关系矩阵 $\boldsymbol{R}$，并对其进行归一化处理，得到一个归一化的关系矩阵 $\boldsymbol{R}'$。将各传感器（温度、电压）的可靠性系数用权函数 $\boldsymbol{W}=(w_1,w_2)$ 表示，其中 $0\leqslant w_1,w_2\leqslant 1$，$w_1+w_2=1$，具体数值可通过实验或经验而定。对于本例，从多次实验结果来看，温度传感器产生的不确定性小于电压传感器的，取温度权值 w_1=0.7、电压权值 w_2=0.3。按照模糊加权线性变换得

$$\boldsymbol{Y}=\boldsymbol{W}\cdot\boldsymbol{R}'=(w_1,w_2)\cdot\begin{pmatrix}\mu'_{11},\mu'_{12},\mu'_{13}\\ \mu'_{21},\mu'_{22},\mu'_{23}\end{pmatrix} \tag{11-37}$$

$\boldsymbol{Y}$ 中各元素即温度、电压两传感器信息融合后判定各故障元件隶属度值。

五、神经网络信息融合故障诊断

（1）神经网络模型。BP 神经网络的融合原理 11.2 节已经做过介绍。此处所采用的具体网络结构如图 11-12 所示。

此处有 2 个传感器，3 个被诊断元件。故输入层有 6 个节点，输出层有 3 个节点，隐含层神经元数目取 10，隐含层神经元数目选取是根据经验公式和多次实验结果比较得出的结论。BP 神经网络融合时，选学习速率为 0.01、期望误差为 0.0001。

（2）神经网络训练样本。实验时先利用热像仪（Inframetrics 600）测试出电路板正常工作时，各待测元件的标准温度值，当电路板某元件出现故障后，一般情况下，元件的温度会发生

变化（升高或降低），因此诊断时再测试出各元件的新温度值，按前述的隶属度函数〔式(11-36)〕计算出待诊断元件的故障隶属度值，另外，可利用探针测出各元件关键点电压值，同样可按式（11-36）计算出电压参量对各元件故障的隶属度值。通过改变输入量 u_{i1} 、u_{i2}，可得多组数据，将其作为 BP 神经网络的训练样本。训练样本的具体数据如表 11-2 所示。表中输入部分左边为电压传感器的归一化隶属度值，右边为温度传感器的归一化隶属度值。输出部分中，0 代表元件正常，1 代表元件故障。

表 11-2 训练样本的具体数据

序号	输入						输出
	电压			温度			A_1,A_2,A_3
	$\mu'(A_1)$	$\mu'(A_2)$	$\mu'(A_3)$	$\mu'(A_1)$	$\mu'(A_2)$	$\mu'(A_3)$	
1	0.4179	0.0477	0.5344	0.6842	0.2614	0.0554	1,0,0
2	0.0181	0.6479	0.3340	0.0000	0.9004	0.0996	0,1,0
3	0.0121	0.0349	0.9530	0.1075	0.0959	0.7966	0,0,1
4	0.4780	0.1077	0.4143	0.7812	0.1087	0.1101	1,0,0
5	0.0136	0.7425	0.2439	0.0000	0.8987	0.1013	0,1,0
6	0.0169	0.0541	0.9290	0.1760	0.0857	0.7383	0,0,1
7	0.3417	0.0597	0.5986	0.8880	0.1120	0.0000	1,0,0
8	0.0135	0.3813	0.6052	0.2234	0.6992	0.0774	0,1,0
9	0.0237	0.0308	0.9455	0.1152	0.0951	0.7897	0,0,1
10	0.4555	0.0607	0.4838	0.8840	0.1160	0.0000	1,0,0
11	0.0093	0.6567	0.3340	0.1435	0.8565	0.0000	0,1,0
12	0.0166	0.0312	0.9522	0.0433	0.2555	0.7012	0,0,1
13	0.4913	0.0921	0.4166	0.8976	0.1024	0.0000	1,0,0
14	0.0041	0.7366	0.2593	0.1100	0.8900	0.0000	0,1,0
15	0.0237	0.1020	0.8743	0.0000	0.1217	0.8783	0,0,1

六、神经网络信息融合故障判定规则

对于神经网络融合后输出的各元件故障隶属度值，在进行故障元件决策时，其基本原则与模糊融合判定的基本相同，只是阈值可以取得更大一些。

①判定的故障元件应具有最大的隶属度值。

②判定的故障元件的隶属度值要大于某个阈值。对于此处给出的被诊断电路，从实验中发现当阈值取 0.75 时，其融合结果能准确判断故障元件。

③判定的故障元件和其他元件的隶属度值之差要大于某个阈值。对此诊断实例取其值为 0.6。

七、诊断结果讨论

被诊断的 3 种元件中，两种传感器所提取的故障隶属度值有时很相近，特别是电压传感器提取的故障隶属度值，这是由于相邻元件的相互影响。如果只用一种传感器的隶属度值来识别故障元件，有时会出现无法确定哪个元件故障的情况。采用模糊信息融合，得到的结果数据如表 11-3 所示，这是利用热像仪和探针测试出的归一化隶属度值分配及单传感器、双传感器信息融合故障识别结果。

表 11-3　归一化隶属度值分配及单传感器、双传感器信息融合故障识别结果

故障元件	传感器及融合	故障隶属度			诊断结果
		$\mu'(A_1)$	$\mu'(A_2)$	$\mu'(A_3)$	
元件 1（A_1）	电压	0.4780	0.1481	0.3739	不定
	温度	0.4993	0.2495	0.2512	不定
	模糊融合	0.4929	0.2191	0.2880	不定
	BP 神经网络融合	0.8892	0.0045	0.1065	A_1 故障
元件 2（A_2）	电压	0.0111	0.7581	0.2308	不定
	温度	0.1958	0.4988	0.3054	不定
	模糊融合	0.1404	0.5766	0.2830	不定
	BP 神经网络融合	0.0518	0.9418	0.0078	A_2 故障
元件 3（A_3）	电压	0.0283	0.1327	0.8390	A_3 故障
	温度	0.3890	0.1994	0.4116	不定
	模糊融合	0.2808	0.1794	0.5398	不定
	BP 神经网络融合	0.0097	0.0439	0.9836	A_3 故障

对表中每一种元件来说，其中第一行、第二行分别为从电压和温度传感器所测值得的各元件故障隶属度值，第三行为模糊融合后的故障隶属度值。从表中可以看出，融合后的隶属度值和单传感器的隶属度值相比，系统的故障隶属度值分配更加合理，这使系统的不确定性得到降低，分别用两种传感器单独识别时，无法判定故障元件，而融合后能完全准确识别出来，消除了由于单传感器提供信息量少而产生的误诊断现象。当元件 3 故障时，从电压传感器的测试数据判断，可以得出正确结果，但从温度传感器的测试数据无法得出正确结论，而对元件 1 和元件 2 来说，两个传感器的测试数据均无法给出正确结论；不过将两传感器的测试数据进行模糊融合后，无论是对元件 1 还是对元件 3，都完全可以识别出故障元件。也就是说，基于 BP 神经网络的多传感器信息融合提高了系统的可分析性，使判定故障元件的准确率得以提高。

从上面两种融合诊断结果来看，模糊融合诊断方法中的数据处理简单、明了。虽然所测数据量较少，但两种传感器测试数据的可信度权值的选取受一定的主观因素影响。融合后的数据，虽然在一定程度上使故障元件的识别率得以提高，但与神经网络融合方法相比，在增加实际元件的隶属度值分配方面要差得多。当故障判定要求提高时，模糊融合诊断方法就可能出现无法判定故障元件的状况。故障识别的效果不及神经网络融合方法，这主要是因为神经网络融合方法充分利用了大量测试数据，同时利用了训练样本中的先验知识。然而在神经网络信息融合诊断方法中，训练样本获取常常存在一定的困难。一旦无法获取训练样本，此种诊断方法将无法使用。

11.3.2　多传感器信息融合机器人环境感知与地图构建

一、水下机器人水下环境建模

水下机器人利用对外界的感知信息自动构建环境地图。地图的表示方式大致可分为 3 类，即栅格法、几何法、拓扑法，其中栅格法较为常见。

栅格法，也称单元分解（Cell Decomposition）法，就是在惯性坐标系下，将水下机器人周围空间分解为相互连接且不重叠的空间单元，即栅格（Cell），由这些栅格构成一幅连通图。每个栅格都有一个 CV 值（CV 值表示栅格存在障碍物的可能性），CV 值越大存在障碍物的可能性就越大。

栅格坐标系中，栅格大小的选取直接影响着 AUV 路径规划算法的性能。栅格选得过小，环境分辨率高，但抗干扰能力弱，信息存储量也大，决策速度慢；相反，栅格选取得过大，抗干扰能力强，信息存储量小，决策速度快，但分辨率会下降，在密集障碍物环境中发现路径的能力减弱。栅格大小的选取也与传感器的性能有关，若传感器精度高，且速度快，栅格可以选小些。

声呐传感器属于前视多波束发射器，在对周围环境进行扫描时是按一定分辨率进行扫描测距的，所以它得到的原始数据都是离散的数据点。设声呐传感器的散射角为 α，辐射扇区内的每一点都由一定数值的距离 r 和扫描角度 θ 组合表示，即(r,θ)的形式，如图 11-18 所示。

为了便于研究，需将水下机器人的(r,θ)的表达形式映射到惯性坐标系中。选取惯性坐标系为 xOy，设某一障碍物的位置为(r,θ)，则声呐传感器获取的障碍物位置数据与惯性坐标系之间的相互转化关系为

$$\begin{cases} x'_{\mathrm{e}} = x_r + r\cdot\cos(\theta+\theta_r) \\ y'_{\mathrm{e}} = y_r + r\cdot\sin(\theta+\theta_r) \end{cases} \tag{11-38}$$

式中，x'_{e}、y'_{e}为该障碍物在惯性坐标系 xOy 中的坐标；(x_r, y_r, θ_r)为水下机器人（如 AUV）在惯性坐标系中的坐标与行驶方向角；r 为该被测障碍物与水下机器人的距离；θ 是该障碍物在水下机器人载体坐标系中的矢量角，其转换示意如图 11-19 所示。

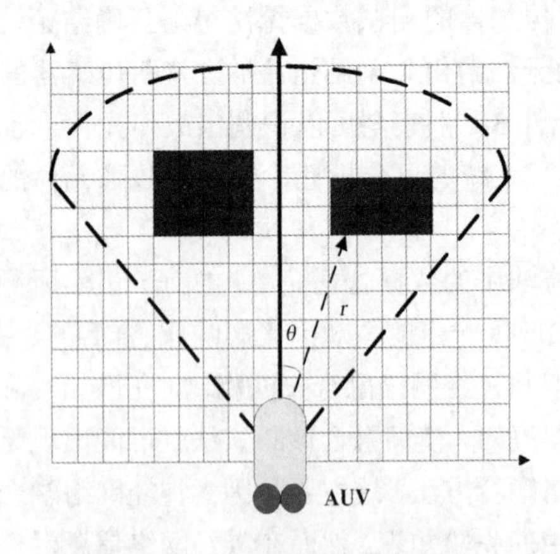

图 11-18 水下机器人环境模型

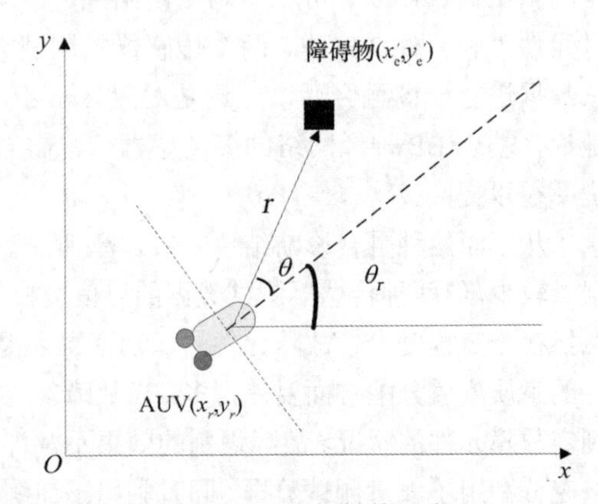

图 11-19 坐标转换示意

对该障碍物的惯性坐标$(x'_{\mathrm{e}}, y'_{\mathrm{e}})$进行栅格化，即将其转换成惯性栅格坐标$(x_{\mathrm{e}}, y_{\mathrm{e}})$，其物理意义就是某一单元栅格在惯性栅格坐标系中的位置。设水下环境地图单元栅格的规格为 1 m×1 m 的正方形区域，则转换关系为

$$\begin{cases} x_{\mathrm{e}} = \left\lfloor \dfrac{x'_{\mathrm{e}}}{w} \right\rfloor \cdot w + \left(\dfrac{w}{2}\right) \\ y_{\mathrm{e}} = \left\lfloor \dfrac{y'_{\mathrm{e}}}{w} \right\rfloor \cdot w + \left(\dfrac{w}{2}\right) \end{cases} \tag{11-39}$$

式中，(x_e, y_e)为该障碍物在惯性栅格坐标系中的坐标；w 为单元栅格宽度，在此处设置为 1；$\left\lfloor \frac{x_e'}{w} \right\rfloor$表示对$\frac{x_e'}{w}$进行取整运算。

因此，在已知水下机器人坐标和方向角(x_r, y_r, θ_r)的情况下，结合声呐传感器获取一组环境障碍物数据(r_1, θ_1)、(r_2, θ_2)、(r_3, θ_3)……即可根据式（11-38）、式（11-39）将辐射扇区内被探测障碍物的载体坐标转换为惯性栅格坐标(x_e, y_e)。

二、声呐传感器参数与模型的建立

水下机器人在复杂的海洋环境下，通常是通过各种传感器来获取外界环境信息的。本小节所研究的地图构建问题都是在一定的传感数据的基础上进行的。选取常见声呐传感器作为数据采集设备，并建立对应的声呐传感器模型，将采集的原始信息转换成证据信息。

（1）前视声呐模型。

基于前视声呐的工作原理，建立二维虚拟前视声呐模型如图 11-20 所示。假设声呐的水平开角为 180°，共有 37 条水平波束数，此处以 AUV 的前进方向作为中心轴线，而在其两侧 15°范围内，即−15°～15°属于前方探测领域，则以此类推可以定义 6 个声呐探测领域。

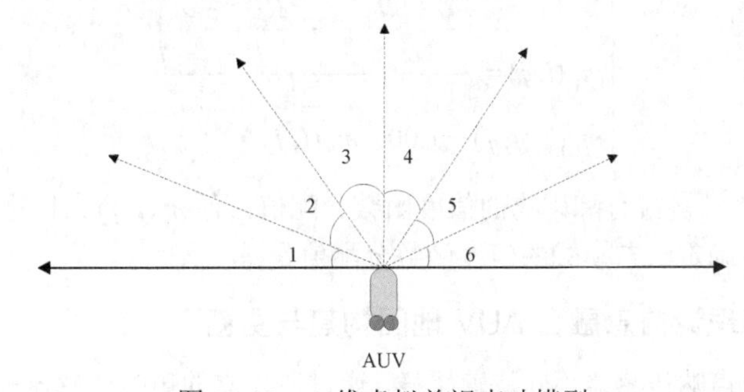

图 11-20　二维虚拟前视声呐模型

声呐传感器测距的基本原理是：当障碍物进入声呐探测领域，与声呐传感器发射的声波相遇，经过 t 时间后收到相应的回波，设声波在水中传播的速度为 V_{sound}，则该障碍物与声呐传感器的距离 r 为

$$r = V_{\text{sound}} \times \frac{t}{2} \tag{11-40}$$

（2）声呐传感器参数与模型建立。

要实现水下机器人水下地图构建，必须建立一个相应的声呐传感器模型，将获取的障碍物距离 r 和方向角 θ 等声呐数据转换成证据信息，即单元栅格占有的信度函数分配值 CV。声呐传感器单个探测领域的模型如图 11-21 所示，设声波辐射半径量程为 R，辐射误差为 d，辐射角度范围为 θ。

对于区间Ⅰ，$R-d \leqslant r \leqslant R+d$，有

$$\begin{cases} m_{\text{O}}(i,j) = \dfrac{\left(\dfrac{\alpha-|\theta|}{\alpha}\right)^2 + \left(\dfrac{d-|R-r|}{d}\right)^2}{2} \\ m_{\text{E}}(i,j) = 0 \\ m_{\{\text{O,E}\}}(i,j) = 1.00 - m_{\text{O}}(i,j) \end{cases} \tag{11-41}$$

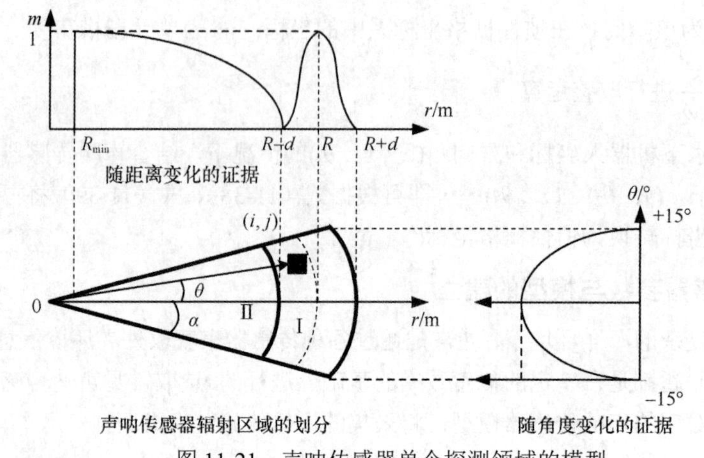

图 11-21 声呐传感器单个探测领域的模型

对于区间Ⅱ，$R_{min} \leqslant r \leqslant R-d$，有

$$\begin{cases} m_{\mathrm{O}}(i,j)=0 \\ m_{\mathrm{E}}(i,j)=\dfrac{\left(\dfrac{\alpha-|\theta|}{\alpha}\right)^2+\left(\dfrac{R-r-d}{R-d}\right)^2}{2} \\ m_{\{\mathrm{O,E}\}}(i,j)=1.00-m_{\mathrm{E}}(i,j) \end{cases} \tag{11-42}$$

式中，$m_{\mathrm{O}}(i,j)$ 是栅格占有障碍物的信度函数分配值；而 $m_{\mathrm{E}}(i,j)$ 为栅格非障碍物的信度函数分配值；该栅格不确定状态模式的信度函数分配值是 $m_{\{\mathrm{O,E}\}}(i,j)$。

三、D–S 证据理论信息融合 AUV 地图构建与更新

水下机器人所载声呐传感器不断快速采样，通过所建立的声呐传感器模型，将获取的一系列传感数据转化成对应单元栅格的信度函数分配值，再应用 D-S 证据理论信息融合方法不断更新地图，从而计算出所构建的水下动态环境地图。将构建的水下地图与原始环境地图进行比较分析，进而说明 D-S 证据理论信息融合方法在水下机器人水下地图构建中的有效性和可行性。

（1）AUV 地图构建。

D-S 证据理论被应用于多传感器信息融合是因为不同的传感器提供不同的信息来源，而不同的信息来源正好可以表示 D-S 证据理论中的不同证据，D-S 组合规则提供了融合不同证据的方法，也就提供了融合不同传感器信息的方法。

AUV 由于自身受载荷及深海作业环境的限制，并且传感器资源少（主要是声呐识别），必然会影响 AUV 对目标和障碍物的准确判定。此处应用 D-S 组合规则对不同时刻声呐传感器采集的信息进行融合，实现水下环境地图的动态更新。将 D-S 证据理论信息融合方法应用于 AUV 地图构建与更新的基本思想是：将声呐传感器在前、后两个时刻所获取的传感数据不断融合，从而降低单个传感器的各种不确定性（如镜面反射引起的测距不确定性）引起的误差，进而提高构建地图的准确率，同时起到实时更新地图数据的作用，便于实现水下机器人的动态航行与避障，具体实现过程如图 11-22 所示。

用 U 表示惯性栅格地图，目标模式是任意单元栅格 $U(i,j)$待识别的状态，分为占有障碍物（Occupied）和非障碍物（Emptied）两种模式，用一个离散集合 $\Theta=\{\mathrm{O,E}\}$来表示这两种模式，对于集合 Θ 存在 4 个子状态模式，即存在 4 种可能：

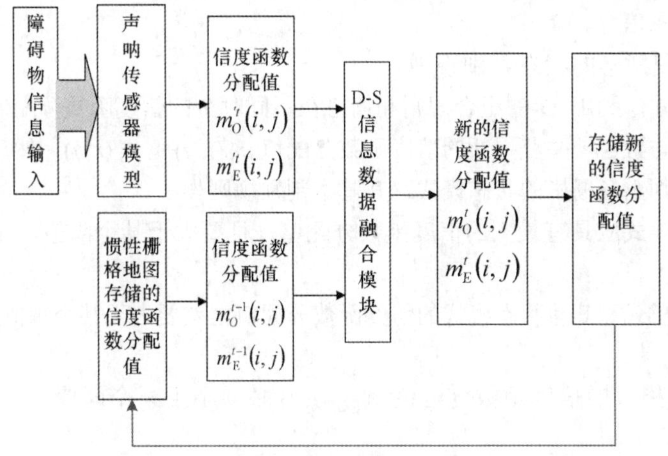

图 11-22　具体实现过程

$$\Lambda = 2^{\Theta} = \{\Phi, \mathrm{E}, \mathrm{O}, \{\mathrm{E}, \mathrm{O}\}\} \tag{11-43}$$

式中，集合 Λ 是栅格状态模式总集合；每个栅格 $U(i,j)$对于集合 Λ 中的 4 种情况可能出现的概率用 $m_\Lambda(i,j)$来表示（其中假设 $m_\Phi(i,j)=0$），因此有

$$\forall U(i,j) \in U, m_{\mathrm{O}}(i,j) + m_{\mathrm{E}}(i,j) + m_{\{\mathrm{E},\mathrm{O}\}}(i,j) = 1 \tag{11-44}$$

式中，$m_{\mathrm{O}}'^t(i,j)$和 $m_{\mathrm{E}}'^t(i,j)$分别表示单元栅格 $U(i,j)$在 t 时刻占有障碍物的信度函数分配值与非障碍物的信度函数分配值；$m_{\mathrm{O}}^{t-1}(i,j)$和 $m_{\mathrm{E}}^{t-1}(i,j)$分别表示单元栅格 $U(i,j)$在 $t-1$ 时刻所存储的占有障碍物的信度函数分配值与非障碍物的信度函数分配值。经过 D-S 证据理论信息融合后，栅格 $U(i,j)$占有障碍物的信度函数分配值和非障碍物的信度函数分配值分别为 $m_{\mathrm{O}}^t(i,j)$和 $m_{\mathrm{E}}^t(i,j)$。

从图 11-22 中可看出，D-S 证据理论信息融合方法在 AUV 地图构建中的运用，每个栅格 $U(i,j)$待识别的状态模式有两种，即 O 和 E，则在 $t-1$ 时刻（即声呐传感器获取数据的前一时刻），栅格地图所存储的信度函数分配值为 $m_{\mathrm{O}}^{t-1}(i,j)$和 $m_{\mathrm{E}}^{t-1}(i,j)$；在 t 时刻（即声呐传感器获取数据的时刻）传感数据经过声呐传感器模型转换处理后，输出相应栅格的信度函数分配值 $m_{\mathrm{O}}'^t(i,j)$和 $m_{\mathrm{E}}'^t(i,j)$，利用 D-S 组合规则进行信息数据融合，其融合规则为

$$\begin{aligned} m_{\mathrm{O}}^t(i,j) &= m_{\mathrm{O}}^{t-1}(i,j) \oplus m_{\mathrm{O}}'^t(i,j) \\ &= \frac{m_{\mathrm{O}}^{t-1}(i,j)m_{\mathrm{O}}'^t(i,j) + m_{\mathrm{O}}^{t-1}(i,j)\left[1 - m_{\mathrm{E}}'^t(i,j) - m_{\mathrm{O}}'^t(i,j)\right]}{1 - m_{\mathrm{E}}^{t-1}(i,j)m_{\mathrm{O}}'^t(i,j) - m_{\mathrm{O}}^{t-1}(i,j)m_{\mathrm{E}}'^t(i,j)} \\ &+ \frac{\left(1 - m_{\mathrm{E}}^{t-1}(i,j) - m_{\mathrm{O}}^{t-1}(i,j)\right)m_{\mathrm{O}}'^t(i,j)}{1 - m_{\mathrm{E}}^{t-1}(i,j)m_{\mathrm{O}}'^t(i,j) - m_{\mathrm{O}}^{t-1}(i,j)m_{\mathrm{E}}'^t(i,j)} \end{aligned} \tag{11-45}$$

$$\begin{aligned} m_{\mathrm{E}}^t(i,j) &= m_{\mathrm{E}}^{t-1}(i,j) \oplus m_{\mathrm{E}}'^t(i,j) \\ &= \frac{m_{\mathrm{E}}^{t-1}(i,j)m_{\mathrm{E}}'^t(i,j) + m_{\mathrm{E}}^{t-1}(i,j)\left[1 - m_{\mathrm{E}}'^t(i,j) - m_{\mathrm{O}}'^t(i,j)\right]}{1 - m_{\mathrm{E}}^{t-1}(i,j)m_{\mathrm{O}}'^t(i,j) - m_{\mathrm{O}}^{t-1}(i,j)m_{\mathrm{E}}'^t(i,j)} \\ &+ \frac{\left(1 - m_{\mathrm{E}}^{t-1}(i,j) - m_{\mathrm{O}}^{t-1}(i,j)\right)m_{\mathrm{E}}'^t(i,j)}{1 - m_{\mathrm{E}}^{t-1}(i,j)m_{\mathrm{O}}'^t(i,j) - m_{\mathrm{O}}^{t-1}(i,j)m_{\mathrm{E}}'^t(i,j)} \end{aligned} \tag{11-46}$$

此时，该单元栅格 $U(i,j)$获得的融合后新的信度函数分配值分别为 $m_{\mathrm{O}}^t(i,j)$和 $m_{\mathrm{E}}^t(i,j)$，依次类推，随着 AUV 在行驶过程中不断地采样环境信息，并将信息不断地转换与融合，及时更新

全局栅格地图的状态信息。

（2）AUV 地图栅格的状态判别规则。

经前面论述可知，利用 D-S 组合规则和栅格在不同时刻的信度函数分配值，实现不同时刻数据的综合处理与融合，并获得新的信度函数分配值 $m'_{\mathrm{O}}(i, j)$和 $m'_{\mathrm{E}}(i, j)$，然后依据这些新的信度函数分配值判别出各栅格的状态模式，其基本判别规则如下。

①判定的状态模式应具有最大的信度函数分配值，且要大于某个阈值，此处规定该阈值为 0.4。

②判定的状态模式和其他状态模式的信度函数分配值之差要大于某个阈值，此处规定的阈值为 0.15。

③不确定状态模式的信度函数分配值 $m_{\{\mathrm{E,O}\}}(i, j)$ 必须小于某个阈值，此处规定该阈值为 0.2。

④判定的状态模式的信度函数分配值必须大于不确定状态模式的信度函数分配值 $m_{\{\mathrm{E,O}\}}(i, j)$。

依据以上所规定的判别规则，若判别出某个单元栅格的状态模式是占有障碍物 O，则在构建出的地图中将该单元栅格标示为黑色；反之，若判别出的状态模式为非障碍物 E，则将该单元栅格标示为白色。当然，针对不同的外界环境，为了能够更加符合实际情况，可对这些判别规则或阈值进行适当的修改，以提高对环境地图的识别准确率。

四、构建地图仿真结果及分析

（1）实验环境初始化及仿真融合。

实验仿真环境设计为 20 m×20 m 的二维环境，对该二维实验地图进行栅格化，单元栅格的规格设为 1 m×1 m，总共有 400 个单元栅格，选取环境地图的原点坐标为 $U(0,0)$处。对于栅格地图 U 中任意单元栅格都满足式（11-44）。在实验仿真前必须对所有的单元栅格 $U(i, j)$进行初始化，即对每个栅格的各种待识别状态模式$\{\Phi, \mathrm{E}, \mathrm{O}, \{\mathrm{E,O}\}\}$的信度函数分配值进行初始化

$$\begin{cases} m_{\Phi}(i,j)=0 \\ m_{\mathrm{E}}(i,j)=m_{\mathrm{O}}(i,j)=0 \\ m_{\{\mathrm{E,O}\}}(i,j)=1 \end{cases} \tag{11-47}$$

实验仿真主要研究的状态为两种模式，即 O 或 E，即表示单元栅格是占有障碍物或非障碍物状态模式。理论上说，AUV 在行驶过程中判定某个单元栅格 $U(i, j)$占有障碍物时，其对应的信度函数分配值为$m_{\mathrm{O}}(i,j)=1$，其余 3 种状态模式的信度函数分配值都等于 0；相反，要是判定该单元栅格为非障碍物（不存在障碍物），则相应的信度函数分配值为$m_{\mathrm{E}}(i,j)=1$，其余 3 种状态的信度函数分配值均等于 0。

但是，在实验中存在声呐传感器测量数据的不确定性，几乎是不可能出现这种绝对情况的。仿真实验基于所建立的声呐传感器模型，将声呐传感器获取的数据（距离 r、方向角 θ）转换成一个概率值，而这个概率值就是各个单元栅格的信度函数分配值，也就代表各个单元栅格存在障碍物的一种可信度。

（2）地图构建准确率的定义。

为了清晰观察各时刻构建地图的准确性，在实验仿真前，预先设置一个要构建的原始水下地图（已知地图），如图 11-23 所示，但对于 AUV 来说，在行驶过程中这个原始水下

地图是未知的。然后通过 D-S 证据理论信息融合方法动态构建与及时更新地图，结合预先设置的原始水下地图，计算出各个时刻地图构建的准确率，验证构建地图更新效果与 D-S 证据理论信息融合的有效性。对任何实际未知的水下环境，通过 D-S 证据理论信息融合构建地图后，得到的水下环境地图就可以供机器人水下搜救作业使用，也可提供给其他 AUV 水下作业使用。

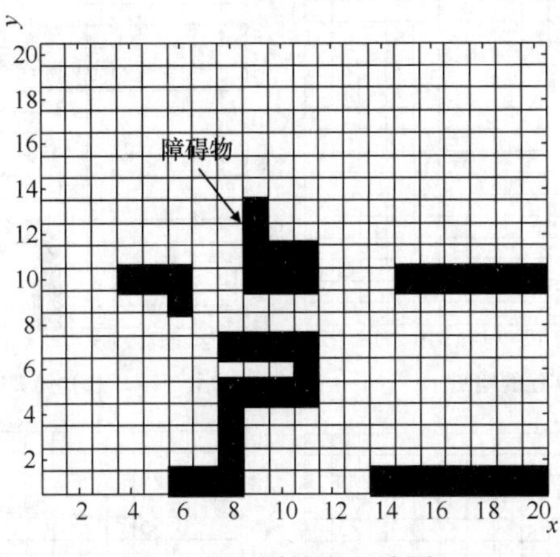

图 11-23 原始水下地图

AUV 选取一条行驶路径，在此过程中它使用声呐传感器来获取外界环境数据，这些数据经过式（11-39）进行坐标转化和式（11-40）～式（11-42）的声呐传感器模型进行处理，得到各种状态模式的信度函数分配值。随着时间的推移，AUV 不断更新构建的地图，在下面的仿真结果中将给出 AUV 在第 1、2、6、7、10、12 时刻，以及到达目标点 $U(19,3)$时所构建的地图，并将其分别与原始水下地图比较，计算出构建地图的准确率。

通过计算各时刻利用 D-S 证据理论信息融合方法所构建地图中的障碍物单元栅格总数 $\sum A$ 与原始水下地图中的障碍物单元栅格总数 $\sum B$ （原始水下地图的 $\sum B=40$）之比，定义各时刻构建地图的准确率 η 为

$$\eta=\frac{\sum A}{\sum B} \tag{11-48}$$

（3）仿真结果及分析。

①AUV 在第 1、2、6、7 时刻获取声呐传感数据后仿真出的地图与相应的构建地图准确率。

图 11-24 中绿色圆点表示 AUV；黄色填充点表示目标点 $U(19,3)$；黑色填充的单元栅格表示该栅格存在障碍物，根据图 11-24，可分别求出第 1、2、6、7 时刻的构建地图准确率为

$$\eta_1=\frac{\sum A}{\sum B}=\frac{3}{40}=7.5\% \tag{11-49}$$

$$\eta_2=\frac{\sum A}{\sum B}=\frac{6}{40}=15.0\% \tag{11-50}$$

$$\eta_6=\frac{\sum A}{\sum B}=\frac{14}{40}=35.0\% \tag{11-51}$$

$$\eta_7 = \frac{\sum A}{\sum B} = \frac{16}{40} = 40.0\% \tag{11-52}$$

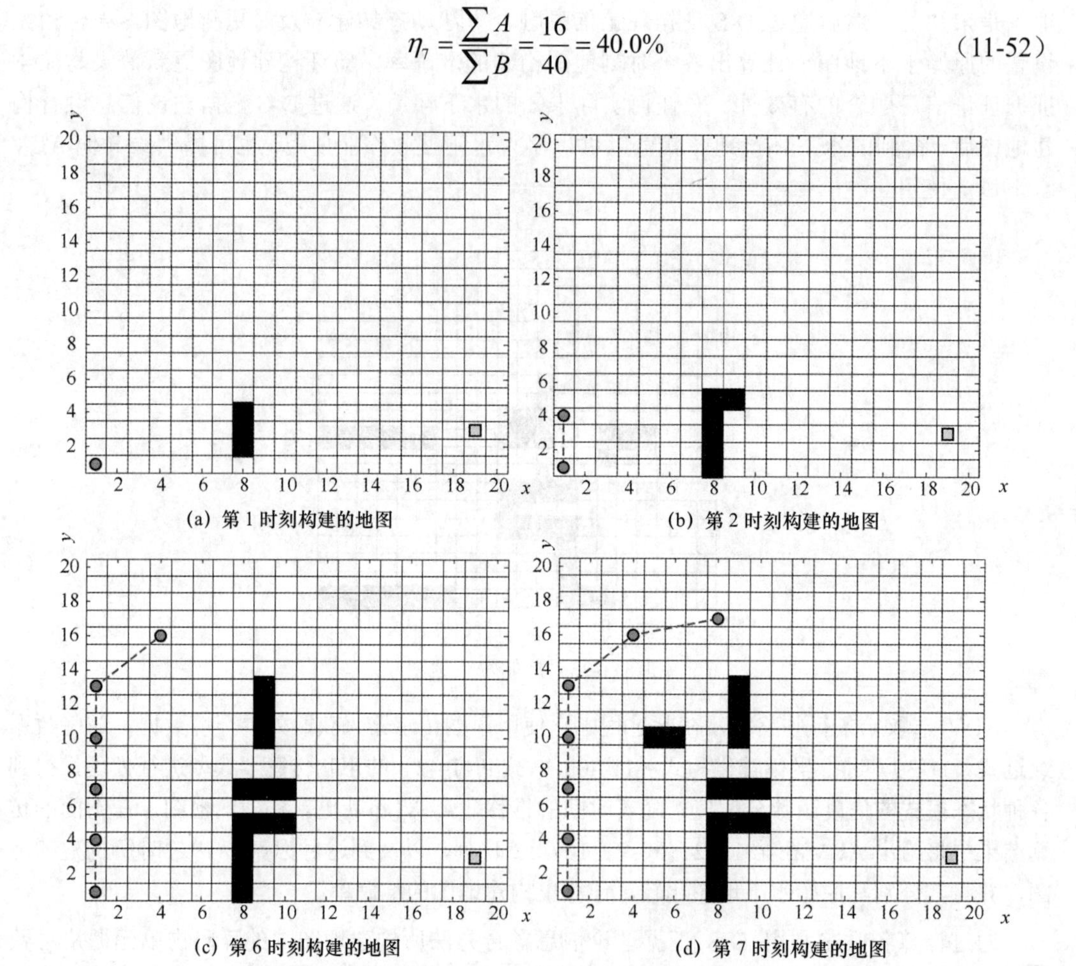

(a) 第 1 时刻构建的地图　(b) 第 2 时刻构建的地图

(c) 第 6 时刻构建的地图　(d) 第 7 时刻构建的地图

图 11-24　AUV 在第 1、2、6、7 时刻构建的地图

表 11-4、表 11-5 所示分别为第 6 时刻和第 7 时刻声呐传感器所获取的障碍物数据与融合结果，第二项包括距离 r 和方向角 θ；而第一项是障碍物的载体坐标（第二项中的声呐传感数据）经过坐标转化后获得的惯性栅格坐标 $U(i, j)$。

表 11-4　声呐传感器在第 6 时刻获取的数据与融合结果

坐标 $U(i,j)$	$U(4,10)$	$U(5,10)$	$U(6,10)$	$U(9,10)$	$U(9,11)$	$U(9,12)$	$U(9,13)$
数据（r/m, θ/°）	(6.8,0)	(7,0.8)	(7.2,1.6)	(7.8,3)	(6.6,3.2)	(5,3.5)	(4,4)
$m_O^{t'}(i,j)$	0.5200	0.5036	0.5079	0.6956	0.3116	0.0000	0.0000
$m_E^{t'}(i,j)$	0.0000	0.0000	0.0000	0.0000	0.0000	0.3205	0.3429
$m_O^{t-1}(i,j)$	0.0000	0.0000	0.0000	0.2311	0.8631	0.8429	0.9289
$m_E^{t-1}(i,j)$	0.7756	0.7713	0.4763	0.0000	0.0000	0.0000	0.0000
融合 $m_O^t(i,j)$	0.1956	0.1884	0.3509	0.7659	0.7847	0.8957	0.9058
融合 $m_E^t(i,j)$	0.6239	0.6260	0.3092	0.0000	0.0690	0.0358	0.0000

表 11-5 声呐传感器在第 7 时刻获取的数据与融合结果

坐标 $U(i,j)$		$U(4,10)$	$U(5,10)$	$U(6,9)$	$U(6,10)$	$U(9,12)$	$U(9,13)$
数据（r/m, θ/°）		(8.8,5)	(8.4,4.5)	(9.3,0.8)	(8.5,1)	(5.5,0.5)	(5,0.8)
$m_O'^t(i,j)$		0.3311	0.5139	0.4570	0.6578	0.0000	0.0000
$m_E'^t(i,j)$		0.0000	0.0000	0.0000	0.0000	0.4791	0.4747
$m_O^{t-1}(i,j)$		0.1956	0.1884	0.0000	0.3509	0.7847	0.8957
$m_E^{t-1}(i,j)$		0.6239	0.6260	0.6771	0.3092	0.0690	0.0358
融合	$m_O^t(i,j)$	0.3218	0.4184	0.2137	0.7211	0.6551	0.8186
	$m_E^t(i,j)$	0.5260	0.4486	0.5325	0.1328	0.2228	0.1188

对于表 11-5 中第 5 列栅格坐标 $U(6,10)$处信息融合的计算步骤如下。

a. 根据式（11-41）、式（11-42）所建立的声呐传感器模型以及常用声呐数据，此处假定 α、d、R 分别为 15°、1.5 m、8 m，r 和 θ 根据机器人位置计算所得（见表 11-5）计算 $m_O'^t(6,10)$ 和 $m_E'^t(6,10)$分别为

$$m_O'^t(6,10)=\frac{\left(\frac{\alpha-|\theta|}{\alpha}\right)^2+\left(\frac{d-|R-r|}{d}\right)^2}{2}=\frac{\left(\frac{15-|1|}{15}\right)^2+\left(\frac{1.5-|8-8.5|}{1.5}\right)^2}{2}\approx 0.6578 \tag{11-53}$$

$$m_E'^t(6,10)=0 \tag{11-54}$$

b. 在 t–1 时刻相应单元栅格 $U(6,10)$处所存储的信度函数分配值 $m_O^{t-1}(6,10)$和 $m_E^{t-1}(6,10)$：$m_O^{t-1}(6,10)\approx 0.3509$，$m_E^{t-1}(6,10)\approx 0.3092$。

c. 根据 D-S 证据理论信息融合方法规则，式（11-45）、式（11-46），计算在 t 时刻该单元栅格 $U(6,10)$经过融合后新的信度函数分配值 $m_O^t(6,10)$和 $m_E^t(6,10)$：

$$\begin{aligned} m_O^t(6,10)&=m_O^{t-1}(6,10)\oplus m_O'^t(6,10)\\ &=\frac{0.3509\times0.6578+0.3509\times(1-0.6578)+(1-0.3509-0.3092)\times0.6578}{1-0.3092\times0.6578}\\ &\approx 0.7211 \end{aligned} \tag{11-55}$$

$$m_E^t(6,10)=m_E^{t-1}(6,10)\oplus m_E'^t(6,10)=\frac{0.3092\times(1-0.6578)}{1-0.3092\times0.6578}\approx 0.1328 \tag{11-56}$$

d. 在 t–1 时刻和 t 时刻，该单元栅格 $U(6,10)$不确定状态模式的信度函数分配值 $m_{\{E,O\}}^{t-1}(6,10)$，$m_{\{E,O\}}^t(6,10)$分别为：

$$m_{\{E,O\}}^{t-1}(6,10)=1-m_O^{t-1}(6,10)-m_E^{t-1}(6,10)=1-0.3509-0.3092=0.3399 \tag{11-57}$$

$$m_{\{E,O\}}^t(6,10)=1-m_O^t(6,10)-m_E^t(6,10)=1-0.7211-0.1328=0.1461 \tag{11-58}$$

e. 根据状态模式的判别规则，判定相应栅格的状态模式。

由前面制定的状态模式判别规则可知：由于单元栅格 $U(6,10)$在 t−1 时刻 $m_O^{t-1}(6,10)$和 $m_E^{t-1}(6,10)$都小于 0.4，同时这两种状态模式的信度函数分配值之差也小于设置的阈值 0.15，而且该栅格不确定状态模式的信度函数分配值 $m_{\{E,O\}}^{t-1}(6,10)=0.3399>0.2$，所以在 t–1 时刻单元栅格 $U(6,10)$的状态模式是无法判断的。

但是，经过在 t 时刻 D-S 证据理论信息融合后，占有障碍物的信度函数分配值 $m_{\mathrm{O}}^{t}(6,10)$ 变大，甚至大于所规定的阈值 0.4，而且这两种状态模式的信度函数分配值之差 $m_{\mathrm{O}}^{t}(6,10)-m_{\mathrm{E}}^{t}(6,10)=0.5883>0.15$，此时不确定状态模式的信度函数分配值 $m_{\{\mathrm{E,O}\}}^{t}(6,10)=0.1461$ 也在 0.2 的范围内。

综上分析，使用声呐传感器所获取的数据在融合之前无法判定单元栅格 $U(6,10)$ 的状态模式，但经过与前一时刻的数据融合后就能依据判别规则确定该栅格 $U(6,10)$的状态模式是占有障碍物模式。

同样，对于表 11-4 和表 11-5 中其他单元栅格，根据各自融合后的信度函数分配值并结合同样的判别规则，就可以分别构建出图 11-24（c）和图 11-24（d）所示地图。

②AUV 在第 10、12 时刻获取声呐传感数据后的仿真地图与相应的构建地图准确率。

依照同样的信息融合过程，AUV 同样可以构建出在第 10、12 时刻的环境地图，如图 11-25 所示。

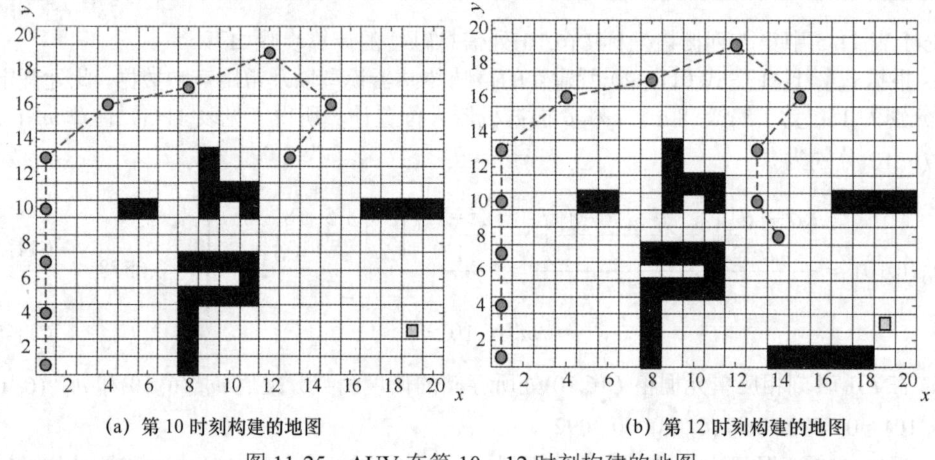

(a) 第 10 时刻构建的地图　　(b) 第 12 时刻构建的地图

图 11-25　AUV 在第 10、12 时刻构建的地图

由图 11-25 可看出，AUV 在第 10 时刻和第 12 时刻构建地图的准确率发生明显变化，AUV 对外界环境的认知度提高了，构建地图准确率分别为

$$\eta_{10}=\frac{\sum A}{\sum B}=\frac{26}{40}=65.0\% \tag{11-59}$$

$$\eta_{12}=\frac{\sum A}{\sum B}=\frac{31}{40}\approx 77.5\% \tag{11-60}$$

③AUV 到达目标点的仿真结果。

声呐传感器在第 14 时刻（到达目标）获取数据并融合后，在确定惯性栅格地图中各单元栅格信度函数分配值的基础上，结合制定的状态模式判别规则，AUV 就可构建出最终的水下环境地图，如图 11-26 所示，而图 11-23 所示是仿真实验预先设计的原始水下地图。

将 AUV 利用 D-S 证据理论信息融合方法所构建的地图（见图 11-26）与实验预先所设计的原始水下地图相比较，并根据式（11-48）计算出最终构建地图的准确率 η 为

$$\eta=\frac{\sum A}{\sum B}=\frac{33}{40}=82.5\% \tag{11-61}$$

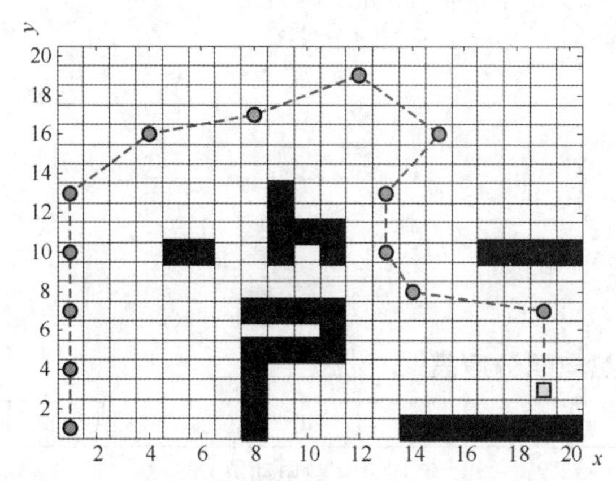

图 11-26 AUV 利用 D-S 证据理论信息融合方法所构建的地图

AUV 从开始行驶至目标点的过程中，各个时刻的地图构建准确率结果如表 11-6 所示。

表 11-6 各个时刻的构建地图准确率结果

时刻 K	1	2	3	4	5	6	7
准确率 η	7.5%	15.0%	25.0%	32.5%	32.5%	35.0%	40.0%
时刻 K	8	9	10	11	12	13	14
准确率 η	52.5%	57.5%	65.0%	67.5%	77.5%	82.5%	82.5%

从上面的仿真结果可看出，随着时间的推移，声呐传感器不断获取外界环境数据，利用 D-S 证据理论信息融合方法实现了所有数据的综合处理，提高了 AUV 对外界环境的认知度，所构建的地图不断接近原始、真实的水下环境地图。综上所述，对水下动态环境来说，基于 D-S 证据理论信息融合的地图构建方法是实用而有效的，完全可以将其应用于 AUV 的路径规划之中。

11.4 思考题

1．请介绍人工神经网络的特征与功能。

2．请简要介绍神经网络的基本要素。

3．何为多传感器信息融合？它有哪几种层次？

4．信息融合有哪些优点？

5．从自己理解的角度，简述模糊信息融合、神经网络融合及 D-S 证据理论信息融合的内涵，并分析它们之间的不同与各自的应用场合。

附　录

一、铂铑 10-铂热电偶分度表　　　　分度号：S

温度/℃	0	1	2	3	4	5	6	7	8	9
	热电动势/mV									
0	0.000	0.005	0.011	0.016	0.022	0.027	0.033	0.038	0.044	0.050
10	0.055	0.061	0.067	0.072	0.078	0.084	0.090	0.095	0.101	0.107
20	0.113	0.119	0.125	0.131	0.137	0.142	0.148	0.154	0.161	0.167
30	0.173	0.179	0.185	0.191	0.197	0.203	0.210	0.216	0.222	0.228
40	0.235	0.241	0.247	0.254	0.260	0.266	0.273	0.279	0.286	0.292
50	0.299	0.305	0.312	0.318	0.325	0.331	0.338	0.345	0.351	0.358
60	0.365	0.371	0.378	0.385	0.391	0.398	0.405	0.412	0.419	0.425
70	0.432	0.439	0.446	0.453	0.460	0.467	0.474	0.481	0.488	0.495
80	0.502	0.509	0.516	0.523	0.530	0.537	0.544	0.551	0.558	0.566
90	0.573	0.580	0.587	0.594	0.602	0.609	0.616	0.623	0.631	0.638
100	0.645	0.653	0.660	0.667	0.675	0.682	0.690	0.697	0.704	0.712
110	0.719	0.727	0.734	0.742	0.749	0.757	0.764	0.772	0.780	0.787
120	0.795	0.802	0.810	0.818	0.825	0.833	0.841	0.848	0.856	0.864
130	0.872	0.879	0.887	0.895	0.903	0.910	0.918	0.926	0.934	0.942
140	0.950	0.957	0.965	0.973	0.981	0.989	0.997	1.005	1.013	1.021
150	1.029	1.037	1.045	1.053	1.061	1.069	1.077	1.085	1.093	1.101
160	1.109	1.117	1.125	1.133	1.141	1.149	1.158	1.166	1.174	1.182
170	1.190	1.198	1.207	1.215	1.223	1.231	1.240	1.248	1.256	1.264
180	1.273	1.281	1.289	1.297	1.306	1.314	1.322	1.331	1.339	1.347
190	1.356	1.364	1.373	1.381	1.389	1.398	1.406	1.415	1.423	1.432
200	1.440	1.443	1.457	1.465	1.474	1.482	1.491	1.499	1.508	1.516
210	1.525	1.534	1.542	1.551	1.559	1.568	1.576	1.585	1.594	1.602
220	1.611	1.620	1.628	1.637	1.645	1.654	1.663	1.671	1.680	1.689
230	1.698	1.706	1.715	1.724	1.732	1.741	1.750	1.759	1.767	1.776
240	1.785	1.794	1.802	1.811	1.820	1.829	1.838	1.846	1.855	1.864
250	1.873	1.882	1.891	1.899	1.908	1.917	1.926	1.935	1.944	1.953
260	1.962	1.971	1.979	1.988	1.997	2.006	2.015	2.024	2.033	2.042
270	2.051	2.060	2.069	2.078	2.087	2.096	2.105	2.114	2.123	2.132
280	2.141	2.150	2.159	2.168	2.177	2.186	2.195	2.204	2.213	2.222
290	2.232	2.241	2.250	2.259	2.268	2.277	2.286	2.295	2.304	2.314
300	2.323	2.332	2.341	2.350	2.359	2.368	2.378	2.387	2.396	2.405
310	2.414	2.424	2.433	2.442	2.451	2.460	2.470	2.479	2.488	2.497

续表

温度/℃	0	1	2	3	4	5	6	7	8	9
	热电动势/mV									
320	2.506	2.516	2.525	2.534	2.543	2.553	2.562	2.571	2.581	2.590
330	2.599	2.608	2.618	2.627	2.636	2.646	2.655	2.664	2.674	2.683
340	2.692	2.702	2.711	2.720	2.730	2.739	2.748	2.758	2.767	2.776
350	2.786	2.795	2.805	2.814	2.823	2.833	2.842	2.852	2.861	2.870
360	2.880	2.889	2.899	2.908	2.917	2.927	2.936	3.946	2.955	2.965
370	2.974	2.984	2.993	3.003	3.012	3.022	3.031	3.041	3.050	3.059
380	3.069	3.078	3.088	3.097	3.107	3.117	3.126	3.136	3.145	3.155
390	3.164	3.174	3.183	3.193	3.202	3.212	3.221	3.231	3.241	3.250
400	3.260	3.269	3.279	3.288	3.298	3.308	3.317	3.327	3.336	3.346
410	3.356	3.365	3.375	3.384	3.394	3.404	3.413	3.423	3.433	3.442
420	3.452	3.462	3.471	3.481	3.491	3.500	3.510	3.520	3.529	3.539
430	3.549	3.558	3.568	3.578	3.587	3.597	3.607	3.616	3.626	3.636
440	3.645	3.655	3.665	3.675	3.684	3.694	3.704	3.714	3.723	3.733
450	3.743	3.752	3.762	3.772	3.782	3.791	3.801	3.811	3.821	3.831
460	3.840	3.850	3.860	3.870	3.879	3.889	3.899	3.909	3.919	3.928
470	3.938	3.948	3.958	3.968	3.977	3.987	3.997	4.007	4.017	4.027
480	4.036	4.046	4.056	4.066	4.076	4.086	4.095	4.105	4.115	4.125
490	4.135	4.145	4.155	4.164	4.174	4.184	4.194	4.204	4.214	4.224
500	4.232	4.243	4.253	4.263	4.273	4.283	4.293	4.303	4.313	4.323
510	4.333	4.343	4.352	4.362	4.372	4.382	4.392	4.402	4.412	4.422
520	4.432	4.442	4.452	4.462	4.472	4.482	4.492	4.502	4.512	4.522
530	4.532	4.542	4.552	4.562	4.572	4.582	4.592	4.602	4.612	4.622
540	4.632	4.642	4.652	4.662	4.672	4.682	4.692	4.702	4.712	4.722
550	4.732	4.742	4.752	4.762	4.772	4.782	4.792	4.802	4.812	4.822
560	4.832	4.842	4.852	4.862	4.873	4.883	4.893	4.903	4.913	4.923
570	4.933	4.943	4.953	4.963	4.973	4.984	4.994	5.004	5.014	5.024
580	5.034	5.044	5.054	5.065	5.075	5.085	5.095	5.105	5.115	5.125
590	5.136	5.146	5.156	5.166	5.176	5.186	5.197	5.207	5.217	5.227
600	5.237	5.247	5.258	5.268	5.278	5.288	5.298	5.309	5.319	5.329
610	5.339	5.350	5.360	5.370	2.380	5.391	5.401	5.411	5.421	5.431
620	5.442	5.452	5.462	5.473	5.483	5.493	5.503	5.514	5.524	5.534
630	5.544	5.555	5.565	5.575	5.586	5.596	5.606	5.617	5.627	5.637
640	5.648	5.658	6.668	5.679	5.689	5.700	5.710	5.720	5.731	5.741
650	5.751	5.762	5.772	5.782	5.793	5.803	5.814	5.824	5.834	5.845
660	5.855	6.866	5.876	5.887	5.897	5.907	5.918	5.928	5.939	5.949
670	5.960	5.970	5.980	5.991	6.001	6.012	6.022	6.033	6.043	6.054
680	6.064	6.075	6.085	6.096	6.106	6.117	6.127	6.138	6.148	6.159
690	6.169	6.180	6.190	6.201	6.211	6.222	6.232	6.243	6.253	6.264
700	6.274	6.285	6.295	6.306	6.316	6.327	6.338	6.348	6.359	6.369

续表

温度/℃	0	1	2	3	4	5	6	7	8	9
	热电动势/mV									
710	6.380	6.390	6.401	6.412	6.422	6.433	6.443	6.454	6.465	6.475
720	6.486	6.496	6.507	6.518	6.528	6.539	6.549	6.560	6.571	6.581
730	6.592	6.603	6.613	6.624	6.635	6.645	6.656	6.667	6.677	6.688
740	6.699	6.709	6.720	6.731	6.741	6.752	6.763	6.773	6.784	6.795
750	6.805	6.816	6.827	6.838	6.848	6.859	6.870	6.880	6.891	6.902
760	6.913	6.923	6.934	6.945	6.956	6.966	6.977	6.988	6.999	7.009
770	7.020	7.031	7.042	7.053	7.063	7.074	7.085	7.096	7.107	7.117
780	7.128	7.139	7.150	7.161	7.171	7.182	7.193	7.204	7.215	7.225
790	7.236	7.247	7.258	7.269	7.230	7.291	7.301	7.312	7.323	7.334
800	7.345	7.356	7.367	7.377	7.388	7.399	7.410	7.421	7.432	7.443
810	7.454	7.465	7.476	7.486	7.497	7.508	7.519	7.530	7.541	7.552
820	7.563	7.574	7.585	7.596	7.607	7.618	7.629	7.640	7.651	7.661
830	7.672	7.683	7.694	7.705	7.716	7.727	7.738	7.749	7.760	7.771
840	7.782	7.793	7.804	7.815	7.826	7.837	7.848	7.859	7.870	7.881
850	7.892	7.904	7.915	7.926	7.937	7.948	7.959	7.970	7.981	7.992
860	8.003	8.014	8.025	8.036	8.047	8.058	8.069	8.081	8.092	8.103
870	8.114	8.125	8.136	8.147	8.158	8.169	8.180	8.192	8.203	8.214
880	8.225	8.236	8.247	8.258	8.270	8.281	8.292	8.303	8.314	8.325
890	8.336	8.348	8.359	8.370	8.381	8.392	8.404	8.415	8.426	8.437
900	8.448	8.460	8.471	8.482	8.493	8.504	8.516	8.527	8.538	8.549
910	8.560	8.572	8.583	8.594	8.605	8.617	8.628	8.639	8.650	8.662
920	8.673	8.684	8.695	8.707	8.718	8.729	8.741	8.752	8.763	8.774
930	8.786	8.797	8.808	8.820	8.831	8.842	8.854	8.865	8.876	8.888
940	8.899	8.910	8.922	8.933	8.944	8.956	8.967	8.978	8.990	9.001
950	9.012	9.024	9.035	9.047	9.058	9.069	9.081	9.092	9.103	9.115
960	9.126	9.138	9.149	9.160	9.172	9.183	9.195	9.206	9.217	9.229
970	9.249	9.252	9.263	9.275	9.282	9.298	9.309	9.320	9.332	9.343
980	9.355	9.366	9.378	9.389	9.401	9.412	9.424	9.435	9.447	9.458
990	9.470	9.481	9.493	9.504	9.516	9.527	9.539	9.550	9.562	9.573
1000	9.585	9.596	9.608	9.619	9.631	9.642	9.654	9.665	9.677	9.689
1010	9.700	9.712	9.723	9.735	9.746	9.758	9.770	9.781	9.793	9.804
1020	9.816	9.828	9.839	9.851	9.862	9.874	9.886	9.897	9.909	9.920
1030	9.932	9.944	9.955	9.967	9.979	9.990	10.002	10.013	10.025	10.037
1040	10.048	10.060	10.072	10.083	10.095	10.107	10.118	10.130	10.142	10.154
1050	10.165	10.177	10.189	10.200	10.212	10.224	10.235	10.247	10.259	10.271
1060	10.282	10.294	10.306	10.313	10.329	10.341	10.353	10.364	10.376	10.388
1070	10.400	10.411	10.423	10.435	10.447	10.459	10.470	10.482	10.404	10.506
1080	10.517	10.529	10.541	10.553	10.565	10.576	10.588	10.600	10.612	10.624
1090	10.635	10.647	10.659	10.671	10.683	10.694	10.706	10.718	10.730	10.742

续表

温度/℃	0	1	2	3	4	5	6	7	8	9
	热电动势/mV									
1100	10.754	10.765	10.777	10.789	10.801	10.813	10.825	10.836	10.848	10.860
1110	10.872	10.884	10.896	10.908	10.919	10.931	10.943	10.955	10.967	10.979
1120	10.991	11.003	11.014	11.026	11.038	11.050	11.062	11.074	11.086	11.098
1130	11.110	11.121	11.133	11.145	11.157	11.169	11.181	11.193	11.205	11.217
1140	11.229	11.241	11.252	11.264	11.276	11.288	11.300	11.312	11.324	11.336
1150	11.348	11.360	11.372	11.384	11.396	11.408	11.420	11.432	11.443	11.455
1160	11.467	11.479	11.491	11.503	11.515	11.527	11.539	11.551	11.563	11.575
1170	11.587	11.599	11.611	11.623	11.635	11.647	11.659	11.671	11.683	11.695
1180	11.707	11.719	11.731	11.743	11.755	11.767	11.779	11.791	11.803	11.815
1190	11.827	11.839	11.851	11.863	11.875	11.887	11.899	11.911	11.923	11.935
1200	11.947	11.939	11.971	11.983	11.995	12.007	12.019	12.031	12.043	12.055
1210	12.067	12.079	12.091	12.103	12.116	12.123	12.140	12.152	12.164	12.176
1220	12.188	12.206	12.212	12.224	12.236	12.248	12.260	12.272	12.284	12.296
1230	12.308	12.320	12.332	12.345	12.357	12.369	12.381	12.393	12.405	12.417
1240	12.429	12.441	12.453	12.465	12.447	12.489	12.501	12.514	12.526	12.538
1250	12.550	12.562	12.574	12.586	12.598	12.610	12.622	12.634	12.647	12.659
1260	12.671	12.683	12.695	12.707	12.719	12.731	12.743	12.755	12.767	12.780
1270	12.792	12.804	12.816	12.828	12.840	12.852	12.864	12.876	12.888	12.901
1280	12.913	12.925	12.937	12.949	12.961	12.973	12.985	12.997	13.010	13.022
1290	13.034	13.046	13.058	13.070	13.082	13.094	13.107	13.119	13.131	13.143
1300	13.155	13.167	13.179	13.191	13.203	13.216	13.228	13.240	13.252	13.264
1310	13.276	13.288	13.300	13.313	13.325	13.337	13.349	13.361	13.373	13.385
1320	13.397	13.410	13.422	13.434	13.446	13.458	13.470	13.482	13.495	13.507
1330	13.519	13.531	13.543	13.555	13.567	13.579	13.592	13.604	13.616	13.628
1340	13.640	13.652	13.664	13.677	13.689	13.701	13.713	13.725	13.737	13.749
1350	13.761	13.774	13.786	13.798	13.810	13.822	13.834	13.846	13.859	13.871
1360	13.883	13.895	13.907	13.919	13.931	13.942	13.956	13.968	13.980	13.992
1370	14.004	14.016	14.028	14.040	14.053	14.065	14.077	14.089	14.101	14.113
1380	14.125	14.138	14.150	14.162	14.174	14.186	14.198	14.210	14.222	14.235
1390	14.274	14.259	14.271	14.233	14.295	14.307	14.319	14.332	14.344	14.356
1400	14.368	14.380	14.392	14.404	14.416	14.429	14.441	14.453	14.465	14.477
1410	14.489	14.501	14.513	14.526	14.538	14.550	14.562	14.574	14.586	14.596
1420	14.610	14.622	14.635	14.647	14.659	14.671	14.683	14.695	14.707	14.719
1430	14.731	14.744	14.756	14.768	14.780	14.792	14.804	14.816	14.828	14.840
1440	14.852	14.865	14.877	14.889	14.901	14.913	14.925	14.937	14.949	14.961
1450	14.973	14.985	14.998	15.010	15.022	15.034	15.046	15.058	15.070	15.032
1460	15.094	15.106	15.118	15.130	15.143	15.155	15.167	15.179	15.191	15.203
1470	15.215	15.227	15.239	15.251	15.263	15.275	15.287	15.299	15.311	15.324
1480	15.336	15.348	15.360	15.372	15.384	15.396	15.408	15.420	15.432	15.444

续表

温度/℃	0	1	2	3	4	5	6	7	8	9
	热电动势/mV									
1490	15.456	15.468	15.480	15.492	15.504	15.516	15.528	15.540	15.552	15.564
1500	15.576	15.589	15.601	15.613	15.625	15.637	15.649	15.661	15.673	15.685
1510	15.697	15.709	15.721	15.733	15.745	15.757	15.769	15.781	15.793	15.805
1520	15.817	15.829	15.841	15.853	15.865	15.877	15.889	15.901	15.913	15.925
1530	15.937	15.940	15.961	15.973	15.985	15.997	16.009	16.021	16.033	16.043
1540	16.057	16.069	16.080	16.092	16.104	16.116	16.123	16.140	16.152	16.164
1550	16.176	16.188	16.200	16.212	16.224	16.236	16.248	16.260	16.272	16.284
1560	16.296	16.308	16.319	16.331	16.343	16.355	16.367	16.379	16.391	16.403
1570	16.415	16.427	16.439	16.451	16.462	16.474	16.486	16.498	16.510	16.523
1580	16.534	16.546	16.558	16.569	16.581	16.593	16.605	16.617	16.629	16.341
1590	16.653	16.664	16.676	16.688	16.700	16.712	16.724	16.736	16.747	16.759
1600	16.771	16.783	16.795	16.807	16.819	16.830	16.842	16.854	16.866	16.878
1610	16.890	16.901	16.913	16.925	16.937	16.949	16.960	16.972	16.984	16.996
1620	17.008	17.019	17.031	17.043	17.055	17.067	17.078	17.090	17.102	17.114
1630	17.125	17.137	17.149	17.161	17.173	17.184	17.196	17.208	17.220	17.231
1640	17.243	17.255	17.267	17.278	17.290	17.302	17.313	17.325	17.337	17.349
1650	17.360	17.372	17.384	17.396	17.407	17.419	17.431	17.442	17.454	17.466
1660	17.477	17.489	17.501	17.512	17.524	17.536	17.548	17.559	17.571	17.583
1670	17.594	17.606	17.617	17.629	17.641	17.652	17.664	17.676	17.687	17.699
1680	17.711	17.722	17.734	17.745	17.757	17.769	17.780	17.792	17.803	17.815
1690	17.826	17.838	17.850	17.861	17.873	17.884	17.896	17.907	17.019	17.930
1700	17.942	17.953	17.965	17.976	17.988	17.999	18.010	18.022	18.033	18.045
1710	18.056	18.068	18.079	18.090	18.102	18.113	18.124	18.136	18.147	18.158
1720	18.170	18.181	18.192	18.204	18.215	18.226	18.237	18.249	18.260	18.271
1730	18.282	18.293	18.305	18.316	18.327	18.338	18.349	18.360	18.372	18.383
1740	18.394	18.405	18.416	18.427	18.438	18.449	18.460	18.471	18.482	18.493
1750	18.504	18.515	18.526	18.536	18.547	18.558	18.569	18.580	18.591	18.602
1760	18.612	18.623	18.634	18.645	18.655	18.666	18.677	18.687	18.698	18.709

二、镍铬-镍硅热电偶分度表

分度号：K

温度/℃	0	1	2	3	4	5	6	7	8	9
	热电动势/mV									
0	0	0.039	0.079	0.119	0.158	0.198	0.238	0.277	0.317	0.357
10	0.397	0.437	0.477	0.517	0.557	0.597	0.637	0.677	0.718	0.758
20	0.798	0.838	0.879	0.919	0.96	1	1.041	1.081	1.122	1.162
30	1.203	1.244	1.285	1.325	1.366	1.407	1.448	1.489	1.529	1.57
40	1.611	1.652	1.693	1.734	1.776	1.817	1.858	1.899	1.94	1.981
50	2.022	2.064	2.105	2.146	2.188	2.229	2.27	2.312	2.353	2.394
60	2.436	2.477	2.519	2.56	2.601	2.643	2.684	2.726	2.767	2.809

续表

温度/℃	0	1	2	3	4	5	6	7	8	9
	热电动势/mV									
70	2.85	2.892	2.933	2.875	3.016	3.058	3.1	3.141	3.183	3.224
80	3.266	3.307	3.349	3.39	3.432	3.473	3.515	3.556	3.598	3.639
90	3.681	3.722	3.764	3.805	3.847	3.888	3.93	3.971	4.012	4.054
100	4.095	4.137	4.178	4.219	4.261	4.302	4.343	4.384	4.426	4.467
110	4.508	4.549	4.59	4.632	4.673	4.714	4.755	4.796	4.837	4.878
120	4.919	4.96	5.001	5.042	5.083	5.124	5.164	5.205	5.246	5.287
130	5.327	5.368	5.409	5.45	5.49	5.531	5.571	5.612	5.652	5.693
140	5.733	5.774	5.814	5.855	5.895	5.936	5.976	6.016	6.057	6.097
150	6.137	6.177	6.218	6.258	6.298	6.338	6.378	6.419	6.459	6.499
160	6.539	6.579	6.619	6.659	6.699	6.739	6.779	6.819	6.859	6.899
170	6.939	6.979	7.019	7.059	7.099	7.139	7.179	7.219	7.259	7.299
180	7.338	7.378	7.418	7.458	7.498	7.538	7.578	7.618	7.658	7.697
190	7.737	7.777	7.817	7.857	7.897	7.937	7.977	8.017	8.057	8.097
200	8.137	8.177	8.216	8.256	8.296	8.336	8.376	8.416	8.456	8.497
210	8.537	8.577	8.617	8.657	8.697	8.737	8.777	8.817	8.857	8.898
220	8.938	8.978	9.018	9.058	9.099	9.139	9.179	9.22	9.26	9.3
230	9.341	9.381	9.421	9.462	9.502	9.543	9.583	9.624	9.664	9.705
240	9.745	9.786	9.826	9.867	9.907	9.948	9.989	10.029	10.07	10.111
250	10.151	10.192	10.233	10.274	10.315	10.355	10.396	10.437	10.478	10.519
260	10.56	10.6	10.641	10.882	10.723	10.764	10.805	10.848	10.887	10.928
270	10.969	11.01	11.051	11.093	11.134	11.175	11.216	11.257	11.298	11.339
280	11.381	11.422	11.463	11.504	11.545	11.587	11.628	11.669	11.711	11.752
290	11.793	11.835	11.876	11.918	11.959	12	12.042	12.083	12.125	12.166
300	12.207	12.249	12.29	12.332	12.373	12.415	12.456	12.498	12.539	12.581
310	12.623	12.664	12.706	12.747	12.789	12.831	12.872	12.914	12.955	12.997
320	13.039	13.08	13.122	13.164	13.205	13.247	13.289	13.331	13.372	13.414
330	13.456	13.497	13.539	13.581	13.623	13.665	13.706	13.748	13.79	13.832
340	13.874	13.915	13.957	13.999	14.041	14.083	14.125	14.167	14.208	14.25
350	14.292	14.334	14.376	14.418	14.46	14.502	14.544	14.586	14.628	14.67
360	14.712	14.754	14.796	14.838	14.88	14.922	14.964	15.006	15.048	15.09
370	15.132	15.174	15.216	15.258	15.3	15.342	15.394	15.426	15.468	15.51
380	15.552	15.594	15.636	15.679	15.721	15.763	15.805	15.847	15.889	15.931
390	15.974	16.016	16.058	16.1	16.142	16.184	16.227	16.269	16.311	16.353
400	16.395	16.438	16.48	16.522	16.564	16.607	16.649	16.691	16.733	16.776
410	16.818	16.86	16.902	16.945	16.987	17.029	17.072	17.114	17.156	17.199
420	17.241	17.283	17.326	17.368	17.41	17.453	17.495	17.537	17.58	17.622
430	17.664	17.707	17.749	17.792	17.834	17.876	17.919	17.961	18.004	18.046
440	18.088	18.131	18.173	18.216	18.258	18.301	18.343	18.385	18.428	18.47

续表

温度/℃	0	1	2	3	4	5	6	7	8	9
	热电动势/mV									
450	18.513	18.555	18.598	18.64	18.683	18.725	18.768	18.81	18.853	18.896
460	18.938	18.98	19.023	19.065	19.108	19.15	19.193	19.235	19.278	19.32
470	19.363	19.405	19.448	19.49	19.533	19.576	19.618	19.661	19.703	19.746
480	19.788	19.831	19.873	19.916	19.959	20.001	20.044	20.086	20.129	20.172
490	20.214	20.257	20.299	20.342	20.385	20.427	20.47	20.512	20.555	20.598
500	20.64	20.683	20.725	20.768	20.811	20.853	20.896	20.938	20.981	21.024
510	21.066	21.109	21.152	21.194	21.237	21.28	21.322	21.365	21.407	21.45
520	21.493	21.535	21.578	21.621	21.663	21.706	21.749	21.791	21.834	21.876
530	21.919	21.962	22.004	22.047	22.09	22.132	22.175	22.218	22.26	22.303
540	22.346	22.388	22.431	22.473	22.516	22.559	22.601	22.644	22.687	22.729
550	22.772	22.815	22.857	22.9	22.942	22.985	23.028	23.07	23.113	23.156
560	23.198	23.241	23.284	23.326	23.369	23.411	23.454	23.497	23.539	23.582
570	23.624	23.667	23.71	23.752	23.795	23.837	23.88	23.923	23.965	24.008
580	24.05	24.093	24.136	24.178	24.221	24.263	24.306	24.348	24.391	24.434
590	24.476	24.519	24.561	24.604	24.646	24.689	24.731	24.774	24.817	24.859
600	24.902	24.944	24.987	25.029	25.072	25.114	25.157	25.199	25.242	25.284
610	25.327	25.369	25.412	25.454	25.497	25.539	25.582	25.624	25.666	25.709
620	25.751	25.794	25.836	25.879	25.921	25.964	26.006	26.048	26.091	26.133
630	26.176	26.218	26.26	26.303	26.345	26.387	26.43	26.472	26.515	26.557
640	26.599	26.642	26.684	26.726	26.769	26.811	26.853	26.896	26.938	26.98
650	27.022	27.065	27.107	27.149	27.192	27.234	27.276	27.318	27.361	27.403
660	27.445	27.487	27.529	27.572	27.614	27.656	27.698	27.74	27.783	27.825
670	27.867	27.909	27.951	27.993	28.035	28.078	28.12	28.162	28.204	28.246
680	28.288	28.33	28.372	28.414	28.456	28.498	28.54	28.583	28.625	28.667
690	28.709	28.751	28.793	28.835	28.877	28.919	28.961	29.002	29.044	29.086
700	29.128	29.17	29.212	29.264	29.296	29.338	29.38	29.422	29.464	29.505
710	29.547	29.589	29.631	29.673	29.715	29.756	29.798	29.84	29.882	29.924
720	29.965	30.007	30.049	30.091	30.132	30.174	30.216	20.257	30.299	30.341
730	30.383	30.424	30.466	30.508	30.549	30.591	30.632	30.674	30.716	30.757
740	30.799	30.84	30.882	30.924	30.965	31.007	31.048	31.09	31.131	31.173
750	31.214	31.256	31.297	31.339	31.38	31.422	31.463	31.504	31.546	31.587
760	31.629	31.67	31.712	31.753	31.794	31.836	31.877	31.918	31.96	32.001
770	32.042	32.084	32.125	32.166	32.207	32.249	32.29	32.331	32.372	32.414
780	32.455	32.496	32.537	32.578	32.619	32.661	32.702	32.743	32.784	32.825
790	32.866	32.907	32.948	32.99	33.031	33.072	33.113	33.154	33.195	33.236
800	33.277	33.318	33.359	33.4	33.441	33.482	33.523	33.564	33.606	33.645
810	33.686	33.727	33.768	33.809	33.85	33.891	33.931	33.972	34.013	34.054
820	34.095	34.136	34.176	34.217	34.258	34.299	34.339	34.38	34.421	34.461

续表

温度/℃	0	1	2	3	4	5	6	7	8	9
	热电动势/mV									
830	34.502	34.543	34.583	34.624	34.665	34.705	34.746	34.787	34.827	34.868
840	34.909	34.949	34.99	35.03	35.071	35.111	35.152	35.192	35.233	35.273
850	35.314	35.354	35.395	35.435	35.476	35.516	35.557	35.597	35.637	35.678
860	35.718	35.758	35.799	35.839	35.88	35.92	35.96	36	36.041	36.081
870	36.121	36.162	36.202	36.242	36.282	36.323	36.363	36.403	36.443	36.483
880	36.524	36.564	36.604	36.644	36.684	36.724	36.764	36.804	36.844	36.885
890	36.925	36.965	37.005	37.045	37.085	37.125	37.165	37.205	37.245	37.285
900	37.325	37.365	37.405	37.443	37.484	37.524	37.564	37.604	37.644	37.684
910	37.724	37.764	37.833	37.843	37.883	37.923	37.963	38.002	38.042	38.082
920	38.122	38.162	38.201	38.241	38.281	38.32	38.36	38.4	38.439	38.479
930	38.519	38.558	38.598	38.638	38.677	38.717	38.756	38.796	38.836	38.875
940	38.915	38.954	38.994	39.033	39.073	39.112	39.152	39.191	39.231	39.27
950	39.31	39.349	39.388	39.428	39.467	39.507	39.546	39.585	39.625	39.664
960	39.703	39.743	39.782	39.821	39.861	39.9	39.939	39.979	40.018	40.057
970	40.096	40.136	40.175	40.214	40.253	40.292	40.332	40.371	40.41	40.449
980	40.488	40.527	40.566	40.605	40.645	40.634	40.723	40.762	40.801	40.84
990	40.879	40.918	40.957	40.996	41.035	41.074	41.113	41.152	41.191	41.23
1000	41.269	41.308	41.347	41.385	41.424	41.463	41.502	41.541	41.58	41.619
1010	41.657	41.696	41.735	41.774	41.813	41.851	41.89	41.929	41.968	42.006
1020	42.045	42.084	42.123	42.161	42.2	42.239	42.277	42.316	42.355	42.393
1030	42.432	42.47	42.509	42.548	42.586	42.625	42.663	42.702	42.74	42.779
1040	42.817	42.856	42.894	42.933	42.971	43.01	43.048	43.087	43.125	43.164
1050	43.202	43.24	43.279	43.317	43.356	43.394	43.432	43.471	43.509	43.547
1060	43.585	43.624	43.662	43.7	43.739	43.777	43.815	43.853	43.891	43.93
1070	43.968	44.006	44.044	44.082	44.121	44.159	44.197	44.235	44.273	44.311
1080	44.349	44.387	44.425	44.463	44.501	44.539	44.577	44.615	44.653	44.691
1090	44.729	44.767	44.805	44.843	44.881	44.919	44.957	44.995	45.033	45.07
1100	45.108	45.146	45.184	45.222	45.26	45.297	45.335	45.373	45.411	45.448
1110	45.486	45.524	45.561	45.599	45.637	45.675	45.712	45.75	45.787	45.825
1120	45.863	45.9	45.938	45.975	46.013	46.051	45.088	46.126	46.163	46.201
1130	46.238	46.275	46.313	46.35	46.388	46.425	46.463	46.5	46.537	46.575
1140	46.612	46.649	46.687	46.724	46.761	46.799	46.836	46.873	46.91	46.948
1150	46.985	47.022	47.059	47.096	47.134	47.171	47.208	47.245	47.282	47.319
1160	47.356	47.393	47.43	47.468	47.505	47.542	47.579	47.616	47.653	47.689
1170	47.726	47.7628	47.8	47.837	47.874	47.911	47.948	47.985	48.021	48.058
1180	48.095	48.132	48.169	48.205	48.242	48.279	48.316	48.352	48.389	48.426
1190	48.462	48.499	48.536	48.572	48.609	48.645	48.682	48.718	48.755	48.792
1200	48.828	48.865	48.901	48.937	48.974	49.01	49.047	49.083	49.12	49.156

续表

温度/℃	0	1	2	3	4	5	6	7	8	9
	热电动势/mV									
1210	49.192	49.229	49.265	49.301	49.338	49.374	49.41	49.446	49.483	49.519
1220	49.555	49.591	49.627	49.663	49.7	49.736	49.772	49.808	49.844	49.88
1230	49.916	49.952	49.988	50.024	50.06	50.096	50.132	50.168	50.204	50.24
1240	50.276	50.311	50.347	50.383	50.419	50.455	50.491	50.526	50.562	50.598
1250	50.633	50.669	50.705	50.741	50.776	50.812	50.847	50.883	50.919	50.954
1260	50.99	51.025	51.061	51.096	51.132	51.167	51.203	51.238	51.274	51.309
1270	51.344	51.38	51.415	51.45	51.486	51.521	51.556	51.592	51.627	51.662
1280	51.697	51.733	51.768	51.803	51.836	51.873	51.908	51.943	51.979	52.014
1290	52.049	52.084	52.119	52.154	52.189	52.224	52.259	52.284	52.329	52.364
1300	52.398	52.433	52.468	52.503	52.538	52.573	52.608	52.642	52.677	52.712
1310	52.747	52.781	52.816	52.851	52.886	52.92	52.955	52.98	53.024	53.059
1320	53.093	53.128	53.162	53.197	53.232	53.266	53.301	53.335	53.37	53.404
1330	53.439	53.473	53.507	53.642	53.576	53.611	53.645	53.679	53.714	53.748
1340	53.782	53.817	53.851	53.885	53.926	53.954	53.988	54.022	54.057	54.091
1350	54.125	54.159	54.193	54.228	54.262	54.296	54.33	54.364	54.398	54.432
1360	54.466	54.501	54.535	54.569	54.603	54.637	54.671	54.705	54.739	54.773

三、铂热电阻分度表

分度号：Pt100

温度/℃	0	1	2	3	4	5	6	7	8	9
	热电阻/Ω									
−200	18.49									
−190	22.80	22.37	21.94	21.51	21.08	20.65	20.22	19.79	19.36	18.98
−180	27.08	26.65	26.23	25.80	25.37	24.94	24.52	24.09	23.66	23.23
−170	31.32	30.90	30.47	30.05	29 63	29.20	28.78	28.35	27.93	27.50
−160	35.53	35.11	34.69	34.27	33.85	33.43	33.01	32.59	32.16	31.74
−150	39.71	39.30	38.88	38.46	38.04	37.63	37.21	36.79	36.37	35.95
−140	43.87	43.45	43.04	42.63	42.21	41.79	41.38	40.96	40.55	40.13
−130	48.00	47.59	47.18	46.76	46.35	45.94	45.52	45.11	44.70	44.28
−120	52.11	51.70	51.29	50.88	50.47	50.06	49.64	49.23	48.82	48.41
−110	56.19	55.78	55.38	54.97	54.56	54.15	53.74	53.33	52.92	52.52
−100	60.25	59.85	59.44	59.04	58.63	58.22	57.82	57.41	57.00	56.60
−90	64.30	63.90	63.49	63.09	62.68	62.28	61.87	61.47	61.06	60.66
−80	68.33	67.92	67.52	67.12	66.72	66.31	65.91	65.51	65.11	64.70
−70	72.33	71.93	71.53	71.13	70.73	70.33	69.93	69.53	69.13	68.73
−60	76.33	75.93	75.53	75.13	74.73	74.33	73.93	73.53	73.13	72.73
−50	80.31	79.91	79.51	79.11	78.72	78.32	77.92	77.52	77.13	76.73
−40	84.27	83.88	83.48	83.08	82.69	82.29	81.89	81.50	81.10	80.70
−30	88.22	87.83	87.43	87.04	86.64	86.25	85.85	85.46	85.06	84.67
−20	92.16	91.77	91.37	90.93	90.59	90.19	89.80	89.40	89.01	88.62

续表

温度/℃	0	1	2	3	4	5	6	7	8	9
	热电阻/Ω									
−10	96.09	95.69	95.30	94.91	94.52	94.12	93.73	93.34	92.95	92.55
−0	100.00	99.61	99.22	98.83	98.44	98.04	97.65	97.26	96.87	96.48
0	100.00	100.39	100.78	101.17	101.56	101.95	102.34	102.73	103.12	103.51
10	103.90	104.29	104.68	105.07	105.46	105.85	106.24	106.63	107.02	107.40
20	107.79	108.18	108.75	108.96	109.35	109.73	110.12	110.51	110.90	111.28
30	111.67	112.06	112.45	112.83	113.22	113.61	113.99	114.38	114.77	115.15
40	115.54	115.93	116.31	116.70	117.08	117.47	117.85	118.24	118.62	119.01
50	119.40	119.78	120.16	120.55	120.93	121.32	121.70	122.09	122.47	122.86
60	123.24	123.62	124.01	124.39	124.77	125.16	125.54	125.92	126.31	126.69
70	127.07	127.45	127.84	128.22	128.60	128.98	129.37	129.75	130.13	130.51
80	130.89	131.27	131.66	132.04	132.42	132.80	133.18	133.56	133.94	134.32
90	134.70	135.08	135.46	135.84	136.22	136.60	136.98	137.36	137.74	138.12
100	138.50	138.88	139.26	139.64	140.02	140.39	140.77	141.15	141.53	141.91
110	142.29	142.66	143.04	143.42	143.80	144.17	144.55	144.93	145.31	145.68
120	146.06	146.44	146.81	147.19	147.57	147.94	148.32	148.70	149.07	149.45
130	149.82	150.20	150.57	150.95	151.33	151.70	152.08	152.45	152.83	153.20
140	153.58	153.95	154.32	154.70	155.07	155.45	155.82	156.19	156.57	156.94
150	157.31	157.69	158.06	158.43	158.81	159.18	159.55	159.93	160.30	160.67
160	161.04	161.42	161.79	162.16	162.53	162.90	163.27	163.65	164.02	164.39
170	164.76	165.13	165.50	165.87	166.24	166.61	166.98	167.35	167.72	168.09
180	168.46	168.83	169.20	169.57	169.94	170.31	170.68	171.05	171.42	171.79
190	172.16	172.53	172.90	173.26	173.63	174.00	174.37	174.74	175.10	175.47
200	175.84	176.21	176.57	176.94	177.31	177.68	178.04	178.41	178.78	179.14
210	179.51	179.88	180.24	180.61	180.97	181.34	181.71	182.07	182.44	182.80
220	183.17	183.53	183.90	184.26	184.63	184.99	185.36	185.72	186.09	186.45
230	186.32	187.18	187.54	187.91	188.27	188.63	189.00	189.36	189.72	190.09
240	190.45	190.81	191.18	191.54	191.90	192.26	192.63	192.99	193.35	193.71
250	194.07	194.44	194.80	195.16	195.52	195.88	196.24	196.60	196.96	197.33
260	197.69	198.05	198.41	198.17	199.13	199.49	199.85	200.21	200.57	200.93
270	201.29	201.65	202.01	202.36	202.72	203.08	203.44	203.80	204.16	204.52
280	204.88	205.23	205.59	205.95	206.31	206.67	207.02	207.38	207.74	208.10
290	208.45	208.81	209.17	209.52	209.88	210.24	210.59	210.95	211.31	211.60
300	212.02	212.37	212.73	213.09	213.44	213.80	214.15	214.51	214.86	215.22
310	215.57	215.93	216.28	216.64	216.99	217.35	217.70	218.05	218.41	218.76
320	219.12	219.47	219.82	220.18	220.53	220.88	221.24	221.59	221.94	222.29
330	222.65	223.00	223.35	223.70	224.06	224.41	224.76	225.11	225.46	225.81
340	226.17	226.52	226.87	227.22	227.57	227.92	228.27	228.62	228.97	229.32
350	229.67	230.02	230.37	230.72	231.07	231.42	231.77	232.12	232.47	232.82
360	233.17	233.52	233.87	234.22	234.56	234.91	235.26	235.61	235.96	236.31

续表

温度/℃	0	1	2	3	4	5	6	7	8	9
	热电阻/Ω									
370	236.65	237.00	237.35	237.70	238.04	238.39	238.74	239.09	239.43	239.78
380	240.13	240.47	240.82	241.17	241.51	241.86	242.20	242.55	242.90	243.24
390	243.59	243.93	244.28	244.62	424.97	245.31	245.66	246.00	246.35	246.69
400	247.04	247.38	247.73	248.07	248.41	248.76	249.10	249.45	249.79	250.13
410	250.48	250.82	251.16	251.50	251.85	252.19	252.53	252.55	253.22	253.56
420	253.90	254.24	254.59	254.93	255.27	255.61	255.95	256.29	256.64	256.98
430	257.32	257.66	258.00	258.34	258.68	259.02	259.36	259.70	260.04	260.38
440	260.72	261.06	261.40	261.74	262.08	262.42	262.76	263.10	263.43	263.77
450	264.11	264.45	264.79	265.13	265.47	265.80	266.14	266.48	266.82	267.15
460	267.49	267.83	268.17	268.50	268.84	269.18	269.51	269.85	270.19	270.52
470	270.86	271.20	271.53	271.87	272.20	272.54	272.88	273.21	273.55	273.88
480	274.22	274.55	274.89	275.22	275.56	275.89	276.23	276.56	276.89	277.23
490	277.52	277.90	278.23	278.56	278.90	279.23	279.56	279.90	230.23	280.56
500	280.90	281.23	281.56	281.89	282.23	282.56	282.89	283.22	283.55	283.89
510	284.22	284.55	284.88	285.21	285.54	285.87	286.21	286.54	286.87	287.20
520	287.53	287.86	288.19	288.52	288.85	289.18	289.51	289.84	290.17	290.50
530	290.83	12.14	291.49	291.81	292.14	292.47	292.80	293.13	293.46	293.79
540	294.11	294.44	294.77	295.10	295.43	295.75	296.08	296.41	296.74	297.06
550	297.39	297.72	298.04	298.37	298.70	299.02	299.35	299.68	300.00	300.33
560	300.65	300.98	301.31	301.63	301.96	302.28	302.61	302.93	303.26	303.58
570	303.91	304.23	304.56	304.88	305.20	305.53	305.85	306.18	306.50	306.82
580	307.15	307.47	307.79	308.12	308.44	308.76	309.09	309.41	309.73	310.05
590	310.38	310.70	311.02	311.34	311.67	311.99	312.31	312.63	312.95	313.27
600	313.59	313.92	314.24	314.56	314.88	315.20	315.52	315.84	316.16	316.48
610	316.80	317.12	317.44	317.76	318.08	318.40	318.72	319.04	319.36	319.68
620	319.99	320.31	320.63	320.95	321.27	321.59	321.91	322.22	322.54	322.86
630	323.18	323.49	323.81	324.13	324.45	324.76	325.08	325.40	325.72	326.03
640	326.25	326.66	326.98	327.30	327.61	327.93	328.25	328.56	328.88	329.19
650	329.51	329.82	330.14	330.45	330.77	331.08	331.40	331.71	332.03	332.34
660	332.66	332.97	333.28	333.60	333.91	334.23	334.54	334.85	335.17	335.48
670	335.79	336.11	336.42	336.73	337.04	337.36	337.67	337.98	338.29	338.61
680	338.92	339.23	339.54	339.85	340.16	340.48	340.79	341.10	341.41	341.72
690	342.03	342.34	342.65	342.96	343.27	343.58	343.89	344.20	344.51	344.82
700	345.13	345.44	345.75	346.06	346.37	346.68	346.99	347.30	347.60	347.91
710	348.22	348.53	348.84	349.15	349.45	349.76	350.07	350.38	350.69	350.99
720	351.30	351.61	351.91	352.22	352.53	352.83	353.14	353.45	353.75	354.06
730	354.37	354.67	354.93	355.28	355.59	355.90	356.20	356.51	356.81	357.12
740	357.42	357.73	358.03	358.34	358.64	358.95	359.25	359.55	359.86	360.16
750	360.47	360.77	361.07	361.38	361.68	361.98	362.29	362.59	362.89	363.19

续表

温度/℃	0	1	2	3	4	5	6	7	8	9
	热电阻/Ω									
760	363.50	363.80	364.10	364.40	364.71	365.01	365.31	365.61	365.91	366.22
770	366.52	366.82	367.12	367.42	367.72	368.02	368.32	368.63	368.93	369.23
780	369.53	369.83	370.13	370.43	370.73	371.03	371.33	371.63	371.93	372.22
790	372.52	372.82	373.12	373.42	373.72	374.02	374.32	374.61	374.91	375.21
800	375.51	375.81	376.10	376.40	376.70	377.00	377.29	377.69	377.89	378.19
810	378.48	378.78	379.06	379.37	379.67	379.97	380.26	380.56	380.85	381.15
820	381.45	381.74	382.04	382.33	382.63	382.92	383.22	383.51	383.81	384.10
830	384.40	384.69	384.98	385.28	385.57	385.87	386.16	386.45	386.75	387.04
840	387.34	384.63	387.29	388.21	388.51	388.80	389.09	389.39	389.68	389.97
850	390.26									

四、铂热电阻分度表

分度号：Pt50

温度/℃	0	1	2	3	4	5	6	7	8	9
	热电阻/Ω									
−200	8.64									
−190	10.82	10.60	10.39	10.17	9.95	9.73	9.51	9.29	9.08	8.86
−180	12.99	12.77	12.56	12.34	12.12	11.91	11.69	11.47	11.26	11.04
−170	15.14	14.93	14.71	14.50	14.28	14.07	13.85	13.64	13.42	13.21
−160	17.28	17.07	16.85	16.64	16.42	16.21	16.00	15.78	15.57	15.35
−150	19.40	19.19	18.97	18.76	18.55	18.34	18.13	17.92	17.70	17.49
−140	21.51	21.30	21.09	20.88	20.66	20.45	20.24	20.03	19.82	19.61
−130	23.61	23.40	23.19	22.98	22.77	22.56	22.35	22.14	21.93	21.72
−120	25.69	25.48	25.27	25.06	24.85	24.64	24.44	24.23	24.02	23.82
−110	27.76	27.55	27.34	27.14	26.93	26.72	26.52	26.31	26.10	25.89
−100	29.82	29.61	29.41	29.20	29.00	28.79	28.58	28.38	28.17	27.96
−90	31.87	31.67	31.46	31.26	31.06	30.85	30.64	30.44	30.23	30.03
−80	33.92	33.72	33.51	33.31	33.10	32.90	32.69	32.49	32.28	32.08
−70	35.95	35.75	35.55	35.34	35.14	34.94	34.73	34.53	34.33	34.12
−60	37.98	37.78	37.58	37.37	37.17	36.97	36.77	36.56	36.36	36.16
−50	40.00	39.80	39.60	39.40	39.19	38.99	38.79	38.59	38.39	38.18
−40	42.01	41.81	41.61	41.41	41.21	41.01	40.81	40.60	40.40	40.20
−30	44.02	43.82	43.62	43.42	43.22	43.02	42.82	42.61	42.41	42.21
−20	46.02	45.82	45.62	45.42	45.22	45.02	44.82	44.62	44.42	44.22
−10	48.01	47.81	47.62	47.42	47.22	47.02	46.82	46.62	46.42	46.22
−0	50.00	49.80	49.60	49.40	49.21	49.01	48.81	48.61	48.41	48.21
0	50.00	50.20	50.40	50.59	50.79	50.99	51.19	51.39	51.58	51.87
10	51.98	52.18	52.38	52.57	52.77	52.97	53.17	53.36	53.56	53.76
20	53.96	54.15	54.35	54.55	54.75	54.94	55.14	55.34	55.53	55.73
30	55.93	56.12	56.32	56.52	56.71	56.91	57.11	57.30	57.50	57.70
40	57.89	58.09	53.28	58.48	58.67	58.87	59.06	59.26	59.45	59.65

续表

温度/℃	0	1	2	3	4	5	6	7	8	9
	热电阻/Ω									
50	59.85	60.04	60.24	60.43	60.63	60.82	61.02	61.21	61.41	61.60
60	61.80	62.00	62.19	62.39	62.58	62.78	62.97	63.17	63.36	63.55
70	63.75	63.94	64.14	64.33	64.53	64.72	64.91	65.10	65.30	65.49
80	65.69	65.88	66.08	66.27	66.46	66.65	66.85	67.04	67.23	67.43
90	67.62	67.81	68.01	68.20	68.39	68.58	68.78	68.97	69.17	69.36
100	69.55	69.74	69.93	70.13	70.32	70.51	70.70	70.89	71.09	71.28
110	71.48	71.67	71.86	72.05	72.24	72.43	72.62	72.81	73.00	73.20
120	73.39	73.58	73.77	73.96	74.15	74.34	74.53	74.73	74.92	75.11
130	75.30	75.49	75.68	76.87	76.06	76.25	76.44	76.63	76.82	77.01
140	77.20	77.39	77.58	77.77	77.96	78.15	78.34	78.53	78.72	78.91
150	79.10	79.29	79.48	79.67	79.86	80.05	80.24	80.43	80.62	80.81
160	81.00	81.19	81.38	81.57	81.76	81.95	82.14	82.32	82.51	82.70
170	82.89	83.08	83.27	83.46	83.64	83.83	84.01	84.20	84.39	84.58
180	84.77	84.95	85.14	85.33	85.52	85.71	86.89	86.08	86.27	86.46
190	86.64	86.83	87.02	87.20	87.39	87.58	87.77	87.95	88.14	88.33
200	88.51	88.70	88.89	89.07	89.26	89.45	89.63	89.82	90.01	90.19
210	90.38	90.56	90.75	90.94	91.12	91.31	91.49	91.68	91.87	92.05
220	92.24	92.42	92.61	92.79	92.98	93.16	93.35	93.53	93.72	93.90
230	94.09	94.27	94.46	94.64	94.83	95.01	95.20	95.38	95.57	95.75
240	95.94	96.12	96.30	96.49	96.67	96.86	97.04	97.22	97.41	97.59
250	97.78	97.96	98.14	98.33	98.51	98.69	98.88	99.06	99.25	99.43
260	99.61	99.79	99.98	100.16	100.34	100.53	100.71	100.89	101.08	101.26
270	101.44	101.62	101.81	101.99	102.18	102.36	102.54	102.72	102.90	103.08
280	103.26	103.45	103.63	103.81	103.99	104.17	104.36	104.54	104.72	104.90
290	106.08	105.26	105.44	105.63	105.81	105.99	106.17	106.35	106.53	106.71
300	106.89	107.07	107.25	107.44	107.62	107.80	107.98	108.16	108.84	108.52

五、铜热电阻分度表

分度号：Cu50

温度/℃	0	1	2	3	4	5	6	7	8	9
	热电阻/Ω									
−50	39.24									
−40	41.40	41.18	40.97	40.75	40.54	40.32	40.10	39.89	39.67	39.46
−30	43.55	43.34	43.12	42.91	42.69	42.48	42.27	42.65	41.83	41.61
−20	45.70	45.49	45.27	45.06	44.84	44.63	44.41	44.20	43.98	43.77
−10	47.85	47.64	47.42	47.21	46.99	46.78	46.56	46.35	42.13	45.92
−0	50.00	49.78	49.57	49.35	49.14	48.92	48.71	48.50	48.28	48.07
0	50.00	50.21	50.43	50.64	50.86	51.07	51.28	51.50	51.71	51.98
10	52.14	52.36	52.57	52.78	53.00	53.21	53.43	53.64	53.86	54.07
20	54.28	54.50	54.71	54.92	55.14	55.35	55.57	55.78	56.00	56.21

续表

温度/℃	0	1	2	3	4	5	6	7	8	9
	热电阻/Ω									
30	56.42	56.64	56.85	57.07	57.28	57.49	57.71	57.92	58.14	58.35
40	58.56	58.78	58.99	59.20	59.42	59.63	59.85	60.06	60.27	60.49
50	60.70	60.92	61.13	61.34	61.56	61.77	61.98	62.20	62.42	62.63
60	62.84	63.06	63.27	63.48	63.70	63.91	64.13	64.34	64.55	64.77
70	64.98	65.19	65.41	65.62	65.84	66.05	66.26	66.48	66.69	66.91
80	67.12	67.33	67.55	67.76	67.98	68.19	68.40	68.62	68.83	69.05
90	69.26	69.47	69.69	69.90	70.12	70.33	70.54	70.76	70.97	71.19
100	71.40	71.61	71.83	72.04	72.26	72.47	72.69	72.90	73.11	73.33
110	73.54	73.75	73.97	74.19	74.40	74.61	74.83	75.04	75.26	75.48
120	75.69	75.90	76.12	76.33	76.55	76.76	76.97	77.19	77.40	77.62
130	77.83	78.05	78.26	78.48	78.69	78.91	79.12	79.34	79.55	79.77
140	79.98	80.20	80.41	80.63	80.84	81.06	81.27	81.49	81.70	81.92
150	82.134									

参考文献

[1] 王化祥, 张淑英. 传感器原理及应用[M]. 天津: 天津大学出版社, 2014.

[2] 何道清, 张禾, 石明江. 传感器与传感器技术[M]. 4 版. 北京: 科学出版社, 2020.

[3] 郭彤颖, 张辉. 机器人传感器及其信息融合技术[M]. 北京: 化学工业出版社, 2017.

[4] 邵欣, 马晓明, 徐红英. 机器视觉与传感器技术[M]. 北京: 北京航空航天大学出版社, 2017.

[5] 高国富, 谢少荣, 罗均. 机器人传感器及其应用[M]. 北京: 化学工业出版社, 2005.

[6] 苑会娟. 传感器原理及应用[M] . 北京: 机械工业出版社, 2017.

[7] 梁福平. 传感器原理及检测技术[M]. 武汉: 华中科技大学出版社, 2010.

[8] 张立新, 罗忠宝, 冯璐. 传感器与检测技术及应用[M]. 北京: 机械工业出版社, 2018.

[9] 王化祥, 崔自强. 传感器原理及应用[M]. 5 版. 天津: 天津大学出版社, 2021.

[10] 凌欢. 基于 DSP 的雷达测速监控系统的设计与实现[D]. 南昌: 南昌航空大学, 2011.

[11] Peter Corke. Robotics, Vision and Control[M]. Cham: Springer International, 2017.

[12] 秦永元. 惯性导航[M]. 2 版. 北京: 科学出版社, 2020.

[13] Dudek G, Michael J. Inertial Sensing, GPS, and Odometry[M]. 737-52. Cham: Springer International, Springer Handbooks. 2016.

[14] 卢坤, 肖定邦, 孙江坤, 等. 一种微半球谐振陀螺的制造方法与测试[J]. 中国惯性技术学报, 2020, 28(05): 561-567.

[15] 谢钢. GPS 原理与接收机设计[M]. 北京: 电子工业出版社, 2009.

[16] 田坦. 声呐技术[M]. 2 版. 哈尔滨: 哈尔滨工程大学出版社, 2020.

[17] 孙世政, 廖超, 李洁, 等. 基于光纤布拉格光栅的二维力传感器设计及实验研究[J]. 仪器仪表学报, 2020, 41(02): 1-9.

[18] 阳凡林, 暴景阳, 胡兴树. 水下地形测量[M]. 武汉: 武汉大学出版社, 2017.

[19] 杨少荣. 吴迪靖, 段德山. 机器视觉算法与应用[M]. 北京: 清华大学出版社, 2008.

[20] 李庆武, 霍冠英, 周妍. 声呐图像处理[M]. 北京: 科学出版社, 2015.

[21] 乔玉晶, 郭立东, 吕宁, 等. 机器人感知系统设计及应用[M]. 北京: 化学工业出版社, 2021.

[22] Navarro S E, Mühlbacher-Karrer S, Alag H, et al. Proximity Perception in Human-Centered Robotics: A Survey on Sensing Systems and Applications[J]. IEEE Transactions on Robotics, 2022, 38(03): 1599-1620.

[23] Wang Y, Wang L, Yang TT, Li X, Zang XB, et al. Wearable and Highly Sensitive Graphene Strain Sensors for Human Motion Monitoring[J]. Advanced Functional Materials, 2014, 24(29): 4666-4670.

[24] 王平, 庄柳静, 秦臻, 等. 仿生嗅觉和味觉传感技术的研究进展[J]. 中国科学院院刊, 2017, 32(12): 1313-1321.

[25] 朱大奇, 邬勤文, 袁芳. 单片机原理、应用与实验[M]. 北京: 科学出版社, 2009.

[26] 董军, 胡上序. 混沌神经网络研究进展与展望[J]. 信息与控制, 1997, 26(05): 41-49, 59.

[27] 朱大奇, 史慧. 人工神经网络原理与应用[M]. 北京: 科学出版社, 2006.

[28] 朱大奇, 胡震, 张铭钧, 等. 无人潜水器水下搜救理论与技术[M]. 北京: 国防工业出版社, 2016.

[29] 何友, 王国宏, 陆大绘, 等. 多传感器信息融合及应用[M]. 2 版. 北京: 电子工业出版社, 2007.

[30] 蒋新松，封锡盛，王棣堂. 水下机器人[M]. 沈阳: 辽宁科学技术出版社, 2000.